Java 常用算法手册

爱编程的魏校长■编著

中国铁道出版社有限公司
CHINA RAILWAY PUBLISHING HOUSE CO., LTD.

内 容 简 介

现代的设计任务大多通过计算机编程来完成，而算法起到了至关重要的作用。可以毫不夸张地说，算法是一切程序设计的灵魂和基础。选择合理的算法，可以起到事半功倍的效果。

本书分别介绍了算法基础和算法应用。首先介绍了算法概述，然后重点分析了数据结构和基本算法思想，接着详细讲解了算法在排序、查找、数学计算、数论、历史趣题、游戏等领域中的应用。

本书旨在帮助 Java 语言初级程序员深入了解 Java 算法思想，提升其语言代码编程能力，可作为大中专院校学生学习数据结构和算法的参考书，也可为教师授课提供素材。

图书在版编目（CIP）数据

Java 常用算法手册/爱编程的魏校长编著. —北京：中国铁道出版社有限公司，2023.2
ISBN 978-7-113-28796-2

Ⅰ. ①J… Ⅱ. ①爱… Ⅲ. ①JAVA 语言-程序设计-手册 Ⅳ. ①TP312.8-62

中国版本图书馆 CIP 数据核字(2022)第 221392 号

书　　名：Java 常用算法手册
　　　　　Java CHANGYONG SUANFA SHOUCE
作　　者：爱编程的魏校长

责任编辑：荆　波　　编辑部电话：（010）51873026　　邮箱：the-tradeoff@qq.com
封面设计：宿　萌
责任校对：苗　丹
责任印制：赵星辰

出版发行：中国铁道出版社有限公司（100054，北京市西城区右安门西街 8 号）
印　　刷：国铁印务有限公司
版　　次：2023 年 2 月第 1 版　2023 年 2 月第 1 次印刷
开　　本：787 mm×1 092 mm 1/16　印张：23.25　字数：595 千
书　　号：ISBN 978-7-113-28796-2
定　　价：99.80 元

前　言

信息社会进入云计算时代，最为明显的特征就是“各种云终端+云服务器应用”的组合。不管是编写服务器端的程序，还是编写PC、平板电脑、手机等云终端上的应用程序，Java语言都会是非常重要且常见的可选项。而一个应用程序往往由编程语言、数据结构和算法组成。其中，算法是整个程序设计的核心。算法代表着求解具体问题的手段和方法，可以毫不夸张地说，算法是一切程序设计的灵魂和基础。选择合理的算法，可以起到事半功倍的效果。因此，对于程序员来说，学习和掌握算法成为重中之重。同时，各大公司招聘Java程序员时，除基本语法之外，算法的掌握程度也是考核的重点方面。

本书特色

为了保证读者掌握算法这个程序设计的核心技术，本书自写作之初就融入了与读者认知规律相契合的想法，以保证它的质量和生命力。和其他书籍相比，本书有如下优点：

（1）由浅入深，循序渐进地带领读者逐步深入学习算法和数据结构的知识。

（2）本书在讲解每个知识点的同时，均给出了相应的算法原理、算法实现，同时还给出了完整的实例，每个实例都可以运行，使得读者可以快速掌握对应知识点如何应用在程序设计中。

（3）在介绍各个知识点的时候，本书尽量结合历史背景并给出了问题的完整分析，使读者可以了解问题的来龙去脉，避免了代码类书籍的枯燥乏味。

（4）本书对每一个实例的程序代码都进行了详细的注释和分析，并给出了运行结果，使得读者更加容易理解。

（5）本书中的所有代码均采用应用较为广泛的Java语言进行编写。但是这些算法本身并不仅局限于Java语言，读者如果采用C++、C、C#、VB等其他编程语言，只需按照对应的语法格式进行少量的修改即可使用。

本书的内容

本书以实用性、系统性、完整性为重点，详细介绍了算法的基本思想和在不同领域的应用实例。本书分为两篇，共10章内容。

第1篇　算法基础篇： 本篇共3章，详细介绍了算法和数据结构的相关知识。本篇内容中既有对算法的深入诠释，更有作者对算法基本思想的经验分享。读者可通过本篇内容细致有序地建立起对算法理解的知识性框架。

第2篇　算法应用篇： 本篇共7章，详细讲解了算法在排序、查找、数学计算、数论、历史趣题和游戏中的应用。本篇可称为本书中的出彩部分，用实例嵌入知识讲解方式对各类算法进行了翔实地阐述；同时用一些贴近现实的生动实例对算法进行了有趣的表述，提升读者的编程能力和学习兴趣。

整体下载包

为了帮助读者更加扎实地掌握 Java 算法，在本书的整体下载包中，我们放入了一整套 Java 算法学习视频、5 本书的电子教程和本书中源代码；读者可通过 http://www.m.crphdm.com/2022/1230/14543.shtml 下载使用。

适合的读者

以下读者会从本书的阅读学习中获益。

- 系统开发人员；
- 程序设计初学者；
- Java 程序员；
- 计算机程序设计爱好者；
- 大专院校相关专业的学生及教师。

本书由爱编程的魏校长编写，因时间仓促，不当之处，还请读者不吝指出，以期在以后改版时进行修订。

爱编程的魏校长

2022 年 10 月

目 录

第 1 章 算法和实现算法的 Java 语法

第 2 章 数据结构

第 3 章 基本算法思想

第 4 章 排序算法

第 5 章 查找算法

第 6 章 基本数学问题

第 7 章 数据结构问题

第 8 章 数论问题

第 9 章 算法经典趣题

第 1 章

算法和实现算法的 Java 语法

计算机技术，特别是计算机程序设计大大改变了人们的工作方式。现代的设计任务大多通过计算机编程交给计算机来完成。其中，算法起到了至关重要的作用。可以毫不夸张地说，算法是一切程序设计的灵魂和基础。本章介绍算法的一些基本概念、发展历史、算法表示，并重点介绍具体实现算法的 Java 语言语法和应用等。

1.1　建立算法初步概念

很多开发者都知道“程序=数据结构+算法”这个著名的公式，但却并不真正明白算法的定义或者概念。

1.1.1　什么是算法

究竟什么是算法呢？从字面意义上理解，算法即用于计算的方法，通过这种方法可以达到预期的计算结果。

此外，在一般的教科书或者字典中也有关于算法的专业解释，例如，算法是解决实际问题的一种精确描述方法；算法是对特定问题的求解步骤的一种精确描述方法等。目前，被广泛认可的算法的专业定义是，算法是模型分析的一组可行的、确定的和有穷的规则。

其实，通俗地讲，算法可以理解为一个完整的解题步骤，由一些基本运算和规定的运算顺序构成。通过这样的解题步骤可以解决特定的问题。从计算机程序设计的角度看，算法由一系列求解问题的指令构成，能够根据规范的输入，在有限的时间内获得有效的输出结果。算法代表了用系统的方法来描述解决问题的一种策略机制。

举一个例子来分析算法是如何在现实生活中发挥作用的。最典型的例子就是统筹安排，假设有三件事（事件 A、事件 B 和事件 C）要做，具体如下：

（1）做事件 A 需要耗费 5 分钟；

（2）做事件 B 需要耗费 5 分钟但需要等待 15 分钟才可以得到结果，如烧水等待水开的过程；

（3）做事件 C 需要耗费 10 分钟。

那么应该怎样来做这三件事情呢？一种方法是依次做，如图 1-1 所示，做完事件 A，再做事情 B，最后做事情 C。这样，总的耗时为 5+（5+15）+10=35 分钟，这显然是浪费时间的一种方法。

在实际生活中比较可取的方法是：先做事件 B，在等待事件 B 完成的过程中做事件 A 和事件 C。这样，等待事件 B 完成的 15 分钟正好可以完成事件 A 和事件 C。此时，总的耗时为 5+15=20 分钟，效率明显提高，如图 1-2 所示。

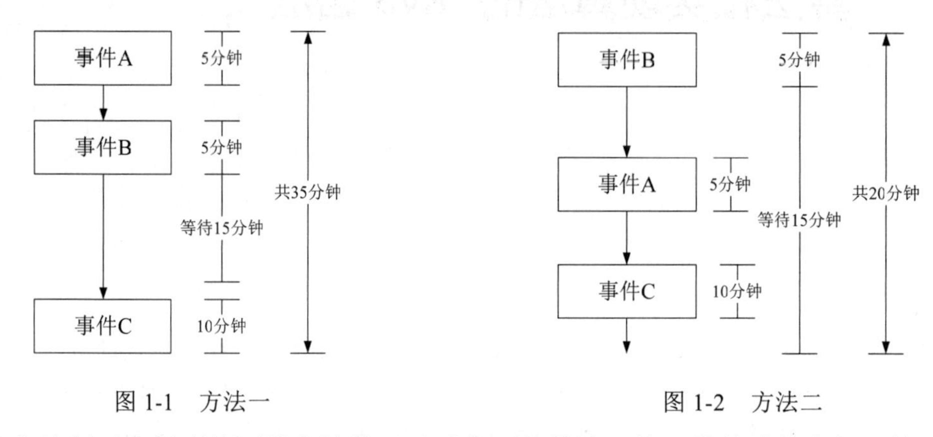

图 1-1　方法一　　　　图 1-2　方法二

在上述例子中提到的两种方法就可以看作两种算法。第一种算法效率低，第二种算法效率高，但都达到了做完事情的目的。从这个例子可以看出，算法也是有好坏区别的，好的算法可以提高工作的效率。算法的基本任务是针对一个具体的问题，找到一个高效的处理方法，从而获得最佳的结果。

一个典型的算法一般都可以从中抽象出五个特征：有穷性、确切性、输入、输出和可行性。下面结合上述例子来分析这五个特征。

（1）有穷性：算法的指令或者步骤的执行次数是有限的，执行时间也是有限的。例如，在上面的例子中，通过短短的几步就可以完成任务，而且执行时间都是有限的。

（2）确切性：算法的每一个指令或者步骤都必须有明确的定义和描述。例如，在上面的例子中，为了完成三件事情的任务，每一步做什么事情都有明确的规定。

（3）输入：一个算法应该有相应的输入条件，用来刻画运算对象的初始情况。例如，在上面的例子中，有三个待完成的事件（事件 A、事件 B 和事件 C），这三个事件便是输入。

（4）输出：一个算法应该有明确的结果输出。这是容易理解的，因为没有得到结果的算法毫无意义。例如，在上面的例子中，输出结果便是三件事情全部做完了。

（5）可行性：算法的执行步骤必须是可行的，且可以在有限时间内完成。例如，在上面的例子中，每一个步骤都切实可行。其实，无法执行的步骤也是毫无意义的，解决不了任何实际问题。

目前，算法的应用非常广泛，常用的算法包括递推算法、递归算法、穷举算法、贪婪算法、分治算法、动态规划算法和迭代算法等多种。本书将逐步向读者展示各种算法的原理和应用。

1.1.2　算法的发展历史

关于算法的起源，可以追溯到我国古代的《周髀算经》，它是算经的十书之一，原名《周髀》，主要阐述古代中国的盖天说和四分历法。在唐朝的时候，此书被定为国子监明算科的教材之一，并改名为《周髀算经》。算法在我国古代称为"演算法"。《周髀算经》中记载了勾股定理、开平方问题、等差级数问题等，其中用到了相当复杂的分数算法和开平方算法等。在随后的发展中，出现了割圆术、秦九韶算法和中国剩余定理等一些经典算法。

在西方，公元 9 世纪波斯数学家 al-Khwarizmi 提出了算法的概念。"算法"最初写为 algorism，意思是采用阿拉伯数字的运算法则。到了 18 世纪，算法正式命名为 algorithm。由于汉字计算的不方便，导致我国古代算法的发展比较缓慢，而采用阿拉伯数字的西方国家则发展迅速。例如，著名的欧几里得算法（又称辗转相除法）就是典型的算法。

在历史上，Ada Byron 被认为是第一个程序员。1842 年她在巴贝奇分析机上编写的伯努利方程的求解算法程序虽然未能执行，但奠定了计算机算法程序设计的基础。

后来，随着计算机的发展，在计算机中实现各种算法已成为可能。算法在计算机程序设计领域又得到了重要发展。目前，几乎所有的程序员编程时，无论采用何种编程语言，都需要与算法打交道。

1.1.3　算法的分类

算法是一门古老且庞大的学科，随着历史的发展，演化出多种多样的算法。按照不同的应用和特性，算法可以分为不同的类别。

1．按照应用来分类

按照算法的应用领域，即解决的问题，算法可以分为基本算法、数据结构相关的算法、几何算法、图论算法、规划算法、数值分析算法、加密/解密算法、排序算法、查找算法、并行算法和数论算法等。

2．按照确定性来分类

按照算法结果的确定性来分类，算法可以分为确定性算法和非确定性算法。

（1）确定性算法：这类算法在有限的时间内完成计算，得到的结果是唯一的，且经常取决于输入值。

（2）非确定性算法：这类算法在有限的时间内完成计算，但是得到的结果往往不是唯一的，即存在多值性。

3．按照算法的思路来分类

按照算法的思路来分类，算法可以分为递推算法、递归算法、穷举算法、贪婪算法、分治算法、动态规划算法和迭代算法等。

1.2　算法相关概念的区别

算法其实是一个很抽象的概念，往往需要依托于具体的实现方法才能体现其价值，如在计算机编程中的算法、数值计算中的算法等。本书重点讲解的便是算法在计算机编程中的应用。算法具有抽象性，容易混淆，这里有必要说明一些基本的概念。

1.2.1 算法与公式的关系

根据前面所谈到的算法，读者很容易联想到数学中的公式。公式用于解决某类问题，有特定的输入和结果输出，能在有限时间内完成，并且公式都是完全可以操作计算的。公式确实提供了一种算法，但算法绝不完全等于公式。

公式是一种高度精简的计算方法，可以认为就是一种算法，它是人类智慧的结晶。而算法并不一定是公式，算法的形式可以比公式更复杂，解决的问题更加广泛。

1.2.2 算法与程序的关系

正如前面所述，算法依托于具体的实现方式。虽然一提到算法，就使人联想到计算机程序设计，但算法并非仅用于此。例如，在传统的笔算中，通过纸和笔按照一定的步骤完成的计算也是算法的应用；在速记中，人们通过特殊的方法来达到快速牢固记忆的目的，这也是一种算法的应用。

在计算机程序设计中，算法的体现更广泛，几乎每个程序都需要用到算法，只不过有些算法比较简单，有些算法比较复杂而已。

算法和程序设计语言是不同的。目前比较流行的程序设计语言，包括 Visual Basic、C、C++、C#、Java、Pascal、Delphi、PB 等。程序设计语言是算法实现的一种形式，也是一种工具。读者往往需要首先熟悉程序设计语言的语法格式，然后才能使用这种程序语言编写合适的算法实现程序。学习一门程序设计语言是比较容易的，难的是如何正确合理地运用算法来编写求解问题。

1.2.3 算法与数据结构的关系

数据结构是数据的组织形式，可以用来表征特定的对象数据。在计算机程序设计中，操作的对象是各式各样的数据，这些数据往往拥有不同的数据结构，如数组、结构体、联合、指针和链表等。因为不同的数据结构所采用的处理方法不同，计算的复杂程度也不同，因此算法往往依赖于某种数据结构。也就是说，数据结构是算法实现的基础。

计算机科学家尼克劳斯·沃思曾提出了一个著名的公式：数据结构+算法=程序。后来，他为此著有《数据结构+算法=程序》一书。从中可以看到算法和数据结构的关系。

学习了前面的介绍，读者应对程序、算法、数据结构、程序设计语言有一个比较深刻的认识。如果给出一个公式，则可以表述成如下形式：

数据结构+算法+程序设计语言=程序

这里，数据结构往往表示的是处理的对象，算法是计算和处理的核心方法，程序设计语言是算法的实现方法。这几者的综合便构成一个实实在在的程序。

注意：算法是解决问题的一个抽象方法和步骤，同一个算法在不同的语言中具有不同的实现形式，这依赖于数据结构的形式和程序设计语言的语法格式。

1.3 算法的表示

算法是为了解决实际问题的，问题简单，算法也简单；问题复杂，算法也相应复杂。为了便于交流和进行算法处理，往往需要将算法进行描述，即算法的表示。一般来说，算法可以采用自然语言表示、流程图表示、N-S 图表示和伪代码表示。

1.3.1　自然语言表示

所谓自然语言，就是自然地随文化演化的语言，如英语、汉语等。通俗地讲，自然语言就是人们平时口头描述的语言。对于一些简单的算法，可以采用自然语言来口头描述算法的执行过程，如前面的统筹安排事件的例子。

但是，随着需求的发展，很多算法都比较复杂，很难用自然语言描述，同时自然语言的表述烦琐难懂，不利于发展和交流。因此，需要采用其他的方法来进行表示。

1.3.2　流程图表示

流程图是用一种图形表示算法流程的方法，其由一些图框和流程线组成，如图 1-3 所示。其中，图框表示各种操作的类型，图框中的说明文字和符号表示该操作的内容，流程线表示操作的先后次序。

流程图最大的优点是简单直观、便于理解，在计算机算法领域有着广泛的应用。例如，计算两个输入数据 a 和 b 的最大值，可以采用图 1-4 所示的流程图来表示。

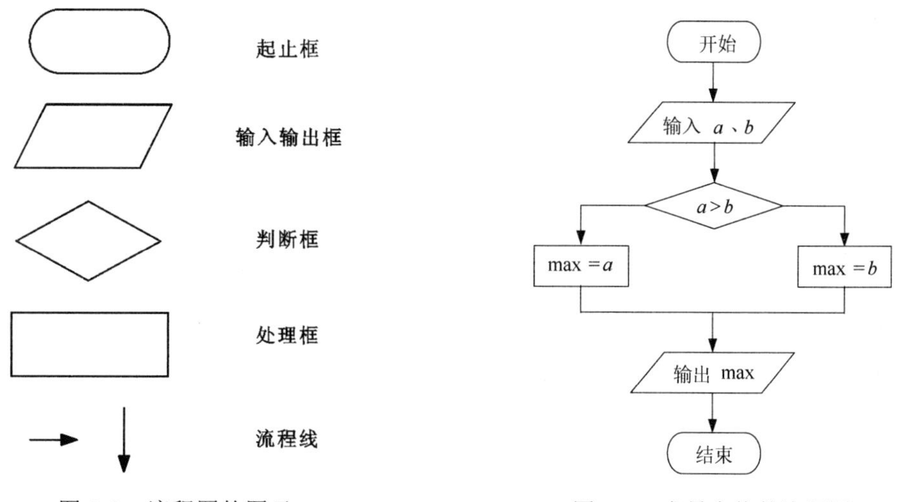

图 1-3　流程图的图元　　　图 1-4　求最大值的流程图

在实际使用中，一般采用如下三种流程结构：

（1）顺序结构

顺序结构是最简单的一种流程结构，简单的一个接着一个地进行处理，如图 1-5 所示。一般来说，顺序结构适合于简单的算法。

（2）分支结构

分支结构常用于根据某个条件来决定算法的走向，如图 1-6 所示。这里首先判断条件 P，如果 P 成立，则执行 B；否则执行 A，然后再继续下面的算法。分支结构有时也称为条件结构。

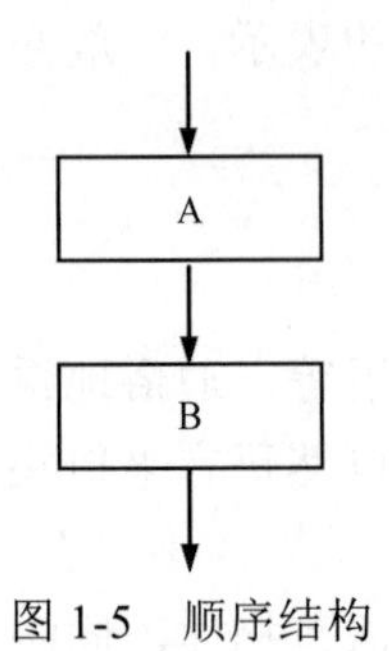

图 1-5　顺序结构

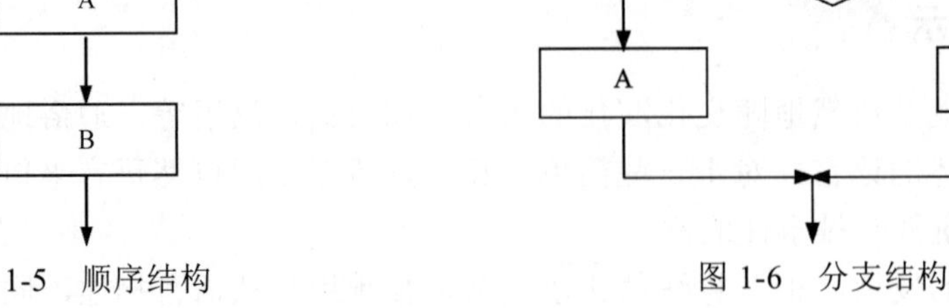

图 1-6　分支结构

（3）循环结构

循环结构常用于需要反复执行的算法操作，按照循环的方式，可以分为当型循环结构和直到型循环结构，分别如图 1-7 和图 1-8 所示。

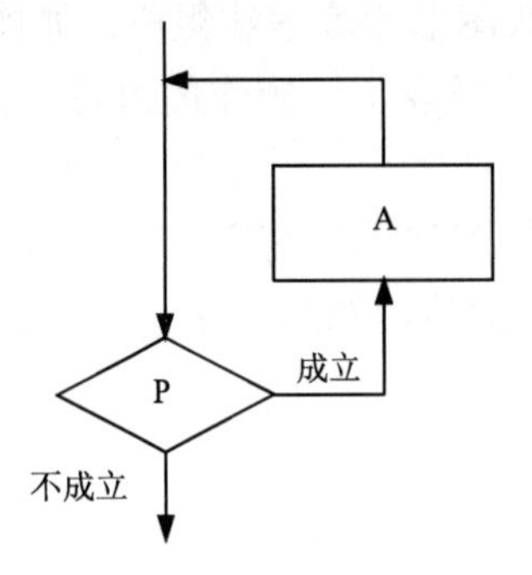

图 1-7　当型循环结构

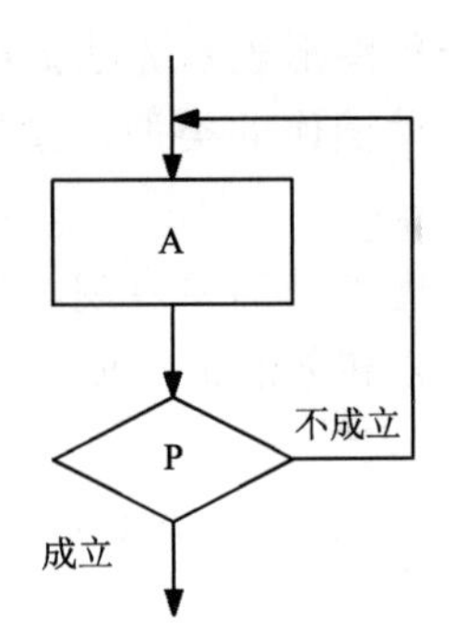

图 1-8　直到型循环结构

当型循环结构和直到型循环结构的区别如下：

- 当型循环结构先对条件进行判断，然后再执行，一般采用 while 语句来实现；
- 直到型循环结构先执行，然后再对条件进行判断，一般采用 until、do…while 语句来实现。

注意：无论当型循环结构还是直到型循环结构，都需要进行合适的处理，以保证能够跳出循环；否则构成死循环是没有任何意义的。

一般来说，采用上述三种流程结构，可以完成所有的算法任务。通过合理安排流程结构，可以构成结构化的程序，这样便于算法程序的开发和交流。

1.3.3　N-S 图表示

N-S 图也称为盒图或者 CHAPIN 图，1973 年由美国学者 I.Nassi 和 B.Shneiderman 提出。他们发现采用流程图可以清楚地表示算法或程序的运行过程，但其中的流程线并不是必需的，因此而创立了 N-S 图。在 N-S 图中，将整个程序写在一个大框图内，这个大框图由若干个小的基本框图构成。采用 N-S 图也可以方便地表示流程图的内容。

采用 N-S 图表示的顺序结构，如图 1-9 所示。采用 N-S 图表示的分支结构，如图 1-10 所示。采用 N-S 图表示的当型循环结构，如图 1-11 所示。采用 N-S 图表示的直到型循环结构，如图 1-12 所示。

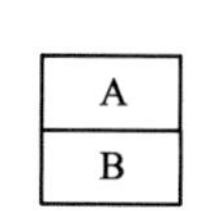

图 1-9　顺序结构

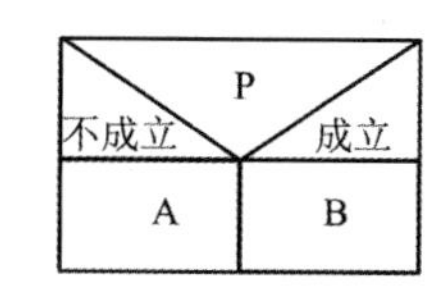

图 1-10　分支结构

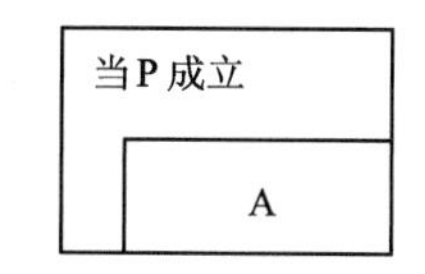

图 1-11　当型循环结构

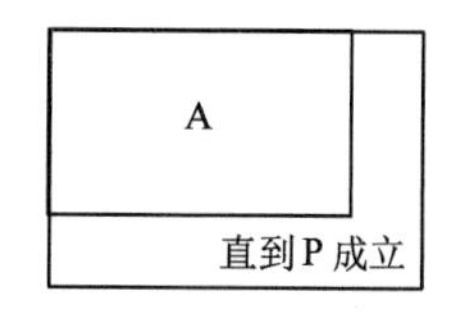

图 1-12　直到型循环结构

1.3.4　伪代码表示

伪代码是另外一种算法描述的方式。伪代码并非真正的程序代码，其介于自然语言和编程语言之间。因此，伪代码并不能在计算机中运行。使用伪代码的目的是将算法描述成一种类似于编程语言的形式，如 C、C++、Java、Pascal 等。这样，程序员便可以很容易理解算法的结构，再根据编程语言的语法特点，稍加修改，即可实现一个真正的算法程序。

能够使用伪代码的一个重要原因是 C 语言的广泛应用，其他语言（例如 C++、Java、C# 等）大都借鉴了 C 语言的语法特点。这些编程语言在很大程度上都和 C 语言类似，例如，都采用 if 语言表示条件分支和判断，采用 for 语句、while 语句表示循环等。因此，可以利用这些共性来描述算法，而忽略编程语言之间的差异。

在使用伪代码表示算法时，程序员可以使用自然语言来进行表述，也可以采用简化的编程语句来表示，相当灵活。不过，为了编程代码的交流和重利用，程序员还是应该尽可能地将其表述清楚。

下面举一个简单的伪代码表示的程序代码的例子，如下：

```
变量a<-输入数据
变量b<-输入数据

if a>b
   变量max<-a
else
   变量max<-b

输出变量max
程序结束
```

在上述代码中，演示的是求两个数据最大值的伪代码。首先将输入的数据分别赋值给变量 *a* 和变量 *b*，然后通过 if 语句进行判断，将最大者赋值给变量 max，最后输出变量 max。从这个例子可以看出，伪代码表示很灵活，但又高度接近编程语言。程序员可以根据这段伪代码和某种编程语言的语法特点进行修改，从而得到真正可执行的程序代码。

在使用伪代码时，描述应该结构清晰、代码简单、可读性好，这样才能够更有利于算法的表示。否则，将适得其反，让人很难懂，就失去伪代码表示的意义了。

1.4　算法的性能评价

算法其实就是解决问题的一种方法，一个问题的解决往往可以采用多种方法，但每种方法所用的时间和得到的效果往往是不一样的。从前面的统筹安排的例子可以看出，好的算法执行效率高，所耗费的时间短；差的算法则往往需要耗费更多的时间，从而导致效率很低。

算法的一个重要任务便是找到合适的、效率最高的解决问题的方法，即最好的算法。从理论上来讲，这就需要对算法的性能有一个合理的评价。一个算法的优劣往往通过算法复杂度来衡量，算法复杂度包括时间复杂度和空间复杂度两个方面。

1.4.1 时间复杂度

时间复杂度即通常所说的算法执行所需要耗费的时间，时间越短，算法越好。一个算法执行的时间往往无法精确估计，通常需要在实际的计算机中运行才能够知道。但是，也可以对算法代码进行估计，而得到算法的时间复杂度。

首先，算法代码执行的时间往往和算法代码中语句执行的数量有关。由于每条语句执行都需要时间，语句执行的次数越多，整个程序所耗费的时间就越长。因此，简短、精悍的算法程序往往执行速度快。

另外，算法的时间复杂度还与问题的规模有关。这方面在专门的算法分析中有详细的分析，这里限于篇幅就不再详述了。有兴趣的读者可以参阅算法分析相关的书籍。

1.4.2 空间复杂度

空间复杂度指的是算法程序在计算机中执行所需要消耗的存储空间。空间复杂度其实可以分为如下两个方面：

（1）程序保存所需要的存储空间，即程序的大小。

（2）程序在执行过程中所需要消耗的存储空间资源，如程序在执行过程中的中间变量等。

一般来说，程序的大小越小，执行过程中消耗的资源越少，这个程序就越好。在算法分析中，空间复杂度有更为详细的度量，这里限于篇幅就不再赘述了，有兴趣的读者可以阅读相关的书籍。

1.5 一个算法实例

通过前面的介绍，读者可对算法有一个更为清晰的认识。算法是一个抽象的解决问题的方法，需要依托于具体的实现手段才能体现其价值。由于本书重点讨论的是计算机程序设计中的算法，因此这里的实现手段可以狭隘地认为是编程语言，如 C、C++、C#、Basic、Java、Pascal 等。

在本书中以流行的 Java 语言为例来介绍各种算法的原理和应用。对于其他编程语言，只要熟悉算法的原理和编程语言的语法特点，只需对代码稍加修改，就可以很方便地进行移植。

明确了编程语言之后，还需要确定编程工具。目前流行的 Java 语言集成开发环境包括 JDK、NetBeans、JBuiler、Eclipse 等。本书选用了应用最为广泛的 Eclipse 集成开发环境，版本为 Indigo Release。本书中的所有程序都可以不加修改或者稍加修改便可以在其他集成开发环境中运行。

在正式进入算法讲解之前，本节先带领读者在 Eclipse 集成开发环境中完成一个简单的算法程序的编写、调试和应用。在后面的章节中，将会直接给出算法的源代码和运行结果，而不会再赘述本节的操作步骤，以便于突出重点。

1.5.1 查找数字

在一个数组中查找数据是经常用到的操作，如在一个班级学生档案集中查找某个学生的记录等。这里将此问题进行简化，程序随机生成一个 20 个整数数据的数组，然后输入要查找的数据。接着，可以采用最简单的逐个对比的方法进行查找，即顺序查找的方法，这种方法的伪代码示例如下：

```
变量x<-输入待查找的数据
变量arr<-随机生成数据数组

for 1 to 20
    if arr[i]==x
        break;找到数据
    else


输出该数据的位置
程序结束
```

上述伪代码仅表示了算法的一个基本流程，并非真正的算法程序代码。但从这里可以看出该程序的基本结构。首先输入待查找的数据，并生成一个随机的数据数组，然后从头到尾对数据进行逐个比较，当数据相等时找到数据，并输出该数据的位置。

下面给出该算法的完整的 Java 语言代码。

```
import java.util.Random;
import java.util.Scanner;

public class P1_1 {
    static int N=20;
    public static void main(String[] args) {
        int[] arr=new int[N];
        int x,n,i;
        int f=-1;

        Random r=new Random();                          //随机种子
        for(i=0;i<N;i++)
        {
            arr[i]=r.nextInt(100);                      //产生数组
        }

        System.out.print("随机生成的数据序列:\n");
        for(i=0;i<N;i++)
        {
            System.out.print(arr[i]+" ");               //输出序列
        }
        System.out.print("\n\n");

        System.out.print("输入要查找的整数:");
        Scanner input=new Scanner(System.in);
        x=input.nextInt();                              //输入要查找的数
        for(i=0;i<N;i++)                                //顺序查找
        {
            if(x==arr[i])                               //找到数据
            {
                f=i;
                break;
            }
        }
        if(f<0)                                         //输出查找结果
```

```
        {
            System.out.println("没找到数据:"+x);
        }
        else
        {
            System.out.print("数据:"+x+" 位于数组的第 "+(f+1)+" 个元素处.\n");
        }

    }

}
```

在该程序中，main()方法生成 20 个随机数，然后 for 语句和 if 语句进行顺序查找。当查找到该数据时，便退出查找，输出该数据的位置；否则输出没找到数据。

1.5.2 创建项目

明确算法程序后，即可在 Eclipse 集成开发环境中执行该程序。首先，需要创建一个 Java 项目，并添加一个空的源程序文件供代码编写。我们梳理一下主要操作步骤：

（1）启动 Eclipse 集成开发环境。

（2）选择 File→New 命令，打开 New Project 对话框，如图 1-13 所示。

（3）在 Java 节点下选择 Java Project 选项。

（4）单击 Next 按钮，在弹出的对话框中的 Project name 文本框中输入工程名 P1，其他采用默认设置，如图 1-14 所示。

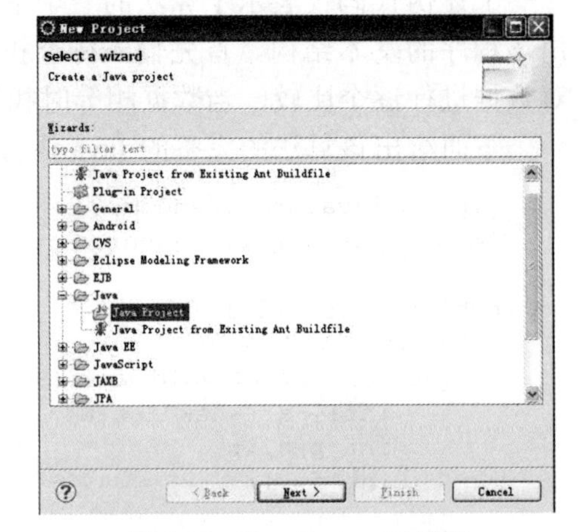

图 1-13 New Project 对话框

（5）单击 Next 按钮，此时弹出 Java Settings 对话框，如图 1-15 所示。该对话框中列出了创建项目所依赖的系统库等信息。

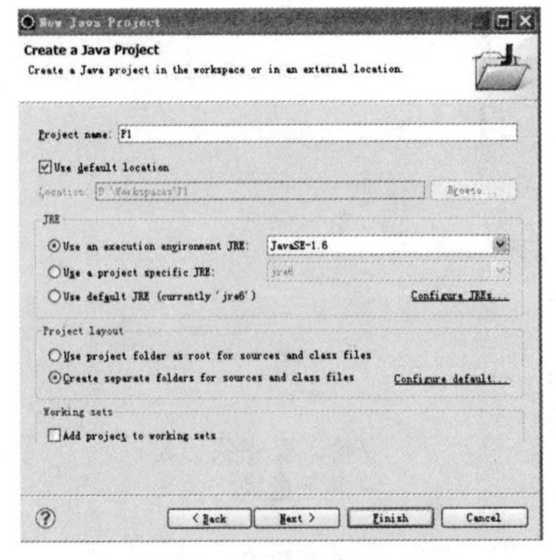

图 1-14 输入工程名“P1”

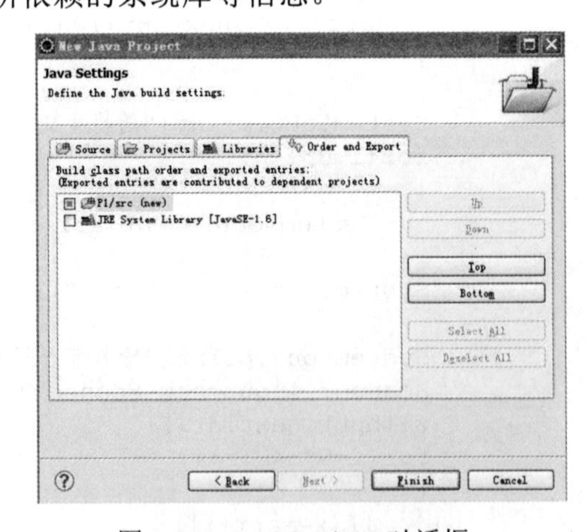

图 1-15 Java Settings 对话框

（6）单击 Finish 按钮，完成项目的建立。此时只是一个空项目，项目中没有任何文件，如图 1-16 所示。

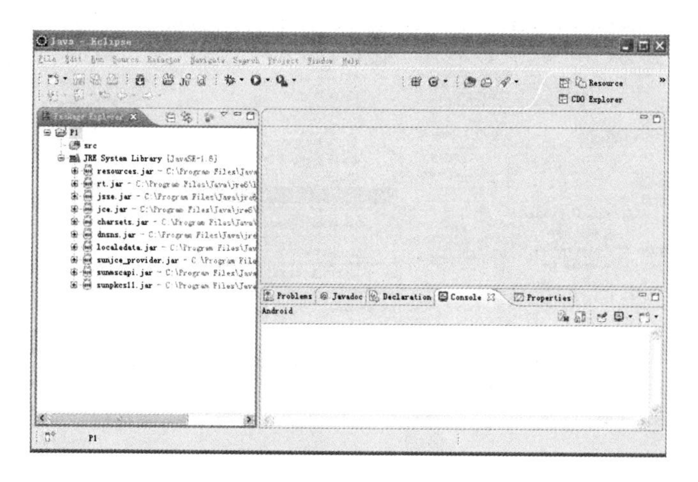

图 1-16　空项目

（7）下面需要在该项目中添加源代码文件。选择 File→New→Class 命令，弹出 New Java Class 对话框，如图 1-17 所示。

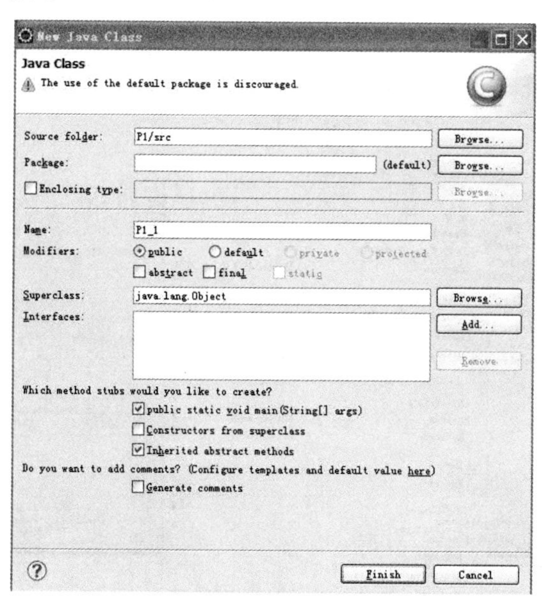

图 1-17　New Java Class 对话框

（8）在 New Java Class 对话框的 Name 文本框中输入源代码文件的名称 P1_1，并选择 public static void main(String[] args)复选框。

（9）单击 Finish 按钮，该文件将自动添加到该项目中。

这样，便完成了一个基本 Java 项目的创建。这里创建的 Java 文件是一个框架，只需将前面顺序查找算法的代码输入其中即可。

1.5.3　编译执行

下面需要在 Eclipse 集成开发环境中对该程序进行编译和运行。我们来看具体的操作步骤。

（1）Eclipse 默认支持自动编译，不需要手动编译。如图 1-18 所示，确认 Build Automatically 选项被选中。源代码如果有语法错误，错误行前面会有明显的错误提示标记。

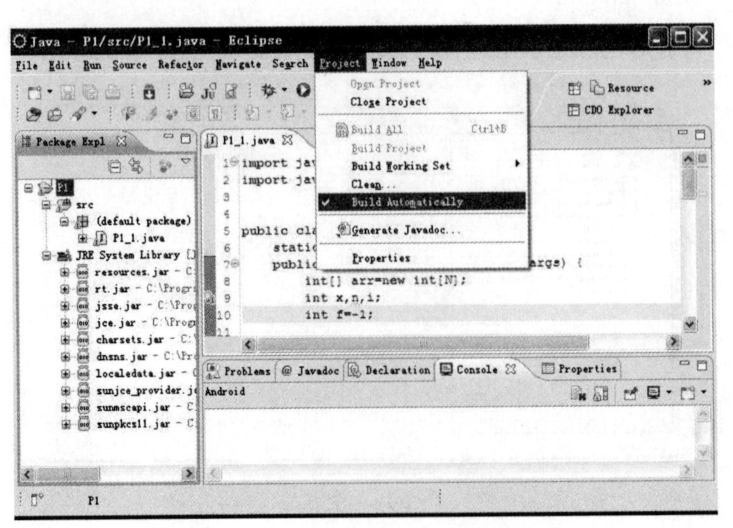

图 1-18 确认 Build Automatically 选项

（2）运行程序，在文件上右击，在弹出的快捷菜单中选择 Run As→Java Application 命令，如图 1-19 所示。

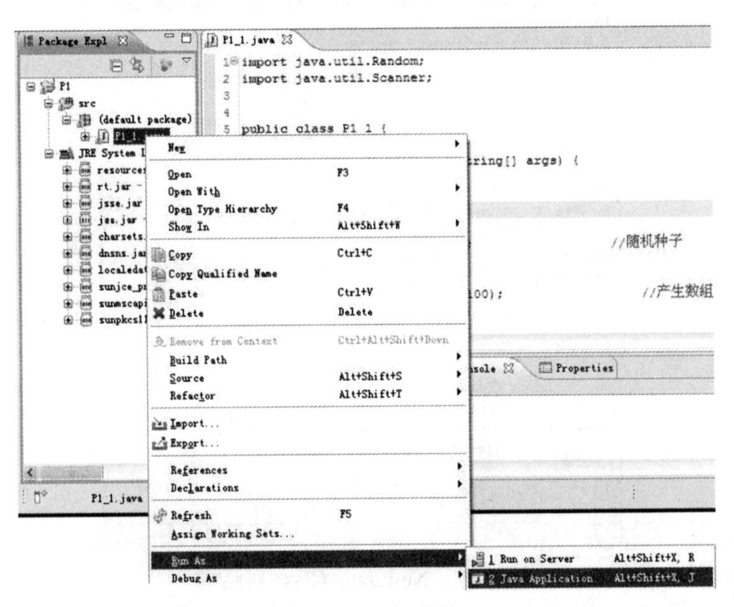

图 1-19 运行菜单

（3）查看程序执行的结果。程序执行的结果通过 Console 窗口显示，如图 1-20 所示。

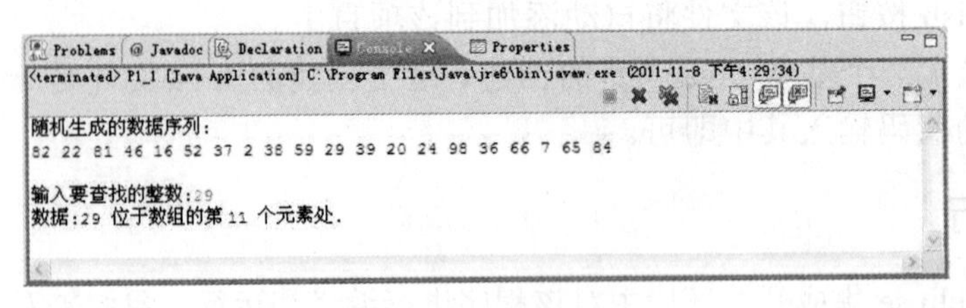

图 1-20 执行结果

至此，便完成了在 Eclipse 集成开发环境中进行 Java 程序设计的基本步骤。本书中很多例子都可以通过这样的步骤来完成，以后不再赘述。

1.6 Java 程序的基本结构

Java 语言的程序流由若干条语句组成。在此之前所编写的程序都是一行一行的，由上而下，从左到右执行的。如果程序只能这样执行，那么程序能做的工作将会受到限制。有时可能需要控制程序执行的过程，例如，重复执行某一程序段或当一个条件出现时才执行某一程序段，而这些变化可以通过流程控制结构的相应语句来完成。

三种基本的程序结构分别为顺序结构、分支结构和循环结构。顺序结构是每条代码都按照先后顺序被执行一次；分支结构是仅有部分代码被执行一次；循环结构是部分代码在某种条件下被反复执行。Java 中还有一种特殊的程序结构称为跳转，可以用 break 或 continue 来改变程序的执行，实现跳转。这些基本的程序结构语句，看起来很简单，但其各种组合，一起构成了千变万化的算法，所以，学习算法之外，还要掌握一种实现算法的程序语言基本语句。本书讲解的是 Java 语言，读者也可以把它们转化成其他程序设计语言。

1.6.1 类是一个基本单元

编写程序，特别是阅读程序之前，首先需要了解程序的基本结构和组成单元，以方便剖析代码的组成。Java 是面向对象的编程语言，不同于 Pascal、C 等面向过程的编程语言。面向对象编程用不同的方法分析和解决问题。熟悉 C 语言的读者在用 Java 编程时不能照搬传统的面向过程的求解问题的方法，而必须先将自己的思想转入一个面向对象的世界。但这种转变比较难，读者首先需要熟悉面向对象设计和编程的基本思想和基本概念。

面向对象编程（Object Oriented Programming，OOP）用与现实世界更一致、与人的思维模式更一致的方法来分析解决问题。面向对象编程的核心是“对象”。在现实世界中，人们无时无刻不与对象打交道。例如，磁盘、电视机、汽车、轮胎、人等，这一切都是对象。对象有两个基本特点：状态和行为。例如，汽车有质量、颜色和速度等状态，也有启动、转弯、加速等操作；人有独特的状态：名字、高矮、性别、健康等，而且还具有行走、休息和工作等行为。软件对象根据现实世界的对象建立，既可以表示现实世界中的事物，也可以表示事件。

在面向对象编程中，有很多对象共享某些属性和方法。可以利用同一类的对象共享一些属性和方法的特点，创造一个创建对象的母体。这种软件母体称为类。也就是说，类是定义同一类对象的属性和方法的蓝图或原形，对象是类的一个实例。

Java 提供了几千种类，有的用于图形界面设计，有的用于数据库操作，有的用于网络编程等。另外，应用开发人员为解决实际问题也可创建用户自定义类。

类是面向对象程序的基本要素。它包含类说明和类的主体两部分。

类的定义格式如下：

```
[修饰符]  class  类名
{
   类的主体…
}
```

与 C++语言不同，Java 语言中即使是一个最简单的程序也必须写成类。而 C++语言中，简单的程序中完全可以不出现类，写一个 main()函数就可以了。要注意 Java 和 C++在这一点上的区别。

说明：类的说明部分是用户可见部分。在这个部分对类的一些性质进行声明，包括类的修饰符、类名等。

（1）修饰符：是影响类生存空间和可访问性的关键字。常用的一种修饰符是 public。它表示允许其他任何类访问。

（2）类名：紧跟在关键字 class 之后，类名的命名要符合 Java 标识符的命名规则，类的主体由两部分构成：变量定义和方法定义。变量用来描述属性，方法用来描述行为。类实体跟在类的声明之后，用一对花括号"{ }"界定。

1.6.2 main()方法

在 C++程序中，main()方法的声明可以是 int main()或 void main()，相对比较灵活。而在 Java 中，main 方法作为 Java 应用程序的入口，写法基本是固定的，例如：

```
public static void main(String args[])
```

唯一可以做修改的是 main()方法中传递的字符数组的名称，可以不用 args 的名称。还有，按照 Java 语言的约定，声明数组时方括号也可以紧跟类型。main 方法还可以写成：

```
public static void main(String[] yourName)
```

实际上不管上面的哪种写法，可以看到：

（1）main()方法必须定义成 public，即公有的；

（2）main()方法必须定义成 static，即静态方法；

（3）main()方法的返回类型固定为 void；

（4）main()方法接收一个字符串数组作为参数。

读者在刚开始学习 Java 语言时，可能觉得 main()方法的书写太烦琐，多写一些程序后，逐步就会习惯了。main()方法的固定写法，必须要牢记。而当以后使用集成开发环境后，写 main()方法相对就比较简单。在 NetBeans 中，输入 psvm 后按展开模板键（默认是 Tab 键，可以设置为空格键或 Enter 键），就可以自动填充 main()方法。

1.6.3 自定义方法

软件对象是变量和方法的集合。根据现实世界的对象建立，软件对象与客观世界的对象存在着一一对应的映射关系。面向对象语言用变量描述对象的状态，用方法描述对象的行为。

方法声明的基本格式如下：

```
[修饰符] 返回值类型 方法名(参数1,参数2,…,参数N)
{
   //变量声明
   //语句
}
```

方法声明的第一行是方法头。

（1）方法名是一个标识符。参数列表用圆括号界定，参数之间用逗号分隔。每个参数由参数类型和参数名组成。参数类型可以是基本数据类型，也可以是类。

（2）方法名前必须指明方法返回值的类型。返回值类型可以是基本类型或引用类型。若方法无返回值，则返回值类型是 void。一个方法最多返回一个值。若方法需要返回计算结果，可用带表达式的 return 语句。若无返回值，可以不用 return 语句，或者使用不带表达式的 return 语句，即：

```
return;
```

（3）参数表由 0 个或多个参数构成。每个参数包括参数类型和参数名。参数类型可以是基本类型，也可以是引用类型。

（4）修饰符是可选项，public 和 private 是常用的修饰符。在方法头后面是方法体，由花括号界定方法体，包括变量声明和语句。

方法体中声明的变量是局部变量，只有在该方法内才有效。如果局部变量与类的成员变量同名，则局部变量屏蔽类的成员变量。局部变量和成员变量的另一个区别是，成员变量有默认值，而局部变量却没有。

1.6.4 System.out.println 的使用

System 是位于 java.lang 包下的一个常用类。java.lang 包称为 Java 的核心包，在这个包下的类可以直接使用，无须使用 import 语句导入。System 类提供了很多的常用方法，如 currentTimeMillis()方法可以得到时间信息，getProperties()方法可以得到当前计算机系统的相关信息。System 类中有一个静态的对象 out，out 是 PrintStream 的对象，提供了 print 和 println 这样的常用方法，用于在控制台上输出信息。具体要在控制台上输出信息时，使用“System.out.println(参数);”的语法形式即可。

此外，为了在控制台得到输出结果，也可以使用“System.out.print(参数);”的语法形式。这里使用的 print 方法与 println 方法的区别是：print 在显示参数后，并不将光标移动到下一行的开头，而 println()在显示参数后，自动将光标位置移到下一行（与文本编辑器里按 Enter 键类似）。此外 Java 也可以使用 System.out.printf()完成数据的输出，该用法完全类似于 C 语言的 printf()函数。System.out.printf()的一般格式如下：

```
System.out.printf(格式控制部分,表达式1,表达式2,…);
```

格式控制部分由普通字符和%d、%s、%f、%ld 之类的格式控制符号组成，普通字符原样输出，格式符号用来输出表达式的值。例如：

```
System.out.printf("%d和%d的和为:",a,b,a+b);
```

1.6.5 一个简单而完整的程序

编写 Java 程序，打印几个特定字符的 ACSII 码，包括数字 0 和 9，大写字母 A 和 Z，小写字母 a 和 z。

具体代码如下：

```
//PrintAscii.java  打印字符的ACSII码
public  class  PrintAscii
{
  public void dispAscii(char ch)
  {
    int  iTmp=(int)ch;
    System.out.println(ch+"的Ascii码是"+iTmp);
  }//end of dispAscii
  public  static  void  main(String  args[])
  {
    PrintAscii obj=new PrintAscii();
```

```
        obj.dispAscii('0');
        obj.dispAscii('9');
        obj.dispAscii('A');
        obj.dispAscii('Z');
        obj.dispAscii('a');
        obj.dispAscii('z');
    }//end of main
}//end of class
```

以上代码中 dispAscii()方法的声明为“public void dispAscii(char ch) ”，它的功能是接收一个字符类型的变量，将这个字符对应的 ASCII 码打印在控制台上。此方法不是静态（static）方法，因此，应该使用“对象名.方法名(参数)”的语法形式来调用。在调用 println()方法时，使用了加号将多个部分连接起来。

打印特定字符的 ASCII 码如图 1-21 所示。

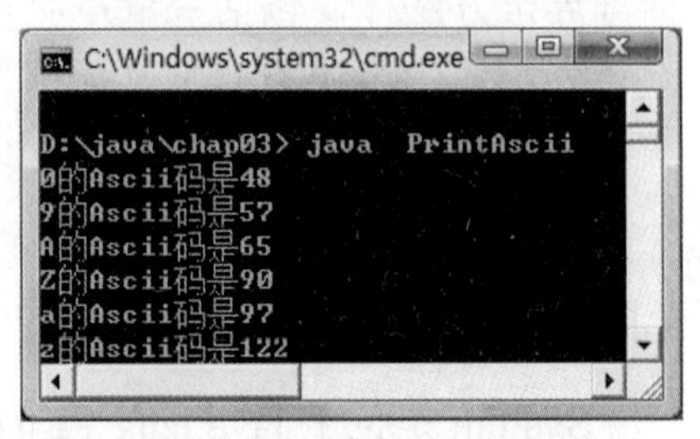

图 1-21 打印特定字符的 ASCII 码

1.7 顺序结构

流程控制是指程序中根据一个条件成立与否来决定跳转或分支执行的一种方式。Java 语言的程序流程控制与 C/C++基本相同，可以分为：顺序执行、分支执行和循环执行三种结构。

顺序结构是指程序从开始到结束顺序执行程序代码，相当于事物从产生到消亡这样一个必然过程，是程序的主要流程。顺序执行方式如图 1-22 所示，先执行 A 操作，再执行 B 操作，两者按先后顺序进行。下面的程序也是一个顺序结构的程序。

```
import java.util.Scanner;
class E_sequence
{
    public static void main(String[] args)
    {
        double width,height,area,girth;
        Scanner keyIn=new Scanner(System.in);
        System.out.println("请输入长方形的宽：");
        width=keyIn.nextDouble();
        System.out.println("请输入长方形的长：");
        height=keyIn.nextDouble();
        area=width*height;
        girth=2*(width+height);
        System.out.println("长方形的面积是："+area+"\n长方形的周
长是："+girth);
    }
}
```

图 1-22 顺序执行方式

以上代码属于典型的顺序结构，首先接收用户通过键盘输入的两个数分别作为一个长方形的长和宽，然后程序进行长方形面积和周长的计算，最后将计算结果输出。程序中用到了 Scanner 类，该类是 JDK 1.5 新增的一个类，位于 java.util 包中，可以使用该类创建一个对象，如下：

```
Scanner keyIn=new Scanner(System.in);
```

然后 keyIn 对象调用下列方法，读取用户在命令行输入的各种数据。

nextByte()、nextDouble()、nextFloat()、nextInt()、nextLine()、nextLong()、nextShort()

上述方法执行时都会暂停，等待用户在命令行输入数据后按 Enter 键确认。

顺序结构示例运行结果如图 1-23 所示。

很多情况下，Java 程序中并不是只有一种程序结构，而是由顺序结构、分支结构和循环结构共同构成。

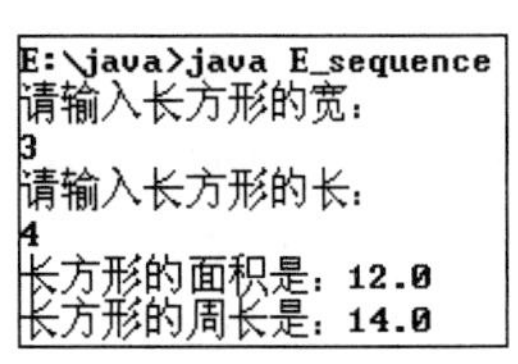

图 1-23　顺序结构示例运行结果

1.8　分支结构

分支结构提供了这样一种控制机制：它根据条件值的不同选择执行不同的语句序列，其他与条件值不匹配的语句序列则被跳过不执行。这对应现实生活中“如果明天是雨天，我们做 XX；如果明天是晴天，我们做 YY”这样的句式。

1.8.1　if...else 分支结构

Java 语言中，最简单的分支结构是 if 结构，采用格式如下：

```
If(条件表达式)
   语句1;
后续语句序列;
```

说明：如果条件表达式的值为 true，就执行语句 1，接下来顺序执行后续语句序列；否则，不执行语句 1，直接执行后续语句序列。

例如：

```
if (x>y)     x=y;
```

如果 x 大于 y，就把 y 的值赋给 x。

当条件为 true，且要执行的语句不只一条语句时，将这些语句用花括号括起来，形成一条复合语句。

例如，如果 x 的值大于 y，将 x 和 y 的值交换，可以用以下语句实现。

```
if (x>y)
{
   t=x;
   x=y;
   y=t;
}
```

if 语句的执行流程如图 1-24 所示。

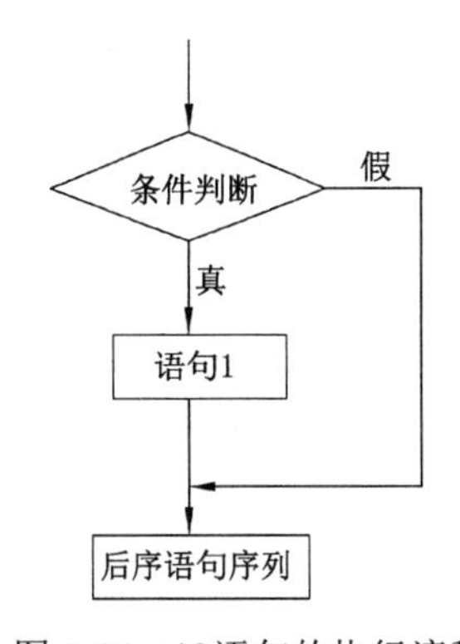

图 1-24　if 语句的执行流程

注意：if 语句后合法的条件值是布尔类型。if 语句后的条件，不管是简单还是复杂，都应使用小括号包含起来。

【思考】在已有语句“int　i=0;”的前提下，下面哪一个是正确的 if 语句？

A．if (i!=2) { }　　　B．if (!i) { }　　　C．if (i) { }　　　D．if (i=2) { }

学过 C++的读者看了之后会觉得前三项都是正确的。而在 Java 中，if 后的部分，必须是一个布尔值。因此，只有 A 选项“if (i!=2) { }”是正确的 if 语句。

简单的 if 语句只能处理一部分问题，如果条件表达式的值为假也能进行相应操作，此时就要用到 if...else 语句。

if...else 语句的格式如下：

```
if(条件表达式)
{ 语句序列1;}
else
{ 语句序列2;}
后续语句序列;
```

说明：当条件表达式的值为 true 时，执行语句序列 1，然后跳过语句序列 2 执行后续语句序列；当条件表达式的值为 false 时，跳过语句序列 1，执行语句序列 2，然后执行后续语句序列。

注意：else 子句不能单独作为语句使用，它必须和 if 子句配对使用，具体示例如下：

```
if(x>y)
   System.out.println("x大于y");
else
   System.out.println("x小于等于y");
```

1.8.2 if...else 嵌套

有时候，简单的 if...else 分支情况还不足以用来描述现实生活中的问题。以闰年为例，闰年的年份可被 4 整除且不能被 100 整除，或者能被 400 整除。这样的问题，就需要用 if...else 的嵌套。语法与前面类似，只是需要注意：在嵌套使用 if...else 语句时，if 和 else 一定要配对使用，else 总是与它上面最近的 if 配对。记住，一个 else 语句总是和它同在一个块的最近的 if 语句相匹配，并且该 if 语句没有和其他的 else 关联。

分析下面的代码片段，执行后输出的 i 值是多少？

```
int i=2, j=3, k=4;
if(i>j)
   if(j>0)
      if(k==4)
         i=i+3;
      else
         i=i-3;
System.out.println(i);
```

虽然代码看起来很复杂，但实际上第一个 if 选择就不满足，因此将直接执行输出语句，输出的 i 值为 2。

可以嵌套使用 if 和 else if 语句，例如：

```
if(x>y)
   System.out.println("x大于y");
   else if(x<y)
      System.out.println("x小于y");
   else
      System.out.println("x等于y");
```

1.8.3　switch 语句

if 和 if...else 语句只有两个分支可供选择执行，而实际问题中却经常遇到多分支选择执行的情况，虽然可以使用嵌套的 if 和 if…else 语句来处理。但是多重嵌套的 if 语句会造成代码冗长而降低程序的可读性。在 Java 语言中，使用 switch 语句实现多分支条件选择。它根据一个变量或表达式的值来执行不同的操作语句。

switch 语句的格式如下：

```
switch(表达式){
   case value1:
      语句序列1;
      break;
   case value2:
      语句序列2;
      break;
…
   case valueN:
      语句序列N;
      break;
   default:
      语句序列M; }
```

说明： switch 语句的执行过程如下。根据表达式的值来判断，表达式的值和 value 的值相同就进入相应的 case 语句，执行相应的语句序列，遇到 break，就跳出 switch 语句，执行后续语句序列；如果表达式的值与任何 value 都不相同，此时如果有 default 语句，就进入执行其中的语句序列，没有 default 语句，就直接跳出 switch 语句，执行后续语句序列。

使用 switch 语句需要注意以下几点：

（1）表达式的值只能是 int、byte、short 或 char 类型中的一种。

（2）case 子句中的值 value 必须是上述四种类型的常量，而且所有 case 子句中的值应该不相同。

（3）break 语句用来执行完一个 case 分支后，使程序跳出 switch 结构。因为 case 子句只起到一个标号作用，用来查找匹配的程序入口并从此处开始执行。如果没有 break 语句，当程序执行完匹配的 case 语句序列后，还会继续执行后面的 case 语句中的语句序列。

（4）在一些特殊的情况下，多个相邻的 case 分支执行一组相同的操作。为了简化程序的编写，相同的程序段只需出现一次，即出现在最后一个 case 分支中。为了保证这组 case 分支都能执行正确的操作，只在这组 case 分支的最后一个 case 分支后加 break 语句。例如：

```
switch(ch)
{
   case 'a':
   case 'b':
   case 'c':System.out.print(ch);
      break;
   …
}
```

在选择分支结构时注意，用于比较的是 double 类型时，不能选择 switch 语句。也就是 if 语句能实现的功能，switch 未必能实现。二者有各自的应用场景。switch 后表达式的类型必须为 char、byte、short、int，不能是整型中的 long，更不能是 float 或 double 类型。

1.8.4 编程示例

接下来，我们用三个示例来演示一下分支结构的具体应用。

示例 1：编写程序，对三个整型变量进行排序，按照从小到大的顺序排列，要求使用简单的 if 分支结构。

代码如下：

```
//SortABC.java 将三个变量从小到大排列
public class  SortABC
{
   public static void main(String args[])
   {
      int a=8562,b=4,c=307;
      int t;
      if(a>b)
      {  t=a;a=b;b=t;}
      if(a>c)
      {  t=a;a=c;c=t;}
      if(b>c)
      {  t=b;b=c;c=t;}
      System.out.println("排序之后: a=" + a +", b=" + b +", c=" +c);
      }
}
```

以上代码中定义了一个临时变量 t。当要交换两个相同类型的变量中所存放的值时，一般都需要再定义一个变量。就好像两个杯子中装了两种不同的液体，要把两个杯子中装的液体交换，需要借助第三个空杯子来完成。

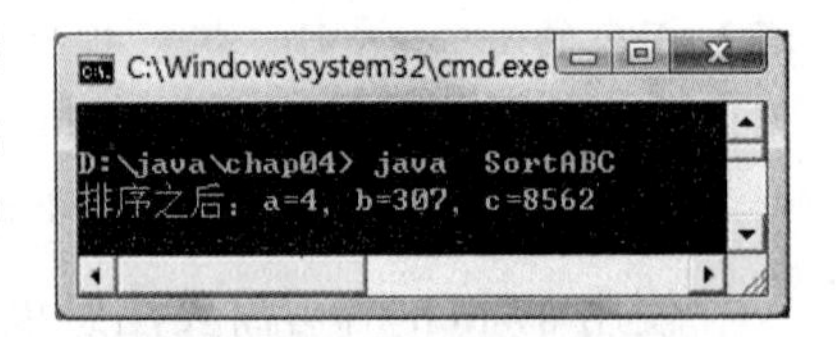

图 1-25　对数值进行排序

对数值进行排序如图 1-25 所示。

示例 2：用 if 语句的嵌套，根据学生的成绩判断等级。

代码如下：

```
//IfDemo.java
public class IfDemo
{
   public static void main(String args[])
   {
      int iScore=78;
      String sGrade;
      if(iScore>=90)
         sGrade="优";
         else if(iScore>=80)
            sGrade="良";
            else if(iScore>=70)
               sGrade="中";
               else if(iScore>=60)
                  sGrade="及格";
                  else
                     sGrade="不及格";
     System.out.println("学生的成绩是: "+iScore);
     System.out.println("学生的等级是: "+sGrade);
}//end of main
}//end of class
```

学生成绩分为不及格、及格、中、良、优五个等级。在使用 if 语句时，需要用到 if 的嵌套。一般情况下，if 语句的嵌套不要超过三个层次。

判断学生成绩的等级如图 1-26 所示。

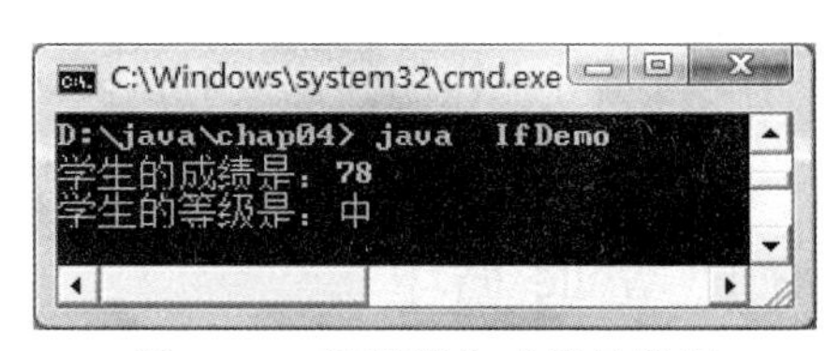

图 1-26　判断学生成绩的等级

示例 3：在程序中编写一个名为 showDays 的方法，要求使用 switch 结构，根据传递的表示月份的参数，显示该月有多少天。程序中假定 2 月份固定为 28 天，不考虑闰年问题。

代码如下：

```
//SwitchDemo.java
public class SwitchDemo
{
  public void showDays(int iMonth)
  {
    int iDays=0;
    switch(iMonth)
    {
      case 2: iDays=28; break;
      case 4: iDays=30; break;
      case 6: iDays=30; break;
      case 9: iDays=30; break;
      case 11: iDays=30; break;
      default: iDays=31;
    }
    System.out.println(iMonth+"月有"+iDays+"天！");
  }
  public static void main(String args[])
  {
    SwitchDemo obj=new SwitchDemo();
    obj. showDays(3);
  }
}
```

因为不考虑闰年问题，假定 2 月的天数固定为 28 天。剩下的 11 个月中，1 月、3 月、5 月、7 月、8 月、10 月、12 月是 31 天，而 4 月、6 月、9 月、11 月是 30 天。为了让程序简单，switch 语句中把 2 月份和其他为 30 天的月份列出来了。剩下的情况，执行 default 分支部分。

switch 演示如图 1-27 所示。

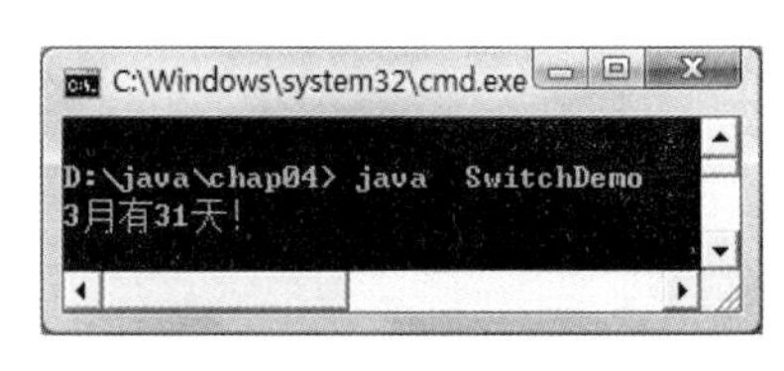

图 1-27　switch 演示

1.9　循环结构

在程序设计中，有时需要反复执行一段相同的代码，直到满足一定的条件为止，或者某个条件不再满足为止。与其他任何计算机语言一样，Java 语言也提供了循环结构。

循环结构一般包含如下四部分内容：

（1）初始化部分：用来设置循环控制的初始条件，如设置计数器初值等。

（2）循环体部分：反复执行的一段代码，可以是一条语句，也可以是复合语句。

（3）迭代部分：用来修改循环控制条件。一般在本次循环结束，下次循环开始前执行。循环结构的这一部分不能缺少。如果循环控制条件不改变就会造成死循环，除非使用 break 这样的语句跳出循环。

（4）判断部分：一般是一个关系表达式或逻辑表达式，其值用来判断是否满足循环终止条件。每执行一次循环都要对该表达式求值。

下面介绍 Java 循环语句中的 while、do...while 和 for 语句。

1.9.1 while 循环

无法得知一个循环会被重复执行多少次时，可以选择 while 循环。while 循环又称“当型循环”。while 语句的格式如下：

```
循环变量初始化;
while(循环条件表达式)
{
   循环体;
   循环变量修改;
}
```

注意：（1）首先初始化控制条件；

（2）当循环条件表达式的值为 true 时，循环执行循环体。若某次判断循环条件表达式的值为 false，则结束循环的执行；

（3）while 循环首先计算循环条件，当条件满足时，才去执行循环体中的语句或代码块；如果首次计算循环条件就不满足，则循环体中的语句或代码块一次都不被执行；

（4）while 循环通常用于循环次数不确定的情况，但也可以用于循环次数确定的情况。

while 循环流程图如图 1-28 所示。

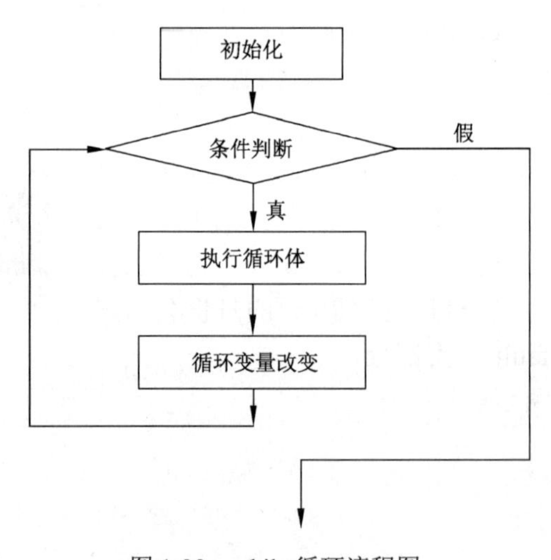

图 1-28 while 循环流程图

1.9.2 do...while 循环

do...while 语句用来实现“直到型循环”，采用格式如下：

```
循环变量初始化;
do
{
   循环体;
   循环条件改变;
}
```

```
while(循环条件表达式);
```

说明：do...while 循环先执行一次循环体，然后才对循环条件进行判断。如果为 true，则再次执行循环体，直到循环条件为 false，结束循环，继续执行后续程序。

根据这样的执行方式，可以发现无论循环条件是 true 还是 false，循环体至少被执行一次。另外，如果循环条件表达式的值开始就为 false，那么即使循环体中不包含对循环条件的修改，也不会造成死循环。do...while 循环流程图如图 1-29 所示。

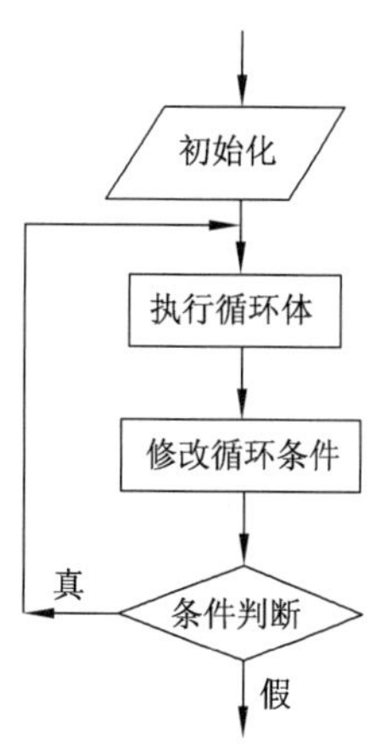

图 1-29　do...while 循环流程图

1.9.3　for 循环

当事先知道了循环会被重复执行多少次时，可以选择 Java 语言提供的步长型循环结构 for 循环。for 循环语句的格式如下。

```
for(循环变量初始化; 循环条件表达式; 循环变量修改)
{
   循环体;
}
```

说明：（1）for 循环执行时，首先执行初始化操作，然后判断循环条件是否满足。如果满足，则执行循环体中的语句，最后执行循环变量修改部分。完成一次循环后，重新判断终止条件；

（2）可以在 for 循环的初始化部分声明一个变量，它的作用域为整个 for 循环；

（3）for 循环通常用于循环次数确定的情况，但也可以根据循环结束条件完成循环次数不确定的情况；

（4）在初始化部分和循环变量修改部分可以使用逗号语句来进行多个操作。例如：

```
for(i=0,j=10;i<j;i++,j--)
```

（5）初始化、条件表达式和循环变量修改部分都可以为空语句，但分号不能省略。例如：

```
i=1;
for( ; i<=5; )
{
   ...
   i++;
}
```

这样与 for (i=1;i<=5;i++)语句是相同的效果。

（6）for 循环与 while 循环是可以相互转换的。例如：

```
for(i=1;i<=5;i++)
{ ... }
等同于：
i=1;
while(i<=5)
{
   ...
   i++;
}
```

for 循环流程如图 1-30 所示。

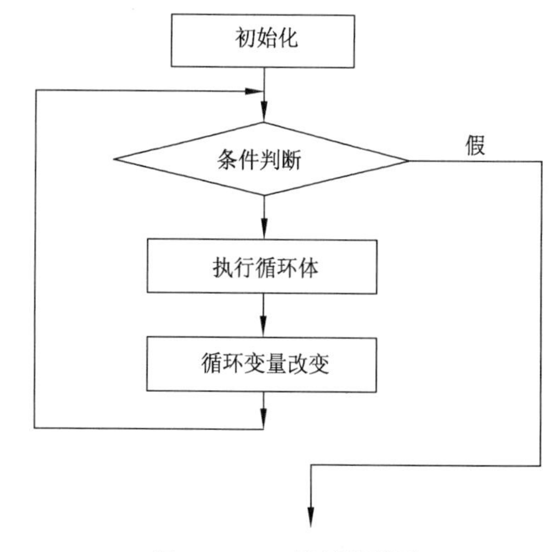

图 1-30　for 循环流程图

1.9.4 编程示例

接下来，我们通过 5 个示例具体看一下循环结构的实践应用。

示例 1：编写程序，使用 while 循环来计算 1+2+3+…+100 的值。

代码如下：

```
//Sum100.java
public class Sum100
{
    public static void main(String args[])
    {
        int iLoop=1;
        int iSum=0 ;
        while(iLoop<=100)
        {
            iSum+=iLoop;
            iLoop++;
        }
        System.out.println("1到100的累加和是: "+iSum);
    }
}
```

while 循环通常用于循环次数不确定的时候，在这种情况下，循环体中通常有更改循环条件的语句或 break 语句。此外，while 循环也可用于循环次数已知的情况下。相当于 for 循环，while 中必须要有让循环变量值更改的语句。

本例中是计算累加和，因此存放结果的变量，其初始值是 0。如果是存放累乘的结果，则初始值应该是 1，因为 1 和任何数相乘都不会更改结果，而 0 则不行。

使用 while 计算累加，执行结果如图 1-31 所示。

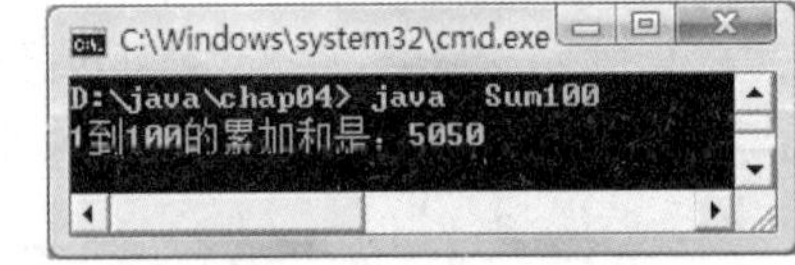

图 1-31 执行结果

示例 2：编写程序，计算 1+1/3+1/5+1/7+…+ 1/(2×*n*+1)的值。要求使用 while 循环，且必须计算到 1/(2×*n*+1)小于 0.000 01 时为止。当循环结束时，显示上述表达式中 *n* 的值，以及表达式的计算结果。

代码如下：

```
//DoWhileDemo.java
public class DoWhileDemo
{
    public static void main(String args[])
    {
        int n=1;
        double dSum=1.0,dTemp;
        do
        {
            dTemp=1.0/(2*n+1);
            dSum+=dTemp;
            n++;
        }while(dTemp>=0.00001);
        System.out.println("循环结束时n的值是: "+(n-1) );
        System.out.println("计算出的结果是: "+dSum);
    }
}
```

根据题目的要求及题目要完成的计算，应该选择 do...while 循环。

执行结果如图 1-32 所示。

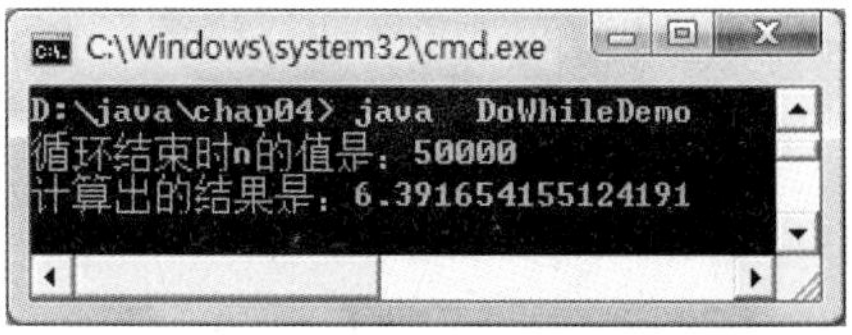

```
C:\Windows\system32\cmd.exe
D:\java\chap04> java  DoWhileDemo
循环结束时n的值是：50000
计算出的结果是：6.391654155124191
```

图 1-32　执行结果

示例 3：编写程序，将 ASCII 码位于 32～126 之间的 95 个字符显示在屏幕上。为了美观，要求在小于 100 的码值前填充一个 0，每打印 8 个字符后换行。

代码如下：

```
//ShowAscii.java
public  class  ShowAscii
{
   public  static  void  main(String  args[])
   {
      String temp="";
      for (int i=32;i<=126;i++)
      {
         temp=i<100?("0"+i):(""+i);
         System.out.print(temp+"="+(char)i+"  ");
         if((i-31)%8==0)
            System.out.print("\n");
      }//end of for
   }//end of main
}//end of class
```

本示例主要包含 for 循环、三目运算符、类型强制转换和取余操作四个知识点。编写程序时，难度就在于如何控制换行。要在一行打印多项数据时，应该使用 System.out.print 而不是 System.out.println。当需要产生换行时，可以用语句“System.out.print ("\n");”或者“System.out.println();”。本例要控制换行，可以另外定义一个计数器变量。但最好的方式就是使用循环变量来控制换行。因为 for 循环是从 32 循环到 126，只需在循环变量减去 31 后能被 8 整除时，产生一个换行，就能实现题目的要求。此外，对整数类型，可以强制其类型为字符类型。语法为“char　ch=(char) int 型变量;”。

执行结果如图 1-33 所示。

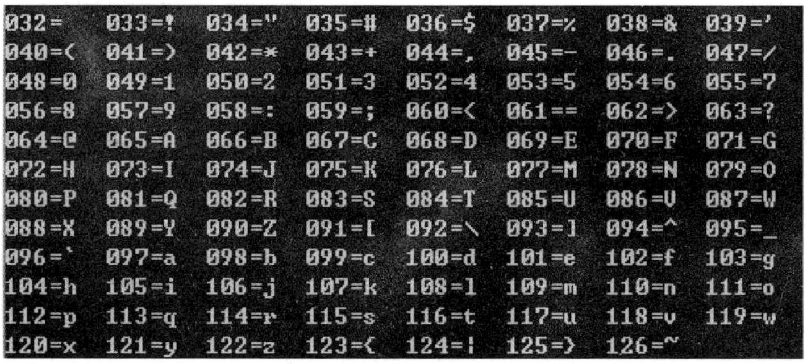

```
032=    033=!  034="  035=#  036=$  037=%  038=&  039='
040=(  041=)  042=*  043=+  044=,  045=-  046=.  047=/
048=0  049=1  050=2  051=3  052=4  053=5  054=6  055=7
056=8  057=9  058=:  059=;  060=<  061==  062=>  063=?
064=@  065=A  066=B  067=C  068=D  069=E  070=F  071=G
072=H  073=I  074=J  075=K  076=L  077=M  078=N  079=O
080=P  081=Q  082=R  083=S  084=T  085=U  086=V  087=W
088=X  089=Y  090=Z  091=[  092=\  093=]  094=^  095=_
096=`  097=a  098=b  099=c  100=d  101=e  102=f  103=g
104=h  105=i  106=j  107=k  108=l  109=m  110=n  111=o
112=p  113=q  114=r  115=s  116=t  117=u  118=v  119=w
120=x  121=y  122=z  123={  124=|  125=}  126=~
```

图 1-33　执行结果

示例 4：通过枚举求毕业生人数和已就业学生的人数。已知某大学软件学院本年度毕业生的人数为三百人左右，且学生就业率为 83.23%。通过 for 循环，来求出最可能的学生人数及已就业人数。假定总人数三百人左右的描述，是指人数上下波动在 20 以内。

代码如下：

```
//StuEnum.java
public class StuEnum
{
   private void calcByEnum(int iNum,int iOff,float fPercent)
   {
      float fMinDiff=1.0f,fTmp;
      int iRealNum=300;
      for(int i=iNum-iOff+1;i<=iNum+iOff;i++)
      {
         fTmp=Math.abs( Math.round(i*fPercent)/(float)i-fPercent );
         if(fTmp<fMinDiff)
         {
            fMinDiff=fTmp;
            iRealNum=i;
         }//end of if
      }//end of for
      int iJiuYe=Math.round(iRealNum*fPercent);
      System.out.println("通过枚举，计算出学生总人数是："+iRealNum);
      System.out.println("已就业学生人数："+iJiuYe);
      System.out.println("问题陈述给出的就业率是："+fPercent*100+"%");
      System.out.println("计算结果对应的就业率是："+(iJiuYe/(float)iRealNum)
*100+"%");
   }//end of calcByEnum
   public static void main(String args[])
   {
      StuEnum obj=new StuEnum();
      obj.calcByEnum(300,20,0.8323f);
   }//end of main
}//end of class
```

本例主要使用 for 循环，核心语句是“for(int i=iNum-iOff+1;i<=iNum+ iOff;i++)”。实现的思路是对每一个可能的人数进行列举，根据已知的就业率求出就业学生人数，此时要进行四舍五入。再根据求出的取整后的就业学生人数，除以总人数，得到一个计算出来的就业率。计算此就业率和已知值之间的差，和已知值之间相差最小的就是所求的结果。

注意：带小数点的数字必须以 f 或者 F 结尾，否则会被当成双精度型。

存放某次枚举时计算得到的就业率与真实就业率之间差值的变量 fMinDiff，必须赋一个初值。这里先赋了一个在上下文环境中的最大值 1.0。很显然，在进行第一次比较后，此原始值就会被舍弃。但是，必须赋予一个恰当的初值。

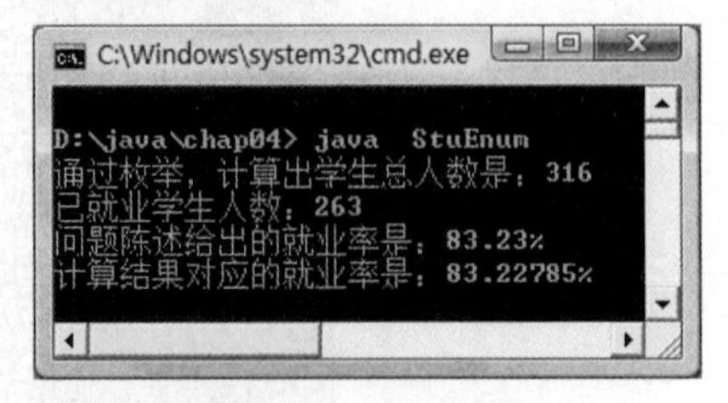

图 1-34 执行结果

通过 for 循环进行枚举的执行结果如图 1-34 所示。

示例 5：编写程序，使用 for 循环的嵌套，打印出九九乘法表。

代码如下：

```
//ChengFaBiao.java
public  class  ChengFaBiao
{
```

```
    public  static  void  main(String  args[])
    {
      System.out.println("九九乘法表");
      int  i,j;
      for(i=1;i<=9;i++)
      {
        for(j=1;j<=i;j++)
        { System.out.print(i+"*"+j+"="+i*j+"\t"); }
        System.out.print("\n");
      }//end of for
    }//end of main
  }//end of class
```

在进行 for 循环嵌套时，外层循环变量 *i* 的取值范围为 1～9，而内层循环变量 *j* 的取值范围为 1～*i*。此外，打印时要在恰当的地方产生换行。

执行结果如图 1-35 所示。

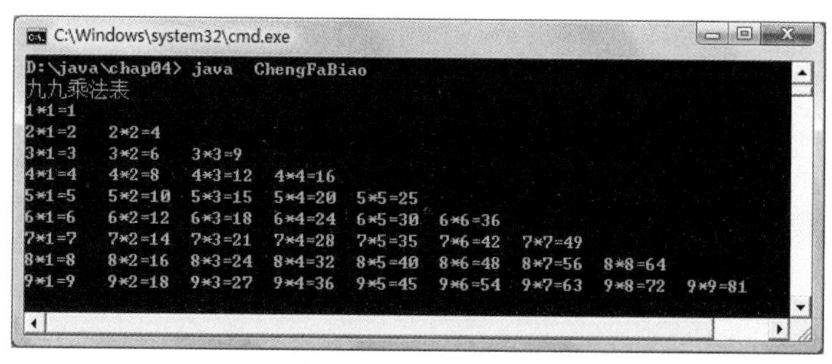

图 1-35　打印乘法表

1.10　跳转结构

Java 语言中可以用 break 或 continue 语句来改变程序的执行，实现跳转。

1.10.1　break

在 switch 结构中，break 语句用来退出 switch 语句，使程序继续执行 switch 的后续语句。而在循环中，可以使用 break 语句退出循环，并从紧跟循环结构的第一条语句开始执行。在 Java 中写程序时要避免死循环，而有时可以看到 while(true)这样的循环，实际上只要在循环体中，在满足某个条件时使用 break 语句跳出循环即可。

1.10.2　continue

break 语句用来退出循环，并从紧跟该循环结构的第一条语句处开始执行。而 continue 语句则跳过循环体中下面没有被执行的语句，回到循环体的开始处，开始下一轮循环。因此，continue 的作用是让本次循环中位于 continue 之后的语句不执行，重新开始下一轮循环。

如果用户需要打印 2～20 之间的奇数，除了以往的用 for 循环步长来控制外，还可以使用 continue 语句；代码如下：

```
for(int i=2;i<=20;++i)
{
```

```
    if(i%2==0) continue;              //判断i是否是偶数，若是偶数，则进行下一轮循环
    System.out.println(i);
  }
```

1.10.3 编程示例

示例 1：打印 3～100 之间的素数，每行打印 6 个数。

代码如下：

```
//SuSu.java
public  class  SuSu
{
  public  static  void  main(String  args[])
  {
    System.out.println("3--100之间的素数有: ");
    boolean isprime;
    int iCount=0;
    for(int i=3;i<=100;i++)
    {
      isprime=true;
      for(int j=2;j<=i/2;j++)
      {
        if(i%j==0)
        {
          isprime=false;
          break;
        }//end of if
      }//end of for j
      if(isprime)
      {
        System.out.print(i+"\t");
        iCount++;
        if(iCount%6==0) System.out.println();
      }//end of if
    }//end of for i
  }//end of main
}//end of class
```

通过程序代码来实现素数的判断，实现的思路不只一种，本题采用的思路是：先假定一个数是素数，接下来通过循环从 2 往上验证此数能否被某个数整除，一旦能整除，就将先前置为 true 的布尔变量修改为 false，然后退出内层循环。最后根据布尔变量的值，来判断某个数是否为素数。

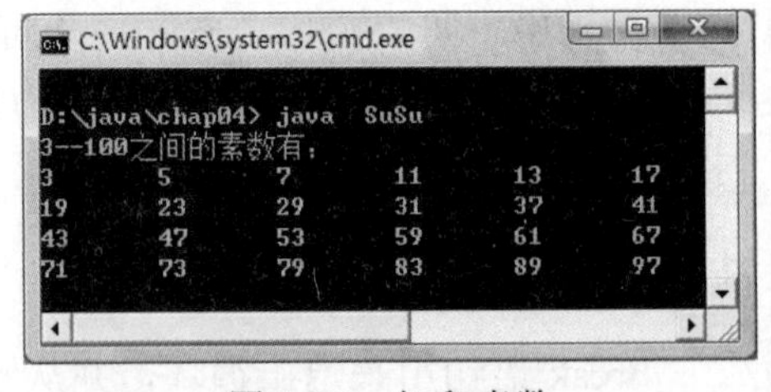

图 1-36　打印素数

程序运行的结果如图 1-36 所示。

示例 2：编写程序，提供一个 queryCoding(String sArg)方法，能对用户传递的字符串参数中的汉字打印出 Unicode 编码。若参数中含有非汉字的其他符号，则自动跳过。

代码如下：

```
//DispUnicode.java
public  class  DispUnicode
```

```
{
   private void queryCoding(String sArg)
   {
      System.out.println("用户传递的字符串参数是：");
      System.out.println(sArg);
      System.out.println("计算得到的汉字Unicode编码是：");
      //依次取出每一个字符进行操作
      for(int i=0;i<sArg.length();i++)
      {
         //首先判断是不是汉字，不是则跳过
         char ch=sArg.charAt(i);
         if(ch<19968||ch>40869) continue;
         System.out.print((int)ch+" ");
      }//end of for
   }//end of queryCoding
   public  static  void  main(String  args[])
   {
      DispUnicode obj=new DispUnicode();
      obj.queryCoding("和谐包容，智慧诚信，务实创新。");
   }
}
```

String 类的 charAt()方法可以取出单个字符。汉字的 Unicode 编码范围为 19 968～40 869，总共 20 902 个汉字。本例演示 continue 的使用，使用它可以在满足特定条件时忽略循环体中的某些语句。

演示 continue 的使用如图 1-37 所示。

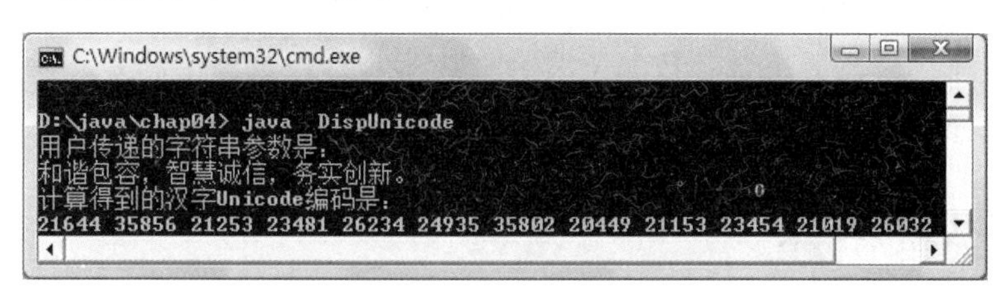

图 1-37　演示 continue 的使用

—— 本章小结 ——

算法是一门非常重要的科学，在计算机程序设计及其他领域都有着广泛的应用。本章首先介绍了算法的概念、发展历史、算法的分类。然后，重点区分了算法与公式、程序、数据结构的关系，帮助读者了解一些基本的概念。接着，介绍了算法的自然语言表示、流程图表示、N-S 图表示和伪代码表示，同时还介绍了如何评价一个算法的优劣。本章还通过一些实例和语法概述，向读者介绍了如何进行 Java 语言程序设计，这是 Java 语言算法学习的基础。

第2章 数据结构

数据结构是数据的组织形式，可以用来表征特定的对象数据。在计算机程序设计中，操作的对象是各式各样的数据，这些数据往往拥有不同的数据结构，如数组、接口、类等。而算法和数据结构具有千丝万缕的联系，计算机科学家尼克劳斯·沃思（Nikiklaus Wirth）提出“数据结构+算法=程序”的著名公式。这是因为不同的数据结构所采用的处理方法不同，计算的复杂程度也不同，因此算法往往依赖于某种数据结构，即数据结构是算法实现的基础。本章将介绍数据结构的概念和几种典型数据结构的应用。

2.1 数据结构概述

数据结构是计算机中对数据的一种存储和组织方式，同时也泛指相互之间存在一种或多种特定关系的数据的集合。数据结构是计算机艺术的一种体现，合理的数据结构能够提高算法的执行效率，还可以提高数据的存储效率。

2.1.1 什么是数据结构

什么是数据结构，数据结构的具体定义又是什么呢？数据结构是计算机程序设计的产物，其实，到现在为止，计算机技术领域中还没有一个统一的数据结构的定义。不同的专家往往对数据结构有不同的描述，以下就是几种典型的定义。

“数据结构是数据对象、存在于该对象的实例以及组成实例的数据元素之间的各种关系，并且这种关系可以通过定义相关的函数来给出。”这是 Sartaj Sahni 在其经典著作《数据结构、算法与应用》一书中提出的，他将数据对象定义为一个实例或值的集合。

“数据结构是抽象数据类型 ADT 的物理实现。”这是 Clifford A.Shaffer 在其《数据结构与算法分析》一书中定义的。其中抽象数据类型的英文全称为 Abstract Data Type，简称为 ADT。抽象数据类型 ADT 的概念将在后面讲到。

Lobert L.Kruse 也给出了数据结构设计过程的概念，他认为一个数据结构的设计过程可以分为抽象层、数据结构层和实现层。其中，抽象层是指抽象数据类型层，即 ADT 层，主要讨论数据的逻辑结构及其运算；数据结构层讨论一个数据结构的表示；实现层讨论一个数据结构在计算机内的存储细节及运算的实现。

虽然没有一个统一的定义，但是这些定义都具有相同的含义。在这里读者只需了解数据结构的基本含义，并能够使用其解决问题即可。可以这样简单地理解数据结构，一个数据结构是由数据元素依据某种逻辑联系组织起来的，对数据元素间逻辑关系的描述称为数据的逻辑结构。由于数据必须在计算机内存储，数据的存储结构是其在计算机内的表示，也就是数据结构的实现形式。另外，讨论一个数据结构，必须涉及在该类数据上执行的运算。

数据结构是一切算法的基础，不仅如此，数据结构可以说是程序设计语言的基础。正是由于对数据结构的深入理解，才导致多种多样的程序设计语言的诞生，如 Java、C++、C#等。其中，面向对象的程序设计语言就是完善处理对象类型数据结构的范例，这在某些方面可以方便地描述和解决实际问题。

2.1.2　数据结构中的基本概念

深入了解数据结构之前，读者需要简单掌握数据结构中涉及的一些基本概念，主要包括如下内容：

（1）数据（Data）：数据是信息的载体，其能够被计算机识别、存储和加工处理，是计算机程序加工的“原材料”。数据包括的类型非常广，如基本的整数、字符、字符串、实数等，此外，图像和声音等也都可以认为是一种数据。

（2）数据元素（Data Element）：数据元素是数据的基本单位，也称为元素、结点、顶点、记录等。一般来说，一个数据元素可以由若干数据项组成，数据项是具有独立含义的最小标识单位。数据项也可称为字段、域、属性等。

（3）数据结构（Data Structure）：数据结构指的是数据之间的相互关系，即数据的组织形式。这就是本章所要讨论的主要内容。

2.1.3　数据结构的内容

一般来说，数据结构包括三方面的内容，数据的逻辑结构、数据的存储结构和数据的运算。下面就将分析这三方面的内容：

（1）数据的逻辑结构（Logical Structure）：数据元素之间的逻辑关系。数据的逻辑结构是从逻辑关系上描述数据的，与数据在计算机中如何存储无关，也就是独立于计算机的抽象概念。从数学分析的角度来看，数据的逻辑结构可以看作从具体问题抽象出来的数学模型。

（2）数据的存储结构（Storage Structure）：数据元素及其逻辑关系在计算机存储器中的表示形式。数据的存储结构依赖于计算机语言，是逻辑结构用计算机语言的实现。一般来说，只有在高级语言的层次上才会讨论存储结构，在低级的机器语言中，存储结构是具体的。

（3）数据的运算：能够对数据施加的操作。数据的运算的基础为数据的逻辑结构，每种逻辑结构都可以归纳为一个运算的集合。在数据结构范畴内，最常用的运算包括检索、插入、删除、更新、排序等。

1. 数据结构的例子

为了便于读者理解，下面举一个例子来分析有关数据结构的概念和内容。表 2-1 所示为某班级学生成绩表，这里显示的是其中一部分。

表 2-1 某班级学生成绩表

学 号	姓 名	数 学	物 理	英 语	语 文
10001	张三	90	87	90	70
10002	李四	88	78	89	80
10003	陈九	92	93	90	85
10004	王一	90	90	89	84
10005	赵六	92	98	80	80
…	…	…	…	…	…
10099	马七	94	90	85	87

在表 2-1 中，每一行可以看作一个数据元素，也可以称为记录或者结点。这个数据元素由学号、姓名、数学成绩、物理成绩、英语成绩和语文成绩等数据项构成。

通过这个表首先来看一下数据元素之间的逻辑关系。下面用数据结构的语言来描述这些逻辑关系：

（1）对于表中任意一个结点，直接前驱（Immediate Predecessor）结点最多只有一个。直接前驱结点即与它相邻且在它前面的结点。

（2）对于表中任意一个结点，直接后继（Immediate Successor）结点最多只有一个。直接后继结点即与它相邻且在它后面的结点。

（3）表中只有第一个结点没有直接前驱，即开始结点。

（4）表中只有最后一个结点没有直接后继，即终端结点。

例如，表中“张三”所在的结点就是开始结点，“马七”所在的结点就是终端结点。表中间的“陈九”所在结点的直接前驱结点是“李四”所在的结点，表中间的“陈九”所在结点的直接后继结点是“王一”所在的结点。这些结点关系就构成了某班级学生成绩表的逻辑结构。

然后再来看一下数据的存储结构。数据的存储结构是数据元素及其逻辑关系在计算机存储器中的表示形式。这就需要采用计算机语言来进行描述，例如，是每个结点按照顺序依次存储在一片连续的存储单元中呢，还是存储在分散的空间而使用引用将这些结点链接起来呢？这方面的内容将在后面进行详述。

最后，再来分析数据的运算。当拿到这个表之后，应进行哪些操作呢？一般来说，主要包括如下操作：

（1）查找某个学生的成绩。

（2）对于新入学的学生，在表中增加一个结点来存放。

（3）对于退学的学生，将其结点从表中删除。

当然，还包括计算每个学生的总成绩、平均成绩、整个班级的平均成绩等，不过这些内容就不属于数据结构的范畴了。上述三种操作就是最基本的数据结构的运算，即数据结点的查找、插入和删除。

这样，结合这个简单的例子，读者便能够理解数据结构的基本概念和内容。

2．数据结构是一个有机的整体

其实，数据的逻辑结构、数据的存储结构和数据的运算是一个整体，孤立地去理解这三者中的任何一个都是不全面的。这主要表现在如下方面：

（1）同一个逻辑结构可以有不同的存储结构。逻辑结构和存储结构是两个概念，例如，线性表是最简单的一种逻辑结构，如果线性表采用顺序方式存储，这种数据结构就是顺序表；如果线性表采用链式方式存储，这种数据结构就是链表；如果线性表采用散列方式存储，这种数据结构就是散列表。

（2）同一种逻辑结构也可以有不同的数据运算集合。数据的运算是数据结构中十分重要的内容。一个相同的数据逻辑结构和存储结构采用不同的运算集合及运算性质，将导致全新的数据结构。例如，如果将线性表的插入运算限制在表的一端，而删除操作限制在表的另一端，那么这种数据结构就是队列；如果将线性表的插入和删除操作都限制在表的同一端，那么这种数据结构就是栈。

数据结构中的这三方面是一个有机的整体，缺一不可。数据的逻辑结构、数据的存储结构和数据的运算任何一个发生变化都将导致一个全新的数据结构出现。

2.1.4　数据结构的分类

数据结构有很多种，一般来说，按照数据的逻辑结构来对其进行简单分类，可分为线性结构和非线性结构两类。

1．线性结构

简单地说，线性结构就是表中各个结点具有线性关系。如果从数据结构的语言来描述的话，线性结构应该包括如下内容：

（1）线性结构是非空集。

（2）线性结构有且仅有一个开始结点和一个终端结点。

（3）线性结构所有结点最多只有一个直接前驱结点和一个直接后继结点。

前面提到的线性表就是典型的线性结构，还有栈、队列和串等都是线性结构。

2．非线性结构

简单地说，非线性结构就是表中各个结点之间具有多个对应关系。如果从数据结构的语言来描述，非线性结构应该包括如下内容：

（1）非线性结构是非空集。

（2）非线性结构的一个结点可能有多个直接前驱结点和直接后继结点。

在实际应用中，数组、广义表、树结构和图结构等数据结构都是非线性结构。

2.1.5　数据结构的几种存储方式

数据的存储结构是数据结构的一个重要内容。在计算机中，数据的存储结构可以采用如下四种方法来实现。

1．顺序存储方式

简单地说，顺序存储方式就是在一块连续的存储区域一个接着一个地存放数据。顺序存储方式把逻辑上相邻的结点存储在物理位置上相邻的存储单元里，结点间的逻辑关系由存储单元的邻接关系来体现。顺序存储方式也称为顺序存储结构（Sequential Storage Structure），一般采用数组或者结构数组来描述。

线性存储方式主要用于线性逻辑结构的数据存放，而对于图和树等非线性逻辑结构则不适用。

2．链接存储方式

链接存储方式比较灵活，其不要求逻辑上相邻的结点在物理位置上相邻，结点间的逻辑关系由附加的引用字段表示。一个结点的引用字段往往指向下一个结点的存放位置。

链接存储方式也称为链式存储结构（Linked Storage Structure），一般在原数据项中增加引用类型来表示结点之间的位置关系。

3．索引存储方式

索引存储方式是采用附加的索引表的方式来存储结点信息的一种存储方式。索引表由若干索引项组成。索引存储方式中索引项的一般形式为：（关键字、地址）。其中，关键字是能够唯一标识一个结点的数据项。

索引存储方式还可以细分为如下两类：

（1）稠密索引（Dense Index）：这种方式中每个结点在索引表中都有一个索引项。其中，索引项的地址指示结点所在的存储位置。

（2）稀疏索引（Spare Index）：这种方式中一组结点在索引表中只对应一个索引项。其中，索引项的地址指示一组结点的起始存储位置。

4．散列存储方式

散列存储方式是根据结点的关键字直接计算出该结点的存储地址的一种存储方式。

在实际应用中，往往需要根据具体的数据结构来决定采用哪种存储方式。同一逻辑结构采用不同的存储方法，可以得到不同的存储结构。而且这 4 种基本存储方法，既可单独使用，也可组合起来对数据结构进行存储描述。

2.1.6 数据类型

几乎每一种程序设计语言都会讲到数据类型的概念。简单地说，数据类型就是一个值的集合及在这些值上定义的一系列操作的总称。例如，对于 C 语言的整数类型，其有一定的取值范围，对于整数类型还定义了加法、减法、乘法、除法和取模运算等操作。

按照数据类型的值是否可以分解，数据类型可以分为基本数据类型和聚合数据类型。

（1）基本数据类型：其值不能进一步分解，一般是程序设计语言自身定义的一些数据类型，如 C 语言中的整型、字符型、浮点型等。

（2）聚合数据类型：其值可以进一步分解为若干分量，一般是用户自定义的数据类型，如 C 语言中的结构、数组等。

上述数据类型的概念在一般的程序设计语言中都会讲到。在这里将重点看一下另外一个概念，抽象数据类型（Abstract Data Type，ADT）。

抽象数据类型（ADT）指的是数据的组织及其相关的操作。ADT 可以看作数据的逻辑结构及其在逻辑结构上定义的操作。一个 ADT 可以定义为如下形式：

```
ADT 抽象数据类型名
{
    数据对象：（数据元素集合）
    数据关系：（数据关系二元组结合）
    基本操作：（操作函数的罗列）
} ADT 抽象数据类型名;
```

抽象数据类型 ADT 一般具有如下两个重要特征。

（1）数据抽象：使用 ADT 时，其强调的是实体的本质特征，所能够完成的功能，以及与外部用户的接口。

（2）数据封装：用于将实体的外部特性和其内部实现细节进行分离，并且对外部用户隐藏其内部实现细节。

ADT 可以看作描述问题的模型，它独立于具体实现。ADT 的优点是将数据和操作封装在一起，使得用户程序只能通过在 ADT 里定义的某些操作来访问其中的数据，从而实现了信息隐藏。在 Java 语言中是使用接口来表示 ADT，用接口的实现类来实现 ADT 的。

ADT 和接口的概念其实很好地表现了程序设计中的两层抽象。ADT 是概念层上的抽象，而接口则属于实现层上的抽象。

2.1.7　常用的数据结构

在计算机科学的发展过程中，数据结构也在随着发展。目前，程序设计中常用的数据结构包括如下内容：

1．数组（Array）

数组是一种聚合数据类型，是将具有相同类型的若干变量有序地组织在一起的集合。数组可以说是最基本的数据结构，在各种编程语言中都有对应。一个数组可以分解为多个数组元素，按照数据元素的类型，数组可以分为整型数组、字符型数组、浮点型数组、对象数组等。数组还可以有一维、二维及多维等表现形式。

2．栈（Stack）

栈是一种特殊的线性表，其只能在一个表的一个固定端进行数据结点的插入和删除操作。栈按照后进先出的原则来存储数据，也就是说，先插入的数据将被压入栈底，最后插入的数据在栈顶，读出数据时，从栈顶开式逐个读出。栈在汇编语言程序中经常用于重要数据的现场保护。栈中没有数据时，称为空栈。

3．队列（Queue）

队列和栈类似，也是一种特殊的线性表。和栈不同的是，队列只允许在表的一端进行插入操作，而在另一端进行删除操作。一般来说，进行插入操作的一端称为队尾，进行删除操作的一端称为队头。队列中没有元素时，称为空队列。

4．链表（Linked List）

链表是一种数据元素按照链式存储结构进行存储的数据结构，这种存储结构在物理上具有非连续的特点。链表由一系列数据结点构成，每个数据节点包括数据域和引用域两部分。其中，引用域保存了数据结构中下一个元素存放的地址。链表结构中数据元素的逻辑顺序是通过链表中的引用链接次序来实现的。

5．树（Tree）

树是典型的非线性结构，其是包括 n 个结点的有穷集合 K。在树结构中，有且仅有一个根结点，该结点没有前驱结点。在树结构中的其他结点都有且仅有一个前驱结点，而且可以有 m 个后继结点，$m \geqslant 0$。

6．图（Graph）

图是另外一种非线性数据结构。在图结构中，数据结点一般称为顶点，而边是顶点的有序偶对。如果两个顶点之间存在一条边，那么就表示这两个顶点具有相邻关系。

7．堆（Heap）

堆是一种特殊的树型数据结构，一般讨论的堆都是二叉堆。堆的特点是其根结点的值是所有结点中最小的或者最大的，并且根结点的两个子树也是一个堆结构。

8．散列表（Hash）

散列表源自于散列函数（Hash Function），其思想是如果在结构中存在关键字和 T 相等的记录，那么必定在 $F(T)$的存储位置可以找到该记录，这样就可以不用进行比较而直接取得所查记录。

2.1.8 选择合适的数据结构解决实际问题

计算机给程序员带来了很大的方便。计算机能够处理的问题一般可以分为两类：数值计算问题和非数值计算问题。

数值计算问题在早期的计算机发展中占据了很大的比例。例如，线性方程的求解、矩阵的计算等。这类问题一般需要程序设计的技巧和相应的数学知识，而数据结构方面涉及的内容比较少。

随着计算机应用范围的扩大，一些非数值计算问题越来越突出，成为计算机解决的焦点问题。目前来说，非数值计算问题大约占据了 80%的计算机工作时间。高效解决这类问题不仅需要数学知识，而且还需要设计合理的数据结构。例如，在一个包含大量数据的电话号码簿中查找指定号码的问题，运动比赛的赛程时间安排问题等。这些问题往往不能简单地用数学公式来表示，还需要合理地选择数据结构来处理。

在本书中，对于数值计算问题和非数值计算问题都会涉及。数值计算相关的问题主要是一些数学和工程中的计算算法，包括多项式求解、矩阵计算、微分、积分等算法。非数值计算问题主要是本章的数据结构及后面章节中的数据结构问题。

2.2 线性表

从这一节开始介绍各种常用的数据结构。首先要看的便是线性表。线性表是一种典型的线性结构，是最简单、最常用的数据结构。

2.2.1 什么是线性表

谈到线性表（Linear List），首先应该分析其逻辑定义。从逻辑上来看，线性表就是由 n（$n \geqslant 0$）个数据元素 a_1，a_2，…，a_n 组成的有限序列。这里需要说明如下：

（1）数据元素的个数为 n，也称为表的长度，当 $n=0$ 的时候称为空表；

（2）如果一个线性表非空，即 $n>0$，则可以简单地记作（a_1，a_2，…，a_n）；

（3）数据元素 a_i（$1 \leqslant i \leqslant n$）表示了各个元素，在不同的场合，其含义也不同。

在现实生活中，可以找到很多线性表的例子。比如英文字母表就是最简单的线性表，英文字母表（A，B，C，…，Z）中，每个英文字符就是一个数据元素，也称为数据结点。另外，表 2-1 某班级学生成绩表也是一个线性表。在这里，数据元素就是某个学生的记录，其中包括学号、姓名、各个科目的成绩等。

对于一个非空的线性表，其逻辑结构特征如下：

① 有且仅有一个开始结点 a_1，没有直接前驱结点，有且仅有一个直接后继结点 a_2；

② 有且仅有一个终结结点 a_n，没有直接后继结点，有且仅有一个直接前驱结点 a_{n-1}；

③ 其余的内部结点 a_i（$2 \leqslant i \leqslant n-1$）都有且仅有一个直接前驱结点 a_{i-1} 和一个直接后继结点 a_{i+1}；

④ 对于同一线性表，各数据元素 a_i 必须具有相同的数据类型，即同一线性表中各数据元素具有相同的类型，每个数据元素的长度相同。

2.2.2　线性表的基本运算

前面介绍的是线性表的逻辑结构，再来分析线性表的基本运算。线性表的基本运算包括如下内容：

（1）初始化

初始化表（InitList）即构造一个空的线性表 L。

（2）计算表长

计算表长（ListLength）即计算线性表 L 中结点的个数。

（3）获取结点

获取结点（GetNode）即取出线性表 L 中第 i 个结点的数据，这里 $1 \leqslant i \leqslant$ ListLength（L）。

（4）查找结点

查找结点（LocateNode）即在线性表 L 中查找值为 x 的结点，并返回该结点在线性表 L 中的位置。如果在线性表中没有找到值为 x 的结点，则返回一个错误标志。这里需要注意的是，线性表中有可能含有多个与 x 值相同的结点，那么此时就返回第一次查找到的结点。

（5）插入结点

插入结点（InsertList）即在线性表 L 的第 i 个位置插入一个新的结点，使得其后的结点编号依次加 1。这时，插入一个新结点之后，线性表 L 的长度将变为 $n+1$。

（6）删除结点

删除结点（DeleteList）即删除线性表 L 中的第 i 个结点，使得其后的所有结点编号依次减 1。删除一个结点之后，线性表 L 的长度将变为 $n-1$。

上述内容是一个线性表最基本的运算，当然读者根据需要还可以定义其他一些运算。

至此，线性表的逻辑结构和数据运算讨论完毕，线性表的存储结构还没有介绍。其实，在计算机中线性表可以采用两种方法来保存，一种是顺序存储结构，另一种是链式存储结构。顺序存储结构的线性表称为顺序表，而链式存储结构的线性表称为链表。顺序表和链表就是下面要介绍的内容。

2.3　顺序表结构

顺序表（Sequential List）就是按照顺序存储方式存储的线性表，该线性表的结点按照逻辑次序依次存放在计算机的一组连续的存储单元中，如图 2-1 所示。

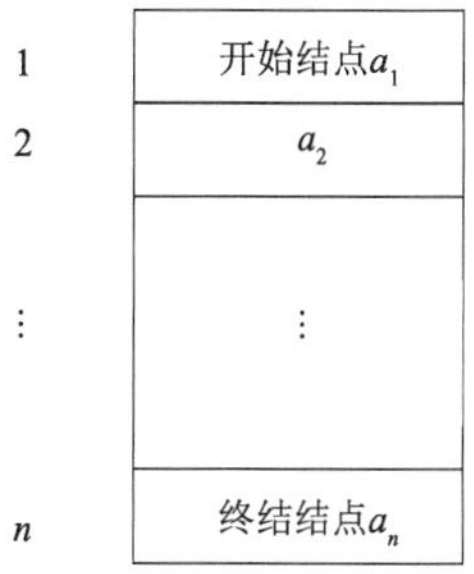

1	开始结点 a_1
2	a_2
⋮	⋮
n	终结结点 a_n

图 2-1　顺序表的存储

由于顺序表是依次存放的，只要知道了该顺序表的首地址及每个数据元素所占用的存储长度，那么就很容易计算出任何一个数据元素（即数据结点）的位置。

一般的，假设顺序表中所有结点的类型相同，则每个结点所占用的存储空间大小亦相同，每个结点占用 c 个存储单元。其中，第一个单元的存储地址则为该结点的存储地址，并设顺序表中开始结点 a_1 的存储地址（简称为基地址）为 LOC（a_1），那么结点 a_i 的存储地址 LOC

(a_i) 可通过下式计算：

$$LOC(a_i) = LOC(a_1) + (i-1) *c \quad 1 \leqslant i \leqslant n$$

这就是能够操作顺序表进行运算的基本规则。接下来分析如何在 Java 语言中建立顺序表，并完成顺序表的基本运算。

2.3.1 准备数据

学习了前面的理论知识后，下面就开始顺序表结构的程序设计。首先需要准备数据，也就是准备在顺序表操作中需要用到的变量及数据结构等。示例代码如下：

```
static final int MAXLEN=100;                    //定义顺序表的最大长度

class DATA
{
   String key;                                  //结点的关键字
   String name;
   int age;
}                                               //定义结点

class SLType                                    //定义顺序表结构
{
   DATA[] ListData=new DATA[MAXLEN+1];          //保存顺序表的结构数组
   int ListLen;                                 //顺序表已存结点的数量
}
```

在上述代码中，定义了顺序表的最大长度 MAXLEN，顺序表数据元素的类 DATA 及顺序表的类 SLType。在类 SLType 中，ListLen 为顺序表已存结点的数量，即当前顺序表的长度，ListData 是一个对象数组，用来存放各个数据结点。

其实，可以认为该顺序表是一个班级学生的记录。其中，key 为学号，name 为学生的名称，age 为年龄。

由于 Java 语言中数组都是从下标 0 开始的。在这里，为了讲述和理解的方便，从下标 1 开始记录数据结点，下标 0 的位置不使用。

2.3.2 初始化顺序表

在使用顺序表之前，首先要创建一个空的顺序表，即初始化顺序表。这里，在程序中只需设置顺序表的结点数量 ListLen 为 0 即可。这样，后面需要添加的数据元素将从顺序表的第一个位置存储。示例代码如下：

```
void SLInit(SLType SL)                          //初始化顺序表
{
   SL.ListLen=0;                                //初始化为空表
}
```

需要注意的是，这里并没有清空一个顺序表。读者也可以采用相应的程序代码来清空，只需简单地将结点数量 ListLen 设置为 0 即可，这样如果顺序表中原来已有数据，也会被覆盖，并不影响操作，反而提高了处理的速度。

2.3.3 计算顺序表长度

计算顺序表长度即计算线性表 L 中结点的个数。由于在类 SLType 中使用 ListLen 来表示顺序表的结点数量，因此程序只要返回该值就可以了。代码示例如下：

```
int SLLength(SLType SL)
{
    return (SL.ListLen);              //返回顺序表的元素数量
}
```

2.3.4　插入结点

插入结点就是在线性表 L 的第 i 个位置插入一个新的结点，使得其后的结点编号依次加 1。这时，插入一个新结点之后，线性表 L 的长度将变为 $n+1$。插入结点操作的难点在于随后的每个结点数据都要进行移动，计算量比较大。示例代码如下：

```
int SLInsert(SLType SL,int n,DATA data)
{
    int i;
    if(SL.ListLen>=MAXLEN)            //顺序表结点数量已超过最大数量
    {
        System.out.print("顺序表已满，不能插入结点!\n");
        return 0;                     //返回0表示插入不成功
    }
    if(n<1 || n>SL.ListLen-1)         //插入结点序号不正确
    {
        System.out.print("插入元素序号错误，不能插入元素！\n");
        return 0;                     //返回0，表示插入不成功
    }
    for(i=SL.ListLen;i>=n;i--)        //将顺序表中的数据向后移动
    {
        SL.ListData[i+1]=SL.ListData[i];
    }
    SL.ListData[n]=data;              //插入结点
    SL.ListLen++;                     //顺序表结点数量增加1
    return 1;                         //成功插入，返回1
}
```

在上述代码中，在程序中首先判断顺序表结点数量是否已超过最大数量，以及插入结点序号是否正确。所有条件都满足后，然而将顺序表中的数据向后移动，同时插入结点，并更新结点数量 ListLen。

2.3.5　追加结点

追加结点并不是一个基本的数据结构运算，其可以看作插入结点的一种特殊形式，相当于在顺序表的末尾新增一个数据结点。由于追加结点的特殊性，其代码实现相比插入结点要简单，因为不必进行大量数据的移动，因此这里单独给出其实现的程序。示例代码如下：

```
int SLAdd(SLType SL,DATA data)        //增加元素到顺序表尾部
{
    if(SL.ListLen>=MAXLEN)            //顺序表已满
    {
        System.out.print("顺序表已满，不能再添加结点了！\n");
        return 0;
    }
```

```
    SL.ListData[++SL.ListLen]=data;
    return 1;
}
```

在上述代码中，仅简单判断这个顺序表是否已经满了，然后便追加该结点，并更新结点数量 ListLen。

2.3.6 删除结点

删除结点即删除线性表 L 中的第 *i* 个结点，使得其后的所有结点编号依次减 1。删除一个结点之后，线性表 L 的长度将变为 *n* - 1。删除结点和插入结点类似，都需要进行大量数据的移动。示例代码如下：

```
int SLDelete(SLType SL,int n)            //删除顺序表中的数据元素
{
    int i;
    if(n<1 || n>SL.ListLen+1)            //删除结点序号不正确
    {
        System.out.print("删除结点序号错误，不能删除结点！\n");
        return 0;                        //删除不成功，返回0
    }
    for(i=n;i<SL.ListLen;i++)            //将顺序表中的数据向前移动
   {
        SL.ListData[i]=SL.ListData[i+1];
    }
    SL.ListLen--;                        //顺序表元素数量减1
    return 1;                            //成功删除，返回1
}
```

在上述代码中，首先判断待删除的结点序号是否正确，然后开始移动数据，并更新结点数量 ListLen。

2.3.7 查找结点

查找结点即在线性表 L 中查找值为 *x* 的结点，并返回该结点在线性表 L 中的位置。如果在线性表中没有找到值为 *x* 的结点，则返回一个错误标志。根据值 *x* 类型的不同，查找结点可以分为按照序号查找结点和按照关键字查找结点两种方法。

1. 按照序号查找结点

对于一个顺序表，序号就是数据元素在数组中的位置，也就是数组的下标标号。按照序号查找结点是顺序表查找结点最常用的方法，这是因为顺序表的存储本身就是一个数组。示例代码如下：

```
DATA SLFindByNum(SLType SL,int n)        //根据序号返回数据元素
{
    if(n<1 || n>SL.ListLen+1)            //元素序号不正确
    {
        System.out.print("结点序号错误，不能返回结点！\n");
        return null;                     //不成功，则返回0
    }
    return SL.ListData[n];
}
```

2. 按照关键字查找结点

另一个比较常用的方法是按照关键字查找结点。这里，关键字可以是数据元素结构中的任意一项。以 key 关键字为例介绍，由前面知道 key 可以看作学生的学号。示例代码如下：

```
int SLFindByCont(SLType SL,String key)            //按关键字查询结点
{
    int i;
    for(i=1;i<=SL.ListLen;i++)
    {
        if(SL.ListData[i].key.compareTo(key)==0)   //如果找到所需结点
        {
            return i;                              //返回结点序号
        }
    }
    return 0;                                      //搜索整个表后仍没有找到，则返回0
}
```

2.3.8　显示所有结点

显示所有结点数据并不是一个数据结构基本的运算，因为其可以简单地逐个引用结点来实现。不过为了方便，还是将其单独列为一个方法。示例代码如下：

```
int SLAll(SLType SL)                               //显示顺序表中的所有结点
{
    int i;
    for(i=1;i<=SL.ListLen;i++)
    {
        System.out.printf("(%s,%s,%d)\n",SL.ListData[i].key,SL.ListData[i].
        name,SL.ListData[i].age);
    }
    return 0;
}
```

2.3.9　顺序表操作实例

学习了前面的顺序表的基本运算之后，便可以轻松地完成对顺序表的各种操作。下面给出一个完整的例子，来演示顺序表的创建、插入结点、查找结点等操作。示例代码如下：

```
import java.util.Scanner;


class DATA
{
    String key;                                    //结点的关键字
    String name;
    int age;
}

class SLType                                       //定义顺序表结构
{
    static final int MAXLEN=100;
    DATA[] ListData=new DATA[MAXLEN+1]; //保存顺序表的结构数组
    int ListLen;                        //顺序表已存结点的数量
```

```
void SLInit(SLType SL)               //初始化顺序表
{
    SL.ListLen=0;                    //初始化为空表
}

int SLLength(SLType SL)
{
    return (SL.ListLen);             //返回顺序表的元素数量
}

int SLInsert(SLType SL,int n,DATA data)
{
    int i;
    if(SL.ListLen>=MAXLEN)           //顺序表结点数量已超过最大数量
    {
        System.out.print("顺序表已满, 不能插入结点!\n");
        return 0;                    //返回0表示插入不成功
    }
    if(n<1 || n>SL.ListLen-1)        //插入结点序号不正确
    {
        System.out.print("插入元素序号错误, 不能插入元素! \n");
        return 0;                    //返回0, 表示插入不成功
    }
    for(i=SL.ListLen;i>=n;i--)       //将顺序表中的数据向后移动
    {
        SL.ListData[i+1]=SL.ListData[i];
    }
    SL.ListData[n]=data;             //插入结点
    SL.ListLen++;                    //顺序表结点数量增加1
    return 1;                        //成功插入, 返回1
}

int SLAdd(SLType SL,DATA data)       //增加元素到顺序表尾部
{
    if(SL.ListLen>=MAXLEN)           //顺序表已满
    {
        System.out.print("顺序表已满, 不能再添加结点了! \n");
        return 0;
    }
    SL.ListData[++SL.ListLen]=data;
    return 1;
}

int SLDelete(SLType SL,int n)        //删除顺序表中的数据元素
{
    int i;
    if(n<1 || n>SL.ListLen+1)        //删除结点序号不正确
    {
        System.out.print("删除结点序号错误, 不能删除结点! \n");
        return 0;                    //删除不成功, 返回0
    }
```

```
        for(i=n;i<SL.ListLen;i++)              //将顺序表中的数据向前移动
        {
            SL.ListData[i]=SL.ListData[i+1];
        }
        SL.ListLen--;                          //顺序表元素数量减1
        return 1;                              //成功删除，返回1
    }

    DATA SLFindByNum(SLType SL,int n)          //根据序号返回数据元素
    {
        if(n<1 || n>SL.ListLen+1)              //元素序号不正确
        {
            System.out.print("结点序号错误，不能返回结点！\n");
            return null;                       //不成功，则返回0
        }
        return SL.ListData[n];
    }

    int SLFindByCont(SLType SL,String key) //按关键字查询结点
    {
        int i;
        for(i=1;i<=SL.ListLen;i++)
        {
            if(SL.ListData[i].key.compareTo(key)==0)     //如果找到所需结点
            {
                return i;                      //返回结点序号
            }
        }
        return 0;                              //搜索整个表后仍没有找到，则返回0
    }

    int SLAll(SLType SL)                       //显示顺序表中的所有结点
    {
        int i;
        for(i=1;i<=SL.ListLen;i++)
        {
            System.out.printf("(%s,%s,%d)\n",SL.ListData[i].key,SL.ListData[i].
            name,SL.ListData[i].age);
        }
        return 0;
    }
}

public class P2_1 {

    public static void main(String[] args) {
        int i;
        SLType SL=new SLType();                //定义顺序表变量
        DATA pdata;                            //定义结点保存引用变量
        String key;                            //保存关键字
        System.out.print("顺序表操作演示!\n");
```

```
SL.SLInit(SL);                          //初始化顺序表
System.out.print("初始化顺序表完成!\n");

Scanner input=new Scanner(System.in);

do
{                                        //循环添加结点数据
    System.out.print("输入添加的结点(学号 姓名 年龄): ");
    DATA data=new DATA();
    data.key=input.next();
    data.name=input.next();
    data.age=input.nextInt();

    if(data.age!=0)                      //若年龄不为0
    {
        if(SL.SLAdd(SL,data)==0)         //若添加结点失败
        {
            break;                       //退出死循环
        }
    }
    else                                 //若年龄为0
    {
        break;                           //退出死循环
    }
}while(true);
System.out.print("\n顺序表中的结点顺序为: \n");
SL.SLAll(SL);                            //显示所有结点数据


System.out.print("\n要取出结点的序号: ");
i=input.nextInt();                       //输入结点序号
pdata=SL.SLFindByNum(SL,i);              //按序号查找结点
if(pdata!=null)                          //若返回的结点引用不为null
{
    System.out.printf("第%d个结点为:(%s,%s,%d)\n",i,pdata.key,pdata.name,
    pdata.age);
}


System.out.print("\n要查找结点的关键字: ");
key=input.next();                        //输入关键字
i=SL.SLFindByCont(SL,key);               //按关键字查找，返回结点序号
pdata=SL.SLFindByNum(SL,i);              //按序号查询，返回结点引用
if(pdata!=null)                          //若结点引用不为null
{
    System.out.printf("第%d个结点为:(%s,%s,%d)\n",i,pdata.key,pdata.name,
    pdata.age);
}

}

}
```

在上述代码中，main()主方法首先初始化顺序表，然后循环添加数据结点，当输入全部为0时，就退出结点添加的进程。接下来显示所有的结点数据，并分别按照序号和关键字来进行

结点的查找。该程序执行结果，如图 2-2 所示。

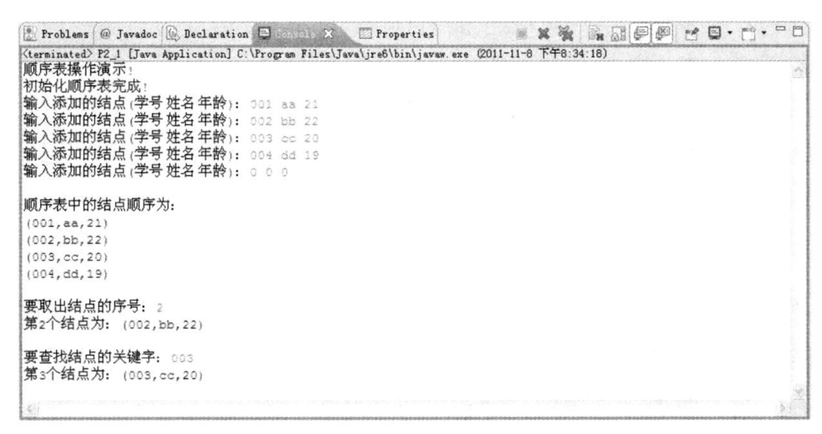

图 2-2　执行结果

2.4　链表结构

顺序表结构的存储方式非常容易理解，操作也十分方便。但是顺序表结构有如下缺点。

（1）在插入或者删除结点时，往往需要移动大量的数据。

（2）如果表比较大，有时比较难分配足够的连续存储空间，往往导致内存分配失败，而无法存储。

为了克服上述顺序表结构的缺点，可以采用链表结构。链表结构是一种动态存储分配的结构形式，可以根据需要动态申请所需的内存单元。

2.4.1　什么是链表结构

典型的链表结构，如图 2-3 所示。链表中每个结点都应包括如下内容：

（1）数据部分，保存的是该结点的实际数据。

（2）地址部分，保存的是下一个结点的地址。

链表结构就是由许多这种结点构成的。在进行链表操作时，首先需要定义一个“头引用”变量（一般以 head 表示），该引用变量指向链表结构的第一个结点，第一个结点的地址部分又指向第二个结点……直到最后一个结点。最后一个结点不再指向其他结点，称为“表尾”，一般在表尾的地址部分放一个空地址 null，链表到此结束。从链表结构图可以看出，整个存储过程十分类似于一条长链，因此形象地称之为链表结构，或者链式结构。

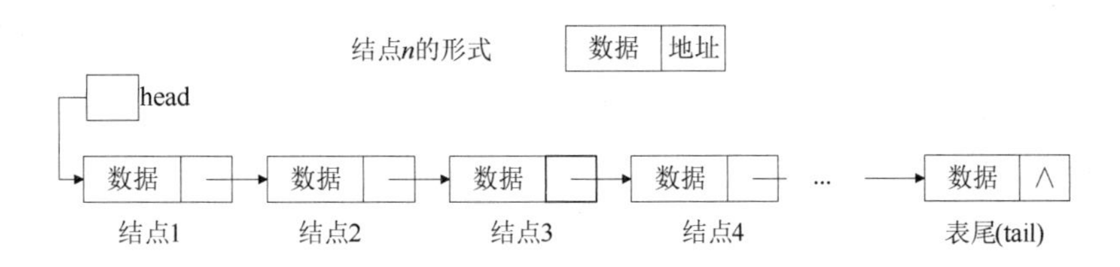

图 2-3　典型的链表结构

由于采用了引用来指示下一个数据的地址。因此在链表结构中，逻辑上相邻的结点在内存中并不一定相邻，逻辑相邻关系通过地址部分的引用变量来实现。

链表结构带来的最大好处便是结点之间不要求连续存放，因此在保存大量数据时，不需要分配一块连续的存储空间。用户可以用 new()函数动态分配结点的存储空间，当删除某个结点时，给该结点赋值 null，释放其占用的内存空间。

当然，链表结构也有缺点，那就是浪费存储空间。因此，对于每个结点数据，都要额外保存一个引用变量。但是，在某些场合，链表结构所带来的好处还是大于其缺点的。

对于链表的访问只能从表头逐个查找，即通过 head 头引用找到第一个结点，再从第一个结点找到第二个结点……这样逐个比较一直到找到需要的结点为止，而不能像顺序表那样进行随机访问。

链式存储是最常用的存储方式之一，它不仅可用来表示线性表，而且可用来表示各种非线性的数据结构。链表结构还可以细分为如下几类：

（1）单链表：同上面的链式结构一样，每个结点中只包含一个引用。

（2）双向链表：若每个结点包含两个引用，一个指向下一个结点，另一个指向上一个结点，这就是双向链表。

（3）单循环链表：在单链表中，将终端结点的引用域 null 改为指向表头结点或开始结点即可构成单循环链表。

（4）多重链的循环链表：如果将表中结点链在多个环上，将构成多重链的循环链表。

接下来，将分析如何在 Java 语言中建立链表，并完成链表结构的基本运算。

2.4.2 准备数据

有了前面的理论知识后，下面就开始链表结构的程序设计。首先需要准备数据，也就是准备在链表操作中需要用到的变量及类等。示例代码如下：

```
class DATA2
{
    String key;                    //结点的关键字
    String name;
    int age;
}                                  //数据结点类型
class CLType                       //定义链表结构
{
    DATA2 nodeData=new DATA2();
    CLType nextNode;
}
```

上述代码定义了链表数据元素的类 DATA2 及链表的类 CLType。结点的具体数据保存在一个类 DATA2 中，而引用 nextNode 用来指向下一个结点。

其实，可以认为该链表是一个班级学生的记录，和上面顺序表所完成的工作类似。其中，key 为学号，name 为学生的名称，age 为年龄。

2.4.3 追加结点

追加结点即在链表末尾增加一个结点。表尾结点的地址部分原来保存的是空地址 null，此时需将其设置为新增结点的地址（即原表尾结点指向新增结点），然后将新增结点的地址部分设置为空地址 null，即新增结点成为表尾。

由于一般情况下，链表只有一个头引用 head，要在末尾添加结点就需要从头引用 head 开始逐个检查，直到找到最后一个结点（即表尾）。

典型的追加结点的过程如图 2-4 所示。

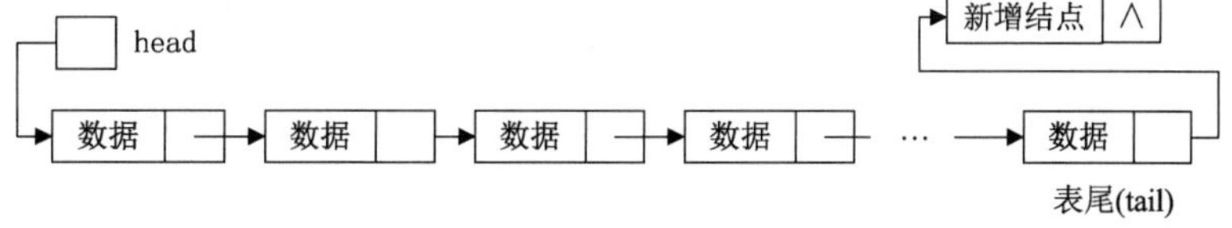

图 2-4 典型的追加结点的过程

追加结点的操作步骤如下：

（1）首先分配内存空间，保存新增的结点；

（2）从头引用 head 开始逐个检查，直到找到最后一个结点（即表尾）；

（3）将表尾结点的地址部分设置为新增结点的地址；

（4）将新增结点的地址部分设置为空地址 null，即新增结点成为表尾。

在链表结构中追加结点的代码示例如下：

```
CLType CLAddEnd(CLType head,DATA2 nodeData)    //追加结点
{
    CLType node,htemp;
    if((node=new CLType())==null)
    {
        System.out.print("申请内存失败！\n");
        return null;                             //分配内存失败
    }
    else
    {
        node.nodeData=nodeData;                 //保存数据
        node.nextNode=null;                     //设置结点引用为空，即为表尾
        if(head==null)                          //头引用
        {
            head=node;
            return head;
        }
        htemp=head;
        while(htemp.nextNode!=null)             //查找链表的末尾
        {
            htemp=htemp.nextNode;
        }
        htemp.nextNode=node;
        return head;
    }
}
```

在上述代码中，输入参数 head 为链表头引用，输入参数 nodeData 为结点保存的数据。程序中，使用 new 关键字申请保存结点数据的内存空间，如果分配内存成功，node 中将保存指向该内存区域的引用。然后，将传入的 nodeData 保存到申请的内存区域，并设置该结点指向下一结点的引用值为 null。

2.4.4 插入头结点

插入头结点即在链表首部添加结点的过程。插入头结点的过程，如图 2-5 所示。

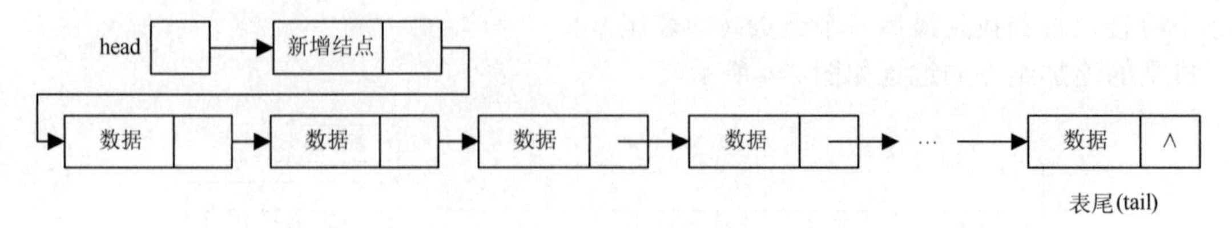

图 2-5 插入头结点的过程

插入头结点的步骤如下：

（1）分配内存空间，保存新增的结点；

（2）使新增结点指向头引用 head 所指向的结点；

（3）使头引用 head 指向新增结点。

插入头结点的示例代码如下：

```
CLType CLAddFirst(CLType head,DATA2 nodeData)
{
    CLType node;
    if((node=new CLType())==null)
    {
        System.out.print("申请内存失败！\n");
        return null;                                    //分配内存失败
    }
    else
    {
        node.nodeData=nodeData;                         //保存数据
        nodc.nextNode=head;                             //指向头引用所指结点
        head=node;                                      //头引用指向新增结点
       return head;
    }
}
```

在上述代码中，输入参数 head 为链表头引用，输入参数 nodeData 为结点保存的数据。程序中首先使用 new 关键字申请保存结点数据的内存空间，如果分配内存成功，node 中将保存指向该内存区域的引用。然后，将传入的 nodeData 保存到申请的内存区域，并使新增结点指向头引用 head 所指向的结点，然后设置头引用 head 重新指向新增结点。

2.4.5 查找结点

查找结点就是在链表结构中查找需要的元素。对于链表结构来说，一般可通过关键字进行查询。查找结点的示例代码如下：

```
CLType CLFindNode(CLType head,String key)         //查找结点
{
    CLType htemp;
    htemp=head;                                     //保存链表头引用
    while(htemp!=null)                              //若结点有效，则进行查找
    {
        if(htemp.nodeData.key.compareTo(key)==0)//若结点关键字与传入关键字相同
        {
            return htemp;                           //返回该结点引用
        }
```

```
        htemp=htemp.nextNode;                          //处理下一结点
     }
    return null;                                       //返回空引用
}
```

在上述代码中，输入参数 head 为链表头引用，输入参数 key 是用来在链表中进行查找结点的关键字。程序中，首先从链表头引用开始，对结点进行逐个比较，直到查找到。找到关键字相同的结点后，返回该结点的引用，方便调用程序处理。

2.4.6　插入结点

插入结点就是在链表中间部分的指定位置增加一个结点。插入结点的过程，如图 2-6 所示。

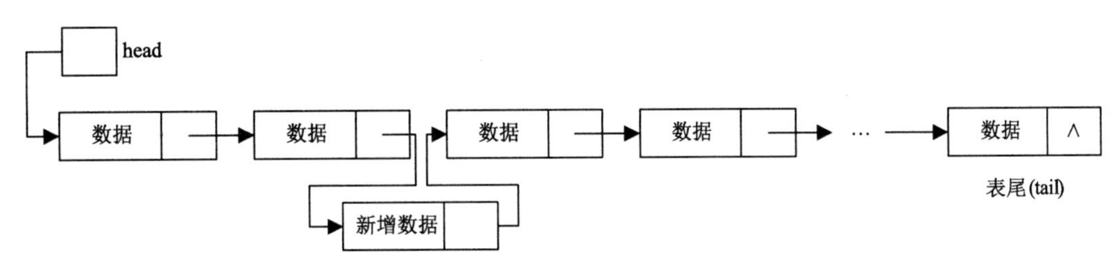

图 2-6　插入结点的过程

插入结点的操作步骤如下：

（1）分配内存空间，保存新增的结点；

（2）找到要插入的逻辑位置，也就是位于哪两个结点之间；

（3）修改插入位置结点的引用，使其指向新增结点，而使新增结点指向原插入位置所指向的结点。

在链表结构中插入结点的示例代码如下：

```
CLType CLInsertNode(CLType head,String findkey,DATA2 nodeData)     //插入结点
{
    CLType node,nodetemp;
    if((node=new CLType())==null)                      //分配保存结点的内容
    {
        System.out.print("申请内存失败！\n");
        return null;                                   //分配内存失败
    }
    node.nodeData=nodeData;                            //保存结点中的数据
    nodetemp=CLFindNode(head,findkey);
    if(nodetemp!=null)                                 //若找到要插入的结点
    {
        node.nextNode=nodetemp.nextNode;               //新插入结点指向关键结点的下一结点
        nodetemp.nextNode=node;                        //设置关键结点指向新插入结点
    }
    else
    {
        System.out.print("未找到正确的插入位置！\n");
    }
    return head;                                       //返回头引用
}
```

在上述代码中，输入参数 head 为链表头引用，输入参数 findkey 是用来在链表中进行查找的结点关键字，找到该结点后将在该结点后面添加结点数据，nodeData 为新增结点的数据。程序中首先使用 new 关键字申请保存结点数据的内存空间，然后调用方法 ChainListFind 查找指定关键字的结点，接着执行插入操作。

2.4.7 删除结点

删除结点就是将链表中的某个结点数据删除。删除结点的过程如图 2-7 所示。

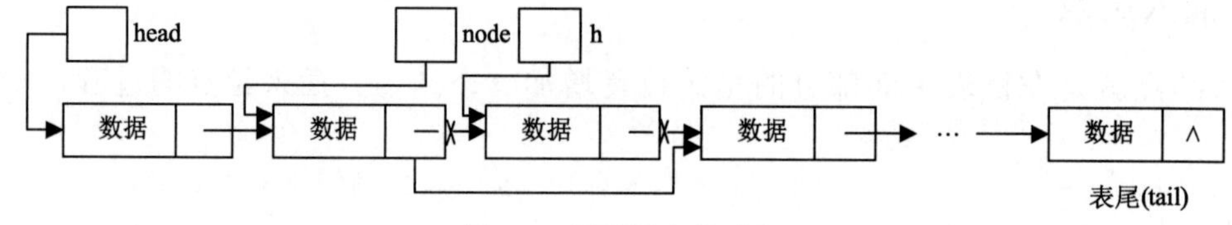

图 2-7 删除结点的过程

删除结点的操作步骤如下：

（1）查找需要删除的结点；

（2）使前一结点指向当前结点的下一结点；

（3）删除结点。

在链表结构中删除结点的示例代码如下：

```
int CLDeleteNode(CLType head,String key)
{
    CLType node,htemp;                              //node保存删除结点的前一结点
    htemp=head;
    node=head;
     while(htemp!=null)
     {
        if(htemp.nodeData.key.compareTo(key)==0)//找到关键字，执行删除操作
        {
            node.nextNode=htemp.nextNode;           //使前一结点指向当前结点的下一结点
            htemp=null;                             //释放内存
            return 1;
        }
        else
        {
            node=htemp;                             //指向当前结点
            htemp=htemp.nextNode;                   //指向下一结点
        }
    }
    return 0;                                       //未删除
}
```

在上述代码中，输入参数 head 为链表头引用，输入参数 key 表示一个关键字，是链表中需要删除结点的关键字。程序中，通过一个循环，按关键字在整个链表中查找要删除的结点。如果找到被删除结点，则设置上一结点（node 引用所指结点）指向当前结点（h 引用所指结点）的下一结点，即可完成链表中结点的逻辑删除。但是，此时被删除结点仍然保存在内存中，接着执行赋值 null 操作，用来释放被删除结点所占用的内存空间。

2.4.8　计算链表长度

计算链表长度即统计链表结构中结点的数量。在顺序表中比较方便，但是在这里，链表结构在物理上并不是连续存储的，因此，计算链表长度稍复杂些，需要遍历整个链表来对结点数量进行累加。

计算链表长度的示例代码如下：

```
int CLLength(CLType head)                              //计算链表长度
{
    CLType htemp;
    int Len=0;
    htemp=head;
    while(htemp!=null)                                 //遍历整个链表
    {
        Len++;                                         //累加结点数量
        htemp=htemp.nextNode;                          //处理下一结点
    }
    return Len;                                        //返回结点数量
}
```

在上述代码中，输入参数 head 表示链表的头引用。程序中通过 while 循环来遍历整个链表，从而累加结点数量并返回。

2.4.9　显示所有结点

显示所有结点数据并不是一个数据结构基本的运算，因为其可以简单地逐个引用结点来实现。不过为了方便，这里将其单独列为一个方法。示例代码如下：

```
void CLAllNode(CLType head)                            //遍历链表
{
    CLType htemp;
    DATA2 nodeData;
    htemp=head;
    System.out.printf("当前链表共有%d个结点。链表所有数据如下：\n",CLLength(head));
    while(htemp!=null)                                 //循环处理链表每个结点
    {
        nodeData=htemp.nodeData;                       //获取结点数据
        System.out.printf("结点
(%s,%s,%d)\n",nodeData.key,nodeData.name,nodeData.age);
        htemp=htemp.nextNode;                          //处理下一结点
    }
}
```

在上述代码中，输入参数 head 表示链表的头引用。程序中通过 while 循环来遍历整个链表，从而输出各个结点数据。

2.4.10　链表操作实例

学习了前面的链表的基本运算之后，便可以轻松地完成对链表的各种操作。下面给出一个完整的例子，来演示链表的创建、插入结点、查找结点、删除结点等操作。代码示例如下：

```
import java.util.Scanner;

class DATA2
{
    String key;                                         //结点的关键字
    String name;
    int age;
}

class CLType                                            //定义链表结构
{
    DATA2 nodeData=new DATA2();
    CLType nextNode;

    CLType CLAddEnd(CLType head,DATA2 nodeData)        //追加结点
    {
        CLType node,htemp;
        if((node=new CLType())==null)
        {
            System.out.print("申请内存失败! \n");
            return null;                                //分配内存失败
        }
        else
        {
            node.nodeData=nodeData;                     //保存数据
            node.nextNode=null;                         //设置结点引用为空，即为表尾
            if(head==null)                              //头引用
            {
                head=node;
                return head;
            }
            htemp=head;
            while(htemp.nextNode!=null)                 //查找链表的末尾
            {
                htemp=htemp.nextNode;
            }
            htemp.nextNode=node;
            return head;
        }
    }

    CLType CLAddFirst(CLType head,DATA2 nodeData)
    {
        CLType node;
        if((node=new CLType())==null)
        {
            System.out.print("申请内存失败! \n");
            return null;                                //分配内存失败
        }
        else
        {
```

```
        node.nodeData=nodeData;                     //保存数据
        node.nextNode=head;                         //指向头引用所指结点
        head=node;                                  //头引用指向新增结点
        return head;
    }
}

CLType CLFindNode(CLType head,String key)           //查找结点
{
    CLType htemp;
    htemp=head;                                     //保存链表头引用
    while(htemp!=null)                              //若结点有效，则进行查找
    {
        if(htemp.nodeData.key.compareTo(key)==0) //若结点关键字与传入关键字相同
        {
            return htemp;                           //返回该结点引用
        }
        htemp=htemp.nextNode;                       //处理下一结点
    }
    return null;                                    //返回空引用
}

CLType CLInsertNode(CLType head,String findkey,DATA2 nodeData) //插入结点
{
    CLType node,nodetemp;
    if((node=new CLType())==null)                   //分配保存结点的内容
    {
        System.out.print("申请内存失败！\n");
        return null;                                //分配内存失败
    }
    node.nodeData=nodeData;                         //保存结点中的数据
    nodetemp=CLFindNode(head,findkey);
    if(nodetemp!=null)                              //若找到要插入的结点
    {
        node.nextNode=nodetemp.nextNode;            //新插入结点指向关键结点的下一结点
        nodetemp.nextNode=node;                     //设置关键结点指向新插入结点
    }
    else
    {
        System.out.print("未找到正确的插入位置！\n");
//          free(node);                             //释放内存
    }
    return head;                                    //返回头引用
}

int CLDeleteNode(CLType head,String key)
{
    CLType node,htemp;                              //node保存删除结点的前一结点
    htemp=head;
    node=head;
    while(htemp!=null)
    {
```

```
            if(htemp.nodeData.key.compareTo(key)==0)//找到关键字，执行删除操作
            {
                node.nextNode=htemp.nextNode;       //使前一结点指向当前结点的下一结点
//                free(htemp);                      //释放内存
                return 1;
            }
            else
            {
                node=htemp;                         //指向当前结点
                htemp=htemp.nextNode;               //指向下一结点
            }
        }
        return 0;                                   //未删除
    }

    int CLLength(CLType head)                       //计算链表长度
    {
        CLType htemp;
        int Len=0;
        htemp=head;
        while(htemp!=null)                          //遍历整个链表
        {
            Len++;                                  //累加结点数量
            htemp=htemp.nextNode;                   //处理下一结点
        }
        return Len;                                 //返回结点数量
    }

    void CLAllNode(CLType head)                     //遍历链表
    {
        CLType htemp;
        DATA2 nodeData;
        htemp=head;
        System.out.printf("当前链表共有%d个结点。链表所有数据如下：\n",CLLength(head));
        while(htemp!=null)                          //循环处理链表每个结点
        {
            nodeData=htemp.nodeData;                //获取结点数据
            System.out.printf("结点(%s,%s,%d)\n",nodeData.key,nodeData.name,nodeData.age);
            htemp=htemp.nextNode;                   //处理下一结点
        }
    }

}

public class P2_2 {

    public static void main(String[] args) {
        CLType node, head=null;
        CLType CL=new CLType();
        String key,findkey;
        Scanner input=new Scanner(System.in);
```

```
        System.out.print("链表测试。先输入链表中的数据，格式为：关键字 姓名 年龄\n");
        do
        {
            DATA2 nodeData=new DATA2();
            nodeData.key=input.next();
            if(nodeData.key.equals("0"))
            {
                break;                                  //若输入0，则退出
            }
            else
            {
                nodeData.name=input.next();
                nodeData.age=input.nextInt();
                head=CL.CLAddEnd(head,nodeData);        //在链表尾部添加结点
            }
        }while(true);
        CL.CLAllNode(head);                             //显示所有结点

        System.out.printf("\n演示插入结点，输入插入位置的关键字：") ;
        findkey=input.next();                           //输入插入位置关键字
        System.out.print("输入插入结点的数据(关键字 姓名 年龄):");
        DATA2 nodeData=new DATA2();
        nodeData.key=input.next();
        nodeData.name=input.next();
        nodeData.age=input.nextInt();//输入插入结点数据
        head=CL.CLInsertNode(head,findkey,nodeData);//调用插入函数
        CL.CLAllNode(head);                             //显示所有结点

        System.out.print("\n演示删除结点，输入要删除的关键字:");

        key=input.next();                               //输入删除结点关键字
        CL.CLDeleteNode(head,key);                      //调用删除结点函数
        CL.CLAllNode(head);                             //显示所有结点

        System.out.printf("\n演示在链表中查找，输入查找关键字:");
        key=input.next();                               //输入查找关键字
        node=CL.CLFindNode(head,key);                   //调用查找函数，返回结点引用
        if(node!=null)                                  //若返回结点引用有效
        {
            nodeData=node.nodeData;                     //获取结点的数据
            System.out.printf("关键字%s对应的结点为(%s,%s,%d)\n" ,key,nodeData.key,
            nodeData.name,nodeData.age);
        }
        else                                            //若结点引用无效
        {
            System.out.printf("在链表中未找到关键字为%s的结点！\n",key);
        }

    }

}
```

在上述代码中，main()主方法首先初始化链表，然后循环添加数据结点，当输入全部为 0 时，则退出结点添加的进程。接下来显示所有的结点数据，然后分别演示了插入结点、删除结点和查找结点等操作。该程序执行结果，如图 2-8 所示。

```
Problems @ Javadoc Declaration Console Properties
<terminated> P2_2 [Java Application] C:\Program Files\Java\jre6\bin\javaw.exe (2011-11-8 下午9:30:04)
链表测试。先输入链表中的数据，格式为：关键字 姓名 年龄
001 aa 20
002 bb 21
003 cc 19
004 dd 22
0
当前链表共有4个结点。链表所有数据如下：
结点(001,aa,20)
结点(002,bb,21)
结点(003,cc,19)
结点(004,dd,22)

演示插入结点，输入插入位置的关键字：002
输入插入结点的数据(关键字 姓名 年龄)：005 ee 23
当前链表共有5个结点。链表所有数据如下：
结点(001,aa,20)
结点(002,bb,21)
结点(005,ee,23)
结点(003,cc,19)
结点(004,dd,22)

演示删除结点，输入要删除的关键字：003
当前链表共有4个结点。链表所有数据如下：
结点(001,aa,20)
结点(002,bb,21)
结点(005,ee,23)
结点(004,dd,22)

演示在链表中查找，输入查找关键字：002
关键字002对应的结点为(002,bb,21)
```

图 2-8　执行结果

2.5　栈结构

在程序设计中，读者一定接触过“堆栈”的概念。其实，“栈”和“堆”是两个不同的概念。栈是一种特殊的数据结构，在中断处理特别是重要数据的现场保护有着重要意义。

2.5.1　什么是栈结构

栈结构是从数据的运算来分类的，也就是说栈结构具有特殊的运算规则。而从数据的逻辑结构来看，栈结构其实就是一种线性结构。如果从数据的存储结构来进一步划分，栈结构包括两类。

（1）顺序栈结构：指使用一组地址连续的内存单元依次保存栈中的数据。在程序中，可以定义一个指定大小的结构数组来作为栈，序号为 0 的元素就是栈底，再定义一个变量 top 保存栈顶的序号即可。

（2）链式栈结构：指使用链表形式保存栈中各元素的值。链表首部（head 引用所指向元素）为栈顶，链表尾部（指向地址为 null）为栈底。

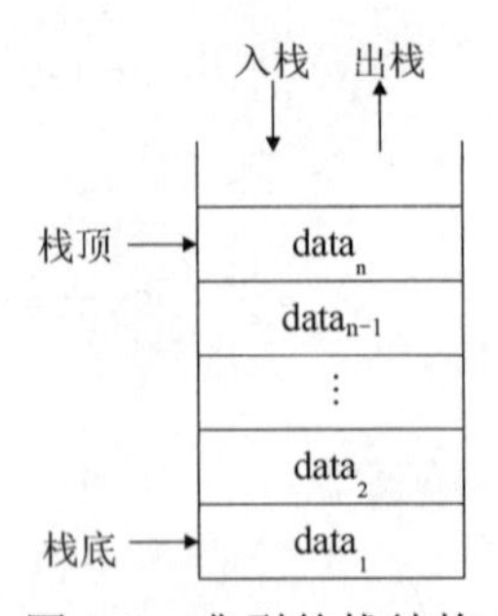

图 2-9　典型的栈结构

典型的栈结构，如图 2-9 所示。从图中可以看出，在栈结构中只能在一端进行操作，该操作端称为栈顶，另一端称为栈底。也就是说，保存和取出数据都只能从栈结构的一端进行。从数据的运算角度来分析，栈结构是按照“后进先出”（Last In Firt Out，LIFO）的原则处理结点数据的。

其实，栈结构在日常生活中有很多生动的例子。例如，当仓库中堆放货物时，先来的货物放在里面，后来的货物码放在外面；而要取出货物时，总是先取外面的，最后才能取到里面放的货物。也就是说，后放入货物先取出。

在计算机程序设计中，特别是汇编程序中，栈通常用于中断或者子程序调用过程。此时，首先将重要的寄存器或变量压入栈，然后进入中断例程或者子程序，处理完后，通过出栈操作恢复寄存器和变量的值。

在栈结构中，只有栈顶元素是可以访问的。这样，栈结构的数据运算非常简单。一般栈结构的基本操作有两个。

（1）入栈（Push）：将数据保存到栈顶的操作。进行入栈操作前，先修改栈顶引用，使其向上移一个元素位置，然后将数据保存到栈顶引用所指的位置。

（2）出栈（Pop）：将栈顶的数据弹出的操作。通过修改栈顶引用，使其指向栈中的下一个元素。

接下来，了解如何在 Java 语言中建立顺序栈，并完成顺序栈结构的基本运算。

2.5.2　准备数据

有了前面的理论知识后，下面就开始栈结构的程序设计。首先需要准备数据，即准备在栈操作中需要用到的变量及类等。示例代码如下：

```
static final int MAXLEN=50;

class DATA3
{
    String name;
    int age;
}

class StackType
{
    static final int MAXLEN=50;
    DATA3[] data=new DATA3[MAXLEN+1];          //数据元素
    int top;                                   //栈顶
}
```

在上述代码中，定义了栈结构的最大长度 MAXLEN，栈结构数据元素的类 DATA 及栈结构的类 StackType。在类 StackType 中，data 为数据元素，top 为栈顶的序号。当 top=0 时表示栈为空，当 top=SIZE 时表示栈满。

Java 语言中数组都是从下标 0 开始的。在这里，为了讲述和理解的方便，从下标 1 开始记录数据结点，下标 0 的位置不使用。

2.5.3　初始化栈结构

在使用顺序栈之前，首先要创建一个空的顺序栈，即初始化顺序栈。顺序栈的初始化操作步骤如下：

（1）按符号常量 SIZE 指定的大小申请一片内存空间，用来保存栈中的数据；

（2）设置栈顶引用的值为 0，表示一个空栈。

初始化顺序栈的示例代码如下：

```
StackType STInit()
{
    StackType p;
```

```
    if((p=new StackType())!=null)                     //申请栈内存
    {
        p.top=0;                                      //设置栈顶为0
        return p;                                     //返回指向栈的引用
    }
    return null;
}
```

在上述代码中，首先使用 new 关键字申请内存，申请成功后设置栈顶为 0，然后返回申请内存的首地址。如果申请内存失败，将返回 null。

2.5.4 判断空栈

判断空栈即判断一个栈结构是否为空。如果是空栈，则表示该栈结构中没有数据。此时可以进行入栈操作，但不可以进行出栈操作。

判断空栈的示例代码如下：

```
boolean STIsEmpty(StackType s)                        //判断栈是否为空
{
    boolean t;
    t=(s.top==0);
    return t;
}
```

在上述代码中，输入参数 s 为一个指向操作的栈的引用。程序中，根据栈顶引用 top 是否为 0，判断栈是否为空。

2.5.5 判断满栈

判断满栈即判断一个栈结构是否为满。如果是满栈，则表示该栈结构中没有多余的空间来保存额外数据。此时不可以进行入栈操作，但是可以进行出栈操作。

判断满栈的示例代码如下：

```
boolean STIsFull(StackType s)                         //判断栈是否已满
{
    boolean t;
    t=(s.top==MAXLEN);
    return t;
}
```

在上述代码中，输入参数 s 为一个指向操作的栈的引用。程序中，判断栈顶引用 top 是否等于符号常量 MAXLEN，从而判断栈是否已满。

2.5.6 清空栈

清空栈即清除栈中的所有数据。清空栈的示例代码如下：

```
void STClear(StackType s)                             //清空栈
{
    s.top=0;
}
```

在上述代码中，输入参数 s 是一个指向操作的栈的引用。在程序中，简单地将栈顶引用 top

设置为 0，表示执行清空栈操作。

2.5.7　释放空间

释放空间即释放栈结构所占用的内存单元。由前面知道，在初始化栈结构时，使用了 malloc 函数分配内存空间。虽然可以使用清空栈操作，但是清空栈操作并没有释放内存空间，这就需要使用 free 函数释放所分配的内存。

释放空间的代码示例如下：

```
void STFree(StackType s)                          //释放栈所占用空间
{
    if(s!=null)
    {
       s=null;
    }
}
```

在上述代码中，输入参数 s 是一个指向操作的栈的引用。程序中，直接赋值 null 操作释放所分配的内存。一般在不需要使用栈结构的时候使用，特别是程序结束时。

2.5.8　入栈

入栈（Push）是栈结构的基本操作，主要操作是将数据元素保存到栈结构。入栈操作的具体步骤如下：

（1）首先判断栈顶 top，如果 top 大于或等于 SIZE，则表示溢出，进行出错处理；否则执行以下操作；

（2）设置 top=top+1（栈顶引用加 1，指向入栈地址）；

（3）将入栈元素保存到 top 指向的位置。

入栈操作的代码示例如下：

```
int PushST(StackType s,DATA3 data)          //入栈操作
{
    if((s.top+1)>MAXLEN)
    {
        System.out.print("栈溢出!\n");
        return 0;
    }
    s.data[++s.top]=data;                          //将元素入栈
    return 1;
}
```

在上述代码中，输入参数 s 是一个指向操作的栈的引用，输入参数 data 是需要入栈的数据元素。程序中首先判断栈是否溢出，如果溢出则不进行入栈操作；否则修改栈顶引用的值，再将元素入栈。

2.5.9　出栈

出栈（Pop）是栈结构的基本操作，主要操作与入栈相反，其操作是从栈顶弹出一个数据元素。出栈操作的具体步骤如下：

（1）判断栈顶 top，如果 top 等于 0，则表示为空栈，进行出错处理；否则，执行下面的步骤；

（2）将栈顶引用 top 所指位置的元素返回；

（3）设置 top=top-1，也就是使栈顶引用减 1，指向栈的下一个元素，原来栈顶元素被弹出。

示例代码如下：

```
DATA3 PopST(StackType s)                          //出栈操作
{
    if(s.top==0)
    {
        System.out.print("栈为空!\n");
        System.exit(0);
    }
    return (s.data[s.top--]);
}
```

在上述代码中，输入参数 s 是一个指向操作的栈的引用。该函数返回值是一个 DATA3 类型的数据，返回值是栈顶的数据元素。

2.5.10 读结点数据

读结点数据即读取栈结构中结点的数据。由于栈结构只能在一端进行操作，因此这里的读操作其实就是读取栈顶的数据。

需要注意的是，读结点数据的操作和出栈操作不同。读结点数据的操作仅显示栈顶结点数据的内容，而出栈操作则将栈顶数据弹出，该数据不再存在了。

读结点数据的示例代码如下：

```
DATA3 PeekST(StackType s)                         //读栈顶数据
{
     if(s.top==0)
     {
        System.out.printf("栈为空!\n");
        System.exit(0);
     }
     return (s.data[s.top]);
}
```

在上述代码中，输入参数 s 是一个指向操作的栈的引用。该方法返回值同样是一个 DATA3 类型的数据，返回值是栈顶的数据元素。

2.5.11 栈结构操作实例

学习了前面的栈结构的基本运算，便可以轻松地完成对栈结构的各种操作。下面给出一个完整的例子，来演示栈结构的创建、入栈和出栈等操作。示例代码如下：

```
import java.util.Scanner;

class DATA3
{
    String name;
    int age;
}
class StackType
{
```

```
static final int MAXLEN=50;
DATA3[] data=new DATA3[MAXLEN+1];           //数据元素
int top;                                    //栈顶

StackType STInit()
{
StackType p;

    if((p=new StackType())!=null)           //申请栈内存
    {
        p.top=0;                            //设置栈顶为0
        return p;                           //返回指向栈的引用
    }
    return null;
}

boolean STIsEmpty(StackType s)              //判断栈是否为空
{
    boolean t;
    t=(s.top==0);
    return t;
}

boolean STIsFull(StackType s)               //判断栈是否已满
{
    boolean t;
    t=(s.top==MAXLEN);
    return t;
}

void STClear(StackType s)                   //清空栈
{
    s.top=0;
}

void STFree(StackType s)                    //释放栈所占用空间
{
    if(s!=null)
    {
        s=null;
    }
}

int PushST(StackType s,DATA3 data)          //入栈操作
{
     if((s.top+1)>MAXLEN)
     {
         System.out.print("栈溢出!\n");
         return 0;
     }
     s.data[++s.top]=data;                  //将元素入栈
     return 1;
```

```
    }

    DATA3 PopST(StackType s)                              //出栈操作
    {
        if(s.top==0)
        {
            System.out.print("栈为空!\n");
            System.exit(0);
        }
        return (s.data[s.top--]);
    }

    DATA3 PeekST(StackType s)                             //读栈顶数据
    {
        if(s.top==0)
        {
            System.out.printf("栈为空!\n");
            System.exit(0);
        }
        return (s.data[s.top]);
    }
}

public class P2_3 {
    public static void main(String[] args) {
        StackType st=new StackType();
        DATA3 data1=new DATA3();

        StackType stack=st.STInit();                      //初始化栈
        Scanner input=new Scanner(System.in);
        System.out.print("入栈操作: \n");
        System.out.println("输入姓名 年龄进行入栈操作:");
        do
        {
            DATA3 data=new DATA3();
            data.name=input.next();

            if(data.name.equals("0"))
            {
                break;                                    //若输入0，则退出
            }
            else
            {
                data.age=input.nextInt();
                st.PushST(stack,data);
            }
        }while(true);
        String temp="1";
        System.out.println("出栈操作:按任意非0键进行出栈操作:");
        temp=input.next();
        while(!temp.equals("0"))
        {
            data1=st.PopST(stack);
            System.out.printf("出栈的数据是(%s,%d)\n" ,data1.name,data1.age);
            temp=input.next();
        }
        System.out.println("测试结束! ");
```

```
            st.STFree(st);                          //释放栈所占用的空间
        }
    }
```

在上述代码中，main()主方法首先初始化栈结构，然后循环进行入栈操作，添加数据结点，当输入全部为 0 时则退出结点添加的进程。接下来，用户每按一次按键，就进行一次出栈操作，显示结点数据。当为空栈时，退出程序。该程序执行结果，如图 2-10 所示。

图 2-10　执行结果

2.6　队列结构

在程序设计中，队列结构也是一种常用的数据结构。队列结构和栈结构类似，其在现实生活中都有对应的例子，可以说队列结构是来源于生活的数据结构。

2.6.1　什么是队列结构

队列结构是从数据的运算来分类的，也就是说队列结构具有特殊的运算规则。而从数据的逻辑结构来看，队列结构其实就是一种线性结构。如果从数据的存储结构来进一步划分，队列结构包括两类。

（1）顺序队列结构：使用一组地址连续的内存单元依次保存队列中的数据。在程序中，可以定义一个指定大小的结构数组作为队列。

（2）链式队列结构：使用链表形式保存队列中各元素的值。

典型的队列结构，如图 2-11 所示。从图中可以看出，在队列结构中允许对两端进行操作，但是两端的操作不同。在队列的一端只能进行删除操作，称为队头；在队列的另一端只能进行插入操作，称为队尾。如果队列中没有数据元素，则称为空队列。

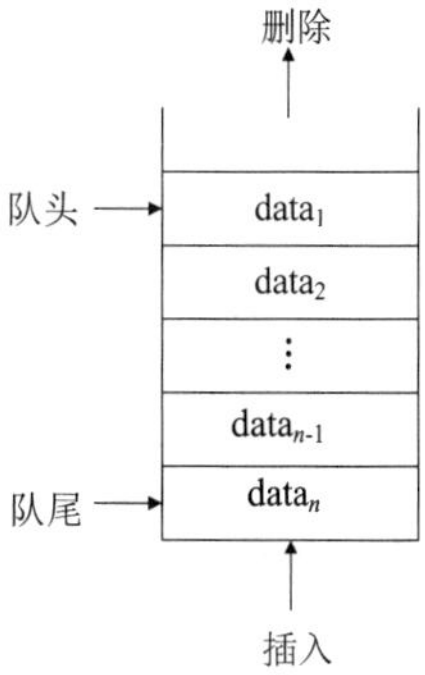

删除
队头 → $data_1$
$data_2$
⋮
$data_{n-1}$
队尾 → $data_n$
插入

图 2-11　典型的队列结构

从数据的运算角度来分析，队列结构是按照“先进先出”（First In First Out，FIFO）的原则处理结点数据的。

其实，队列结构在日常生活中有很多生动的例子。例如，银行的电子排号系统，先来的人取的号靠前，后来的人取的号靠后。这样，先来的人将最先得到服务，后来的人将后得到服务，一切按照“先来先服务”的原则。

在硬件的存储类芯片中，有一类根据队列结构构造的芯片，即 FIFO 芯片。这类芯片具有一定的容量，保留了一端作为数据的存入，另一端作为数据的读出。先存入的数据将先被读出。

在队列结构中，数据运算非常简单。一般队列结构的基本操作只有如下两个：

（1）入队列：将一个元素添加到队尾（相当于到队列最后排队等候）。

（2）出队列：将队头的元素取出，同时删除该元素，使后一个元素成为队头。

除此之外，还需要有初始化队列、获取队列长度等简单的操作。下面分析如何在 Java 语言中建立顺序队列结构，并完成顺序队列结构的基本运算。

2.6.2 准备数据

学习了前面的理论知识后，下面就开始队列结构的程序设计。首先需要准备数据，即准备在队列操作中需要用到的变量及数据结构等。示例代码如下：

```
static final int QUEUELEN=15;

class DATA4
{
    String name;
    int age;
}

class SQType
{
    DATA4[] data=new DATA4[QUEUELEN];          //队列数组
    int head;                                  //队头
    int tail;                                  //队尾
}
```

在上述代码中，定义了队列结构的最大长度 QUEUELEN，队列结构数据元素的类 DATA4 及队列结构的类 SQType。在类 SQType 中，data 为数据元素，head 为队头的序号，tail 为队尾的序号。当 head=0 时，表示队列为空；当 tail=QUEUELEN 时，表示队列已满。

2.6.3 初始化队列结构

在使用顺序队列之前，首先要创建一个空的顺序队列，即初始化顺序队列。顺序队列的初始化操作步骤如下：

（1）按符号常量 QUEUELEN 指定的大小申请一片内存空间，用来保存队列中的数据；

（2）设置 head=0 和 tail=0，表示一个空栈。

初始化顺序队列的示例代码如下：

```
SQType SQTypeInit()
{
    SQType q;
    if((q=new SQType())!=null)                 //申请内存
    {
        q.head = 0;                            //设置队头
        q.tail = 0;                            //设置队尾
        return q;
    }
    else
```

```
    {
        return null;                        //返回空
    }
}
```

在上述代码中，首先使用 new 关键字申请内存，申请成功后设置队头和队尾，然后返回申请内存的首地址。如果申请内存失败，将返回 null。

2.6.4　判断空队列

判断空队列即判断一个队列结构是否为空。如果是空队列，则表示该队列结构中没有数据。此时可以进行入队列操作，但不可以进行出队列操作。

判断空队列的示例代码如下：

```
int SQTypeIsEmpty(SQType q)                 //判断空队列
{
    int temp=0;
    if(q.head==q.tail)
        temp=1;
        return (temp);
}
```

在上述代码中，输入参数 q 是一个指向操作的队列的引用。在程序中，根据队列 head 是否等于 tail，判断队列是否为空。

2.6.5　判断满队列

判断满队列即判断一个队列结构是否为满。如果是满队列，则表示该队列结构中没有多余的空间来保存额外数据。此时不可以进行入队列操作，但是可以进行出队列操作。

判断满队列的示例代码如下：

```
int SQTypeIsFull(SQType q)                  // 判断满队列
{
    int temp=0;
    if(q.tail==QUEUELEN)
        temp=1;
     return (temp);
}
```

在上述代码中，输入参数 q 是一个指向操作的队列的引用。程序中，判断队列 tail 是否已等于符号常量 QUEUELEN，从而判断队列是否已满。

2.6.6　清空队列

清空队列即清除队列中的所有数据。清空队列的示例代码如下：

```
void SQTypeClear(SQType q)                  //清空队列
{
    q.head = 0;                             //设置队头
    q.tail = 0;                             //设置队尾
}
```

在上述代码中，输入参数 q 是一个指向操作的队列的引用。程序中，简单地将队列顶引用 head 和 tail 设置为 0，表示执行清空队列操作。

2.6.7 释放空间

释放空间即释放队列结构所占用的内存单元。由前面知道，在初始化队列结构时，使用了 new 关键字分配内存空间。虽然可以使用清空队列操作，但是清空队列操作并没有释放内存空间，这就需要使用赋值 null 操作释放所分配的内存。

释放空间的示例代码如下：

```
void SQTypeFree(SQType q)                    //释放队列
{
    if (q!=null)
    {
       q=null;
    }
}
```

在上述代码中，输入参数 q 是一个指向操作的队列的引用。在程序中，直接使用赋值 null 操作释放所分配的内存。一般在不需要使用队列结构的时候使用，特别是程序结束时。

2.6.8 入队列

入队列是队列结构的基本操作，主要操作是将数据元素保存到队列结构。入队列操作的具体步骤如下：

（1）首先判断队列顶 tail，如果 tail 等于 QUEUELEN，则表示溢出，进行出错处理；否则执行以下操作；

（2）设置 tail=tail+1（队列顶引用加 1，指向入队列地址）；

（3）将入队列元素保存到 tail 指向的位置。

入队列操作的代码示例如下：

```
int InSQType(SQType q,DATA4 data)            //入队列
{
    if(q.tail==QUEUELEN)
    {
        System.out.print("队列已满!操作失败!\n");
        return(0);
     }
    else
    {
        q.data[q.tail++]=data;               //将元素入队列
        return(1);
    }
}
```

在上述代码中，输入参数 q 是一个指向操作的队列的引用，输入参数 data 是需要入队列的数据元素。程序中首先判断队列是否溢出，如果溢出，则不进行入队列操作；否则，修改队列顶引用的值，再将元素入队列。

2.6.9 出队列

出队列是队列结构的基本操作，主要操作与入队列相反，其操作是从队列顶弹出一个数据元素。出队列操作的具体步骤如下：

（1）判断队列 head，如果 head 等于 tail，则表示为空队列，进行出错处理；否则，执行

下面的步骤；

（2）从队列首部取出队头元素（实际是返回队头元素的引用）；

（3）设修改队头 head 的序号，使其指向后一个元素。

```
DATA4 OutSQType(SQType q)                //出队列
{
    if(q.head==q.tail)
    {
        System.out.print("\n队列已空!操作失败!\n");
        System.exit(0);
    }
    else
    {
        return q.data[q.head++];
     }
     return null;
}
```

在上述代码中，输入参数 q 是一个指向操作的队列的引用。该方法返回值是一个 DATA 类型的数据，返回值是指向该数据元素的引用。

2.6.10　读结点数据

读结点数据即读取队列结构中结点的数据，这里的读操作其实就是读取队列头的数据。需要注意的是，读结点数据的操作和出队列操作不同。读结点数据的操作仅显示队列顶结点数据的内容，而出队列操作则将队列顶数据弹出，该数据不再存在了。

读结点数据的示例代码如下：

```
DATA4 PeekSQType(SQType q)                //读结点数据
{
    if(SQTypeIsEmpty(q)==1)
    {
        System.out.print("\n空队列!\n");
        return null;
    }
    else
    {
        return q.data[q.head];
    }
}
```

在上述代码中，输入参数 q 是一个指向操作的队列的引用。该方法的返回值同样是一个 DATA4 类型的引用数据，返回值是指向数据元素的引用。

2.6.11　计算队列长度

计算队列长度即统计该队列中数据结点的个数。计算队列长度的方法比较简单，用队尾序号减去队头序号即可。

计算队列长度的示例代码如下：

```
int SQTypeLen(SQType q)                      //计算队列长度
{
```

```
    int temp;
    temp=q.tail-q.head;
    return (temp);
}
```

在上述代码中，输入参数 q 是一个指向操作的队列的引用。该方法的返回值便是队列的长度。

2.6.12 队列结构操作实例

学习了前面的队列结构的基本运算之后，便可以轻松地完成对队列结构的各种操作。下面给出一个完整的例子，来演示队列结构的创建、入队列和出队列等操作。示例代码如下：

```
import java.util.Scanner;

class DATA4
{
    String name;
    int age;
}

class SQType
{
    static final int QUEUELEN=15;
    DATA4[] data=new DATA4[QUEUELEN];        //队列数组
    int head;                                //队头
    int tail;                                //队尾

    SQType SQTypeInit()
    {
    SQType q;

        if((q=new SQType())!=null)           //申请内存
        {
            q.head = 0;                      //设置队头
            q.tail = 0;                      //设置队尾
            return q;
        }
        else
        {
            return null;                     //返回空
        }
    }

    int SQTypeIsEmpty(SQType q)              //判断空队列
    {
        int temp=0;
        if(q.head==q.tail)
            temp=1;
        return (temp);
    }

    int SQTypeIsFull(SQType q)               // 判断满队列
```

```
{
    int temp=0;
    if(q.tail==QUEUELEN)
        temp=1;
    return (temp);
}

void SQTypeClear(SQType q)              //清空队列
{
    q.head = 0;                         //设置队头
    q.tail = 0;                         //设置队尾
}

void SQTypeFree(SQType q)               //释放队列
{
    if (q!=null)
    {
       q=null;
    }
}

int InSQType(SQType q,DATA4 data)       //入队列
{
    if(q.tail==QUEUELEN)
    {
        System.out.print("队列已满!操作失败!\n");
        return(0);
    }
    else
    {
        q.data[q.tail++]=data;          //将元素入队列
        return(1);
    }
}

DATA4 OutSQType(SQType q)               //出队列
{
    if(q.head==q.tail)
    {
        System.out.print("\n队列已空!操作失败!\n");

        System.exit(0);
    }
    else
    {
        return q.data[q.head++];
    }
    return null;
}

DATA4 PeekSQType(SQType q)              //读结点数据
{
```

```
        if(SQTypeIsEmpty(q)==1)
        {
            System.out.print("\n空队列!\n");
            return null;
        }
        else
        {
            return q.data[q.head];
        }
    }

    int SQTypeLen(SQType q)                          //计算队列长度
    {
        int temp;
        temp=q.tail-q.head;
        return (temp);
    }

}

public class P2_4 {

    public static void main(String[] args) {
        SQType st=new SQType();

        DATA4 data1;

        Scanner input=new Scanner(System.in);
        SQType stack=st.SQTypeInit();                //初始化队列
        System.out.print("入队列操作: \n");
        System.out.println("输入姓名 年龄进行入队列操作:");
        do
        {
            DATA4 data=new DATA4();
            data.name=input.next();
            data.age=input.nextInt();
            if(data.name.equals("0"))
            {
                break;                               //若输入0，则退出
            }
            else
            {
                st.InSQType(stack,data);
            }
        }while(true);


        String temp="1";
        System.out.println("出队列操作:按任意非0键进行出栈操作:");
        temp=input.next();
        while(!temp.equals("0"))
        {
```

```
            data1=st.OutSQType(stack);
            System.out.printf("出队列的数据是(%s,%d)\n" ,data1.name,data1.age);
            temp=input.next();
        }
        System.out.println("测试结束! ");
        st.SQTypeFree(stack);                          //释放队列所占用的空间

    }

}
```

在上述代码中，main()主方法首先初始化队列结构，然后循环进行入队列操作，添加数据结点，当输入全部为 0 时，则退出结点添加的进程。接下来，用户每按一次按键，则进行一次出队列操作，显示结点数据。当为空队列时，退出程序。然后该程序执行结果如图 2-12 所示。

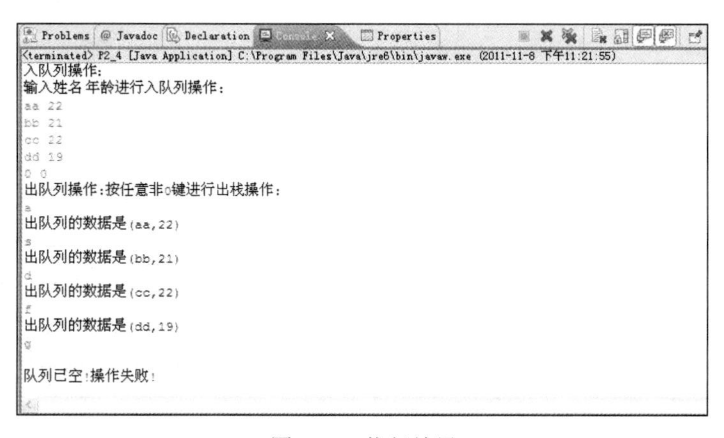

图 2-12　执行结果

2.7　树结构

前面介绍的几种数据结构都属于线性结构，但是有些问题无法抽象为线性数据结构，例如，一个国家的行政机构、一个家族的家谱等。这些问题有个共同点，即可以表示成一个层次关系。这种层次关系可以抽象为树结构，这就是本节所要讲解的主要数据结构。

2.7.1　什么是树结构

树（Tree）结构是一种描述非线性层次关系的数据结构，其中重要的是树的概念。树是 *n* 个数据结点的集合，在该集合中包含一个根结点，根结点之下分布着一些互不交叉的子集合，这些子集合是根结点的子树。树结构的基本特征如下：

（1）在一个树结构中，有且仅有一个结点没有直接前驱，这个结点就是树的根结点；

（2）除根结点外，其余每个结点有且仅有一个直接前驱；

（3）每个结点可以有任意多个直接后继。

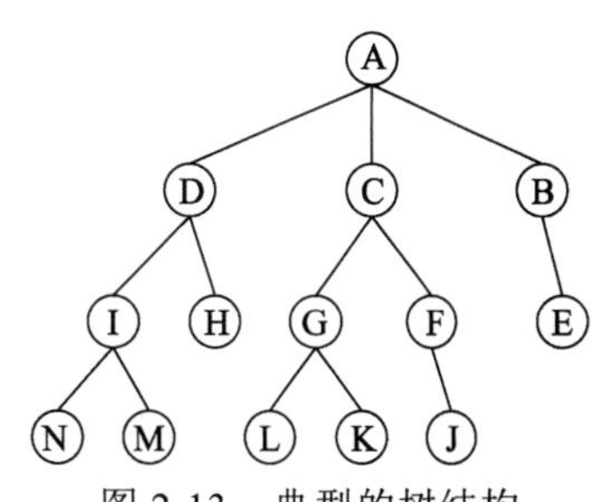

图 2-13　典型的树结构

典型的树结构，如图 2-13 所示，可以直观地看到其类似于现实中树的根系，越往下层根系分支越多。图中 A 便是树的根结点，根结点 A 有三个直接后继结点 B、C 和 D，而结点 C 只有一个直接前驱结点 A。

另外，一个树结构也可以是空，此时空树中没有数据结点，也就是一个空集合。如果树结构中仅包含一个结点，那么这也是一个树，树根便是该结点自身。

从树的定义可以看出，树具有层次结构的性质。而从数学的角度来看，树具有递归的特性。在树中的每个结点及其之后的所有结点构成一个子树，这个子树也包括根结点。

2.7.2 树的基本概念

对于读者来说，树是一种全新的数据结构，其中包含了许多新的概念。

（1）父结点和子结点：每个结点子树的根称为该结点的子结点，相应地，该结点称为其子结点的父结点。

（2）兄弟结点：具有同一父结点的结点称为兄弟结点。

（3）结点的度：一个结点所包含子树的数量。

（4）树的度：该树所有结点中最大的度。

（5）叶结点：树中度为零的结点称为叶结点或终端结点。

（6）分支结点：树中度不为零的结点称为分支结点或非终端结点。

（7）结点的层数：结点的层数从树根开始计算，根结点为第 1 层、依次向下为第 2、第 3、…、第 n 层（树是一种层次结构，每个结点都处在一定的层次上）。

（8）树的深度：树中结点的最大层数称为树的深度。

（9）有序树：若树中各结点的子树（兄弟结点）是按一定次序从左向右排列的，称为有序树。

（10）无序树：若树中各结点的子树（兄弟结点）未按一定次序排列，称为无序树。

（11）森林（forest）：n（n>0）棵互不相交的树的集合。

下面从一个例子来分析上述树结构的基本概念。图 2-14 所示为一个基本的树结构。其中，结点 A 为根结点。结点 A 有 3 个子树，因此，结点 A 的度为 3。同理，结点 E 有两个子树，结点 E 的度为 2。所有结点中，结点 A 的度为 3 最大，因此整个树的度为 3。结点 E 是结点 K 和结点 L 的父结点，结点 K 和结点 L 是结点 E 的子结点，结点 K 和结点 L 为兄弟结点。

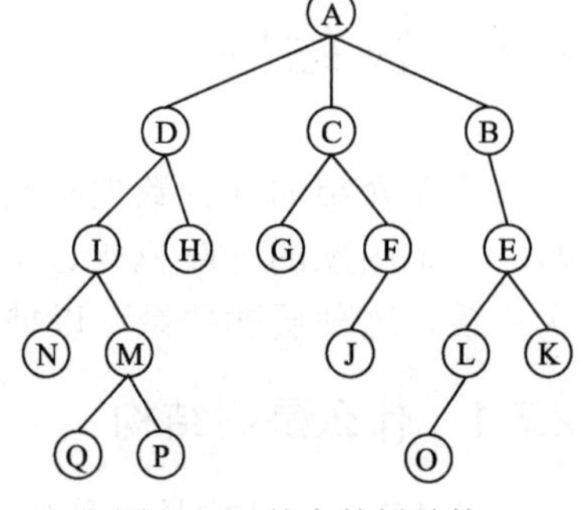

图 2-14 基本的树结构

在这个树结构中，结点 G、结点 H、结点 K、结点 J、结点 N、结点 O、结点 P 和结点 Q 都是叶结点。其余的都是分支结点，整个树的深度为 4。除去根结点 A，留下的子树就构成了一个森林。

由于树结构不是一种线性结构，很难用数学式子来表示，这就需要采用全新的方式来表示树。一般来说，常采用层次括号法。层次括号法的基本规则如下：

（1）根结点放入一对圆括号中；

（2）根结点的子树由左至右的顺序放入括号中；

（3）对子树做上述相同的处理。

这样，同层子树与它的根结点用圆括号括起来，同层子树之间用逗号隔开，最后用闭括号括起来。按照这种方法，图 2-13 所示的树结构可以表示成如下形式：

(A(B(E)),(C(F(J)),(G(K,L))),(D(H),(I(M,N))))

2.7.3　二叉树

在树结构中，二叉树是最简单的一种形式。在研究树结构时，二叉树是树结构内容中的重点。二叉树的描述相对简单，处理也相对简单，而且更为重要的是任意的树都可以转换成对应的二叉树。因此，二叉树是所有树结构的基础。

1．什么是二叉树

二叉树是树结构的一种特殊形式，它是 n 个结点的集合，每个结点最多只能有两个子结点。二叉树的子树仍然是二叉树。二叉树的一个结点上对应的两个子树分别称为左子树和右子树。由于子树有左右之分，因此二叉树是有序树。

从上述定义可以看出，在普遍的树结构中，结点的最大度数没有限制，而二叉树结点的最大度数为 2。另外，树结构中没有左子树和右子树的区分，而二叉树中则有此区别。

一个二叉树结构也可以是空，此时空二叉树中没有数据结点，是一个空集合。如果二叉树结构中仅包含一个结点，那么这也是一个二叉树，树根便是该结点自身。

另外，依照子树的位置的个数，二叉树还有如下几种形式，如图 2-15 所示。

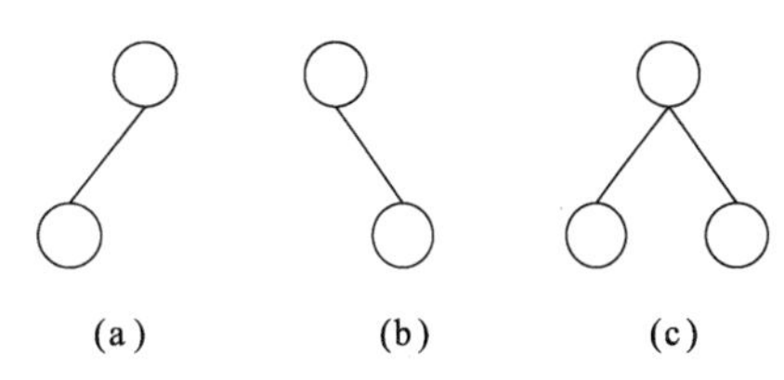

图 2-15　二叉树的几种形式

其中，对于图（a)，只有一个子结点且位于左子树位置，右子树位置为空；对于图（b)，只有一个子结点且位于右子树位置，左子树位置为空；对于图（c)，具有完整的两个子结点，即左子树和右子树都存在。

对于一般的二叉树，在树结构中可能包含上述各种形式。按照上述二叉树的这几种形式，为了研究的方便，二叉树还可以进一步细分为两种特殊的类型，满二叉树和完全二叉树。

满二叉树即在二叉树中除最下一层的叶结点外，每层的结点都有两个子结点。典型的满二叉树，如图 2-16 所示。

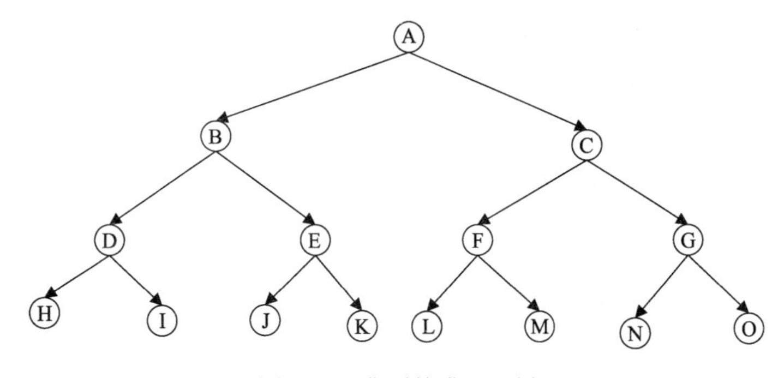

图 2-16　典型的满二叉树

完全二叉树即在二叉树中除二叉树最后一层外，其他各层的结点数都达到最大个数，且最后一层叶结点按照从左向右的顺序连续存在，只缺最后一层右侧若干结点。典型的完全二叉树，如图 2-17 所示。

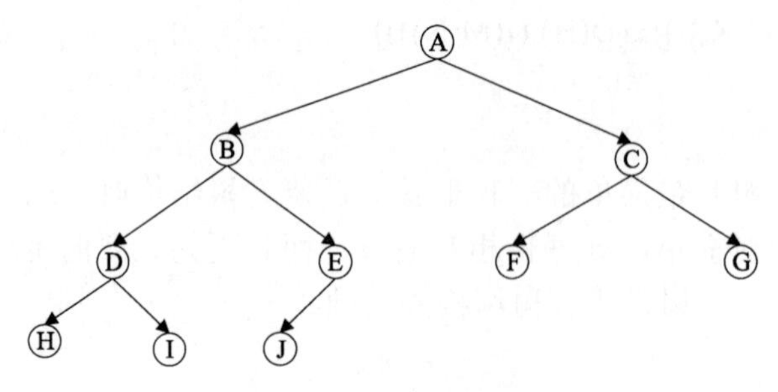

图 2-17 典型的完全二叉树

从上述满二叉树和完全二叉树的定义可以看出，满二叉树一定是完全二叉树，而完全二叉树不一定是满二叉树，因为其没有达到完全满分支的结构。

2．完全二叉树的性质

二叉树中树结构研究的重点是完全二叉树。对于完全二叉树，若树中包含 n 个结点，假设这些结点按照顺序方式存储。那么，对于任意一个结点 m 来说，具有如下性质：

- 如果 m != 1，则结点 m 的父结点的编号为 $m/2$；
- 如果 $2*m \leqslant n$，则结点 m 的左子树根结点的编号为 $2*m$；若 $2*m>n$，则无左子树，也没有右子树；
- 如果 $2*m+1 \leqslant n$，则结点 m 的右子树根结点编号为 $2*m+1$；若 $2*m+1>n$，则无右子树。

另外，对于该完全二叉树来说，其深度为$[\log_2 n]+1$。

这些基本性质展示了完全二叉树结构的特点，在完全二叉树的存储方式及运算处理上都有重要意义。

按照数据的存储方式，树结构可以分为顺序存储结构和链式存储结构两种。接下来分析这两种存储方式的实现。

3．二叉树的顺序存储

顺序存储方式是最基本的数据存储方式。与线性表类似，树结构的顺序存储一般采用一维结构数组来表示。这里的关键是定义合适的次序来存放树中各个层次的数据。

先来分析完全二叉树的顺序存储，如图 2-18 所示，左侧是一个典型的完全二叉树，每个结点的数据为字符类型。如果采用顺序存储方式，可以将其按层来存储，即先存储根结点，然后从左至右依次存储下一层结点的数据……直到所有的结点数据完全存储。图 2-18 右侧所示为这种存储的形式。

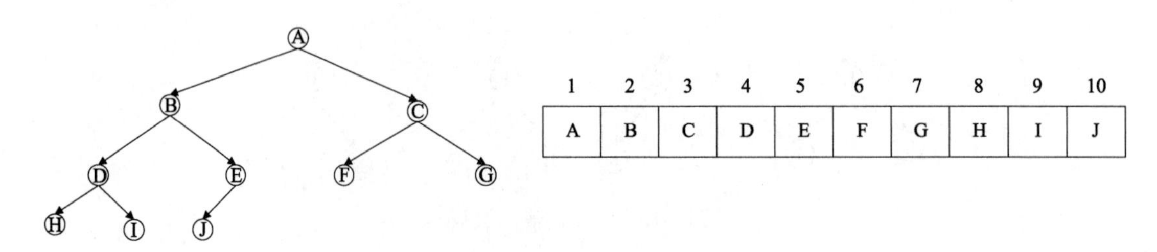

图 2-18 完全二叉树的顺序存储

上述完全二叉树顺序存储结构的数据定义，可以采用如下形式：

```
static final int  MAXLen=100;                //最大结点数
char[] SeqBinTree=new char[MAXLen];          //定义保存二叉树数组
```

其中，元素类型是每个结点的数据类型，这里是简单的字符型。对于复杂的数据，读者也可以采用自定义的对象，这样保存完全二叉树的数据成为对象数组。

可以根据前面介绍的完全二叉树的性质来推算各个结点之间的位置关系。例如：

（1）对于结点 D，其位于数组的第 4 个位置，则其父结点的编号为 4/2=2，即结点 B；

（2）结点 D 左子结点的编号为 2*4=8，即结点 H；

（3）结点 D 右子结点的编号为 2*4+1=9，即结点 I。

非完全二叉树的存储要稍复杂些。为了仍然可以使用上述简单有效的完全二叉树的性质，将一个非完全二叉树填充为一个完全二叉树，如图 2-19 所示。图 2-19（a）为一个非完全二叉树，将缺少的部分填上一个空的数据结点来构成图 2-19（b）的完全二叉树。

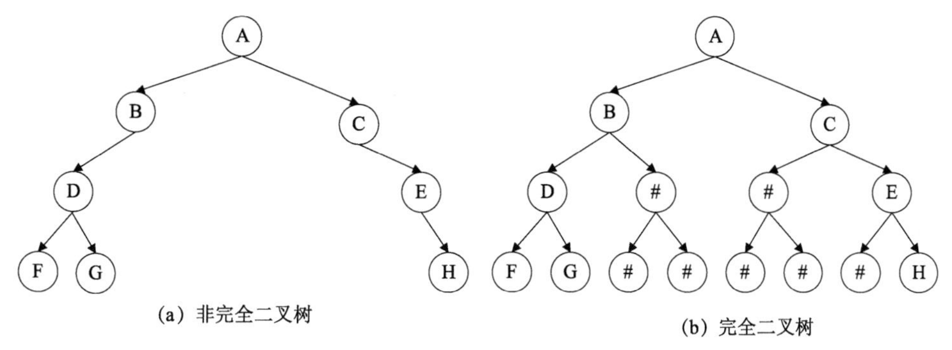

图 2-19 非完全二叉树的填充

这样，再按照完全二叉树的顺序存储方式来存储，如图 2-20 所示。下面便可以按照前述的规则来推算结点之间的关系了。

但是，这种方式有很大的缺点，会浪费存储空间，这是因为其中填充了大量的无用数据。因此，顺序存储方式一般只适用于完全二叉树的情况。对于其他的情况，一般采用链式存储方式。

1	2	3	4	5	6	7	8	9	10	11	12	13	14	15
A	B	C	D	#	#	E	F	G	#	#	#	#	#	H

图 2-20 完全二叉树的存储

4. 二叉树的链式存储

与线性结构的链式存储类似，二叉树的链式存储结构包含结点元素及分别指向左子树和右子树的引用。典型的二叉树的链式存储结构，如图 2-21 所示。

二叉树的链式存储结构定义示例代码如下：

```
class  ChainTreeType
{
   char  NodeData;                  //元素数据
   ChainTree LSonNode;              //左子树结点引用
   ChainTree RSonNode;              //右子树结点引用
}
ChainTreeType  root=null;           //定义二叉树根结点引用
```

有时候，为了后续计算的方便，也可以保存一个该结点的父结点的引用。此时二叉树的链式存储结构包含了结点元素、指向父结点的引用及分别指向左子树和右子树的引用。这种带父结点的二叉树链式存储结构，如图 2-22 所示。

LSonNode	NodeData	RSonNode

图 2-21 典型的二叉树的链式存储结构

LSonNode	NodeData	RSonNode	ParentNode

图 2-22 带父结点的二叉树链式存储结构

带父结点的二叉树链式存储结构定义示例代码如下：

```
class  ChainTreeType
{
   char  NodeData;                     //元素数据
   ChainTree  LSonNode;                //左子树结点引用
   ChainTree  RSonNode;                //右子树结点引用
   Chain  ParentNode;                  //父结点引用
}
ChainTreeType  root=null;              //定义二叉树根结点引用
```

接下来将分析如何在 Java 语言中建立二叉树结构，并完成二叉树结构的基本运算。

2.7.4 准备数据

学习了前面的理论知识后，下面就开始二叉树结构的程序设计。首先需要准备数据，即准备在二叉树结构操作中需要用到的变量及类等。示例代码如下：

```
static final int MAXLEN=20;            //最大长度

class CBTType                          //定义二叉树结点类型
{
   String data;                        //元素数据
   CBTType left;                       //左子树结点引用
   CBTType right;                      //右子树结点引用
}
```

在上述代码中，定义了二叉树结构的类 CBTType。结点的具体数据保存在一个字符串 data 中，而引用 left 用来指向左子树结点，引用 right 用来指向右子树结点。

2.7.5 初始化二叉树

在使用顺序表之前，首先要初始化二叉树。在此，在程序中只需将一个结点设置为二叉树的根结点。示例代码如下：

```
CBTType InitTree()                     //初始化二叉树的根
{
   CBTType node;

   if((node=new CBTType())!=null)  //申请内存
   {
      System.out.printf("请先输入一个根结点数据:\n");
      node.data=input.next();
      node.left=null;
      node.right=null;
      if(node!=null)                   //如果二叉树根结点不为空
      {
         return node;
      }
      else
```

```
        {
            return null;
        }
    }
    return null;
}
```

在上述代码中，首先申请内存，然后由用户输入一个根结点数据，并将指向左子树和右子树的引用设置为空，即可完成二叉树的初始化工作。

2.7.6 添加结点

添加结点即在二叉树中添加结点数据。添加结点时除了要输入结点数据外，还需要指定其父结点，以及添加的结点是作为左子树还是作为右子树。添加结点的示例代码如下：

```
void AddTreeNode(CBTType treeNode)                   //添加结点
{
    CBTType pnode,parent;
    String data;
    int menusel;

    if((pnode=new CBTType())!=null)                  //分配内存
    {
        System.out.printf("输入二叉树结点数据:\n");

        pnode.data=input.next();
        pnode.left=null;                             //设置左右子树为空
        pnode.right=null;

        System.out.printf("输入该结点的父结点数据:");
        data=input.next();

        parent=TreeFindNode(treeNode,data);          //查找指定数据的结点
        if(parent==null)                             //如果未找到
        {
            System.out.printf("未找到该父结点!\n");
            pnode=null;                              //释放创建的结点内存
            return;
        }
        System.out.printf("1.添加该结点到左子树\n2.添加该结点到右子树\n");
        do
        {
            menusel=input.nextInt();                 //输入选择项

            if(menusel==1 || menusel==2)
            {
                if(parent==null)
                {
                    System.out.printf("不存在父结点，请先设置父结点!\n");
                }
                else
                {
                    switch(menusel)
```

```
                    {
                        case 1:                                 //添加到左结点
                            if(parent.left!=null)               //左子树不为空
                            {
                                System.out.printf("左子树结点不为空!\n");
                            }
                            else
                            {
                                parent.left=pnode;
                            }
                            break;
                        case 2:                                 //添加到右结点
                            if( parent.right!=null)             //右子树不为空
                            {
                                System.out.printf("右子树结点不为空!\n");
                            }
                            else
                            {
                                parent.right=pnode;
                            }
                            break;
                        default:
                            System.out.printf("无效参数!\n");
                    }
                }
            }
        }while(menusel!=1 && menusel!=2);
    }
}
```

在上述代码中，输入参数 treeNode 为二叉树的根结点，参数传入根结点是为了方便在代码中进行查找。程序中首先申请内存，然后由用户输入二叉树结点数据，并设置左、右子树为空。接着指定其父结点，最后设置其作为左子树还是作为右子树。

2.7.7 查找结点

查找结点即在二叉树中的每一个结点中，逐个比较数据，当找到目标数据时将返回该数据所在结点的引用。查找结点的示例代码如下：

```
CBTType TreeFindNode(CBTType treeNode,String data)     //查找结点
{
    CBTType ptr;

    if(treeNode==null)
    {
        return null;
    }
    else
    {
        if(treeNode.data.equals(data))
        {
            return treeNode;
```

```
        }
        else
        {                                       //分别向左右子树递归查找
             if((ptr=TreeFindNode(treeNode.left,data))!=null)
             {
                 return ptr;
            }
            else if((ptr=TreeFindNode(treeNode.right, data))!=null)
            {
                return ptr;
            }
            else
            {
                return null;
            }
        }
    }
}
```

在上述代码中，输入参数 treeNode 为待查找的二叉树的根结点，输入参数 data 为待查找的结点数据。程序中首先判断根结点是否为空，然后分别向左、右子树递归查找。如果当前结点的数据与查找数据相等，则返回当前结点的引用。

2.7.8 获取左子树

获取左子树即返回当前结点的左子树结点的值。由于在二叉树结构中定义了相应的引用，因此，该操作比较简单。获取左子树的示例代码如下：

```
CBTType TreeLeftNode(CBTType treeNode)      //获取左子树
{
    if(treeNode!=null)
    {
        return treeNode.left;               //返回值
    }
    else
    {
        return null;
    }
}
```

在上述代码中，输入参数 treeNode 为二叉树的一个结点。该程序将返回该结点的左子树的引用。

2.7.9 获取右子树

获取右子树即返回当前结点的右子树结点的值。由于在二叉树结构中定义了相应的引用，因此，该操作比较简单。获取右子树的示例代码如下：

```
CBTType TreeRightNode(CBTType treeNode)     //获取右子树
{
    if(treeNode!=null)
    {
        return treeNode.right;              //返回值
```

```
        }
        else
        {
            return null;
        }
    }
```

在上述代码中，输入参数 treeNode 为二叉树的一个结点。该程序将返回该结点的右子树的引用。

2.7.10 判断空树

判断空树即判断一个二叉树结构是否为空。如果是空树，则表示该二叉树结构中没有数据。判断空树的示例代码如下：

```
    int TreeIsEmpty(CBTType treeNode)                //判断空树
    {
        if(treeNode!=null)
        {
            return 0;
        }
        else
        {
            return 1;
        }
    }
```

在上述代码中，输入参数 treeNode 为待判断的二叉树的根结点。该函数检查二叉树是否为空，为空则返回 1，否则返回 0。

2.7.11 计算二叉树深度

计算二叉树深度即计算二叉树中结点的最大层数，这里往往需要采用递归算法来实现。计算二叉树深度的示例代码如下：

```
    int TreeDepth(CBTType treeNode)                  //计算二叉树深度
    {
        int depleft,depright;

        if(treeNode==null)
        {
            return 0; //对于空树，深度为0
        }
        else
        {
            depleft = TreeDepth(treeNode.left);      //左子树深度 (递归调用)
            depright = TreeDepth(treeNode.right);    //右子树深度 (递归调用)
            if(depleft>depright)
            {
               return depleft + 1;
            }
            else
            {
```

```
            return depright + 1;
        }
    }
}
```

在上述代码中，输入参数 treeNode 为待计算的二叉树的根结点。程序中首先判断根结点是否为空，然后分别按照递归调用来计算左子树深度和右子树深度，从而完成整个二叉树深度的计算。

2.7.12　清空二叉树

清空二叉树即将二叉树变成一个空树，这里也需要使用递归算法来实现。清空二叉树的示例代码如下：

```
void ClearTree(CBTType treeNode)        // 清空二叉树
{
    if(treeNode!=null)
    {
        ClearTree(treeNode.left);       //清空左子树
        ClearTree(treeNode.right);      //清空右子树
        treeNode=null;                  //释放当前结点所占内存
    }
}
```

在上述代码中，输入参数 treeNode 为待清空的二叉树的根结点。程序中按照递归调用来清空左子树和右子树，并且使用赋值 null 操作来释放当前结点所占内存，从而完成清空操作。

2.7.13　显示结点数据

显示结点数据即显示当前结点的数据内容，此操作比较简单。显示结点数据的代码示例如下：

```
void TreeNodeData(CBTType p)            //显示结点数据
{
    System.out.printf("%s ",p.data);    //输出结点数据
}
```

在上述代码中，输入参数 p 为待显示的结点。在程序中，直接使用 printf()方法输出该结点数据。

2.7.14　遍历二叉树

遍历二叉树即逐个查找二叉树中所有的结点，这是二叉树的基本操作，因为很多操作都需要首先遍历整个二叉树。由于二叉树结构的特殊性，往往可以采用多种方法进行遍历。

由于二叉树代表的是一种层次结构，因此，首先按层来遍历整个二叉树。对于二叉树的按层遍历，一般不能使用递归算法来编写代码，而是使用一个循环队列来进行处理。首先将第 1 层（根结点）进入队列，再将第 1 层根结点的左右子树（第 2 层）进入队列……，循环处理，可以逐层遍历。

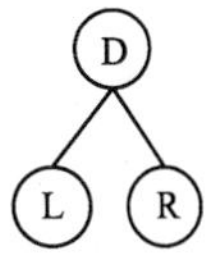

上述按层遍历有点复杂，也可以使用递归来简化遍历算法。首先来分析一个二叉树中的基本结构，如图 2-23 所示。这里 D 表示根结点，L 表示左子树，R 表示右子树。一般可以采用如下几种方法来

图 2-23　二叉树基本结构

遍历整个二叉树：

（1）先序遍历：先访问根结点，再按先序遍历左子树，最后按先序遍历右子树。先序遍历一般也称为先根次序遍历，简称为 DLR 遍历。

（2）中序遍历：先按中序遍历左子树，再访问根结点，最后按中序遍历右子树。中序遍历一般也称为中根次序遍历，简称为 LDR 遍历。

（3）后序遍历：先按后序遍历左子树，再按后序遍历右子树，最后访问根结点。后序遍历一般也称为后根次序遍历，简称为 LRD 遍历。

先序遍历、中序遍历和后序遍历的最大好处是可以方便地利用递归的思想来实现遍历算法。下面详细介绍这几种遍历算法的代码实现。

1．按层遍历算法

按层遍历算法是最直观的遍历算法。首先处理第 1 层即根结点，再处理第 1 层根结点的左右子树，即第 2 层……，循环处理，就可以逐层遍历。按层遍历算法的示例代码如下：

```
void LevelTree(CBTType treeNode)                    //按层遍历
{
    CBTType p;
    CBTType[] q=new CBTType[MAXLEN];                //定义一个顺序栈
    int head=0,tail=0;

    if(treeNode!=null)                              //如果队首引用不为空
    {
        tail=(tail+1)%MAXLEN;                       //计算循环队列队尾序号
        q[tail] = treeNode;                         //将二叉树根引用进队
    }
    while(head!=tail)                               //队列不为空，进行循环
    {
        head=(head+1)%MAXLEN;                       //计算循环队列的队首序号
        p=q[head];                                  //获取队首元素
        TreeNodeData(p);                            //处理队首元素
        if(p.left!=null)                            //如果结点存在左子树
        {
            tail=(tail+1)%MAXLEN;                   //计算循环队列的队尾序号
            q[tail]=p.left;                         //将左子树引用进队
        }

        if(p.right!=null)                           //如果结点存在右子树
        {
            tail=(tail+1)%MAXLEN;                   //计算循环队列的队尾序号
            q[tail]=p.right;                        //将右子树引用进队
        }
    }
}
```

在上述代码中，输入参数 treeNode 为需要遍历的二叉树根结点。程序在整个处理过程中，首先从根结点开始，将每层的结点逐步进入队列，这样就可得到按层遍历的效果。

2．先序遍历算法

先序遍历算法即先访问根结点，再按先序遍历左子树，最后按先序遍历右子树。程序中可以按照递归的思路来遍历整个二叉树。先序遍历算法的示例代码如下：

```
void DLRTree(CBTType treeNode)                //先序遍历
{
    if(treeNode!=null)
    {
        TreeNodeData(treeNode);               //显示结点的数据
        DLRTree(treeNode.left);
        DLRTree(treeNode.right);
    }
}
```

在上述代码中，输入参数 treeNode 为需要遍历的二叉树根结点。

3. 中序遍历算法

中序遍历算法即先按中序遍历左子树，再访问根结点，最后按中序遍历右子树。程序中可以按照递归的思路来遍历整个二叉树。中序遍历算法的示例代码如下：

```
void LDRTree(CBTType treeNode)                //中序遍历
{
    if(treeNode!=null)
    {
        LDRTree(treeNode.left);               //中序遍历左子树
        TreeNodeData(treeNode);               //显示结点数据
        LDRTree(treeNode.right);              //中序遍历右子树
    }
}
```

在上述代码中，输入参数 treeNode 为需要遍历的二叉树根结点。

4. 后序遍历算法

后序遍历算法即先按后序遍历左子树，再按后序遍历右子树，最后访问根结点。程序中可以按照递归的思路来遍历整个二叉树。后序遍历算法的示例代码如下：

```
void LRDTree(CBTType treeNode)                //后序遍历
{
    if(treeNode!=null)
    {
        LRDTree(treeNode.left);               //后序遍历左子树
        LRDTree(treeNode.right);              //后序遍历右子树
        TreeNodeData(treeNode);               //显示结点数据
    }
}
```

在上述代码中，输入参数 treeNode 为需要遍历的二叉树根结点。

2.7.15　树结构操作实例

学习了前面的树结构的基本运算，便可以轻松地完成对树结构的各种操作。下面给出一个完整的例子，来演示树结构的创建、插入结点和遍历等操作。示例代码如下：

```
import java.util.Scanner;

class CBTType                                 //定义二叉树结点类型
{
    String data;                              //元素数据
    CBTType left;                             //左子树结点引用
```

```
    CBTType right;                                  //右子树结点引用
}

public class P2_5 {
    static final int MAXLEN=20;
    static Scanner input=new Scanner(System.in);
    CBTType InitTree()                              //初始化二叉树的根
    {
    CBTType node;

        if((node=new CBTType())!=null)              //申请内存
        {
            System.out.printf("请先输入一个根结点数据:\n");
            node.data=input.next();
            node.left=null;
            node.right=null;
            if(node!=null)                          //如果二叉树根结点不为空
            {
                return node;
            }
            else
            {
                return null;
            }
        }
        return null;
    }

    void AddTreeNode(CBTType treeNode)              //添加结点
    {
         CBTType pnode,parent;
         String data;
         int menusel;

        if((pnode=new CBTType())!=null)             //分配内存
        {
            System.out.printf("输入二叉树结点数据:\n");

            pnode.data=input.next();
            pnode.left=null;                        //设置左右子树为空
            pnode.right=null;

            System.out.printf("输入该结点的父结点数据:");
            data=input.next();

            parent=TreeFindNode(treeNode,data);     //查找指定数据的结点
            if(parent==null)                        //如果未找到
            {
                System.out.printf("未找到该父结点!\n");
                pnode=null;                         //释放创建的结点内存
                return;
            }
```

```
        System.out.printf("1.添加该结点到左子树\n2.添加该结点到右子树\n");
        do
        {
           menusel=input.nextInt();                    //输入选择项

           if(menusel==1 || menusel==2)
           {
              if(parent==null)
              {
                 System.out.printf("不存在父结点，请先设置父结点!\n");
              }
              else
              {
                 switch(menusel)
                 {
                    case 1:                            //添加到左结点
                       if(parent.left!=null)           //左子树不为空
                       {
                          System.out.printf("左子树结点不为空!\n");
                       }
                       else
                       {
                          parent.left=pnode;
                       }
                    break;
                    case 2:                            //添加到右结点
                       if( parent.right!=null)         //右子树不为空
                       {
                          System.out.printf("右子树结点不为空!\n");
                       }
                       else
                       {
                          parent.right=pnode;
                       }
                       break;
                    default:
                       System.out.printf("无效参数!\n");
                 }
              }
           }
        }while(menusel!=1 && menusel!=2);
    }
}

CBTType TreeFindNode(CBTType treeNode,String data) //查找结点
{
CBTType ptr;

    if(treeNode==null)
    {
       return null;
    }
```

```
        else
        {
            if(treeNode.data.equals(data))
            {
                return treeNode;
            }
            else
            {                                       // 分别向左右子树递归查找
                if((ptr=TreeFindNode(treeNode.left,data))!=null)
                {
                    return ptr;
                }
                else if((ptr=TreeFindNode(treeNode.right, data))!=null)
                {
                    return ptr;
                }
                else
                {
                    return null;
                }
            }
        }
    }

    CBTType TreeLeftNode(CBTType treeNode)      //获取左子树
    {
        if(treeNode!=null)
        {
            return treeNode.left;                   //返回值
        }
        else
        {
            return null;
        }
    }

    CBTType TreeRightNode(CBTType treeNode)     //获取右子树
    {
        if(treeNode!=null)
        {
            return treeNode.right;                  //返回值
        }
        else
        {
            return null;
        }
    }

    int TreeIsEmpty(CBTType treeNode)           //判断空树
    {
        if(treeNode!=null)
        {
```

```
        return 0;
    }
    else
    {
        return 1;
    }
}

int TreeDepth(CBTType treeNode)                    //计算二叉树深度
{
int depleft,depright;

    if(treeNode==null)
    {
        return 0; //对于空树，深度为0
    }
    else
    {
        depleft = TreeDepth(treeNode.left);        //左子树深度 (递归调用)
        depright = TreeDepth(treeNode.right);      //右子树深度 (递归调用)
        if(depleft>depright)
        {
          return depleft + 1;
        }
        else
        {
           return depright + 1;
        }
    }
}

void ClearTree(CBTType treeNode)                   // 清空二叉树
{
     if(treeNode!=null)
     {
        ClearTree(treeNode.left);                  //清空左子树
        ClearTree(treeNode.right);                 //清空右子树
        treeNode=null;                             //释放当前结点所占内存
     }
}

void TreeNodeData(CBTType p)                       //显示结点数据
{
    System.out.printf("%s ",p.data);               //输出结点数据
}


void LevelTree(CBTType treeNode)                   //按层遍历
{
    CBTType p;
    CBTType[] q=new CBTType[MAXLEN];               //定义一个顺序栈
    int head=0,tail=0;
```

```
    if(treeNode!=null)                          //如果队首引用不为空
    {
        tail=(tail+1)%MAXLEN;                   //计算循环队列队尾序号
        q[tail] = treeNode;                     //将二叉树根引用进队
    }
    while(head!=tail)                           //队列不为空，进行循环
    {
        head=(head+1)%MAXLEN;                   //计算循环队列的队首序号
        p=q[head];                              //获取队首元素
        TreeNodeData(p);                        //处理队首元素
        if(p.left!=null)                        //如果结点存在左子树
        {
            tail=(tail+1)%MAXLEN;               //计算循环队列的队尾序号
            q[tail]=p.left;                     //将左子树引用进队
        }

        if(p.right!=null)                       //如果结点存在右子树
        {
            tail=(tail+1)%MAXLEN;               //计算循环队列的队尾序号
            q[tail]=p.right;                    //将右子树引用进队
        }
    }
}


void DLRTree(CBTType treeNode)                  //先序遍历
{
    if(treeNode!=null)
    {
        TreeNodeData(treeNode);                 //显示结点的数据
        DLRTree(treeNode.left);
        DLRTree(treeNode.right);
    }
}

void LDRTree(CBTType treeNode)                  //中序遍历
{
    if(treeNode!=null)
    {
        LDRTree(treeNode.left);                 //中序遍历左子树
        TreeNodeData(treeNode);                 //显示结点数据
        LDRTree(treeNode.right);                //中序遍历右子树
    }
}

void LRDTree(CBTType treeNode)                  //后序遍历
{
    if(treeNode!=null)
    {
        LRDTree(treeNode.left);                 //后序遍历左子树
        LRDTree(treeNode.right);                //后序遍历右子树
```

```
            TreeNodeData(treeNode);                  //显示结点数据
        }
    }

    public static void main(String[] args) {
        CBTType root=null;                         //root为指向二叉树根结点的引用
        int menusel;
        P2_5 t=new P2_5();
        //设置根元素
        root=t.InitTree();
        //添加结点
        do{
            System.out.printf("请选择菜单添加二叉树的结点\n");
            System.out.printf("0.退出\t");          //显示菜单
            System.out.printf("1.添加二叉树的结点\n");
            menusel=input.nextInt();
            switch(menusel)
            {
                case 1:                            //添加结点
                    t.AddTreeNode(root);
                    break;
                case 0:
                    break;
                default:
                    ;
            }
        }while(menusel!=0);

        //遍历
        do{
            System.out.printf("请选择菜单遍历二叉树,输入0表示退出:\n");
            System.out.printf("1.先序遍历DLR\t"); //显示菜单
            System.out.printf("2.中序遍历LDR\n");
            System.out.printf("3.后序遍历LRD\t");
            System.out.printf("4.按层遍历\n");
            menusel=input.nextInt();
            switch(menusel)
            {
            case 0:
                break;
            case 1:                                //先序遍历
                System.out.printf("\n先序遍历DLR的结果: ");
                t.DLRTree(root);
                System.out.printf("\n");
                break;
            case 2:                                //中序遍历
                System.out.printf("\n中序LDR遍历的结果: ");
                t.LDRTree(root);
                System.out.printf("\n");
                break;
            case 3:                                //后序遍历
                System.out.printf("\n后序遍历LRD的结果: ");
```

```
                t.LRDTree(root);
                System.out.printf("\n");
                break;
            case 4:                                     //按层遍历
                System.out.printf("\n按层遍历的结果: ");
                t.LevelTree(root);
                System.out.printf("\n");
                break;
            default:
            ;
            }
        }while(menusel!=0);
        //深度
        System.out.printf("\n二叉树深度为:%d\n",t.TreeDepth(root));

        t.ClearTree(root);                              //清空二叉树
        root=null;
    }
}
```

在上述代码中，主方法首先初始化二叉树，设置根元素。然后由用户来选择添加结点的操作。接着，分别可以选择先序遍历、中序遍历、后序遍历和按层遍历 4 种方式来遍历整个二叉树。最后，输出该二叉树的深度，并清空二叉树，结束整个操作过程。

在程序执行时，首先初始化输入根结点为 A，然后选择菜单“1”分别添加结点 B 为结点 A 的左子树，添加结点 C 为结点 A 的右子树……，整个程序的执行过程，如图 2-24 所示。添加完所有的结点后，选择菜单“0”便可以退出结点的添加过程，进而执行后面的程序。

程序接下来便是执行不同的二叉树遍历操作。按照菜单的指示分别选择先序遍历、中序遍历、后序遍历和按层遍历 4 种方式。程序执行的结果，如图 2-25 所示。读者可以结合这 4 种遍历算法的方法和程序代码，来理解遍历的结果。最后，用户输入菜单“0”退出遍历过程。程序最后输出该二叉树的深度为 3，并清空整个二叉树，从而完成整个操作过程。

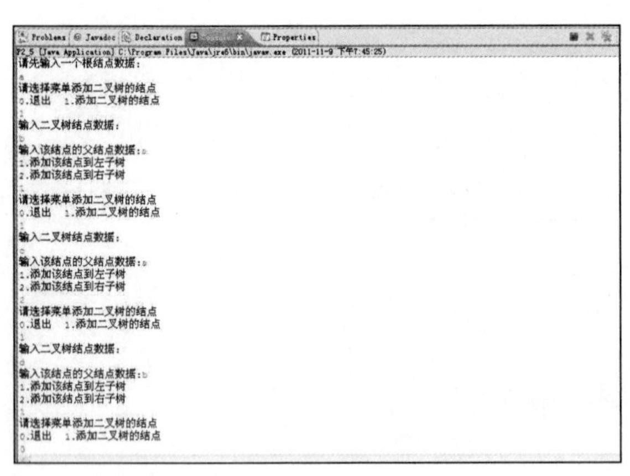

图 2-24 添加结点

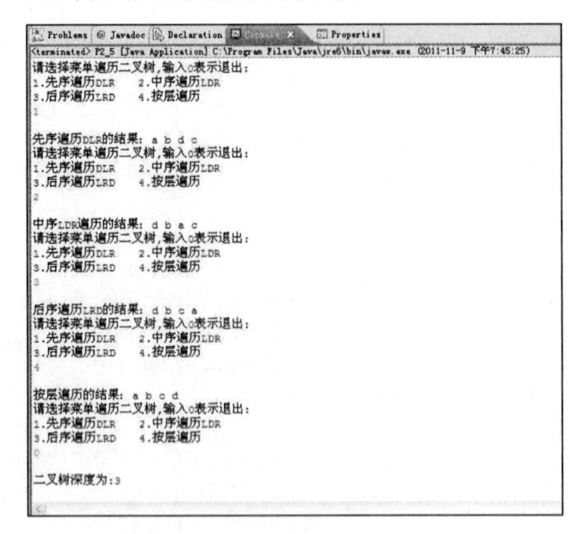

图 2-25 4 种遍历方式

2.8　图结构

图（Graph）结构也是一种非线性数据结构，图结构在实际生活中具有丰富的例子。例如，通信网络、交通网络、人际关系网络等都可以归结为图结构。图结构的组织形式要比树结构更为复杂，因此，图结构对存储和遍历等操作具有更高的要求。

2.8.1　什么是图结构

前面介绍的树结构的一个基本特点是数据元素之间具有层次关系，每一层的元素可以和多个下层元素关联，但是只能和一个上层元素关联。如果将此规则进一步扩展，也就是说，每个数据元素之间可以任意关联，这就构成了一个图结构。正是这种任意关联性导致了图结构中数据关系的复杂性。研究图结构的一个专门理论工具便是图论。

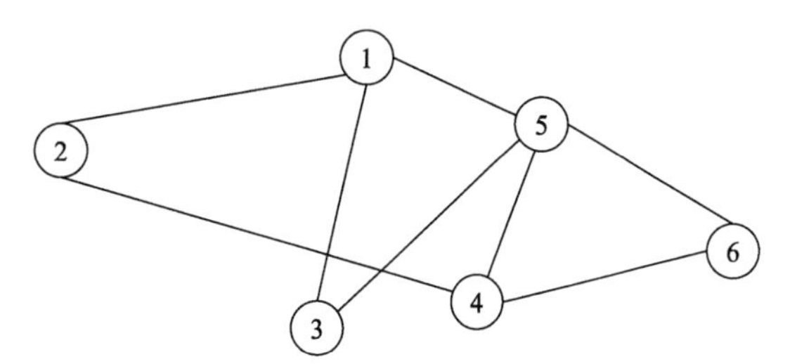

图 2-26　典型的图结构

典型的图结构，如图 2-26 所示。一个典型的图结构包括如下内容：

（1）顶点（Vertex）：图中的数据元素。

（2）边（Edge）：图中连接这些顶点的线。

所有的顶点构成一个顶点集合，所有的边构成边集合，一个完整的图结构由顶点集合和边集合组成。图结构在数学上一般记为以下形式：

```
G=(V, E)
```

或者

```
G=(V(G), E(G))
```

其中，V(G)表示图结构中所有顶点的集合，顶点可以用不同的数字或者字母来表示。E(G)是图结构中所有边的集合，每条边由所连接的两个顶点表示。

注意：图结构中顶点集合$V(G)$必须为非空，即必须包含一个顶点。而图结构中边集合$E(G)$可以为空，此时表示没有边。

例如，对于图 2-26 所示的图结构，其顶点集合和边集合如下：

$V(G)=\{V_1, V_2, V_3, V_4, V_5, V_6\}$
$E(G)=\{(V_1, V_2), (V_1, V_3), (V_1, V_5), (V_2, V_4), (V_3, V_5), (V_4, V_5), (V_4, V_6), (V_5, V_6)\}$

2.8.2　图的基本概念

图论是专门研究图结构的一个理论工具。为了讲解和读者理解的方便，这里简单介绍一些基本的图结构概念。

1．无向图

如果一个图结构中，所有的边都没有方向性，那么这种图便称为无向图。典型的无向图，如图 2-27 所示。由于无向图中的边没有方向性，这样，在表示边的时候对两个顶点的顺序没有要求。例如，顶点 V_1 和顶点 V_5 之间的边，可以表示为（V_1，V_5），也可以表示为（V_5，V_1）。

对于图 2-27 所示的无向图，对应的顶点集合和边集合如下：

$V(G)=\{V_1, V_2, V_3, V_4, V_5\}$

$E(G)=\{(V_1, V_2), (V_1, V_5), (V_2, V_4), (V_3, V_5), (V_4, V_5), (V_1, V_3)\}$

2. 有向图

如果一个图结构中，边有方向性，那么这种图便称为有向图。典型的有向图，如图 2-28 所示。由于有向图中的边有方向性，这样，在表示边的时候对两个顶点的顺序有要求。并且，为了同无向图区分，采用尖括号表示有向边。例如，$<V_3, V_4>$表示从顶点 V_3 到顶点 V_4 的一条边，而$<V_4, V_3>$表示从顶点 V_4 到顶点 V_3 的一条边。$<V_3, V_4>$和$<V_4, V_3>$表示的是两条不同的边。

对于图 2-28 所示的有向图，对应的顶点集合和边集合如下：

$V(G)=\{V_1, V_2, V_3, V_4, V_5, V_6\}$

$E(G)=\{<V_1, V_2>, <V_2, V_1>, <V_2, V_3>, <V_3, V_4>, <V_4, V_3>, <V_4, V_5>, <V_5, V_6>, <V_6, V_4>, <V_6, V_2>\}$

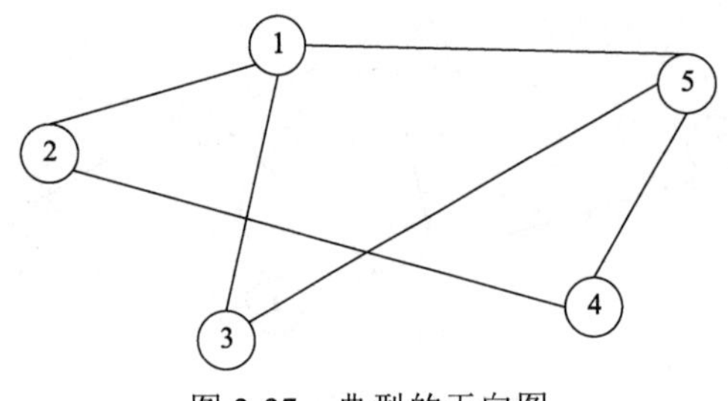

图 2-27　典型的无向图

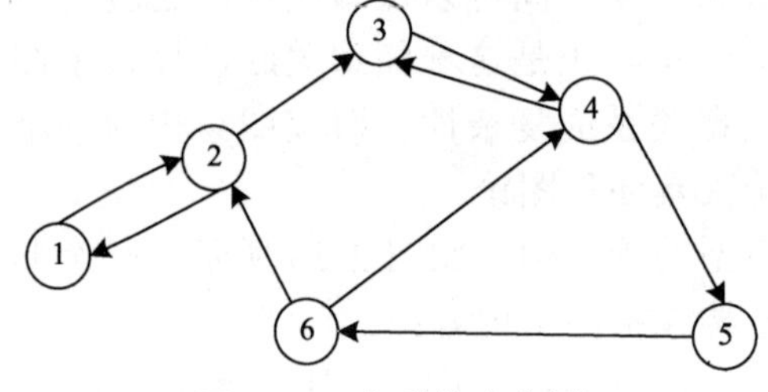

图 2-28　典型的有向图

3. 顶点的度（Degree）

连接顶点的边的数量称为该顶点的度。顶点的度在有向图和无向图中具有不同的表示。对于无向图，一个顶点 V 的度比较简单，其是连接该顶点的边的数量，记为 $D(V)$。例如，在图 2-27 所示的无向图中，顶点 V_4 的度为 2，而 V_5 的度为 3。

对于有向图要稍复杂些，根据连接顶点 V 的边的方向性，一个顶点的度有入度和出度之分。

（1）入度是以该顶点为端点的入边数量，记为 $ID(V)$。

（2）出度是以该顶点为端点的出边数量，记为 $OD(V)$。

因此，有向图中，一个顶点 V 的总度便是入度和出度之和，即 $D(V)=ID(V)+OD(V)$。例如，在图 2-28 所示的有向图中，顶点 V_3 的入度为 2，出度为 1，因此，顶点 V_3 的总度为 3。

4. 邻接顶点

邻接顶点是指图结构中一条边的两个顶点。邻接顶点在有向图和无向图中具有不同的表示。对于无向图，邻接顶点比较简单。例如，在图 2-27 所示的无向图中，顶点 V_1 和顶点 V_5 互为邻接顶点，顶点 V_2 和顶点 V_4 互为邻接顶点等。另外，顶点 V_1 的邻接顶点有顶点 V_2、顶点 V_3 和顶点 V_5。

对于有向图要稍复杂些，根据连接顶点 V 的边的方向性，两个顶点分别称为起始顶点（起点或始点）和结束顶点（终点）。有向图的邻接顶点分为如下两类：

（1）入边邻接顶点：连接该顶点的边中的起始顶点。例如，对于组成$<V_1, V_2>$这条边的两个顶点，V_1 是 V_2 的入边邻接顶点。

（2）出边邻接顶点：连接该顶点的边中的结束顶点。例如，对于组成$<V_1, V_2>$这条边的两个顶点，V_2 是 V_1 的出边邻接顶点。

5. 无向完全图

如果在一个无向图中，每两个顶点之间都存在一条边，那么这种图结构称为无向完全图。

典型的无向完全图，如图 2-29 所示。

理论上可以证明，对于一个包含 N 个顶点的无向完全图，其总的边数为 $N(N-1)/2$。

6．有向完全图

如果在一个有向图中，每两个顶点之间都存在方向相反的两条边，那么这种图结构称为有向完全图。典型的有向完全图，如图 2-30 所示。

理论上可以证明，对于一个包含 N 个顶点的有向完全图，其总的边数为 $N(N-1)$，是无向完全图的两倍。

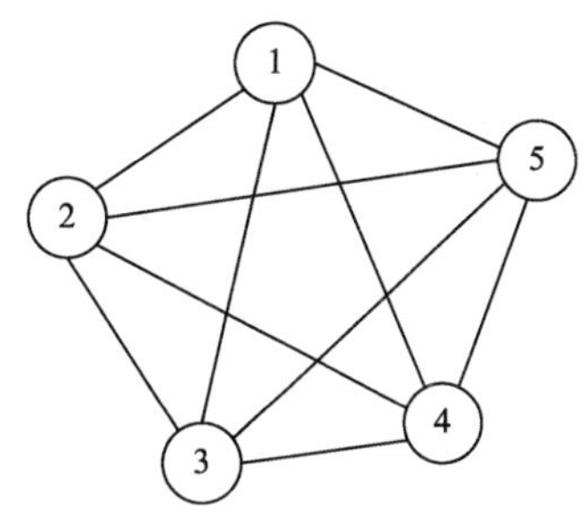

图 2-29　无向完全图

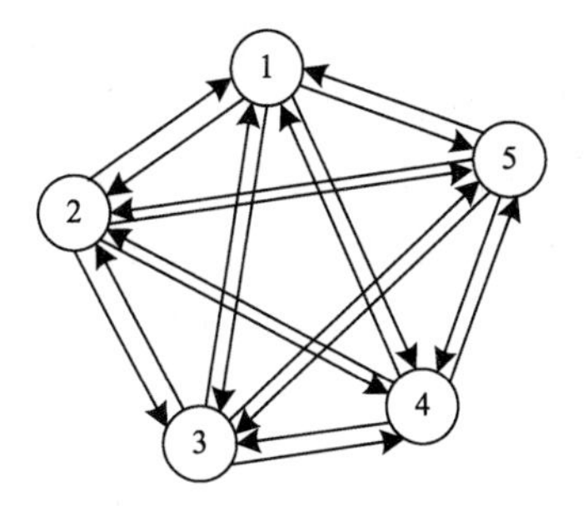

图 2-30　有向完全图

7．子图

子图的概念类似子集合，由于一个完整的图结构包括顶点和边，因此，一个子图的顶点和边都应该是另一个图结构的子集合。例如，图 2-31 中，图（a）为一个无向图结构，图（b）、图（c）和图（d）均为图（a）的子图。

这里需要强调的是，只有顶点集合是子集的，或者只有边集合是子集的，都不是子图。

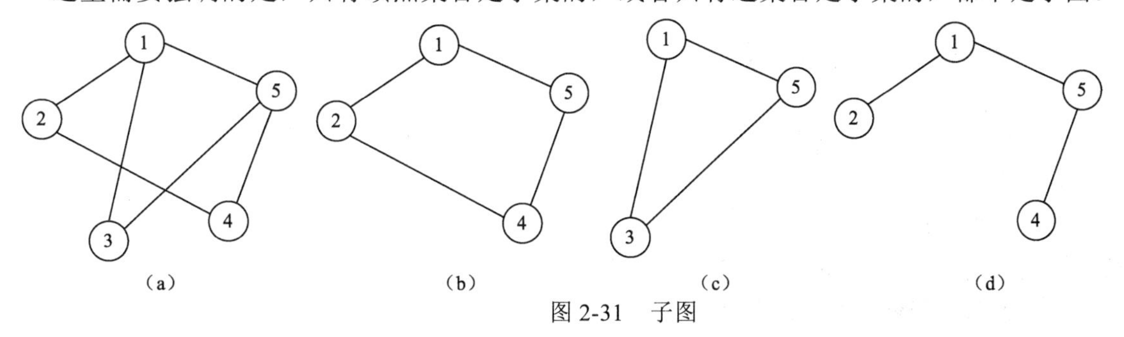

图 2-31　子图

8．路径

路径即图结构中两个顶点之间的连线，路径上边的数量称为路径长度。两个顶点之间的路径可能途经多个其他顶点，两个顶点之间的路径也可能不止一条，相应的路径长度可能不一样。

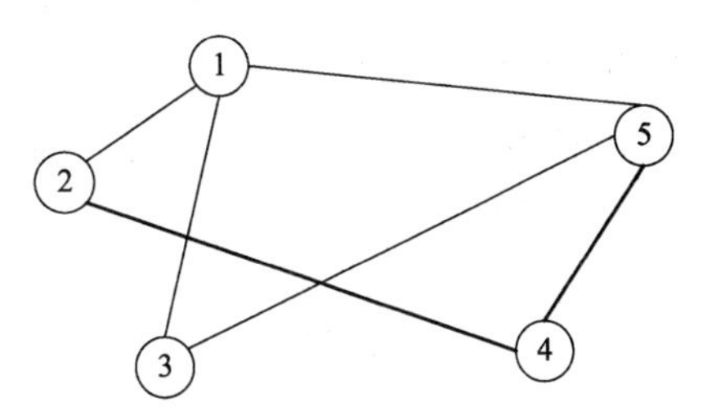

图 2-32　图结构中的一条路径

图结构中的一条路径，如图 2-32 所示。这里粗线部分显示了顶点 V_5 到 V_2 之间的一条路径，这条路径途经的顶点为 V_4，途经的边依次为(V_5，V_4)、(V_4，V_2)，路径长度为 2。

同样，还可以在该图中找到顶点 V_5 到 V_2 之间的其他路径，分别为：

（1）路径(V_5，V_1)、(V_1，V_2)，途经顶点 V_1，路径长度为 2。

（2）路径(V_5，V_3)、(V_3，V_1)、(V_1，V_2)，途经顶点 V_1 和 V_3，路径长度为 3。

图结构中的路径还可以细分为如下三种形式：

（1）简单路径：在图结构中，如果一条路径上顶点不重复出现，则称为简单路径。

（2）环：在图结构中，如果路径的第一个顶点和最后一个顶点相同，则称之为环，有时也称为回路。

（3）简单回路：在图结构中，如果除第一个顶点和最后一个顶点相同，其余各顶点都不重复的回路称为简单回路。

9．连通、连通图和连通分量

通过路径的概念，可以进一步研究图结构的连通关系，主要涉及如下内容：

（1）如果图结构中两个顶点之间有路径，则称这两个顶点是连通的。这里需要注意连通的两个顶点可以不是邻接顶点，只要有路径连接即可，可以途经多个顶点。

（2）如果无向图中任意两个顶点都是连通的，那么这个图便称为连通图。如果无向图中包含两个顶点是不连通的，那么这个图便称为非连通图。

（3）无向图的极大连通子图称为该图的连通分量。

理论可以证明，对于一个连通图，其连通分量有且只有一个，那就是该连通图自身。而对于一个非连通图，则有可能存在多个连通分量。例如，图 2-33 中，图（a）为一个非连通图，因为其中顶点 V_2 和顶点 V_3 之间没有路径。这个非连通图中的连通分量包括两个，分别为图（b）和图（c）。

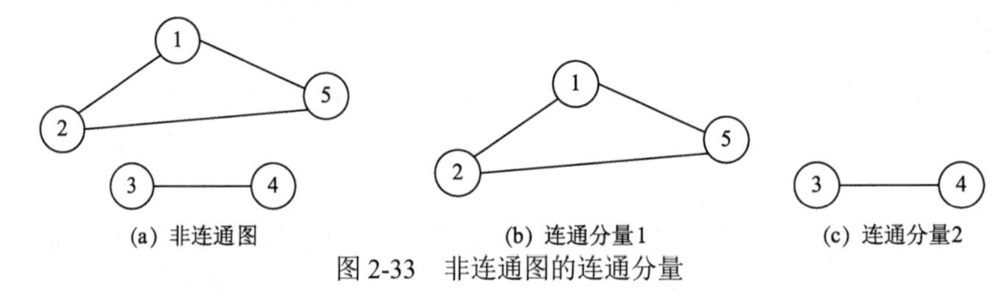

图 2-33　非连通图的连通分量

10．强连通图和强连通分量

与无向图类似，在有向图中也有连通的概念，主要涉及如下内容：

（1）如果两个顶点之间有路径，也称这两个顶点是连通的。需要注意的是，有向图中边是有方向的。因此，有时从 V_i 到 V_j 是连通的，但从 V_j 到 V_i 却不一定连通。

（2）如果有向图中任意两个顶点都是连通的，则称该图为强连通图。如果有向图中包含两个顶点不是连通的，则称该图为非强连通图。

（3）有向图的极大强连通子图称为该图的强连通分量。

理论上可以证明，强连通图只有一个强连通分量，那就是该图自身。而对于一个非强连通图，则有可能存在多个强连通分量。例如，在图 2-34 中，图（a）为一个非强连通图，因为其中顶点 V_2 和顶点 V_3 之间没有路径。这个非强连通图中的强连通分量有两个，如图（b）和图（c）所示。

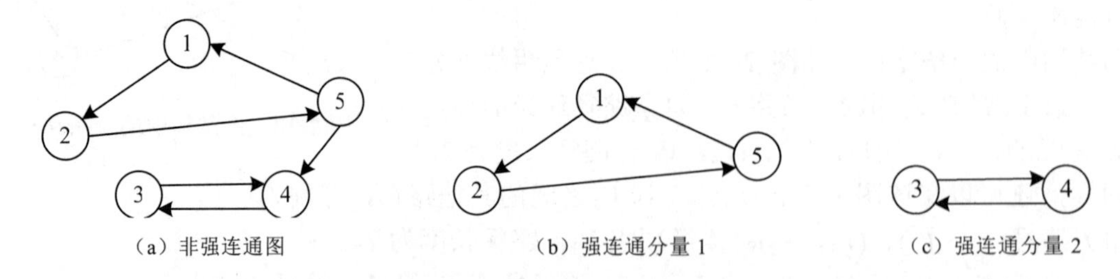

图 2-34　非强连通图的强连通分量

11．权

在前面介绍图的时候，各个边并没有赋予任何含义。在实际的应用中往往需要将边表示成某种数值，这个数值便是该边的权（Weight）。无向图中加入权值，则称为无向带权图。有向图中加入权值，则称为有向带权图。典型的无向带权图和有向带权图，如图 2-35 所示。

权在实际应用中可以代表各种含义，例如，在交通图中表示道路的长度，在通信网络中表示基站之间的距离，在人际关系中代表亲密程度等。

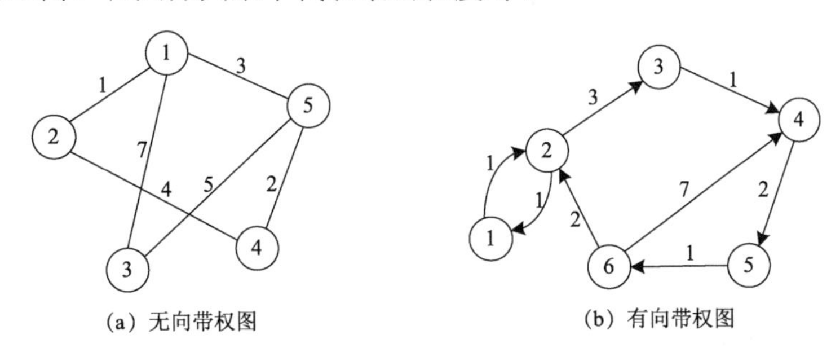

图 2-35　典型的无向带权图和有向带权图

12．网（Network）

网即边上带有权值的图的另一名称。网的概念与实际应用更为贴切。

2.8.3　准备数据

学习了前面的理论知识后，下面就开始图结构的程序设计。首先需要准备数据，即准备在图结构操作中需要用到的变量及数据结构等。由于图是一种复杂的数据结构，顶点之间存在多对多的关系，因此无法简单地将顶点映射到内存中。

在实际应用中，通常需要采用结构数组的形式来单独保存顶点信息，然后采用二维数组的形式保存顶点之间的关系。这种保存顶点之间关系的数组称为邻接矩阵（Adjacency Matrix）。

这样，对于一个包含 n 个顶点的图，可以使用如下语句来声明一个数组保存顶点信息，声明一个邻接矩阵保存边的权。

```
char[] Vertex=new char[MaxNum];                        //保存顶点信息(序号或字母))
int[][] EdgeWeight=new int[MaxNum][MaxNum];            //保存边的权
```

对于数组 Vertex，其中每一个数组元素保存顶点信息，可以是序号或者字母；而邻接矩阵 EdgeVeight 保存边的权或者连接关系。

在表示连接关系时，该二维数组中的元素 EdgeVeight[i][j]=1 表示（V_i, V_j）或<V_i, V_j>构成一条边，如果 EdgeVeight[i][j]=0 表示（V_i, V_j）或<V_i, V_j>不构成一条边。例如，对于图 2-36 所示的无向图，可以采用一维数组来保存顶点，保存的形式如图 2-37 所示。

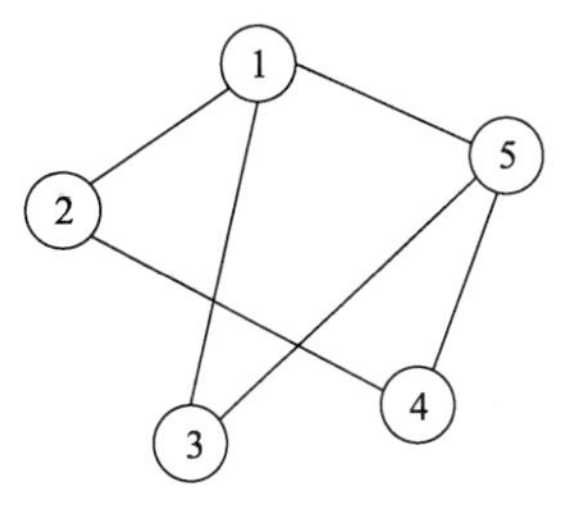

图 2-36　无向图

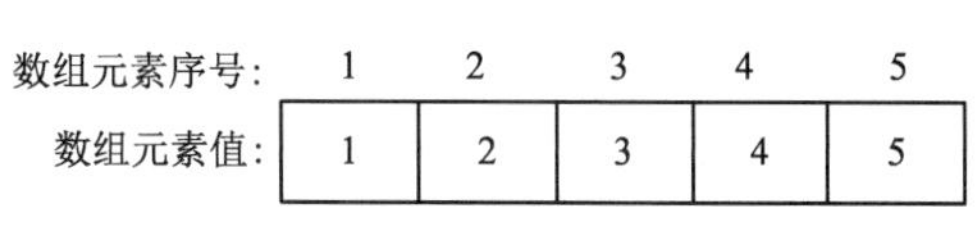

数组元素序号:	1	2	3	4	5
数组元素值:	1	2	3	4	5

图 2-37　顶点数组

示例代码如下：

```
Vertex[1]=1;
Vertex[2]=2;
Vertex[3]=3;
Vertex[4]=4;
Vertex[5]=5;
```

对于邻接矩阵，可以按照如图 2-38 所示进行存储。对于有边的两个顶点，在对应的矩阵元素中填入 1。例如，V_1 和 V_3 之间存在一条边，因此 EdgeVeight [1][3]中保存 1，而 V_3 和 V_1 之间存在一条边，因此 EdgeVeight [3][1]中保存 1。因此可见，对于无向图，其邻接矩阵左下角和右上角是对称的。

	1	2	3	4	5
1	0	1	1	0	1
2	1	0	0	1	0
3	1	0	0	0	1
4	0	1	0	0	1
5	1	0	1	1	0

图 2-38 邻接矩阵

对于有向图，如图 2-39 所示。保存顶点的一维数组形式不变，如图 2-40 所示。而对于邻接矩阵，仍然采用二维数组，其保存形式如图 2-41 所示。对于有边的两个顶点，在对应的矩阵元素中保存 1。这里需要注意，边是有方向的。

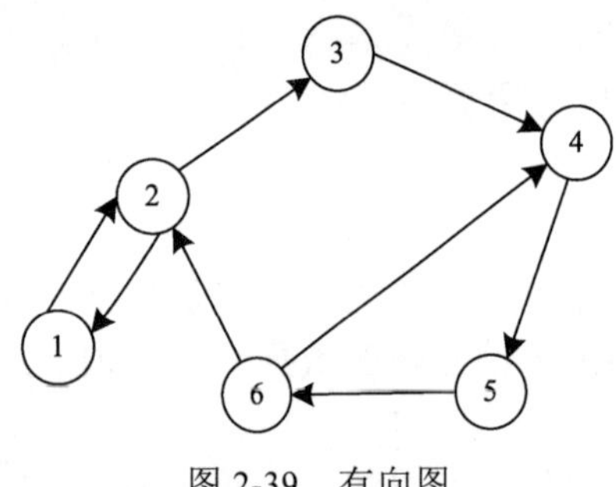

图 2-39 有向图

数组元素序号:	1	2	3	4	5	6
数组元素值:	1	2	3	4	5	6

图 2-40 顶点数组

例如，顶点 V_2 到顶点 V_3 存在一条边，因此在 EdgeVeight [2][3]中保存 1，而顶点 V_3 到顶点 V_2 不存在边，因此在 EdgeVeight [3][2]中保存 0。

	1	2	3	4	5	6
1	0	1	0	0	0	0
2	1	0	1	0	0	0
3	0	0	0	1	0	0
4	0	0	0	0	1	0
5	0	0	0	0	0	1
6	0	1	0	1	0	0

图 2-41 有向图的邻接矩阵

对于带有权值的图来说，邻接矩阵中可以保存相应的权值。也就是说，此时，有边的项保存对应的权值，而无边的项则保存一个特殊的符号 Z。例如，对于图 2-42 所示的有向带权图，其对应的邻接矩阵，如图 2-43 所示。

这里需要注意的是，在实际程序中为了保存带权值的图，往往定义一个最大值 MAX，其大于所有边的权值之和，用 MAX 来替代特殊的符号 Z 保存在二维数组中。

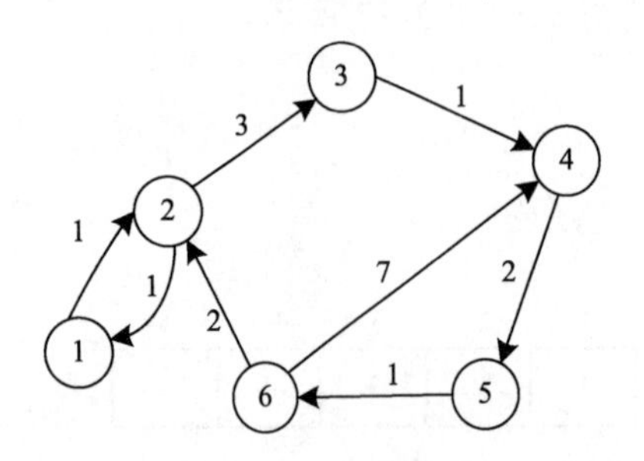

图 2-42 有向带权图

	1	2	3	4	5	6
1	Z	1	Z	Z	Z	Z
2	1	Z	3	Z	Z	Z
3	Z	Z	Z	1	Z	Z
4	Z	Z	Z	Z	2	Z
5	Z	Z	Z	Z	Z	1
6	Z	2	Z	7	Z	Z

图 2-43 有向带权图的邻接矩阵

学习了前面的理论知识后，可以在程序中准备相应的数据用于保存图结构。示例代码如下：

```
static final int MaxNum=20;                              //图的最大顶点数
static final int MaxValue=65535;                         //最大值(可设为一个最大整数)
class GraphMatrix
{
   char[] Vertex=new char[MaxNum];                       //保存顶点信息(序号或字母)
   int GType;                                            //图的类型(0:无向图, 1:有向图)
   int VertexNum;                                        //顶点的数量
   int EdgeNum;                                          //边的数量
   int[][] EdgeWeight=new int[MaxNum][MaxNum];           //保存边的权
   int[] isTrav=new int[MaxNum];                         //遍历标志
}                                                        //定义邻接矩阵图结构
```

在上述代码中，定义了图的最大顶点数 MaxNum 和用于保存特殊符号 Z 的最大值 MaxValue。邻接矩阵图结构为 GraphMatrix，其中包括保存顶点信息的数组 Vertex，图的类型 GType、顶点的数量 VertexNum、边的数量 EdgeNum、保存边的权的二维数组 EdgeWeight 及遍历标志数组 isTrav。

2.8.4　创建图

在使用图结构之前，首先要创建并初始化一个图。示例代码如下：

```
void CreateGraph(GraphMatrix GM)                         //创建邻接矩阵图
{
   int i,j,k;
   int weight;                                           //权
   char EstartV,EendV;                                   //边的起始顶点

   System.out.printf("输入图中各顶点信息\n");
   for(i=0;i<GM.VertexNum;i++)                           //输入顶点
   {
      System.out.printf("第%d个顶点:",i+1);
      GM.Vertex[i]=(input.next().toCharArray())[0];//保存到各顶点数组元素中
   }
   System.out.printf("输入构成各边的顶点及权值:\n");
   for(k=0;k<GM.EdgeNum;k++)                             //输入边的信息
   {
      System.out.printf("第%d条边: ",k+1);
      EstartV=input.next().charAt(0);
      EendV=input.next().charAt(0);
      weight=input.nextInt();
      for(i=0;EstartV!=GM.Vertex[i];i++);                //在已有顶点中查找开始点
      for(j=0;EendV!=GM.Vertex[j];j++);                  //在已有顶点中查找终点
      GM.EdgeWeight[i][j]=weight;                        //对应位置保存权值，表示有一条边
      if(GM.GType==0)                                    //若是无向图
      {
         GM.EdgeWeight[j][i]=weight;                     //在对角位置保存权值
      }
   }
}
```

在上述代码中，输入参数 GM 为一个指向图结构的引用。程序中，由用户输入顶点信息

和边的信息。对于边来说，需要输入起始顶点、结束顶点和权值，各项以空格分割。最后，判断是否为无向图，因为无向图还需将边的权值保存到对角位置。

2.8.5 清空图

清空图即将一个图结构变成一个空图，这里只需将矩阵中各个元素设置为 MaxValue 即可。清空图的示例代码如下：

```
void ClearGraph(GraphMatrix GM)
{
    int i,j;

    for(i=0;i<GM.VertexNum;i++)                          //清空矩阵
    {
        for(j=0;j<GM.VertexNum;j++)
        {
            GM.EdgeWeight[i][j]=GraphMatrix.MaxValue; //设置矩阵中各元素的值为MaxValue
        }
    }
}
```

在上述代码中，输入参数 GM 为一个指向图结构的引用。程序中，通过双重循环为矩阵中各个元素赋值 MaxValue，表示这是一个空图。

2.8.6 显示图

显示图即显示图的邻接矩阵，用户可以通过邻接矩阵方便地了解图的顶点和边等结构信息。显示图的示例代码如下：

```
void OutGraph(GraphMatrix GM)                            //输出邻接矩阵
{
    int i,j;
    for(j=0;j<GM.VertexNum;j++)
    {
        System.out.printf("\t%c",GM.Vertex[j]);      //在第1行输出顶点信息
    }
    System.out.printf("\n");
    for(i=0;i<GM.VertexNum;i++)
    {
        System.out.printf("%c",GM.Vertex[i]);
        for(j=0;j<GM.VertexNum;j++)
        {
            if(GM.EdgeWeight[i][j]==GraphMatrix.MaxValue)    //若权值为最大值
            {
                System.out.printf("\tZ");                    //以Z表示无穷大
            }
            else
            {
                System.out.printf("\t%d",GM.EdgeWeight[i][j]);//输出边的权值
            }
        }
        System.out.printf("\n");
```

```
        }
    }
```

在上述代码中，输入参数 GM 为一个指向图结构的引用。在程序中，首先在第 1 行输出顶点信息。然后，逐个输出矩阵中的每个元素。这里，以 *Z* 表示无穷大 MaxValue。

2.8.7　遍历图

遍历图即逐个访问图中所有的顶点。由于图的结构复杂，存在多对多的特点，因此，当顺着某一路径访问过某顶点后，可能还会顺着另一路径回到该顶点。同一顶点被多次访问浪费了大量时间，使得遍历的效率低。

为了避免这种情况，可在图结构中设置一个数组 isTrav[*n*]，该数组各元素的初始值为 0，当某个顶点被遍历访问过，则设置对应的数据元素值为 1。在访问某个顶点 *i* 时，先判断数组 isTrav[*i*]中的值，如果其值为 1，则继续路径的下一个顶点；如果其值为 0，则访问当前顶点（进行相应的处理），然后继续路径的下一个顶点。

常用的遍历图的方法有两种：广度优先遍历法和深度优先遍历法。下面以深度优先遍历法为例进行介绍。深度优先遍历法类似于树的先序遍历，具体执行过程如下：

（1）从数组 isTrav 中选择一个未被访问的顶点 V_i，将其标记为 1，表示已访问；

（2）从 V_i 的一个未被访问过的邻接点出发进行深度优先遍历；

（3）重复步骤（2），直至图中所有和 V_i 有路径相通的顶点都被访问过；

（4）重复步骤（1）～（3）的操作，直到图中所有顶点都被访问过。

深度优先遍历法是一个递归过程，具体的程序示例代码如下：

```
void DeepTraOne(GraphMatrix GM,int n)           //从第n个结点开始，深度遍历图
{
    int i;
    GM.isTrav[n]=1;                             //标记该顶点已处理过
    System.out.printf("->%c",GM.Vertex[n]);     //输出结点数据

    //添加处理节点的操作
    for(i=0;i<GM.VertexNum;i++)
    {
        if(GM.EdgeWeight[n][i]!=GraphMatrix.MaxValue && GM.isTrav[n]==0)
        {
            DeepTraOne(GM,i);                   //递归进行遍历
        }
    }
}

void DeepTraGraph(GraphMatrix GM)               //深度优先遍历
{
    int i;

    for(i=0;i<GM.VertexNum;i++)                 //清除各顶点遍历标志
    {
        GM.isTrav[i]=0;
    }
    System.out.printf("深度优先遍历结点:");
    for(i=0;i<GM.VertexNum;i++)
```

```
        {
            if(GM.isTrav[i]==0)                          //若该点未遍历
            {
                DeepTraOne(GM,i);                        //调用函数遍历
            }
        }
        System.out.printf("\n");
    }
```

在上述代码中，方法 DeepTraOne()从第 *n* 个结点开始深度遍历图，其输入参数 GM 为一个指向图结构的引用，输入参数 *n* 为顶点编号。程序中通过递归进行遍历。

方法 DeepTraGraph()用于执行完整的深度优先遍历，以访问所有的顶点。其中，输入参数 GM 为一个指向图结构的引用。程序中通过调用方法 DeepTraOne()来完成所有顶点的遍历。

2.8.8 图结构操作实例

学习了前面的图结构的基本运算之后，便可以轻松地完成对图结构的各种操作。下面给出一个完整的例子，来演示图结构的创建和遍历等操作。完整的程序代码示例如下：

```
import java.util.Scanner;

class GraphMatrix
{ static final int MaxNum=20;
    static final int MaxValue=65535;
    char[] Vertex=new char[MaxNum];                  //保存顶点信息(序号或字母)
    int GType;                                       //图的类型(0:无向图, 1:有向图)
    int VertexNum;                                   //顶点的数量
    int EdgeNum;                                     //边的数量
    int[][] EdgeWeight=new int[MaxNum][MaxNum];//保存边的权
    int[] isTrav=new int[MaxNum];                    //遍历标志
}

public class P2_6 {
    static Scanner input=new Scanner(System.in);
    static void CreateGraph(GraphMatrix GM)      //创建邻接矩阵图
    {
        int i,j,k;
        int weight;                                  //权
        char EstartV,EendV;                          //边的起始顶点

        System.out.printf("输入图中各顶点信息\n");
        for(i=0;i<GM.VertexNum;i++)                  //输入顶点
        {
            System.out.printf("第%d个顶点:",i+1);
            GM.Vertex[i]=(input.next().toCharArray())[0];//保存到各顶点数组元素中
        }
        System.out.printf("输入构成各边的顶点及权值:\n");
        for(k=0;k<GM.EdgeNum;k++)                    //输入边的信息
        {
            System.out.printf("第%d条边: ",k+1);
            EstartV=input.next().charAt(0);
            EendV=input.next().charAt(0);
```

```
        weight=input.nextInt();
        for(i=0;EstartV!=GM.Vertex[i];i++);  //在已有顶点中查找开始点
        for(j=0;EendV!=GM.Vertex[j];j++);    //在已有顶点中查找终结点
        GM.EdgeWeight[i][j]=weight;          //对应位置保存权值，表示有一条边
        if(GM.GType==0)                      //若是无向图
        {
            GM.EdgeWeight[j][i]=weight;      //在对角位置保存权值
        }
    }
}

static void ClearGraph(GraphMatrix GM)
{
    int i,j;

    for(i=0;i<GM.VertexNum;i++)              //清空矩阵
    {
        for(j=0;j<GM.VertexNum;j++)
        {
            GM.EdgeWeight[i][j]=GraphMatrix.MaxValue;
                                             //设置矩阵中各元素的值为MaxValue
        }
    }
}

static void OutGraph(GraphMatrix GM)         //输出邻接矩阵
{
    int i,j;
    for(j=0;j<GM.VertexNum;j++)
    {
        System.out.printf("\t%c",GM.Vertex[j]);         //在第1行输出顶点信息
    }
    System.out.printf("\n");
    for(i=0;i<GM.VertexNum;i++)
    {
        System.out.printf("%c",GM.Vertex[i]);
        for(j=0;j<GM.VertexNum;j++)
        {
            if(GM.EdgeWeight[i][j]==GraphMatrix.MaxValue)//若权值为最大值
            {
                System.out.printf("\tZ");                //以Z表示无穷大
            }
            else
            {
                System.out.printf("\t%d",GM.EdgeWeight[i][j]); //输出边的权值
            }
        }
        System.out.printf("\n");
    }
}
static  void DeepTraOne(GraphMatrix GM,int n)   //从第n个结点开始，深度遍历图
{
```

```
        int i;
        GM.isTrav[n]=1;                               //标记该顶点已处理过
        System.out.printf("->%c",GM.Vertex[n]); //输出结点数据

        //添加处理节点的操作
        for(i=0;i<GM.VertexNum;i++)
        {
            if(GM.EdgeWeight[n][i]!=GraphMatrix.MaxValue && GM.isTrav[n]==0)
            {
                DeepTraOne(GM,i);                     //递归进行遍历
            }
        }
    }

    static void DeepTraGraph(GraphMatrix GM)    //深度优先遍历
    {
        int i;

        for(i=0;i<GM.VertexNum;i++)                   //清除各顶点遍历标志
        {
            GM.isTrav[i]=0;
        }
        System.out.printf("深度优先遍历结点:");
        for(i=0;i<GM.VertexNum;i++)
        {
            if(GM.isTrav[i]==0)                       //若该点未遍历
            {
                DeepTraOne(GM,i);                     //调用函数遍历
            }
        }
        System.out.printf("\n");
    }

    public static void main(String[] args) {
        GraphMatrix GM=new GraphMatrix();             //定义保存邻接表结构的图

        System.out.printf("输入生成图的类型:");
        GM.GType=input.nextInt();                     //图的种类
        System.out.printf("输入图的顶点数量:");
        GM.VertexNum=input.nextInt();                 //输入图顶点数
        System.out.printf("输入图的边数量:");
        GM.EdgeNum=input.nextInt();                   //输入图边数
        ClearGraph(GM);                               //清空图
        CreateGraph(GM);                              //生成邻接表结构的图
        System.out.printf("该图的邻接矩阵数据如下:\n");
        OutGraph(GM);                                 //输出邻接矩阵
        DeepTraGraph(GM);                             //深度优先搜索遍历图

    }

}
```

在主方法中，首先由用户输入图的种类，0 表示无向图，1 表示有向图。然后，由用户输

入顶点数和边数。接着清空图，并按照用户输入的数据生成邻接表结构的图。最后，输出邻接矩阵并执行深度优先遍历法来遍历整个图。

整个程序的执行结果，如图 2-44 所示。这里输入的是一个无向图，包含 4 个顶点和 6 条边。

图 2-44　执行结果

本章小结

数据结构是算法的基础。本章首先介绍了数据结构的基本概念和特点，然后介绍了线性表、顺序表、链表、栈、队列、树和图等典型的数据结构。在介绍每一种数据结构的同时，给出了相应的实现算法和完整的操作实例。读者通过对照这些代码实例可以加深对数据结构理解。

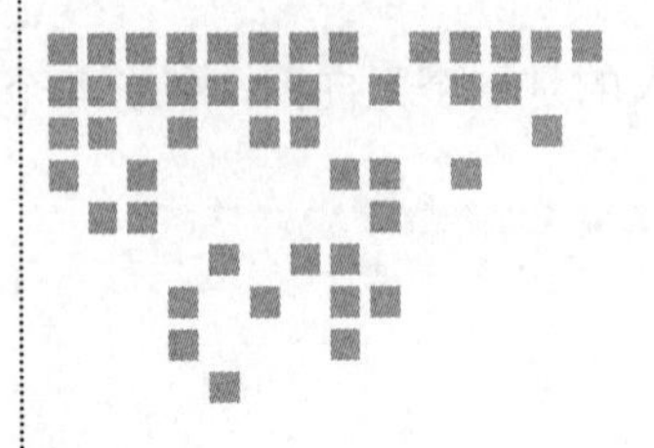

第 3 章

基本算法思想

对于程序员来说，学习一门程序语言比较容易，难的是如何编写一个高质量的程序。算法可以说是程序的灵魂，一个好的算法往往可以化繁为简、高效率地求解问题。因此，程序员应该重点掌握各种算法思路，并在学习和工作中不断总结算法经验。本章将介绍几种最常用的算法思想及其应用。

3.1 常用算法思想概述

在实际应用中，不同的问题往往有不同的解题思路。如果找不到一个合适的思路，那么可能使求解过程变得复杂，更有甚者无法求解得到结果。选择合理的思路，往往可以帮助用户厘清问题的头绪，更快地解决问题。算法就是起到了这个作用。

根据问题的不同，可以采用如下几种常用的算法来进行求解：

（1）穷举算法思想

（2）递推算法思想

（3）递归算法思想

（4）分治算法思想

（5）概率算法思想

在程序设计中，算法是独立于程序语言的。无论采用哪一门程序语言（C、C++、VB、C#、Java 等），都可以使用这些算法。本书主要以 Java 语言为例进行介绍，而对于其他程序设计语言，读者只需根据相应的语法规则进行适当修改就可以了。

3.2 穷举算法思想

穷举算法（Exhaustive Attack method）是最简单的一种算法，其依赖于计算机的强大计算能力，来穷尽每一种可能的情况，从而达到求解问题的目的。穷举算法效率并不高，但是适合于一些没有明显规律可循的场合。

3.2.1　穷举算法基本思想

穷举算法的基本思想就是从所有可能的情况中搜索正确的答案，其执行步骤如下：

（1）对于一种可能的情况，计算其结果；

（2）判断结果是否满足要求，如果不满足，则执行第（1）步来搜索下一个可能的情况；如果满足要求，则表示寻找到一个正确的答案。

在使用穷举算法时，需要明确问题的答案的范围，这样才可以在指定范围内搜索答案。指定范围之后，就可以使用循环语句和条件判断语句逐步验证候选答案的正确性，从而得到需要的正确答案。

3.2.2　穷举算法实例：鸡兔同笼问题

穷举算法是最基本的算法思想，下面通过一个简单的例子来分析穷举算法的应用。鸡兔同笼问题最早记载于1500年前的《孙子算经》，这是我国古代一个非常有名的问题。鸡兔同笼的原文如下：

今有鸡兔同笼，上有三十五头，下有九十四足，问鸡兔各几何？

这个问题的大致意思是：在一个笼子里关着若干只鸡和若干只兔，从上面数共有35个头；从下面数共有94只脚。问笼中鸡和兔的数量各是多少？

1．穷举算法

上述问题需要计算鸡的数量和兔的数量，通过分析可以知道鸡的数量应该为0~35之间的数。这样，可以使用穷举法来逐个判断是否符合，从而搜索答案。

采用穷举算法求解鸡兔同笼问题的程序代码示例如下：

```
int qiongJu((int head,int foot)                    //穷举算法
{
    int i,j;

    for(i=0;i<=head;i++)                           //循环
    {
        j=head-i;
        if(i*2+j*4==foot)                          //判断，找到答案
        {
            re=1;
            chicken=i;                             //chicken代表鸡的个数
            rabbit=j;                              //rabbit代表兔的个数
        }
    }
}
```

在上述代码中，输入参数head为笼中头的个数，输入参数foot为笼中脚的个数，chicken为保存鸡的数量的变量，rabbit为保存兔的数量的变量。该方法循环改变鸡的个数，然后判断是否满足脚的个数条件，当搜索到符合条件的答案后，返回1；否则返回0。

2．穷举算法求解鸡兔同笼问题

学习了前面的穷举法求解鸡兔同笼问题的算法，下面给出完整的穷举法求解鸡兔同笼问

题的程序代码。示例代码如下：

```
import java.util.Scanner;
public class P3_1{
    static int chichen,habbit; //chichen代表鸡的个数，habbit代表兔的个数
    public static  int qiongJu(int head , int foot) {//穷举算法
        int re,i,j;
        re=0;
        for(i=0;i<=head;i++)                                //循环
        {
            j=head-i;
            if(i*2+j*4==foot)                               //判断，找到答案
            {
              re=1;
               chichen=i;
               habbit=j;
            }
        }
        return re;
    }
    public static void main(String[] args) {                //主方法
        int re,head,foot;
        System.out.println("穷举法求解鸡兔同笼问题:");
        System.out.print("请输入头数：");
        Scanner input=new Scanner(System.in);
        head=input.nextInt();                               //输入头数
        System.out.print("请输入脚数：");
        foot=input.nextInt();                               //输入脚数
        re=qiongJu(head,foot);
        if(re==1){
            System.out.println("鸡有"+chichen+"只，兔有"+habbit+"只。");
        }
        else{
            System.out.println("无法求解！");
        }
    }
}
```

在该程序中，首先由用户输入头的数量和脚的数量，然后调用穷举法求解鸡兔同笼问题的方法，最后输出求解的结果。

执行该程序，按照题目的要求输入数据，执行结果如图 3-1 所示。可知，笼中有 23 只鸡和 12 只兔子。

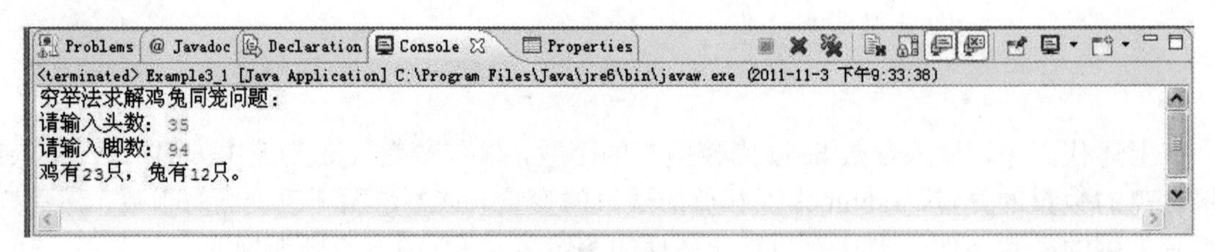

图 3-1　执行结果

3.3　递推算法思想

递推算法是很常用的算法思想，在数学计算等方面有着广泛的应用。递推算法适合有着明显公式规律的场合。

3.3.1　递推算法基本思想

递推算法是一种理性思维模式的代表，其根据已有的数据和关系，逐步推导而得到结果。递推算法的执行过程如下：

（1）根据已知结果和关系，求解中间结果；

（2）判定是否达到要求，如果没有达到，则继续根据已知结果和关系求解中间结果；如果满足要求，则表示寻找到一个正确的答案。

递推算法往往需要用户知道答案和问题之间的逻辑关系。在许多数学问题中，都有着明确的计算公式可以遵循，因此往往可以采用递推算法来实现。

3.3.2　递推算法实例：兔子产仔问题

递推算法是基本的算法思想，常用于数学相关的场合。下面通过一个简单的数学例子来分析递推算法的应用。

数学里面的斐波那契数列便是一个使用递推算法的经典例子。13 世纪意大利数学家斐波那契的《算盘书》中记载了典型的兔子产仔问题，其大意如下：

如果一对两个月大的兔子以后每一个月都可以生一对小兔子，而一对新生的兔子出生两个月后才可以生小兔子。也就是说，1 月份出生，3 月份才可产仔。那么假定一年内没有发生兔子死亡事件，那么 1 年后共有多少对兔子呢？

1. 递推算法

先来分析一下兔子产仔问题。逐月分析每月的兔子对数，如下：

第 1 个月：1 对兔子；

第 2 个月：1 对兔子；

第 3 个月：2 对兔子；

第 4 个月：3 对兔子；

第 5 个月：5 对兔子；

……

从上述内容可以看出，从第 3 个月开始，每个月的兔子总对数等于前两个月兔子数的总和。相应的计算公式如下：

第 n 个月兔子总数 $F_n= F_{n-2}+F_{n-1}$。

这里，初始第 1 个月的兔子数为 $F_1=1$，第 2 个月的兔子数为 $F_2=1$。

可以通过递归公式来求解。为了通用性的方便，可以编写一个算法，用于计算斐波那契数列问题。并按照这个思路来编写相应的兔子产仔问题的求解算法，示例代码如下：

```
int Fibonacci(n)                                    //递推算法
{
    int t1,t2;
    if (n==1 || n==2)
```

```
        {
            return 1;
        }
        else
        {
            t1=Fibonacci(n-1);                          //递归调用
            t2=Fibonacci(n-2);
            return t1+t2;
        }
    }
```

在上述代码中，输入参数为经历的时间，即月数。程序中通过递归调用来实现斐波那契数列的计算。

2. 递推算法求解兔子产仔问题

根据上述通用的兔子产仔问题算法，可以求解任意该类问题。下面给出完整的兔子产仔问题求解程序代码。

```
import java.util.Scanner;
public class P3_2 {
    public static int fibonacci(int n)
    {
        int t1,t2;
        if(n==1 || n==2)
        {
            return 1;
        }
        else
        {
            t1=fibonacci(n-1);                          //递归调用
            t2=fibonacci(n-2);
            return t1+t2;
        }
}
    public static void main(String[] args) {
        System.out.println("递推算法求解兔子产仔问题！");
        System.out.print("请先输入时间：");
        Scanner input=new Scanner(System.in);
        int n=input.nextInt();                          //时间
        int num=fibonacci(n);                           //求解
       System.out.println("经过"+n+"月的时间，共能繁殖成"+num+"对兔子！");
    }
}
```

在该程序中，首先由用户输入时间，即月数。然后调用 fibonacci()方法求解计算兔子产仔问题。最后输出结果。执行该程序，用户输入 12，执行结果如图 3-2 所示。可见，经过 12 个月的时间，共有 144 对兔子。

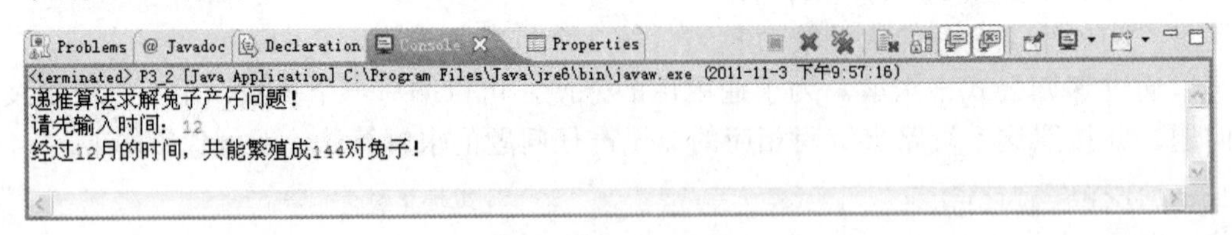

图 3-2　执行结果

3.4　递归算法思想

递归算法是很常用的算法思想。使用递归算法，往往可以简化代码编写，提高程序的可读性。但是，不合适的递归往往导致程序的执行效率变低。

3.4.1　递归算法基本思想

递归算法即在程序中不断反复调用自身来达到求解问题的方法。此处的重点是调用自身，这就要求待求解的问题能够分解为相同问题的一个子问题。这样，通过多次递归调用，便可以完成求解。

递归调用是一个方法在其方法体内调用其自身的方法调用方式。这种方法也称为“递归方法”。在递归方法中，主调方法又是被调方法。执行递归方法将反复调用其自身。每调用一次就进入新的一层。

方法的递归调用分直接递归和间接递归两种情况。

（1）直接递归，即在方法中调用方法本身。

（2）间接递归，即间接地调用一个方法，如 func_a 调用 func_b，func_b 又调用 func_a。间接递归用得不多。

编写递归方法时，必须使用 if 语句强制方法在未执行递归调用前返回。如果不这样做，在调用方法后，它将永远不会返回。这是一个很容易犯的错误。

了解了递归方法的设计方法和工作原理后，即可对递归的优缺点进行以下总结。

在方法中使用递归的好处有：程序代码更简捷清晰，可读性更好。有的算法用递归表示要比用循环表示简捷精练，而且某些问题，特别是与人工智能有关的问题，更适宜用递归方法，如八皇后问题、汉诺塔问题等。有的算法，用递归能实现，而用循环却不一定能实现。

递归的缺点：大部分递归例程没有明显地减少代码规模和节省内存空间。递归形式比非递归形式运行速度要慢一些。这是因为附加的方法调用增加了时间开销，例如需要执行一系列的压栈出栈等操作。但在许多情况下，速度的差别不太明显。如果递归层次太深，还可能导致堆栈溢出。

3.4.2　递归算法实例：阶乘问题

递归算法常用于一些数学计算，或者有明显的递推性质的问题。理解递归最常用的一个例子是编写程序求阶乘问题。

1．递归算法

所谓阶乘，就是从 1 到指定数之间的所有自然数相乘的结果，n 的阶乘公式为

$$n! = n*(n-1)*(n-2)* \cdots *2 * 1$$

而对于$(n-1)!$，则有如下表达式：

$$(n-1)! = (n-1)*(n-2)* \cdots *2 * 1$$

从上述两个表达式可以看到阶乘具有明显的递推性质，即符合如下递推公式。

$$n! = n*(n-1)!$$

因此，可以采用递归的思想来计算阶乘。递归算法计算阶乘的代码示例如下：

```
long fact(int n)                              //求阶乘方法
```

```
{
   if(n<=1)
      return 1;
   else
      return n*fact(n-1);                                //递归
}
```

其中，输入参数 n 为需要计算的阶乘。在该方法中，当 $n<=1$ 时，$n!=1$；当 $n>1$ 时，通过递归调用来计算阶乘。方法 fact()是一个递归方法，在该方法内部，程序又调用了名为 fact 的方法（即自身）。方法的返回值便是 $n!$。

2. 递归算法计算阶乘

学习了前面的递归算法求解阶乘问题的算法，下面结合例子来分析一个阶乘运算的使用。完整的程序示例代码如下：

```
import java.util.Scanner;
public class P3_3 {
   static long fact(int n)                               //求阶乘方法
   {
      if(n<=1)
         return 1;
      else
         return n*fact(n-1);                             //递归
   }
   public static void main(String[] args) {
        int i;                                           //声明变量
       System.out.print("请输入要求阶乘的一个整数: ");
        Scanner input=new Scanner(System.in);
        i=input.nextInt();                               //输入数据
        System.out.print(i+"的阶乘结果为: "+fact(i));     //调用方法
   }
}
```

该程序中，首先由用户输入一个要求阶乘的整数，然后调用递归方法 fact()来计算阶乘。该程序的执行结果，如图 3-3 所示。

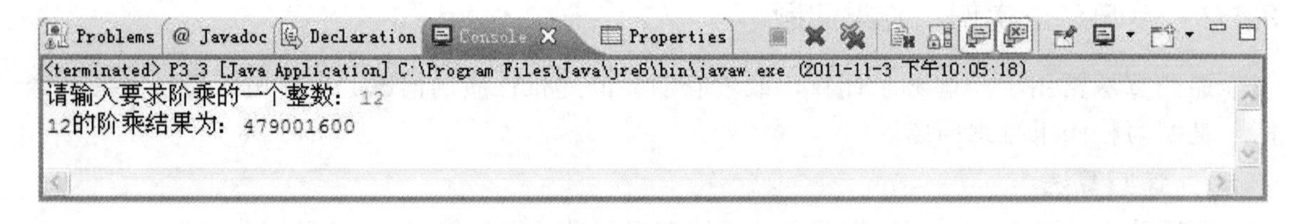

图 3-3　执行结果

从上述内容可以看出，使用递归算法求解阶乘问题的代码比较简捷，易于理解。

3.5　分治算法思想

分治算法是一种化繁为简的算法思想。分治算法往往应用于计算步骤比较复杂的问题，通过将问题简化而逐步得到结果。

3.5.1　分治算法基本思想

分治算法的基本思想是将一个计算复杂的问题分为规模较小、计算简单的小问题求解，然后综合各个小问题，得到最终问题的答案。分治算法的执行过程如下：

（1）对于一个规模为 N 的问题，若该问题比较容易解决（比如规模 N 较小），则直接解决；否则执行下面的步骤；

（2）将该问题分解为 M 个规模较小的子问题，这些子问题互相独立，并且与原问题形式相同；

（3）递归地解这些子问题；

（4）然后，将各子问题的解合并得到原问题的解。

使用分治算法需要待求解问题能够转化为若干个小规模的相同问题，通过逐步划分，能够达到一个易于求解的阶段而直接进行求解。然后，程序中可以使用递归算法来进行求解。

3.5.2　分治算法实例：寻找假币问题

下面通过一个例子来分析分治算法的应用。一个袋子里有 30 个硬币，其中一枚是假币，并且假币和真币几乎一模一样，肉眼很难分辨，目前只知道假币比真币的质量轻一点。请问，如何区分出假币呢？

1．分治算法

先来分析一下寻找假币问题。可以采用递归分治的思想来求解这个问题，操作步骤如下：

（1）首先为每个硬币编号，然后将所有的硬币等分为两份，放在天平的两边。这样就将区分 30 个硬币的问题，变为区别两堆硬币的问题；

（2）因为假币的质量较轻，因此天平较轻的一侧中一定包含假币；

（3）再将较轻的一侧中的硬币等分为两份，重复上述做法；

（4）直到剩下两枚硬币，可用天平直接找出假币。

这种方法在硬币个数比较多的时候便显示出了优势。可以按照这个思路来编写相应的寻找假币问题的求解算法，示例代码如下：

```
int FalseCoin(int coin[],int low,int high)     //算法
{
    int i,sum1,sum2,sum3;
    int re=0;
    sum1=sum2=sum3=0;
    if(low+1==high)
    {
        if(coin[low]<coin[high])
        {
            re=low+1;
            return re;
        }
        else
        {
            re=high+1;
            return re;
        }
    }
    if((high-low+1)%2 == 0)                        //n是偶数
    {
```

```
        for(i=low;i<=low+(high-low)/2;i++)
         {
           sum1= sum1 + coin[i];          //前半段和
         }
        for(i=low+(high-low)/2+1;i<=high;i++)
         {
           sum2 = sum2 + coin[i];         //后半段和
         }
        if(sum1>sum2)
         {
             re=FalseCoin(coin,low+(high-low)/2+1,high);
             return re;
         }
        else if(sum1<sum2)
         {
             re=FalseCoin(coin,low,low+(high-low)/2);
             return re;
         }
         else
         {
         }
    }
    else
    {
        for(i=low;i<=low+(high-low)/2-1;i++)
         {
           sum1= sum1 + coin[i];          //前半段和
         }
        for(i=low+(high-low)/2+1;i<=high;i++)
         {
           sum2 = sum2 + coin[i];         //后半段和
         }
        sum3 = coin[low+(high-low)/2];
        if(sum1>sum2)
         {
             re=FalseCoin(coin,low+(high-low)/2+1,high);
           return re;
         }
        else if(sum1<sum2)
         {
             re=FalseCoin(coin,low,low+(high-low)/2-1);

           return re;
         }
         else
         {
         }
        if(sum1+sum3 == sum2+sum3)

         {
             re=low+(high-low)/2+1;
             return re;
         }
}
return re;
}
```

在上述代码中，输入参数 coin 为硬币重量数组，输入参数 low 为寻找的起始硬币编号，输入参数 high 为寻找的结束硬币编号。该方法的返回值便是假币的位置，即假币的编号。程序中严格遵循了前面的分治递归算法，读者可以对照着加深理解。

2．分治算法寻找假币

学习了上述通用的分治算法寻找假币问题算法后，下面给出完整的寻找假币问题的程序代码。

```
import java.util.Scanner;
public class P3_4 {
    static final int MAXNUM=30;
    static int FalseCoin(int coin[],int low,int high)  //算法
    {
        int i,sum1,sum2,sum3;
         int re=0;
         sum1=sum2=sum3=0;
        if(low+1==high)
        {
            if(coin[low]<coin[high])
             {
                 re=low+1;
                 return re;
             }
            else
             {
                 re=high+1;
                 return re;
             }
        }
        if((high-low+1)%2 == 0)                         //n是偶数
        {
            for(i=low;i<=low+(high-low)/2;i++)
             {
               sum1= sum1 + coin[i];                    //前半段和
             }
            for(i=low+(high-low)/2+1;i<=high;i++)
             {
               sum2 = sum2 + coin[i];                   //后半段和
             }
            if(sum1>sum2)
             {
                 re=FalseCoin(coin,low+(high-low)/2+1,high);
                 return re;
             }
            else if(sum1<sum2)
             {
                 re=FalseCoin(coin,low,low+(high-low)/2);
                 return re;
             }
              else
             {
             }
        }
        else
        {
```

```
            for(i=low;i<=low+(high-low)/2-1;i++)
             {
                sum1= sum1 + coin[i];                   //前半段和
             }
            for(i=low+(high-low)/2+1;i<=high;i++)
             {
                sum2 = sum2 + coin[i];                  //后半段和
             }
            sum3 = coin[low+(high-low)/2];
            if(sum1>sum2)
             {
                 re=FalseCoin(coin,low+(high-low)/2+1,high);
                return re;
             }
            else if(sum1<sum2)
             {
                 re=FalseCoin(coin,low,low+(high-low)/2-1);
                return re;
             }
             else
             {
             }
            if(sum1+sum3 == sum2+sum3)
             {
                 re=low+(high-low)/2+1;
                 return re;
             }
        }
        return re;
    }
    public static void main(String[] args) {
        int[] coin=new int[MAXNUM];
        int i,n;
        int weizhi;
       System.out.println("分治算法求解假币问题! ");
        System.out.print("请输入硬币总的个数: ");
        Scanner input=new Scanner(System.in);
        n=input.nextInt();                              //硬币总的个数
        System.out.print("请输入硬币的真假: ");
        for(i=0;i<n;i++)
        {
            coin[i]=input.nextInt();                    //输入硬币的真假
        }
        weizhi=FalseCoin(coin,0,n-1);                   //求解
       System.out.println("在上述"+MAXNUM+"个硬币中, 第"+weizhi+"个硬币是假的! ");
    }
}
```

在该程序中，主方法首先由用户输入硬币总的个数，然后由用户输入硬币的真假，最后调用 FalseCoin()方法进行求解。这里，用户输入的硬币真假数组用重量来表示，例如，以 2 表示真币的重量，以 1 表示假币的重量。

该程序的执行结果，如图 3-4 所示。

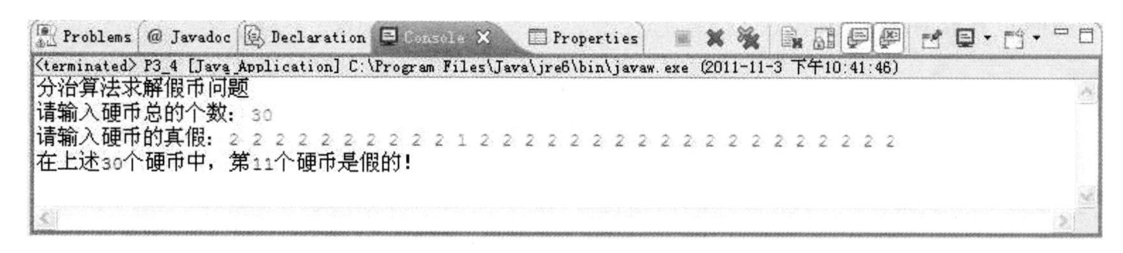

图 3-4　执行结果

3.6　概率算法思想

概率算法依照概率统计的思路来求解问题，其往往不能得到问题的精确解，但是在数值计算领域得到了广泛的应用。因为很多数学问题，往往没有或者很难计算解析，此时便需要通过数值计算来求解近似值。

3.6.1　概率算法基本思想

概率算法执行的基本过程如下：

（1）将问题转化为相应的几何图形 S，S 的面积容易计算，问题的结果往往对应几何图形中某一部分 S_1 的面积；

（2）向几何图形中随机撒点；

（3）统计几何图形 S 和 S_1 中的点数。根据 S 和 S_1 面积的关系及各图形中的点数来计算得到结果；

（4）判断上述结果是否在需要的精度之内，如果未达到精度则执行步骤（2）。如果达到精度，则输出近似结果。

概率算法大致分为如下 4 种形式。

（1）数值概率算法

（2）蒙特卡罗（Monte Carlo）算法

（3）拉斯维加斯（Las Vegas）算法

（4）舍伍德（Sherwood）算法

3.6.2　概率算法实例：计算圆周率

下面通过一个实例来分析蒙特卡罗概率算法的应用。蒙特卡罗算法的一个典型应用便是计算圆周率 π。

1．蒙特卡罗 π 算法思想

使用蒙特卡罗算法计算圆周率 π 的思想其实比较简单。首先分析一个半径为 1 的圆，如图 3-5 所示。图中圆的面积的计算公式如下：

$$S_{圆} = \pi * r^2$$

图中阴影部分是一个圆的 1/4，因此阴影部分的面积的计算公式如下：

$$S_{阴影} = S_{圆} / 4 = \frac{\pi * r^2}{4} = \frac{\pi}{4}$$

图中正方形的面积为：

$$S_{正方形} = r^2 = 1$$

按照图示建立一个坐标系。如果均匀地向正方形内撒点，那么落入阴影部分的点数与全部的点数之比为：

$$S_{阴影}/S_{正方形}=\pi/4$$

根据概率统计的规律，只要撒点数足够多，那么将得到近似的结果。通过这个原理便可以计算圆周率 π 的近似值，这就是蒙特卡罗 π 算法。

使用蒙特卡罗算法计算圆周率 π 有如下两个关键点。

（1）均匀撒点：在 C 语言中可以使用随机方法来实现，产生[0，1]之间随机的坐标值[x，y]。

（2）区域判断：图中阴影部分的特点是距离坐标原点的距离小于或等于 1，因此，可以通过计算判断 $x^2+y^2 \leqslant 1$ 来实现。

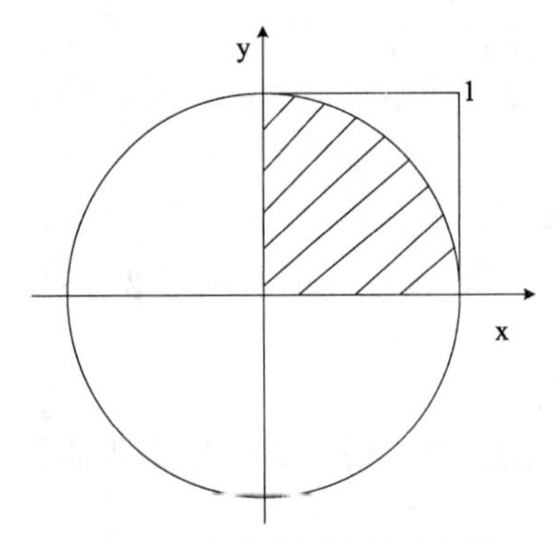

图 3-5　蒙特卡罗算法示意图

使用蒙特卡罗算法计算圆周率 π 的示例代码如下：

```
double MontePI(int n)                               //蒙特卡罗算法
{
    double PI;
    double x,y;
    int i,sum=0;
    for(i=1;i<n;i++)
    {
        x=Math.random();                            //产生0~1之间的一个随机数
        y=Math.random();                            //产生0~1之间的一个随机数
        if((x*x+y*y)<=1)                            //若在阴影区域
            sum++;                                  //计数
    }
    PI=4.0*sum/n;                                   //计算PI
    return PI;
}
```

其中，输入参数 n 为撒点数。该方法完全遵循了前面的蒙特卡罗算法过程，返回值便是圆周率 π 的近似值。

2．蒙特卡罗概率算法计算 π 实例

下面结合例子来分析蒙特卡罗概率算法在计算 π 时的使用。完整的程序示例代码如下：

```
import java.util.Scanner;
public class P3_5 {
    static double MontePI(int n)        //蒙特卡罗算法
    {
        double PI;
        double x,y;
        int i,sum;
        sum=0;
        for(i=1;i<n;i++)
        {
            x=Math.random();            //产生0~1之间的一个随机数
            y=Math.random();            //产生0~1之间的一个随机数
            if((x*x+y*y)<=1)            //若在阴影区域
                sum++;                  //计数
        }
        PI=4.0*sum/n;                   //计算PI
        return PI;
    }
    public static void main(String[] args) {
        int n;
        double PI;
        System.out.println("蒙特卡罗概率算法计算π:");
        Scanner input=new Scanner(System.in);
        System.out.print("输入点的数量:");
        n=input.nextInt();              //输入撒点数
        PI=MontePI(n);                  //计算PI
        System.out.println("PI="+PI);   //输出结果
    }
}
```

在程序中，主方法首先接收用户输入的撒点数，然后调用 MontePI()算法方法计算圆周率 π 的近似值。该程序执行的结果，如图 3-6 所示。

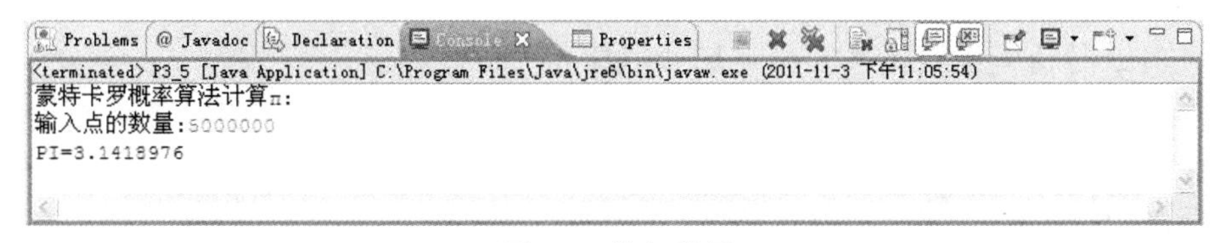

图 3-6　执行结果

读者可以多次执行该程序，会发现撒点数越多，圆周率 π 计算的精度也就越高。同时，由于概率算法的随机性，在不同的运行时间，即使输入同样的撒点数，得到的结果也是不相同的。

—— 本章小结 ——

算法是程序员的一门必修课。选择合适的算法往往能够提高解决问题的效率。本章介绍了几种常用的程序设计算法思想，包括穷举算法思想、递推算法思想、递归算法思想、分治算法思想和概率算法思想。认真掌握这些算法的基本思路及其应用，对程序员以后的程序设计工作将非常有益。

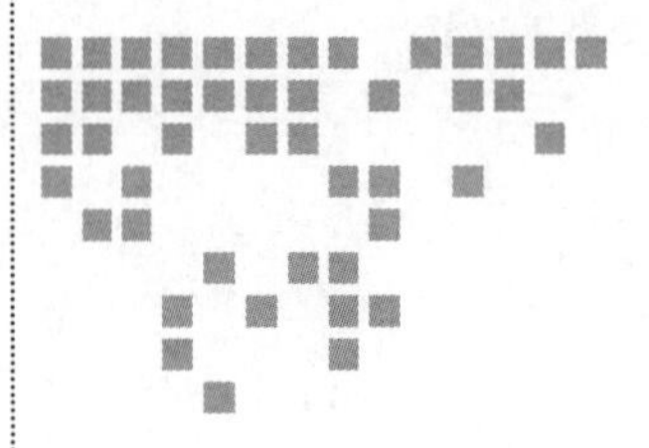

第 4 章

排序算法

在各类算法中，排序算法是最基本的内容。现实生活中常需要将一些数据按从小到大或者从大到小的顺序来进行排列。对于一个排好序的序列来说，查找最大值、最小值、遍历、计算和求解等各种操作都十分方便。因此，下面首先介绍各种排序算法。

4.1 排序算法概述

排序（Sort）是将一组数据按照一定的规则来进行排列，一般按递增或递减的顺序来进行排列。排序算法是一种最基本的算法。排序虽然看似是一个简单的问题，但是在实际的应用场合往往面临一些困难。比如实际应用中的数据量往往非常庞大，因此算法的效率和排序的速度就是一个很大的问题。往往需要寻找一个高效的排序算法，因此便演变出了多种排序算法。

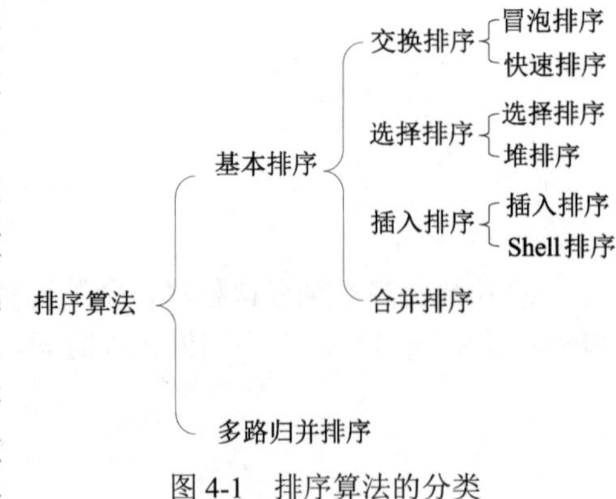

图 4-1　排序算法的分类

排序算法的分类，如图 4-1 所示。最基本的排序算法包括交换排序算法、选择排序算法、插入排序算法和合并排序算法。其中，交换排序主要包括冒泡排序算法和快速排序算法；选择排序主要包括选择排序算法和堆排序算法；插入排序主要包括插入排序算法和 Shell 排序算法。

上述几种基本排序算法直接对计算机内存中的数据进行排序。而对于一些大的文件，由于计算机的内存有限，往往不能直接将其读入内存进行排序。这时可以采用多路归并排序法，将文件划分为几个能够读入内存的小部分，然后分别读入进行排序，经过多次处理即可完成大文件的排序。

每一种排序算法都有其各自的特点，往往在某些特定的场合具有比较好的执行效率。因此，读者需要根据实际问题的需要来合理选择排序算法。下面对排序算法进行详细的介绍。

在实际应用中，基本的排序对象是整数，而基本排序规则包括从小到大排序和从大到小排序。下面主要以整型数据从小到大进行排序为例来讲解。对于其他类型的数据，或者从大到小的排序方法均类似。

4.2　冒泡排序算法

冒泡排序算法是所有排序算法中最简单、最基本的一种。冒泡排序算法的思路就是交换排序，通过相邻数据的交换来达到排序的目的。

4.2.1　冒泡排序算法

冒泡排序算法通过多次比较和交换来实现排序，其排序流程如下：

（1）对数组中的各数据，依次比较相邻的两个元素的大小；

（2）如果前面的数据大于后面的数据，就交换这两个数据。经过第一轮的多次比较排序后，便可将最小的数据排好；

（3）再用同样的方法把剩下的数据逐个进行比较，最后便可按照从小到大的顺序排好数组各数据。

为了更好地理解冒泡排序算法的执行过程，下面举一个实际数据的例子来一步一步地执行冒泡排序算法。对于五个整型数据 118、101、105、127、112，这是一组无序的数据。对其执行冒泡排序过程，如图 4-2 所示。

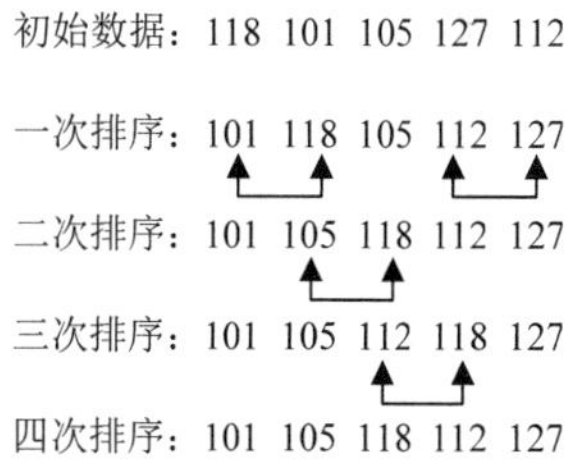

初始数据：118　101　105　127　112

一次排序：101　118　105　112　127

二次排序：101　105　118　112　127

三次排序：101　105　112　118　127

四次排序：101　105　118　112　127

图 4-2　冒泡排序算法的执行过程

冒泡排序算法的执行步骤如下：

（1）第 1 次排序，从数组的尾部开始向前依次比较。首先是 127 和 112 比较，由于 127 大于 112，因此将数据 112 向上移了一位；同理，118 和 101 比较，将数据 101 向前移了一位。此时排序后的数据为 101、118、105、112、127；

（2）第 2 次排序，从数组的尾部开始向前依次比较。105 和 118 比较，可以将数据 105 向前移一位。此时排序后的数据为 101、105、118、112、127；

（3）第 3 次排序，从数组的尾部开始向前依次比较。由于 112 和 118 比较，可以将数据 118 向前移一位。此时排序后的数据为 101、105、112、118、127；

（4）第 4 次排序时，此时，各个数据已经按顺序排列好，所以无须再进行数据交换。此时，排序的结果为 101、105、112、118、127。

从上面的例子可以非常直观地了解到冒泡排序算法的执行过程。整个排序过程就像水泡的浮起过程，故因此而得名。冒泡排序算法在对 n 个数据进行排序时，无论原数据有无顺序，都需要进行 $n-1$ 步的中间排序。这种排序方法思路简单直观，但是缺点是执行的步骤稍长，效率不高。

一种改进的方法，即在每次中间排序之后，比较一下数据是否已经按照顺序排列完成。如果排列完成，则退出排序过程；否则，便继续进行冒泡排序。这样，对于数据比较有规则的，可以加速算法的执行过程。

冒泡排序算法的示例代码如下：

```
void bubbleSort(int[] a)                              //冒泡排序法
{
int temp;

for (int i = 1; i < a.length; i++)
{
          for (int j = 0; j < a.length - i; j++)
        {
           if (a[j] > a[j + 1])                       //将相邻两个数进行比较,较大的数往后冒泡
          {
          //交换相邻两个数
            temp=a[j];
            a[j]=a[j+1];
            a[j+1]=temp;
            }
      }
      System.out.print("第"+i+"步排序结果:");    //输出每步排序的结果
      for(int k=0;k<a.length;k++)
      {
            System.out.print(" "+a[k]);         //输出
       }
      System.out.print("\n");
   }
}
```

在上述代码中，输入参数 *a* 一般为一个数组的首地址。待排序的原数据便保存在数组 *a* 中，程序中通过两层循环来对数据进行冒泡排序。读者可以结合前面的冒泡排序算法加深理解。这里，为了让读者清楚排序算法的执行过程，在排序的每一步都输出了当前的排序结果。

4.2.2 冒泡排序算法实例

学习了前面的冒泡排序算法的基本思想和算法之后。下面通过一个完整的例子说明冒泡排序法在整型数组排序中的应用，示例代码如下：

```
public class P4_1
{
   static final int SIZE=10;

   public static void bubbleSort(int[] a)
  {
        int temp;
        for (int i = 1; i < a.length; i++) {
               for (int j = 0; j < a.length - i; j++)
             {
                 if (a[j] > a[j + 1]){    //将相邻两个数进行比较，较大的数往后冒泡
               //交换相邻两个数
                 temp=a[j];
                 a[j]=a[j+1];
                 a[j+1]=temp;
               }
            }
            System.out.print("第"+i+"步排序结果:"); //输出每步排序的结果
            for(int k=0;k<a.length;k++)
```

```
            {
                System.out.print(" "+a[k]);          //输出
            }
            System.out.print("\n");
        }
    }

    public static void main(String[] args)
  {
        int[] shuzu=new int[SIZE];
        int i;

        for(i=0;i<SIZE;i++)
        {
            shuzu[i]=(int)(100+Math.random()*(100+1));       //初始化数组
        }
        System.out.print("排序前的数组为: \n");          //输出排序前的数组
        for(i=0;i<SIZE;i++)
        {
            System.out.print(shuzu[i]+" ");
        }
        System.out.print("\n");
        bubbleSort(shuzu);                              //排序操作
        System.out.print("排序后的数组为: \n");
        for(i=0;i<SIZE;i++)
        {
            System.out.print(shuzu[i]+" ");          //输出排序后的数组
        }
        System.out.print("\n");

    }

}
```

在上述代码中，程序定义了符号常量 SIZE，用于表征需要排序整型数组的大小。在主方法中，首先声明一个整型数组；然后对数组进行随机初始化，并输出排序前的数组内容；接着，调用冒泡排序算法的方法来对数组进行排序；最后，输出排序后的数组。

该程序的执行结果，如图 4-3 所示。图中显示了每一步排序的中间结果。从中可以看出从第 4 步之后便已经完成对数据的排序，但是算法仍然需要进行后续的比较步骤。读者可以根据前面介绍的思路，加入判断部分，使之能够尽早结束排序过程，从而提高程序的执行效率。

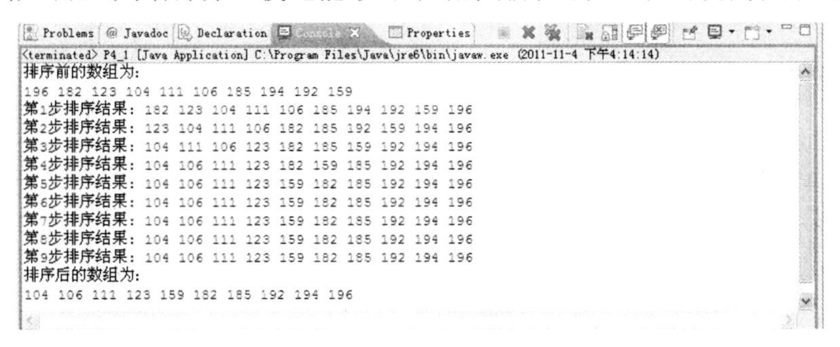

图 4-3　执行结果

4.3 选择排序算法

选择排序（Selection Sort）算法也是比较简单的排序算法，其思路比较直观。选择排序算法在每一步中选取最小值来重新排列，从而达到排序的目的。

4.3.1 选择排序算法

选择排序算法通过选择和交换来实现排序，其排序流程如下：

（1）首先从原始数组中选择最小的 1 个数据，将其和位于第 1 个位置的数据交换；

（2）接着从剩下的 n-1 个数据中选择次小的 1 个数据，将其和第 2 个位置的数据交换；

（3）然后不断重复上述过程，直到最后两个数据完成交换。至此，便完成了对原始数组的从小到大的排序。

为了更好地理解选择排序算法的执行过程，下面举一个实际数据的例子来一步一步地执行选择排序算法。五个整型数据 118、101、105、127、112 是一组无序的数据。对其执行选择排序过程，如图 4-4 所示。

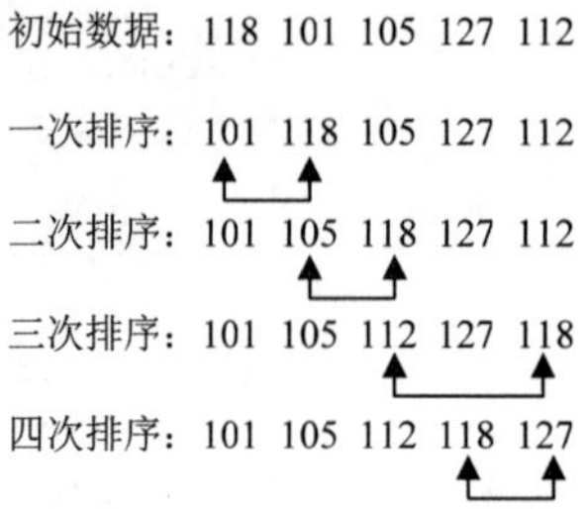

初始数据：118 101 105 127 112

一次排序：101 118 105 127 112

二次排序：101 105 118 127 112

三次排序：101 105 112 127 118

四次排序：101 105 112 118 127

图 4-4 选择排序算法的执行过程

选择排序算法的执行步骤如下：

（1）第 1 次排序，从原始数组中选择最小的数据，这个数据便是 101，将其与第 1 个数据 118 进行交换。此时排序后的数据为 101、118、105、127、112；

（2）第 2 次排序，从剩余的数组中选择最小的数据，这个数据便是 105，将其与第 2 个数据 118 进行交换。此时排序后的数据为 101、105、118、127、112；

（3）第 3 次排序，从剩余的数组中选择最小的数据，这个数据便是 112，将其与第 3 个数据 118 进行交换。此时排序后的数据为 101、105、112、127、118；

（4）第 4 次排序，从剩余的数组中选择最小的数据，这个数据便是 118，将其与第 4 个数据 127 进行交换。此时排序后的数据为 101、105、112、118、127。

从上面的例子可以非常直观地了解到选择排序算法的执行过程。选择排序算法在对 n 个数据进行排序时，无论原数据有无顺序，都需要进行 n-1 步的中间排序。这种排序方法思路很简单直观，但是缺点是执行的步骤稍长，效率不高。

选择排序算法的示例代码如下：

```
void selectSort(int[] a)                                //选择法排序
{
    int index;
    int temp;                                           //交换临时变量

    for (int i = 0; i < a.length-1; i++)
    {
        index = i;
        for (int j = i+1; j <a.length; j++)
        {
            if (a[j] < a[index])
            {
                index = j;
```

```
            }
        }
        //交换两个数
        if(index!=i)
        {
        temp=a[i];
        a[i]=a[index];
        a[index]=temp;
        }

        System.out.print("第"+i+"步排序结果:");     //输出每步排序的结果
        for(int h=0;h<a.length;h++)
        {
           System.out.print(" "+a[h]);             //输出
        }
        System.out.print("\n");
    }
}
```

在上述代码中，输入参数 a 一般为一个数组的首地址。待排序的原数据便保存在数组 a 中，程序中通过两层循环来对数据进行选择排序。读者可以结合前面的选择排序算法来加深理解。这里，为了让读者清楚排序算法的执行过程，在排序的每一步都输出了当前的排序结果。

4.3.2　选择排序算法实例

学习了前面的选择排序算法的基本思想和算法之后，下面通过一个完整的例子来说明选择排序法在整型数组排序中的应用，示例代码如下：

```
public class P4_2
{
   static final int SIZE=10;
   public static void selectSort(int[] a)
   {
      int index,temp;
      for (int i = 0; i < a.length-1; i++)
      {
        index = i;
        for (int j = i+1; j <a.length; j++)
        {
           if (a[j] < a[index])
           {
              index = j;
           }
        }
        //交换两个数
        if(index!=i)
        {
        temp=a[i];
        a[i]=a[index];
        a[index]=temp;
        }
        System.out.print("第"+i+"步排序结果:");     //输出每步排序的结果
        for(int h=0;h<a.length;h++)
        {
           System.out.print(" "+a[h]);             //输出
```

```
            }
            System.out.print("\n");
        }
    }


    public static void main(String[] args)
    {
        int[] shuzu=new int[SIZE];
        int i;

        for(i=0;i<SIZE;i++)
        {
            shuzu[i]=(int)(100+Math.random()*(100+1));    //初始化数组
        }


        System.out.print("排序前的数组为：\n");              //输出排序前的数组
        for(i=0;i<SIZE;i++)
        {
            System.out.print(shuzu[i]+" ");
        }

        System.out.print("\n");

        selectSort(shuzu);                                 //排序操作

        System.out.print("排序后的数组为：\n");
        for(i=0;i<SIZE;i++)
        {
            System.out.print(shuzu[i]+" ");                //输出排序后的数组
        }
        System.out.print("\n");
    }
}
```

在上述代码中，程序定义了符号常量 SIZE，用于表征需要排序整型数组的大小。在主方法中，首先声明一个整型数组，然后对数组进行随机初始化，并输出排序前的数组内容。接着，调用选择排序算法方法来对数组进行排序。最后，输出排序后的数组。

该程序的执行结果，如图 4-5 所示。图中显示了每一步排序的中间结果。

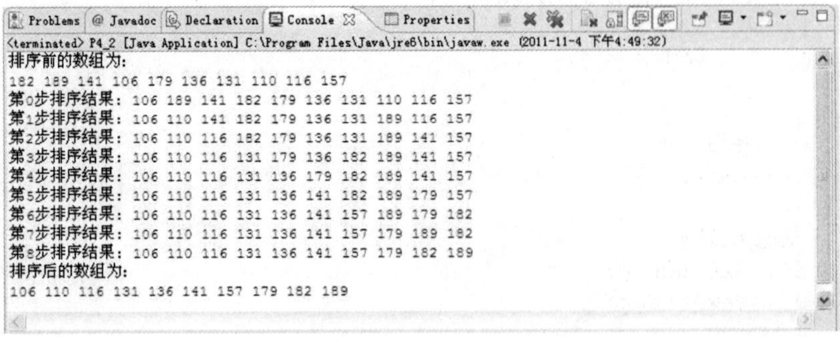

```
Problems  @ Javadoc  Declaration  Console  Properties
<terminated> P4_2 [Java Application] C:\Program Files\Java\jre6\bin\javaw.exe (2011-11-4 下午4:49:32)
排序前的数组为:
182 189 141 106 179 136 131 110 116 157
第0步排序结果: 106 189 141 182 179 136 131 110 116 157
第1步排序结果: 106 110 141 182 179 136 131 189 116 157
第2步排序结果: 106 110 116 182 179 136 131 189 141 157
第3步排序结果: 106 110 116 131 179 136 182 189 141 157
第4步排序结果: 106 110 116 131 136 179 182 189 141 157
第5步排序结果: 106 110 116 131 136 141 182 189 179 157
第6步排序结果: 106 110 116 131 136 141 157 189 179 182
第7步排序结果: 106 110 116 131 136 141 157 179 189 182
第8步排序结果: 106 110 116 131 136 141 157 179 182 189
排序后的数组为:
106 110 116 131 136 141 157 179 182 189
```

图 4-5　执行结果

4.4　插入排序算法

插入排序（Insertion Sort）算法通过对未排序的数据执行逐个插入至合适的位置而完成排序工作。插入排序算法的思路比较简单，应用比较多。

4.4.1　插入排序算法

插入排序算法通过比较和插入来实现排序，其排序流程如下：

（1）对数组的前两个数据进行从小到大的排序；

（2）将第 3 个数据与排好序的两个数据比较，将第 3 个数据插入合适的位置；

（3）将第 4 个数据插入已排好序的前 3 个数据中；

（4）不断重复上述过程，直到把最后一个数据插入合适的位置，便完成了对原始数组从小到大的排序。

为了更好地理解插入排序算法的执行过程，下面举一个实际数据的例子来一步一步地执行插入排序算法。五个整型数据 118、101、105、127、112 是一组无序的数据。对其执行插入排序过程，如图 4-6 所示。

```
初始数据：118 101 105 127 112

一次排序：101 118 105 127 112
          ↑
二次排序：101 105 118 127 112
              ↑
三次排序：101 105 118 127 112

四次排序：101 105 112 118 127
                  ↑
```

图 4-6　插入排序算法的执行过程

插入排序算法的执行步骤如下：

（1）对数组的前两个数据 118 和 101 排序，由于 118 大于 101，因此将其交换。此时排序后的数据为 101、118、105、127、112；

（2）对于第 3 个数据 105，其大于 101，而小于 118，将其插入它们之间。此时排序后的数据为 101、105、118、127、112；

（3）对于第 4 个数据 127，其大于 118，将其插入 118 之后。此时排序后的数据为 101、105、118、127、112；

（4）对于第 5 个数据 112，其大于 105，小于 118，将其插入 105 和 118 之间。此时排序后的数据为 101、105、112、118、127。

从上面的例子可以非常直观地了解到插入排序算法的执行过程。插入排序算法在对 n 个数据进行排序时，无论原数据有无顺序，都需要进行 n-1 步的中间排序。这种排序方法思路简单直观，在数据已有一定顺序的情况下，排序效率较好。但如果数据无规则，则需要移动大量的数据，其排序效率也不高。

插入排序算法的示例代码如下：

```
void insertionSort(int[] a)                        //插入排序
{
int i,j,t,h;

    for (i=1;i<a.length;i++)                       //循环处理
    {
        t=a[i];
        j=i-1;
        while(j>=0 && t<a[j])
        {
            a[j+1]=a[j];
            j--;
```

```
            }
            a[j+1]=t;

            System.out.print("第"+i+"步排序结果:");          //输出每步排序的结果
            for(h=0;h<a.length;h++)
            {
                System.out.print(" "+a[h]);                  //输出
            }
            System.out.print("\n");
        }
    }
```

在上述代码中，输入参数 *a* 一般为一个数组的首地址，待排序的原数据便保存在数组 *a* 中。

在程序中，首先将需要插入的元素保存到变量 *t* 中。变量 *j* 表示需要插入的位置，一般就是插入数组元素的序号。设置变量 *j* 的值为 *i*-1，表示准备将当前位置（序号为 *i*）的数插入序号为 *i*-1（即前一个元素）的位置。

接着，算法程序通过 while 循环来进行判断，如果序号为 *j* 元素的数据大于变量 *t*（需要插入的数据），则将序号为 *j* 的元素向后移，同时变量 *j*-1，以判断前一个数据是否还需要向后移。通过该 while 循环找到一个元素的值比 *t* 小，该元素的序号为 *j*。然后，将在序号为 *j* 的下一个元素进行数据插入操作。

读者可以结合前面的插入排序算法来加深理解。这里，为了让读者清楚排序算法的执行过程，在排序的每一步都输出了当前的排序结果。

4.4.2 插入排序算法实例

学习了前面的插入排序算法的基本思想和算法之后，下面通过一个完整的例子来说明插入排序法在整型数组排序中的应用，示例代码如下：

```
public class P4_3
{
    static final int SIZE=10;
    static void insertionSort(int[] a)                          //插入排序
    {
        int i,j,t,h;
        for (i=1;i<a.length;i++)
        {
            t=a[i];
            j=i-1;
            while(j>=0 && t<a[j])
            {
                a[j+1]=a[j];
                j--;
            }
            a[j+1]=t;

            System.out.print("第"+i+"步排序结果:");             //输出每步排序的结果
            for(h=0;h<a.length;h++)
            {
                System.out.print(" "+a[h]);                     //输出
            }
```

```
            System.out.print("\n");
        }
    }
    public static void main(String[] args)
    {
        int[] shuzu=new int[SIZE];
        int i;

        for(i=0;i<SIZE;i++)
        {
            shuzu[i]=(int)(100+Math.random()*(100+1));   //初始化数组
        }
        System.out.print("排序前的数组为：\n");               //输出排序前的数组
        for(i=0;i<SIZE;i++)
        {
            System.out.print(shuzu[i]+" ");
        }
        System.out.print("\n");

        insertionSort(shuzu);                               //排序操作

        System.out.print("排序后的数组为：\n");
        for(i=0;i<SIZE;i++)
        {
            System.out.print(shuzu[i]+" ");                 //输出排序后的数组
        }
        System.out.print("\n");
    }
}
```

在上述代码中，程序宏定义了符号常量 SIZE，用于表征需要排序整型数组的大小。在主函数中，首先初始化随机种子；然后对数组进行随机初始化，并输出排序前的数组内容；接着，调用插入排序算法函数来对数组进行排序；最后，输出排序后的数组。

该程序的执行结果如图 4-7 所示。图中显示了每一步排序的中间结果。

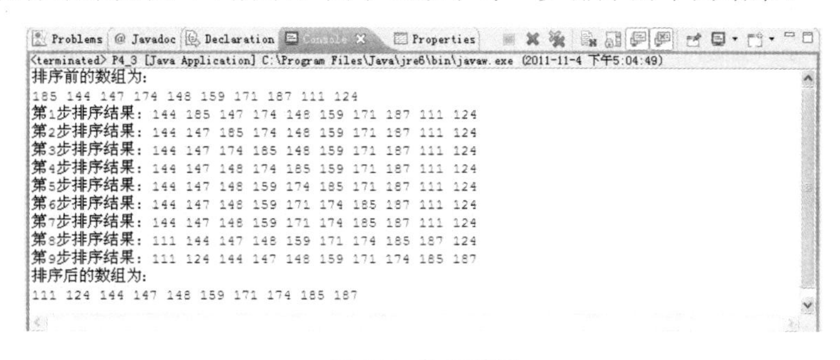

图 4-7　执行结果

4.5　Shell 排序算法

前面介绍的冒泡排序算法、选择排序算法和插入排序算法，虽然思路比较直观，但是排序的效率比较低。对于大量的数据需要排序时，往往需要寻求其他更为高效的排序算法。Shell

排序算法便是其中一种。

4.5.1 Shell 排序算法

Shell 排序算法严格来说基于插入排序的思想，其又称为希尔排序或者缩小增量排序。Shell 排序算法的排序流程如下：

（1）将有 n 个元素的数组分成 $n/2$ 个数字序列，第 1 个数据和第 $n/2+1$ 个数据为一对，依此类推；

（2）一次循环使每一个序列对排好顺序；

（3）变为 $n/4$ 个序列，再次排序；

（4）不断重复上述过程，随着序列减少最后变为一个，也就完成了整个排序。

为了更好地理解 Shell 排序算法的执行过程，下面举一个实际数据的例子来一步一步地执行 Shell 排序算法。6 个整型数据 127、118、105、101、112、100 是一组无序的数据。对其执行 Shell 排序过程，如图 4-8 所示。

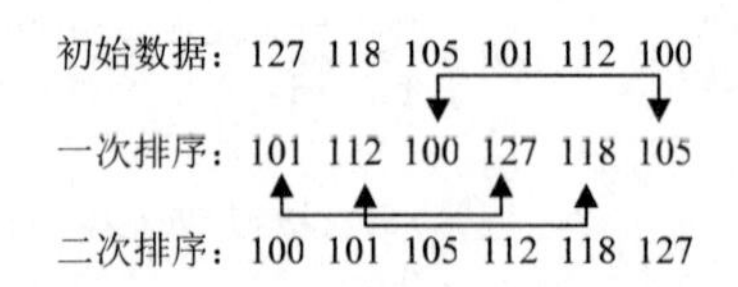

图 4-8 Shell 排序算法的执行过程

Shell 排序算法的执行步骤如下：

（1）将数组分为 6/2=3 个数字序列，第 1 个数据 127 和第 4 个数据 101 为一对，第 2 个数据 118 和第 5 个数据 112 为一对，第 3 个数据 105 和第 6 个数据 100 为一对。每一对数据进行排序后的数据为 101、112、100、127、118、105；

（2）将数组分为 6/4=1 个序列（这里执行取整操作），此时逐个对数据比较，按照插入排序算法对该序列进行排序。排序后的数据为 100、101、105、112、118、127。

从上面的例子可以非常直观地了解到 Shell 排序算法的执行过程。插入排序时，如果原数据已经是基本有序的，则排序的效率就可大大提高。另外，对于数量较小的序列使用直接插入排序，因需要移动的数据量较少，其效率也较高。因此，Shell 排序算法具有比较高的执行效率。

Shell 排序算法的示例代码如下：

```
void shellSort(int[] a)                              //Shell排序
{
    int i,j,h;
    int r,temp;
    int x=0;

    for(r=a.length/2;r>=1;r/= 2)                     //划组排序
    {
        for(i=r;i<a.length;i++)
        {
            temp=a[i];
            j=i-r;
            while(j>=0 && temp<a[j])
            {
                a[j+r]=a[j];
                j-=r;
            }
            a[j+r]=temp;
```

```
        }
        x++;
        System.out.print("第"+x+"步排序结果:");          //输出每步排序的结果
        for(h=0;h<a.length;h++)
        {
            System.out.print(" "+a[h]);                  //输出
        }
        System.out.print("\n");
    }
}
```

在上述代码中，输入参数 *a* 一般为一个数组的首地址，待排序的原数据便保存在数组 *a* 中。

在程序中使用了三重循环嵌套。最外层的循环用来分解数组元素为多个序列，每次比较两数的间距，直到其值为 0 就结束循环。下面一层循环按设置的间距 *r*，分别比较对应的数组元素。在该循环中使用插入排序法对指定间距的元素进行排序。

读者可以结合前面的 Shell 排序算法来加深理解。这里，为了让读者清楚排序算法的执行过程，在排序的每一步都输出了当前的排序结果。

4.5.2 Shell 排序算法实例

学习了前面的 Shell 排序算法的基本思想和算法之后，下面通过一个完整的例子来说明 Shell 排序法在整型数组排序中的应用，示例代码如下：

```
public class P4_4
{
    static final int SIZE=10;

    static void shellSort(int[] a)                       //Shell排序
    {
        int i,j,h;
        int r,temp;
        int x=0;

        for(r=a.length/2;r>=1;r/= 2)                     //划组排序
        {
            for(i=r;i<a.length;i++)
            {
                temp=a[i];
                j=i-r;
                while(j>=0 && temp<a[j])
                {
                    a[j+r]=a[j];
                    j-=r;
                }
                a[j+r]=temp;
            }

            x++;
            System.out.print("第"+x+"步排序结果:");      //输出每步排序的结果
            for(h=0;h<a.length;h++)
            {
                System.out.print(" "+a[h]);              //输出
            }
```

```
            System.out.print("\n");
        }
    }
    public static void main(String[] args)
    {
        int[] shuzu=new int[SIZE];
        int i;

        for(i=0;i<SIZE;i++)
        {
            shuzu[i]=(int)(100+Math.random()*(100+1));    //初始化数组
        }
        System.out.print("排序前的数组为：\n");              //输出排序前的数组
        for(i=0;i<SIZE;i++)
        {
            System.out.print(shuzu[i]+" ");
        }
        System.out.print("\n");

        shellSort(shuzu);                                 //排序操作

        System.out.print("排序后的数组为：\n");
        for(i=0;i<SIZE;i++)
        {
            System.out.print(shuzu[i]+" ");               //输出排序后的数组
        }
        System.out.print("\n");

    }
}
```

在上述代码中，程序宏定义了符号常量 SIZE，用于表征需要排序整型数组的大小。在主函数中，首先初始化随机种子；然后对数组进行随机初始化，并输出排序前的数组内容；接着，调用 Shell 排序算法函数对数组进行排序；最后，输出排序后的数组。

该程序的执行结果如图 4-9 所示。图中显示了每一步排序的中间结果。

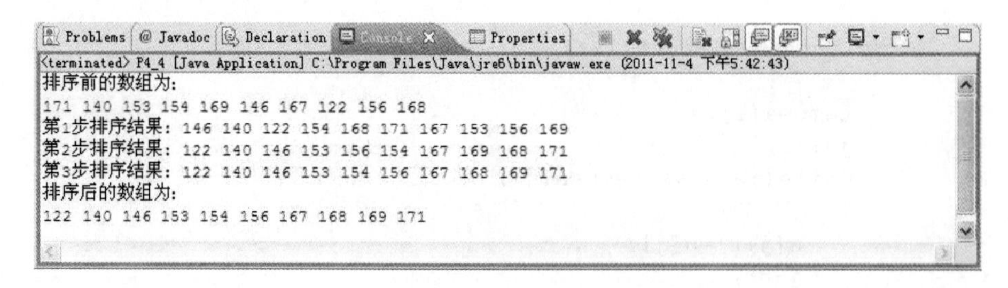

图 4-9　执行结果

4.6　快速排序算法

快速排序（Quick Sort）算法和冒泡排序算法类似，都是基于交换排序思想的。快速排序算法对冒泡排序算法进行了改进，从而具有更高的执行效率。

4.6.1 快速排序算法

快速排序算法通过多次比较和交换来实现排序，其排序流程如下：

（1）设定一个分界值，通过该分界值将数组分成左右两部分；

（2）将大于或等于分界值的数据集中到数组右边，小于分界值的数据集中到数组的左边；此时，左边部分中各元素都小于或等于分界值，而右边部分中各元素都大于或等于分界值；

（3）左边和右边的数据可以独立排序。对于左侧的数组数据，又可以取一个分界值，将该部分数据分成左右两部分，同样将左边放置较小值，右边放置较大值。右侧的数组数据也可以做类似处理；

（4）重复上述过程，可以看出，这是一个递归定义。通过递归将左侧部分排好序后，再递归排好右侧部分的顺序。当左、右两部分各数据排序完成后，整个数组的排序也就完成了。

为了更好地理解快速排序算法的执行过程，下面举一个实际数据的例子来一步一步地执行快速排序算法。8 个整型数据 69、62、89、37、97、17、28、49 是一组无序的数据。对其执行快速排序过程，如图 4-10 所示。快速排序算法的执行步骤如下：

（1）选取一个分界值，这里选择第一个数据 69 作为分界值。在变量 left 中保存数组的最小序号 0，在变量 right 中保存数组的最大序号 7，在变量 base 中保存分界值 69；

（2）从数组右侧开始，逐个取出数据与分界值 69 比较，直到找到比 base 小的数据为止。数组最右侧的元素 A[right]的值 49 比 base 变量中保存的值 69 小；

（3）将右侧比基准 base 小的数（数组元素 A[right]中的数）保存到 A[left]（A[0]）元素中；

（4）从数组左侧开始，逐个取出元素与分界值 69 比较，直到找到比分界值 69 大的数据为止。数组最左侧的元素 A[left]（即 A[0]）的值为 49，比 base 的值小，将 left 自增 1（值为 1）。再取 A[left]（A[1]）的值 62 与 base 的值 69 比较，62 小于 69，继续将 left 自增 1（值为 2）。再取 A[left]（A[2]）的值 89 与 base 比较，89 大于 69，结束查找；

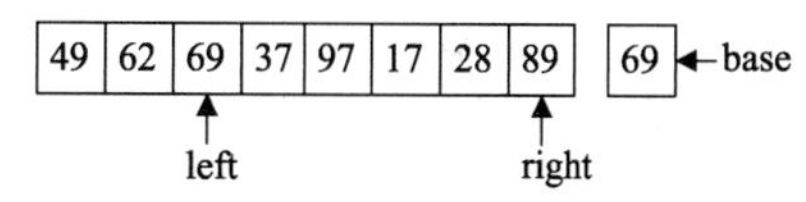

图 4-10　快速排序算法的执行过程

（5）将左侧比分界值 69 大的数（数组元素 A[2]）保存到 A[right]（A[7]）元素中；

（6）将分界值 69 中的值保存到 A[left]（A[2]）中，最后得到的结果如图 4-10 所示。经过这一次分割，base 数据左侧的数（即 left 所指向的数据）比分界值 69 小，而 base 数据右侧的数比 base 大；

（7）通过递归调用，将 left 左侧的数据进行同样的排序，再将 left 右侧的数据进行同样的排序。

经过上述递归调用，最终可完成数据的排序操作。

快速排序算法的示例代码如下：

```
void quickSort(int[] arr,int left,int right)   //快速排序算法
{
    int f,t;
    int rtemp,ltemp;

    ltemp=left;
    rtemp=right;
    f=arr[(left+right)/2];                      //分界值
    while(ltemp<rtemp)
    {
```

```
            while(arr[ltemp]<f)
            {
                ++ltemp;
            }
            while(arr[rtemp]>f)
            {
                --rtemp;
            }
            if(ltemp<=rtemp)
            {
                t=arr[ltemp];
                arr[ltemp]=arr[rtemp];
                    arr[rtemp]=t;
                --rtemp;
                    ++ltemp;
            }
          }
          if(ltemp==rtemp)
         {
            ltemp++;
        }

        if(left<rtemp)
        {
            quickSort(arr,left,ltemp-1);                //递归调用
        }
        if(ltemp<right)
        {
            quickSort(arr,rtemp+1,right);               //递归调用
        }
    }
```

在上述代码中，输入参数 arr 一般为一个数组的首地址，输入参数 left 指向数组最左边的值，输入参数 right 指向数组最右边的值。

程序中首先确定分界值为数组中间位置的值，当然也可以选在其他位置，比如数组的第一个数据；然后按照快速排序法的思路进行处理；接着，通过递归调用，处理分界值左侧的元素和右侧的元素。读者可以结合前面的快速排序算法来加深理解。

4.6.2 快速排序算法实例

学习了前面的快速排序算法的基本思想和算法之后，下面通过一个完整的例子来说明快速排序法在整型数组排序中的应用，示例代码如下：

```
public class P4_5 {
    static final int SIZE=18;
    static void quickSort(int[] arr,int left,int right)          //快速排序算法
    {
        int f,t;
        int rtemp,ltemp;

        ltemp=left;
        rtemp=right;
```

```
        f=arr[(left+right)/2];                         //分界值
        while(ltemp<rtemp)
        {
            while(arr[ltemp]<f)
            {
                ++ltemp;
            }
            while(arr[rtemp]>f)
            {
                --rtemp;
            }
            if(ltemp<=rtemp)
            {
                t=arr[ltemp];
                arr[ltemp]=arr[rtemp];
                arr[rtemp]=t;
                --rtemp;
                ++ltemp;
            }
        }
        if(ltemp==rtemp)
        {
            ltemp++;
        }

        if(left<rtemp)
        {
            quickSort(arr,left,ltemp-1);               //递归调用
        }
        if(ltemp<right)
        {
            quickSort(arr,rtemp+1,right);              //递归调用
        }
    }
    public static void main(String[] args)
    {
        int[] shuzu=new int[SIZE];
        int i;

        for(i=0;i<SIZE;i++)
        {
            shuzu[i]=(int)(100+Math.random()*(100+1)); //初始化数组
        }

        System.out.print("排序前的数组为：\n");           //输出排序前的数组
        for(i=0;i<SIZE;i++)
        {
            System.out.print(shuzu[i]+" ");
        }
        System.out.print("\n");

        quickSort(shuzu,0,SIZE-1);                   //排序操作

        System.out.print("排序后的数组为：\n");
```

```
        for(i=0;i<SIZE;i++)
        {
            System.out.print(shuzu[i]+" ");             //输出排序后的数组
        }
        System.out.print("\n");

    }

}
```

在上述代码中，程序宏定义了符号常量 SIZE，用于表征需要排序整型数组的大小。在主方法中，首先初始化随机种子；然后对数组进行随机初始化，并输出排序前的数组内容；接着，调用快速排序算法的方法对数组进行排序；最后，输出排序后的数组。

该程序的执行结果，如图 4-11 所示。图中显示了每一步排序的中间结果。

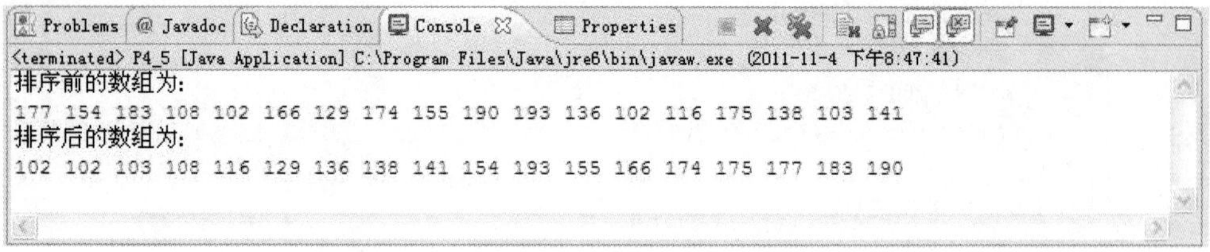

```
Problems  @ Javadoc  Declaration  Console  Properties
<terminated> P4_5 [Java Application] C:\Program Files\Java\jre6\bin\javaw.exe (2011-11-4 下午8:47:41)
排序前的数组为:
177 154 183 108 102 166 129 174 155 190 193 136 102 116 175 138 103 141
排序后的数组为:
102 102 103 108 116 129 136 138 141 154 193 155 166 174 175 177 183 190
```

图 4-11　执行结果

4.7　堆排序算法

堆排序算法是基于选择排序思想的算法，其利用堆结构和二叉树的一些性质来完成数据的排序。堆排序在某些场合具有广泛的应用。

4.7.1　堆排序算法

相对于前面几种排序算法，堆排序比较新颖，涉及的概念比较多。这里首先介绍什么是堆结构、堆排序的过程，然后介绍堆排序的算法实现。

1．什么是堆结构

堆排序的关键是首先构造堆结构。那么什么是堆结构呢？堆结构是一种树结构，准确地说是一个完全二叉树。在这个树中每个结点对应于原始数据的一个记录，并且每个结点应满足的条件如下：

（1）如果按照从小到大的顺序排序，要求非叶结点的数据要大于或等于其左、右子结点的数据；

（2）如果按照从大到小的顺序排序，要求非叶结点的数据要小于或等于其左、右子结点的数据。

下面将以从小到大的顺序进行排序为例进行介绍。从堆结构的定义可以看出，对结点的左子结点和右子结点的大小没有要求，只规定父结点和子结点数据之间必须满足的大小关系。这样，如果要求按照从小到大的顺序输出数据，则堆结构的根结点为要求的最大值。

2．堆排序过程

一个完整的堆排序需要经过反复的两个步骤：构造堆结构和堆排序输出。下面首先分析如何构造堆结构。

构造堆结构就是把原始的无序数据按前面堆结构的定义进行调整。首先，需要将原始的无序数据放置到一个完全二叉树的各个结点中，这可以按照前面介绍的方法来实现。

然后，由完全二叉树的下层向上层逐层对父子结点的数据进行比较，使父结点的数据大于子结点的数据。这里需要使用“筛”运算进行结点数据的调整，直到所有结点最后满足堆结构的条件为止。筛运算主要针对非叶结点进行调整。

例如，对于一个非叶结点 A_i，假定 A_i 的左子树和右子树均已进行筛运算。也就是说，其左子树和右子树均已构成堆结构。对 A_i 进行筛运算，操作步骤如下：

（1）比较 A_i 的左子树和右子树的最大值，将最大值放在 A_j 中；

（2）将 A_i 的数据与 A_j 的数据进行比较，如果 A_i 大于或等于 A_j，表示以 A_i 为根的子树已构成堆结构。便可以终止筛运算；

（3）如果 A_i 小于 A_j，则将 A_i 与 A_j 互换位置；

（4）经过第（3）步后，可能会破坏以 A_i 为根的堆，因为此时 A_i 的值为原来的 A_j。下面以 A_j 为根重复前面的步骤，直到满足堆结构的定义，即父结点数据大于子结点。这样，以 A_j 为根的子树就被调整为一个堆。

在执行筛运算时，值较小的数据将逐层下移，这就是其称为“筛”运算的原因。

下面通过一个实际的例子来分析构造堆结构的过程和堆排序输出的过程，以加深读者的理解。假设有 8 个需要排序的数据序列 67、65、77、38、97、3、33、49。构造堆结构的操作步骤如下：

（1）首先将原始的数据构成一个完全二叉树，如图 4-12 所示。

（2）最后一个非叶结点为结点 4，对该结点进行筛运算。该结点只有左子树，即结点 8，并且 38 小于 49。按照堆结构定义，使这两个结点互换位置。这样，结点 4 及其子结点构成一个堆结构，如图 4-13 所示。

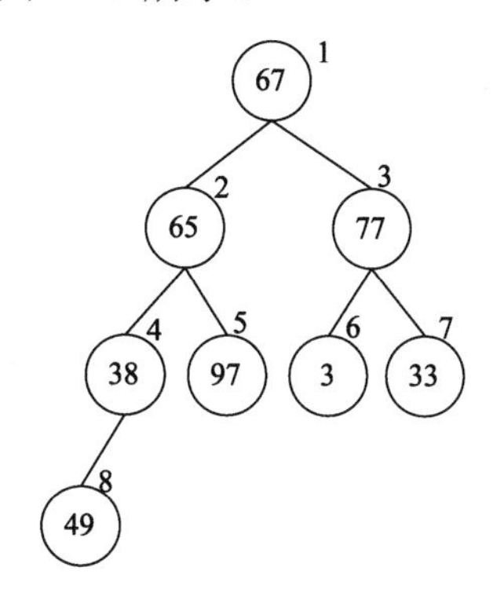

图 4-12　完全二叉树

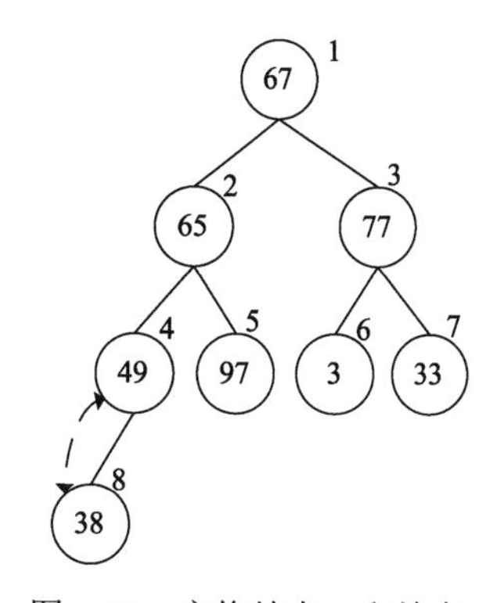

图 4-13　交换结点 4 和结点 8

（3）上述二叉树中倒数第 2 个非叶结点是结点 3，对该结点进行筛运算。由于结点 3 的两个子结点中结点 7 的值较大，因此使结点 3 与结点 7 进行比较。因为 77 大于 33，此时不需要进行互换，结点 3 及其子结点已经构成堆结构，如图 4-14 所示。

（4）上述二叉树中倒数第 3 个非叶结点是结点 2，对该结点进行筛运算。由于结点 2 的两个子结点中结点 5 的值较大，因此使结点 2 与结点 5 进行比较。因为 65 小于 97，此时需要将结点 2 与结点 5 互换数据。这样结点 2 及其子结点构成堆，如图 4-15 所示。

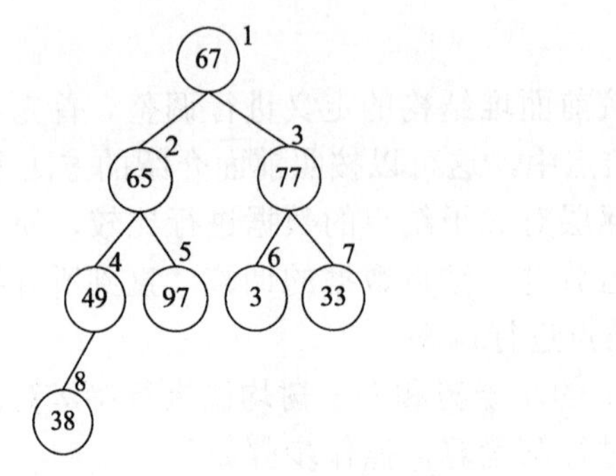

图 4-14　结点 3 及子结点构成堆结构

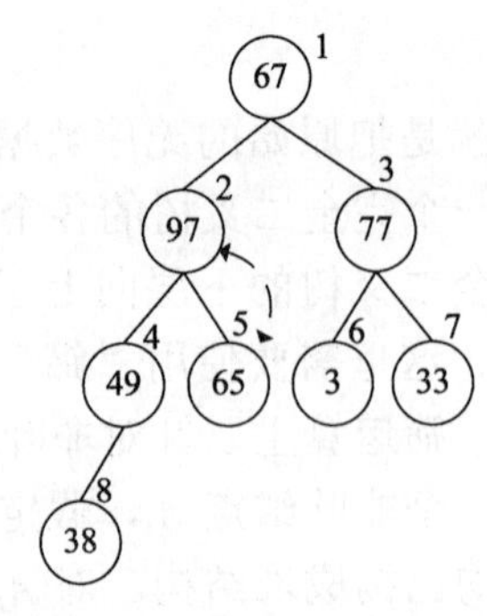

图 4-15　交换结点 2 和结点 5

（5）上述二叉树中倒数第 4 个非叶结点是结点 1，对该结点进行筛运算。由于结点 1 的两个子结点中结点 2 的值较大，因此使结点 1 与结点 2 进行比较。67 小于 97，因此将结点 1 与结点 2 互换数据。这时，因结点 2 的值已改变，需要重新对结点 2 及其子结点进行筛运算，因为有可能破坏了结点 2 与其子结点构成的堆结构。这样，结点 1 及其子结点构成堆结构，如图 4-16 所示。

至此，便将原始的数据序列构造成一个堆结构。下面便可以进行堆排序输出，从而完成整个排序过程。操作步骤如下：

（1）根据堆结构的特点，堆结构的根结点也就是最大值。这里按照从小到大排序，因此将其放到数组的最后。将结点 8 的值与结点 1 互换，如图 4-17 所示。

（2）结点 8 的值 38 换到根结点后，对除最后一个结点外的其他结点重新执行前面介绍的构造堆过程。此时，得到的堆结构，如图 4-18 所示。

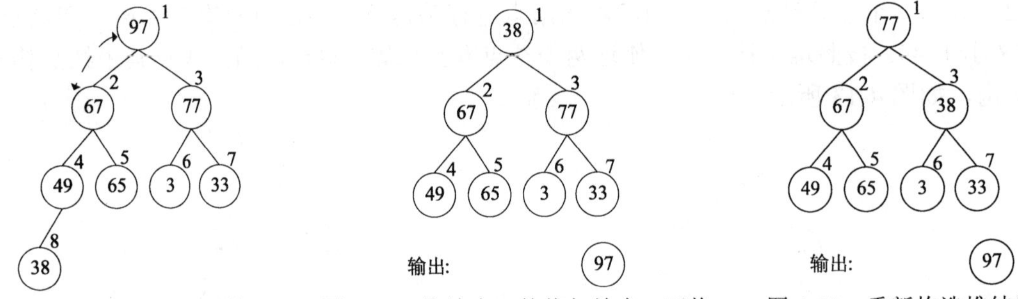

图 4-16　最终的堆结构　　图 4-17　将结点 8 的值与结点 1 互换　　图 4-18　重新构造堆结构

（3）重复上述过程，取此时堆结构的根结点（最大值）进行交换，放在数组的后面。此时，结点 1 和结点 7 互换，如图 4-19 所示。

（4）然后重复将剩余的数据构造堆结构，取根结点与最后一个结点交换，将得到图 4-20 所示的结果。

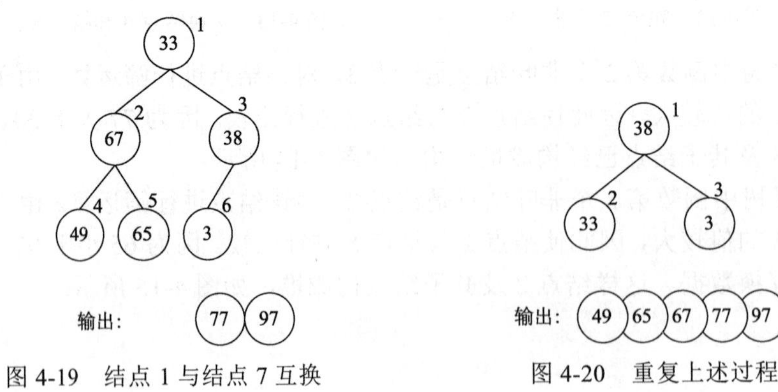

图 4-19　结点 1 与结点 7 互换　　图 4-20　重复上述过程

（5）再进一步执行堆排序输出，结点 1 与结点 3 互换，得到图 4-21 所示的结果。
（6）对最后的两个数据进行处理，得到最终的输出结果，如图 4-22 所示。

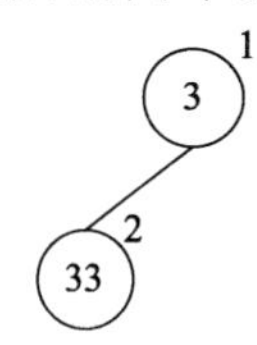

图 4-21　结点 1 与结点 3 互换

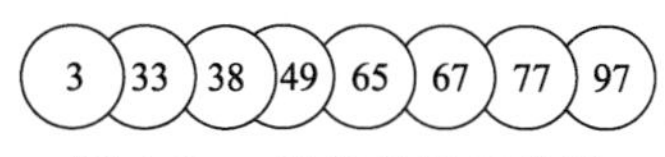

图 4-22　最终的输出结果

这样便完成了堆排序过程，得到的排序结果为：3、33、38、49、65、67、77、97。

3．堆排序算法

理解了上述的堆排序算法后，便可以编写相应的算法。堆排序算法的示例代码如下：

```
void heapSort(int a[],int n)              //堆排序
{
   int i,j,h,k;
   int t;

   for(i=n/2-1;i>=0;i--)                  //将a[0,n-1]建成大根堆
   {
      while(2*i+1<n)                      //第i个结点有右子树
      {
         j=2*i+1 ;
         if((j+1)<n)
         {
            if(a[j]<a[j+1])               //若左子树小于右子树，则需要比较右子树
               j++;                       //序号增加1，指向右子树
         }
         if(a[i]<a[j])                    //比较i与j为序号的数据
         {
            t=a[i];                       //交换数据
            a[i]=a[j];
            a[j]=t;
            i=j ;                         //堆被破坏，需要重新调整
         }
         else                             //比较左右子结点均大则堆未破坏，不再需要调整
         {
            break;
         }
      }
   }
   //输出构成的堆
   System.out.print("原数据构成的堆:");
   for(h=0;h<n;h++)
   {
      System.out.print(" "+a[h]);        //输出
   }
   System.out.print("\n");
```

```
        for(i=n-1;i>0;i--)
        {
            t=a[0];                              //与第i个记录交换
            a[0] =a[i];
            a[i] =t;
            k=0;
            while(2*k+1<i)                       //第i个结点有右子树
            {
                j=2*k+1 ;
                if((j+1)<i)
                {
                    if(a[j]<a[j+1])              //若左子树小于右子树，则需要比较右子树
                    {
                        j++;                     //序号增加1，指向右子树
                    }
                }
                if(a[k]<a[j])                    //比较i与j为序号的数据
                {
                    t=a[k];                      //交换数据
                    a[k]=a[j];
                    a[j]=t;
                    k=j ;                        //堆被破坏，需要重新调整
                }
                else                             //比较左右子结点均大则堆未破坏，不再需要调整
                {
                    break;
                }
            }

            System.out.print("第"+(n-i)+"步排序结果:");   //输出每步排序的结果
            for(h=0;h<n;h++)
            {
                System.out.print(" "+a[h]);               //输出
            }
            System.out.print("\n");
        }
    }
```

在上述代码中，输入参数 a 为保存以线性方式保存的二叉树的数组，输入参数 n 为数组的长度。程序中反复执行构造堆结构和堆排序输出，严格遵循了前述的算法步骤，读者可以对照前面的讲解加深理解。为了让读者清楚排序过程，程序中输出了每步排序的结果。

4.7.2 堆排序算法实例

学习了前面的堆排序算法的基本思想和算法之后，下面通过一个完整的例子来说明堆排序法在整型数组排序中的应用，示例代码如下：

```
public class P4_6 {
    static final int SIZE=10;
    static void heapSort(int a[],int n)                  //堆排序
    {
        int i,j,h,k;
```

```
int t;

for(i=n/2-1;i>=0;i--)                //将a[0,n-1]建成大根堆
{
    while(2*i+1<n)                   //第i个结点有右子树
    {
        j=2*i+1 ;
        if((j+1)<n)
        {
            if(a[j]<a[j+1])          //若左子树小于右子树，则需要比较右子树
                j++;                 //序号增加1，指向右子树
        }
        if(a[i]<a[j])                //比较i与j为序号的数据
        {
            t=a[i];                  //交换数据
            a[i]=a[j];
            a[j]=t;
            i=j ;                    //堆被破坏，需要重新调整
        }
        else                         //比较左右子结点均大则堆未破坏，不再需要调整
        {
            break;
        }
    }
}
//输出构成的堆
System.out.print("原数据构成的堆:");
for(h=0;h<n;h++)
{
    System.out.print(" "+a[h]);  //输出
}
System.out.print("\n");

for(i=n-1;i>0;i--)
{
    t=a[0];                          //与第i个记录交换
    a[0] =a[i];
    a[i] =t;
    k=0;
    while(2*k+1<i)                   //第i个结点有右子树
    {
        j=2*k+1 ;
        if((j+1)<i)
        {
            if(a[j]<a[j+1])          //若左子树小于右子树，则需要比较右子树
            {
                j++;                 //序号增加1，指向右子树
            }
        }
        if(a[k]<a[j])                //比较i与j为序号的数据
        {
            t=a[k];                  //交换数据
```

```
                a[k]=a[j];
                a[j]=t;
                k=j ;                           //堆被破坏，需要重新调整
            }
            else                                //比较左右子结点均大则堆未破坏，不再需要调整
            {
                break;
            }
        }

        System.out.print("第"+(n-i)+"步排序结果:");    //输出每步排序的结果
        for(h=0;h<n;h++)
        {
            System.out.print(" "+a[h]);                 //输出
        }
        System.out.print("\n");
    }
}
public static void main(String[] args)
{
    int[] shuzu=new int[SIZE];
    int i;

    for(i=0;i<SIZE;i++)
    {
        shuzu[i]=(int)(100+Math.random()*(100+1));    //初始化数组
    }

    System.out.print("排序前的数组为: \n");              //输出排序前的数组
    for(i=0;i<SIZE;i++)
    {
        System.out.print(shuzu[i]+" ");
    }
    System.out.print("\n");

    heapSort(shuzu,SIZE);                               //排序操作

    System.out.print("排序后的数组为: \n");
    for(i=0;i<SIZE;i++)
    {
        System.out.print(shuzu[i]+" ");                 //输出排序后的数组
    }
    System.out.print("\n");

}

}
```

在上述代码中，程序定义了符号常量 SIZE，用于表征需要排序整型数组的大小。在主方法中，首先初始化随机种子，然后对数组进行随机初始化，并输出排序前的数组内容。接着，调用堆排序算法的方法来对数组进行排序。最后，输出排序后的数组。

该程序的执行结果，如图 4-23 所示。图中显示了每一步排序的中间结果。

```
Problems  @ Javadoc  Declaration  Console  Properties
<terminated> P4_6 [Java Application] C:\Program Files\Java\jre6\bin\javaw.exe (2011-11-4 下午9:01:47)
排序前的数组为:
156 106 113 114 152 107 135 106 108 125
原数据构成的堆: 156 152 135 114 125 107 113 106 108 106
第1步排序结果: 152 125 135 114 106 107 113 106 108 156
第2步排序结果: 135 125 113 114 106 107 108 106 152 156
第3步排序结果: 125 114 113 106 106 107 108 135 152 156
第4步排序结果: 114 108 113 106 106 107 125 135 152 156
第5步排序结果: 113 108 107 106 106 114 125 135 152 156
第6步排序结果: 108 106 107 106 113 114 125 135 152 156
第7步排序结果: 107 106 106 108 113 114 125 135 152 156
第8步排序结果: 106 106 107 108 113 114 125 135 152 156
第9步排序结果: 106 106 107 108 113 114 125 135 152 156
排序后的数组为:
106 106 107 108 113 114 125 135 152 156
```

图 4-23　执行结果

4.8　合并排序算法

合并排序算法就是将多个有序数据表合并成一个有序数据表。如果参与合并的只有两个有序表，则称为二路合并。对于一个原始的待排序序列，往往可以通过分割的方法来归结为多路合并排序。下面以二路合并为例，来介绍合并排序算法。

4.8.1　合并排序算法

一个待排序的原始数据序列进行合并排序的基本思路是，首先将含有 n 个结点的待排序数据序列看作由 n 个长度为 1 的有序子表组成，将其依次两两合并，得到长度为 2 的若干有序子表；然后，再对这些子表进行两两合并，得到长度为 4 的若干有序子表；重复上述过程，一直到最后的子表长度为 n，从而完成排序过程。

1．合并排序算法原理

下面通过一个实际的例子来分析合并排序算法的执行过程，以加深读者的理解。假设有 9 个需要排序的数据序列 67、65、77、38、97、3、33、49、34。我们来看一下合并排序算法的操作步骤。

（1）首先将 9 个原始数据看成 9 个长度为 1 的有序子表。每一个子表中只有一个数据，这里可以认为单个数据是有序的。

（2）将这 9 个有序子表两两合并，为了方便，将相邻的子表进行两两合并。例如，将第 1、2 个合并在一起，第 3、4 个合在一起……，最后一个没有合并的，就单独放在那里，直接进入下一遍合并，如图 4-24 所示。

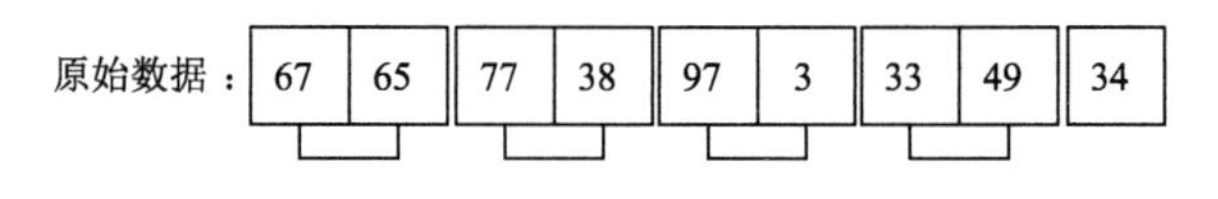

图 4-24　9 个有序子表两两合并

（3）经过第 1 遍的合并，得到长度为 2 的有序表序列，再将这些长度为 2 的有序表序列进行两两合并，如图 4-25 所示。

图 4-25　第 1 遍合并结果

（4）重复两两合并，经过第 2 遍合并，得到长度为 4 的有序表序列，再将这些长度为 4 的有序表进行两两合并，如图 4-26 所示。

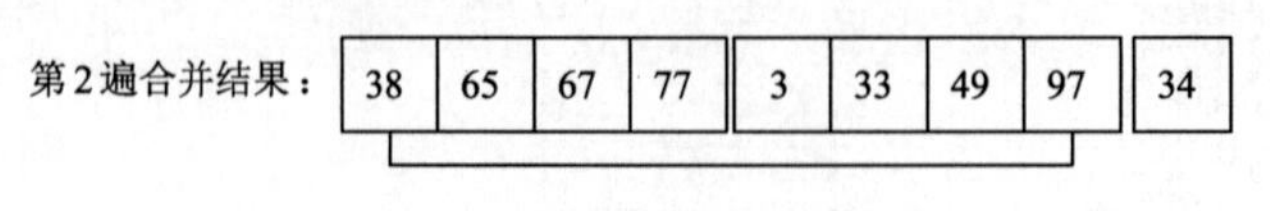

图 4-26　第 2 遍合并结果

（5）经过第 3 遍合并，得到长度为 8 的有序表序列，以及最后只有一个元素的序列，如图 4-27 所示。

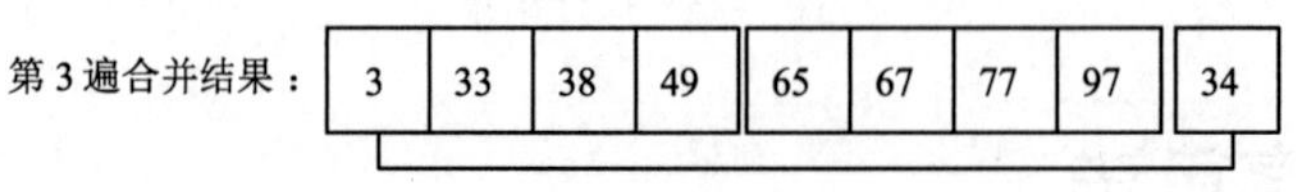

图 4-27　第 3 遍合并结果

（6）将这两个序列进行合并，即可完成合并排序，最后的结果如图 4-28 所示。

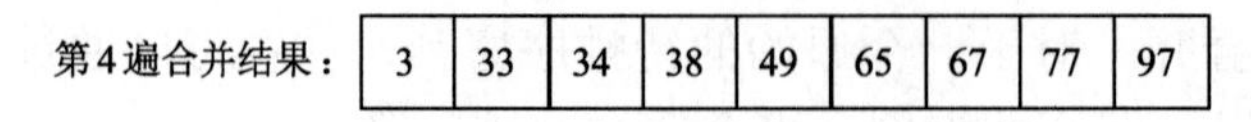

图 4-28　第 4 遍合并结果

在上述二路合并排序过程中，每一遍合并都要经过若干次二路合并。因此，该算法的关键是二路合并。通过多次的二路合并完成一遍完整的合并，经过多遍的完整合并最终完成合并排序算法。

2. 合并排序算法

理解了上述合并排序算法后，便可以编写相应的算法。合并排序算法的示例代码如下：

```
void mergeOne(int a[],int b[],int n,int len)   //完成一遍合并的函数
{
    int i,j,k,s,e;
    s=0;
    while(s+len<n)
    {
        e=s+2*len-1;
        if(e>=n)                                //最后一段可能少于len个结点
        {
            e=n-1;
        }
        //相邻有序段合并
        k=s;
        i=s;
        j=s+len;
        while(i<s+len && j<=e)                  //如果两个有序表都未结束时，循环比较
        {
            if(a[i]<=a[j])                      //如果较小的元素复制到数组b中
            {
                b[k++]=a[i++];
            }
            else
            {
                b[k++]=a[j++];
            }
```

```
        }
        while(i<s+len)                    //未合并的部分复制到数组b中
        {
            b[k++]=a[i++];
        }
        while(j<=e)
        {
          b[k++]=a[j++];                  //未合并的部分复制到数组b中
        }

        s=e+1;                            //下一对有序段中左段的开始下标
    }
    if(s<n)                               //将剩余的一个有序段从数组A中复制到数组b中
    {
        for(;s<n;s++)
        {
            b[s]=a[s];
        }
    }
}
void mergeSort(int a[],int n)             //合并排序
{
    int h,count,len,f;


    count=0;                              //排序步骤
    len=1;                                //有序序列的长度
    f=0;                                  //变量f作标志
    int[] p=new int[n];
    while(len<n)
    {
        if(f==1)                          //交替在A和P之间合并
        {
            mergeOne(p,a,n,len);          //p合并到a
        }
        else
        {
            mergeOne(a,p,n,len);          //a合并到p
        }
        len=len*2;                        //增加有序序列长度
        f=1-f;                            //使f值在0和1之间切换


        count++;
        System.out.printf("第"+count+"步排序结果:");  //输出每步排序的结果
        for(h=0;h<SIZE;h++)
        {
            System.out.printf(" "+a[h]);              //输出
        }
        System.out.print("\n");

    }
    if(f==1)                              //如果进行了排序
```

```
        {
            for(h=0;h<n;h++)                    //将内存p中的数据复制回数组a
            {
                a[h]=p[h];
            }
        }
    }
```

在上述代码中，MergeOne()方法用于完成一遍完整的合并排序，MergeSort()方法便是完整的合并排序算法。

在 MergeOne()方法中，输入参数 *a* 为一个数组，用来保存待排序的数据，输入参数 *b* 为一个数组，用来保存合并后的数据，参数 *n* 表示数组 *a* 中需要进行排序的元素总数，参数 len 表示每个有序子表的长度。

在 MergeSort()方法中，输入参数 *a* 为一个数组，用来保存待排序的数据，输入参数 *n* 为数组的长度。MergeSort()函数中通过多次调用 MergeOne()函数来完成一遍完整的合并排序。程序中严格遵循了前述的算法步骤，读者可以对照前面的讲解来加深理解。为了让读者清楚排序过程，程序中还输出了每步排序的结果。

需要注意的是，二路合并排序算法往往需要申请较大的辅助内存空间，这个辅助空间的大小与待排序原始序列一样多。

4.8.2 合并排序算法实例

学习了前面的合并排序算法的基本思想和算法之后，下面通过一个完整的例子来说明合并排序法在整型数组排序中的应用，示例代码如下：

```
public class P4_7 {
    static final int SIZE=15;
    static void mergeOne(int a[],int b[],int n,int len)     //完成一遍合并的函数
    {
        int i,j,k,s,e;

        s=0;
        while(s+len<n)
        {
            e=s+2*len-1;
            if(e>=n)                        //最后一段可能少于len个结点
            {
                e=n-1;
            }
            //相邻有序段合并
            k=s;
            i=s;
            j=s+len;
            while(i<s+len && j<=e)          //如果两个有序表都未结束时，循环比较
            {
                if(a[i]<=a[j])              //如果较小的元素复制到数组b中
                {
                    b[k++]=a[i++];
                }
                else
                {
```

```
                b[k++]=a[j++];
            }
        }
        while(i<s+len)                  //未合并的部分复制到数组b中
        {
            b[k++]=a[i++];
        }
        while(j<=e)
        {
           b[k++]=a[j++];               //未合并的部分复制到数组b中
        }

        s=e+1;                          //下一对有序段中左段的开始下标
    }
    if(s<n)                             //将剩余的一个有序段从数组A中复制到数组b中
    {
        for(;s<n;s++)
        {
            b[s]=a[s];
        }
    }
}
static void mergeSort(int a[],int n)    //合并排序
{
    int h,count,len,f;

    count=0;                            //排序步骤
    len=1;                              //有序序列的长度
    f=0;                                //变量f作标志

    int[] p=new int[n];
    while(len<n)
    {
        if(f==1)                        //交替在A和P之间合并
        {
            mergeOne(p,a,n,len);        //p合并到a
        }
        else
        {
            mergeOne(a,p,n,len);        //a合并到p
        }
        len=len*2;                      //增加有序序列长度
        f=1-f;                          //使f值在0和1之间切换

        count++;
        System.out.printf("第"+count+"步排序结果:");   //输出每步排序的结果
        for(h=0;h<SIZE;h++)
        {
            System.out.printf(" "+a[h]);                //输出
        }
        System.out.print("\n");
    }
    if(f==1)                                  //如果进行了排序
    {
```

```
            for(h=0;h<n;h++)                          //将内存p中的数据复制回数组a
            {
                a[h]=p[h];
            }
        }
    }
    public static void main(String[] args)
    {
        int[] shuzu=new int[SIZE];
        int i;

        for(i=0;i<SIZE;i++)
        {
            shuzu[i]=(int)(100+Math.random()*(100+1));  //初始化数组
        }

        System.out.print("排序前的数组为: \n");           //输出排序前的数组
        for(i=0;i<SIZE;i++)
        {
            System.out.print(shuzu[i]+" ");
        }
        System.out.print("\n");

        mergeSort(shuzu,SIZE);                          //排序操作

        System.out.print("排序后的数组为: \n");
        for(i=0;i<SIZE;i++)
        {
            System.out.print(shuzu[i]+" ");             //输出排序后的数组
        }
        System.out.print("\n");
    }

}
```

在上述代码中，程序定义了符号常量 SIZE，用于表征需要排序整型数组的大小。在主方法中，首先声明整型数组；然后对数组进行随机初始化，并输出排序前的数组内容；接着，调用合并排序算法方法来对数组进行排序；最后，输出排序后的数组。

该程序的执行结果如图 4-29 所示。图中显示了每一步排序的中间结果。

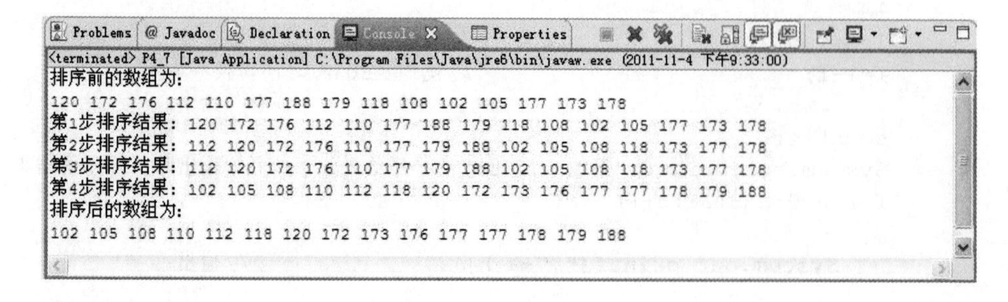

图 4-29　执行结果

4.9 排序算法的效率

排序算法有很多种，每种算法都有其优缺点，可适用于不同的场合。速度是决定排序算法最主要的因素，是排序效率的一个重要指标。一般来说，可从以下几方面判断一个排序算法的优劣：

（1）计算的复杂度：为了全面考虑，往往从最差、平均和最好三种情况进行评价。

（2）系统资源的占用：主要包括内存及其他资源的占用。一个好的排序算法应该占用少的内存资源。在本章介绍的排序算法中，大部分排序算法都只需使用 1 个元素的存储单元用来交换数据。而合并排序算法需使用与原始序列一样长的 n 个元素的存储单元用来保存多遍合并操作。因此，合并排序算法占用的系统资源要大。

对于计算的复杂度，一般依据排序数据量的大小 n 来度量，主要表征了算法执行速度。这是算法优劣的一个重要指标。对于本章前面介绍的几种排序算法，其相应的计算复杂度如下：

（1）冒泡排序算法，平均速度为 $O(n^2)$，最坏情况下的速度为 $O(n^2)$；

（2）快速排序算法，平均速度为 $O(n\log n)$，最坏情况下的速度为 $O(n^2)$；

（3）选择排序算法，平均速度 $O(n^2)$，最坏情况下的速度为 $O(n^2)$；

（4）堆排序算法，平均速度为 $O(n\log n)$，最坏情况下的速度为 $O(n\log n)$；

（5）插入排序算法，平均速度为 $O(n^2)$，最坏情况下的速度为 $O(n^2)$；

（6）Shell 排序算法，平均速度为 $O(n^{3/2})$，最坏情况下的速度为 $O(n^2)$；

（7）合并排序算法，平均速度为 $O(n\log n)$，最坏情况下的速度为 $O(n\log n)$。

其实，在排序算法中还有一个特殊的概念，即稳定排序算法。稳定排序算法主要依照相等的关键字维持记录的相对次序来进行排序。通俗地讲，对于两个有相等关键字的数据 D1 和 D2，在待排序的数据中 D1 出现在 D2 之前，在排序过后的数据中 D1 也在 D2 之前，那么这就是一个稳定排序算法。

在本章前面介绍的几种排序算法中，冒泡排序算法、插入排序算法和合并排序算法都是稳定排序算法，而选择排序算法、Shell 排序算法、快速排序算法和堆排序算法都不是稳定排序算法。

其实，没有一种排序算法是绝对好的，不同的排序算法各有优劣。在实际应用中，需要根据实际的问题来选择合适的排序算法。如果数据量 n 较小，可采用插入排序法或选择排序法；当数据量 n 较大时，则应采用时间复杂度为 $O(n\log n)$的排序方法，如快速排序、堆排序或合并排序。如果待排序的原始数据呈随机分布，那么快速排序算法的平均时间最短。

学习了上述知识后，便可以根据实际问题的需要来选择合适的排序算法，以达到更高的算法执行效率。

4.10 排序算法的其他应用

前面介绍的各种排序算法，都是按照从小到大的顺序对整型数据序列进行排序的，这是最基本的排序。在实际应用中，往往还需要其他一些数据类型的排序。可以根据需要对上述算法进行适当修改来满足特定应用的需求。

4.10.1 反序排序

前面介绍的都是按照从小到大的顺序对数组进行排序的，所谓反序排序就是按照从大到小的顺序对数组进行排序。其实反序排序实现起来也比较方便，只需对上述算法进行稍加修改即可实现。

下面以插入排序算法为例，从大到小的反序插入排序算法的示例代码如下：

```
void insertionSort(int[] a,int len)                              //从大到小的插入排序
{
    int i,j,t,h;

    for (i=1;i<len;i++)
    {
        t=a[i];
        j=i-1;
        while(j>=0 && t>a[j])                                    //从大到小的顺序
        {
            a[j+1]=a[j];
            j--;
        }
        a[j+1]=t;

        System.out.print("第"+i+"步排序结果:");                   //输出每步排序的结果
        for(h=0;h<len;h++)
        {
            System.out.print(" "+a[h]);                          //输出
        }
        System.out.print("\n");
    }
}
```

在上述代码中，输入参数 a 一般为一个数组的首地址，输入参数 len 为数组的大小，待排序的原数据便保存在数组 a 中。

在程序中，首先将需要插入的元素保存到变量 t 中。变量 j 表示需要插入的位置，一般就是插入数组元素的序号。设置变量 j 的值为 i-1，表示准备将当前位置（序号为 i）的数插入到序号为 i-1（即前一个元素）的位置。

接着，算法程序通过 while 循环来进行判断，如果序号为 j 元素的数据小于变量 t（需要插入的数据），则将序号为 j 的元素向后移，同时变量 j-1，以判断前一个数据是否还需要向后移。通过该 while 循环，找到一个比 t 大的元素的值，该元素的序号为 j。然后，将在序号为 j 的下一个元素进行数据插入操作。

读者可以结合前面的插入排序算法加深理解。这里，为了让读者清楚排序算法的执行过程，在排序的每一步都输出了当前的排序结果。

学习了前面的从大到小的反序插入排序算法之后，下面通过一个完整的例子说明反序插入排序法在整型数组排序中的应用，示例代码如下：

```
public class P4_8 {
    static final int SIZE=10;
    static void insertionSort(int[] a,int len)                     //插入排序
    {
        int i,j,t,h;
        for (i=1;i<len;i++)
        {
```

```
            t=a[i];
            j=i-1;
            while(j>=0 && t>a[j])                          //反序
            {
                a[j+1]=a[j];
                j--;
            }
            a[j+1]=t;

            System.out.print("第"+i+"步排序结果:");          //输出每步排序的结果
            for(h=0;h<len;h++)
            {
                System.out.print(" "+a[h]);                //输出
            }
            System.out.print("\n");
        }
    }
    public static void main(String[] args)
    {
        int[] shuzu=new int[SIZE];
        int i;

        for(i=0;i<SIZE;i++)
        {
            shuzu[i]=(int)(100+Math.random()*(100+1));   //初始化数组
        }

        System.out.print("排序前的数组为: \n");              //输出排序前的数组
        for(i=0;i<SIZE;i++)
        {
            System.out.print(shuzu[i]+" ");
        }
        System.out.print("\n");

        insertionSort(shuzu,SIZE);                         //排序操作

        System.out.print("排序后的数组为: \n");
        for(i=0;i<SIZE;i++)
        {
            System.out.print(shuzu[i]+" ");                //输出排序后的数组
        }
        System.out.print("\n");
    }

}
```

在上述代码中，程序宏定义了符号常量 SIZE，用于表征需要排序整型数组的大小。在主方法中，首先初始化随机种子；然后对数组进行随机初始化，并输出排序前的数组内容；接着，调用反序插入排序算法的方法来对数组进行排序；最后，输出从大到小排序后的数组。

该程序的执行结果，如图 4-30 所示。图中显示了每一步排序的中间结果。

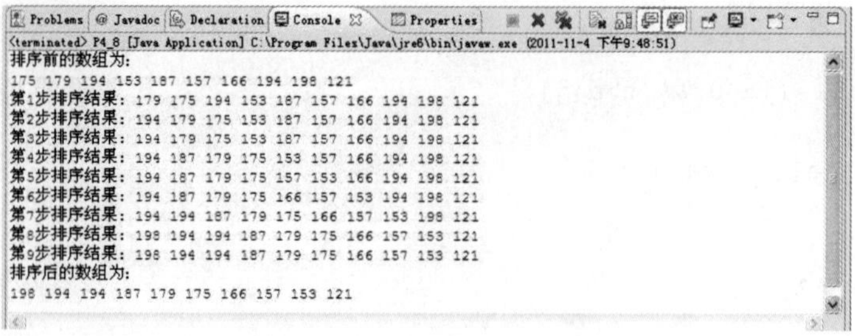

```
Problems  @ Javadoc  Declaration  Console  Properties
<terminated> P4_8 [Java Application] C:\Program Files\Java\jre6\bin\javaw.exe (2011-11-4 下午9:48:51)
排序前的数组为:
175 179 194 153 187 157 166 194 198 121
第1步排序结果: 179 175 194 153 187 157 166 194 198 121
第2步排序结果: 194 179 175 153 187 157 166 194 198 121
第3步排序结果: 194 179 175 153 187 157 166 194 198 121
第4步排序结果: 194 187 179 175 153 157 166 194 198 121
第5步排序结果: 194 187 179 175 157 153 166 194 198 121
第6步排序结果: 194 187 179 175 166 157 153 194 198 121
第7步排序结果: 194 194 187 179 175 166 157 153 198 121
第8步排序结果: 198 194 194 187 179 175 166 157 153 121
第9步排序结果: 198 194 194 187 179 175 166 157 153 121
排序后的数组为:
198 194 194 187 179 175 166 157 153 121
```

图 4-30　执行结果

4.10.2　字符串数组的排序

前面介绍了几种常用的排序算法，都是针对整型数据排序的。在实际应用中有时需要对字符串数组进行排序。此时，可以建立一个指向字符串的字符指针数组，在排序需要交换字符串的位置时，只需交换指针即可。这样，仍然可以借鉴前述的排序算法，进行稍加修改即可。

下面举例说明快速排序法在字符串数组排序中的应用，这种修改的快速排序算法示例如下：

```
static void quickSort(String[] arr,int left,int right)     //快速排序算法
{
    String  f,t;
    int rtemp,ltemp;


    ltemp=left;
    rtemp=right;
    f=arr[(left+right)/2];                                    //分界值
    while(ltemp<rtemp)
    {
        while(arr[ltemp].compareTo(f)<0)
        {
            ++ltemp;
        }
        while(arr[rtemp].compareTo(f)>0)
        {
            --rtemp;
        }
        if(ltemp<=rtemp)
        {
           t=arr[ltemp];
            arr[ltemp]=arr[rtemp];
             arr[rtemp]=t;
            --rtemp;
                ++ltemp;
        }
    }
    if(ltemp==rtemp)
    {
        ltemp++;
    }
```

```
        if(left<rtemp)
        {
            quickSort(arr,left,ltemp-1);                    //递归调用
        }
        if(ltemp<right)
        {
            quickSort(arr,rtemp+1,right);                   //递归调用
        }
    }
```

在上述代码中，输入参数 arr 一般为一个字符串数组的首地址，输入参数 left 指向数组最左边的值，输入参数 right 指向数组最右边的值。

学习了这个字符串数组的快速排序算法之后，下面通过一个完整的例子来说明快速排序法在字符串数组排序中的应用，完整的示例代码如下：

```
    public class P4_9 {
        static final int N=5;
        static void quickSort(String[] arr,int left,int right) //快速排序算法
        {
            String  f,t;
            int rtemp,ltemp;

            ltemp=left;
            rtemp=right;
            f=arr[(left+right)/2];                          //分界值
            while(ltemp<rtemp)
            {
                while(arr[ltemp].compareTo(f)<0)
                {
                    ++ltemp;
                }
                while(arr[rtemp].compareTo(f)>0)
                {
                    --rtemp;
                }
                if(ltemp<=rtemp)
                {
                    t=arr[ltemp];
                    arr[ltemp]=arr[rtemp];
                        arr[rtemp]=t;
                    --rtemp;
                      ++ltemp;
                }
            }
            if(ltemp==rtemp)
            {
                ltemp++;
            }


            if(left<rtemp)
            {
```

```
            quickSort(arr,left,ltemp-1);                //递归调用
        }
        if(ltemp<right)
        {
            quickSort(arr,rtemp+1,right);               //递归调用
        }
    }
    public static void main(String[] args)
    {
        String[] arr=new String[]{"One","World","Dream","Beijing","Olympic"};
                                                        //声明并初始化
        int i;

        System.out.print("排序前: \n");
        for(i=0;i<N;i++)
        {
            System.out.println(arr[i]);                 //输出排序前
        }


        quickSort(arr,0,N-1);                           //排序


        System.out.print("排序后: \n");
        for(i=0;i<N;i++)
        {
            System.out.println(arr[i]);                 //输出排序后
        }
    }
}
```

在这段程序中，主方法首先初始化一个字符串指针数组，并输出排序前的内容。然后，调用 quickSort()排序法子方法，接着输出排序后的内容。

程序中使用 String 类型来声明字符串数组，并初始化字符串数组，分别指向五个不同字符串。

在对字符串进行排序时，使用 quickSort()方法，用递归的方式对字符串进行排序。这里，定义两个字符串变量用来作为临时变量，保存比较的字符串。程序中使用 compareTo()方法比较两个字符串的大小。通过交换字符串，完成字符串顺序的重新排列。

编译执行这段程序，得到结果如图 4-31 所示。

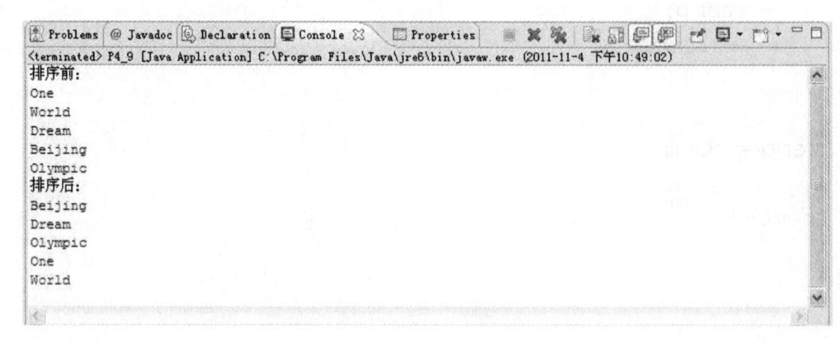

图 4-31　执行结果

当然，也可以采用其他的排序方法对字符串数组进行排序，只需要进行类似的修改即可。作为练习，读者可以参照上述例子使用前面所讲的排序法进行排序。

4.10.3　字符串的排序

前面介绍了几种常用的排序算法，都是针对整型数据排序的。在实际应用中有时需要对字符进行排序。此时，由于字符也可当作整型数据来看待，因此仍然可以借鉴前述的排序算法，进行稍加修改即可。

下面举例说明快速排序法在字符排序中的应用，修改的算法示例代码如下：

```
void kuaiSu(char[] a,int left,int right)       //字符快速排序
{
   int f,l,r;
   char t;


   l=left;
   r=right;
   f=a[(left+right)/2];
   while(l<r)
   {
      while(a[l]<f) ++l;
      while(a[r]>f) --r;
      if(l<=r)
      {
         t=a[l];
         a[l]=a[r];
            a[r]=t;
            ++l;
         --r;
      }
   }
   if(l==r)
   l++;
   if(left<r)
   {
      kuaiSu(a,left,l-1);                          //递归调用
   }


   if(l<right)
   {
      kuaiSu(a,r+1,right);                         //递归调用
   }
}
```

在上述代码中，输入参数 *a* 一般为一个字符数组的首地址，输入参数 left 指向数组最左边的值，输入参数 right 指向数组最右边的值。

学习了这个字符的快速排序算法之后，下面通过一个完整的例子说明快速排序法在字符排序中的应用，完整的程序示例如下：

```
import java.util.Scanner;

public class P4_10 {
    static void kuaiSu(char[] a,int left,int right)     //字符快速排序
    {
        int f,l,r;
        char t;

        l=left;
        r=right;
        f=a[(left+right)/2];
        while(l<r)
        {
            while(a[l]<f) ++l;
            while(a[r]>f) --r;
            if(l<=r)
            {
                t=a[l];
                a[l]=a[r];
                a[r]=t;
                ++l;
                --r;
            }
        }
        if(l==r)
            l++;
        if(left<r)
        {
            kuaiSu(a,left,l-1);                              //递归调用
        }

        if(l<right)
        {
            kuaiSu(a,r+1,right);                             //递归调用
        }
    }

    public static void main(String[] args)
    {
        char[] str=new char[80];
        int N;

        System.out.print("输入一个字符串:");
        Scanner input=new Scanner(System.in);
        str=input.next().toCharArray();                     //输入字符串

        N=str.length;

        System.out.print("排序前: \n");
        System.out.println(str);                             //输出
        kuaiSu(str,0,N-1);                         //排序
```

```
        System.out.print("排序后: \n");
        System.out.print(str);                        //输出
    }
}
```

在这段程序中，主函数首先定义一个字符数组，输入一个字符串；然后，输出排序前的字符数组内容。调用修改的 kuaisu()排序法子方法，接着输出排序后的字符数组内容。

执行这段程序，按照提示输入一个字符串，经过排序后，得到结果如图 4-32 所示。

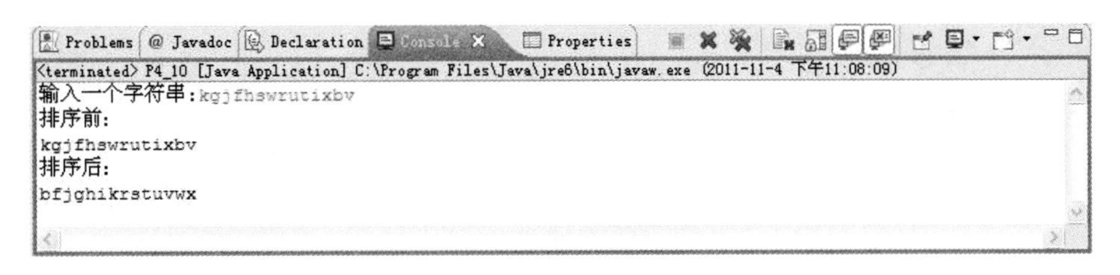

图 4-32　执行结果

当然，也可以采用其他的排序方法对字符串进行排序，只需进行类似的修改即可。作为练习，读者可以参照上述例子使用前面所讲的排序法进行排序。

—— 本章小结 ——

排序算法是各类算法中最基本、最简单的一类算法。本章详细讲解了各种常用的排序算法及其 Java 语言源代码。主要包括冒泡排序算法、选择排序算法、插入排序算法、Shell 排序算法、快速排序算法、堆排序算法和合并排序算法。每一种排序算法都各有优缺点，读者可以根据实际问题的需要选择合适的、高效的算法进行排序。排序算法是最基本的算法，读者应该熟练掌握。

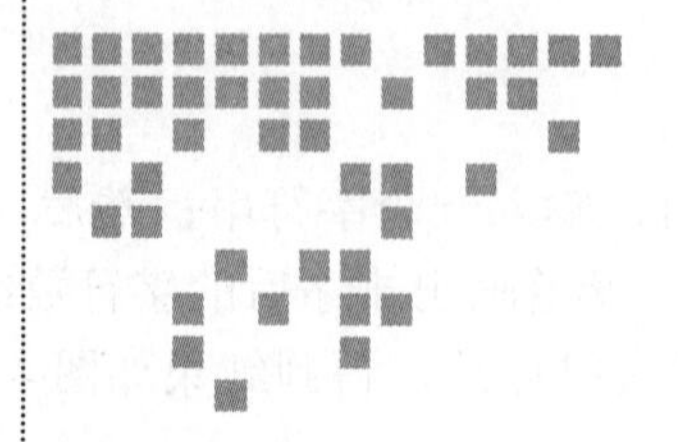

第5章 查找算法

在实际应用中，将用户输入的数据进行处理、保存的目的是方便以后的查找、输出等操作，其中查找是最常用的操作。例如，将通信录保存到计算机中后，可能随时需要查找某人的电话号码、通信地址等信息。查找算法就是为解决这类问题而提出的。本章将介绍常用的查找算法及其应用。

5.1 查找算法概述

查找（Search）是指从一批记录中找出满足指定条件的某一记录的过程，查找又称为检索。查找算法广泛应用于各类应用程序中，因此，一个有效的查找算法往往可以大大提高程序的执行效率。

在实际应用中，数据的类型千变万化，每一条数据项往往包含多个数据域。但是，在执行查找操作时，往往只是指定一个或几个域的值。这些作为查找条件的域称为关键字（Key），关键字分为如下两类：

（1）主关键字（Primary Key）：如果关键字可以唯一标识数据结构中的一个记录，则称此关键字为主关键字；

（2）次关键字（Secondary Key）：如果关键字不能唯一区分各不同记录，则称此关键字为次关键字。

大部分查找问题都是以主关键字为准的。为了讲解的方便以及便于读者理解，下面将以整型数据为关键字。其他类型的关键字对应的查找算法类似。

如果查找到相应的数据项，往往需要返回该数据项的地址或者位置信息。这样，程序中可以通过位置信息来显示数据项、插入数据项、删除数据项等操作。

如果没有查找到相应的数据项，则可以返回相应的提示信息。

在实际应用中，针对不同的情况往往可以选择不同的查找算法。对于无顺序的数据，只有逐个比较数据，才能找到需要的内容，这称为顺序查找。对于有顺序的数据，也可以采用顺序查找法逐个比较，但还可以采取更快速的方法来找到所需的数据。另外，对于一些特殊的数据结构，如链表、树结构和图结构等，其都有对应的查找算法。

5.2　顺序查找

顺序查找比较简单，其执行的操作从数据序列中的第 1 个元素开始，从头到尾依次逐个查找，直到找到所要的数据或搜索完整个数据序列。顺序查找主要针对少量的、无规则的数据。

对于包含 n 个数据的数据序列，使用顺序查找方法查找数据，最理想的情况是目标数据位于数组的第一个，这样比较 1 次就找到目标数据。而最差的情况是需比较完所有的 n 个数据才找到目标数据或者确认没有该数据。平均来说，比较次数为 $n/2$ 次，其效率比较差。

5.2.1　顺序查找算法

顺序查找算法的程序代码很简单，在 Java 语言中只需编写一个循环，将数组中各元素依次与待查找的目标数进行比较即可。顺序查找算法的示例代码如下：

```
int searchFun(int a[],int n,int x)      //顺序查找函数
{
    int i,f=-1;

    for(i=0;i<n;i++)
    {
        if(x==a[i])                     //查找到
        {
            f=i;
            break;                      //退出
        }
    }

    return f;
}
```

在上述代码中，输入参数 a 为数据序列数组，n 为数组的长度，x 为待查找的数据。

该方法中定义变量 f 的初始为-1。在下面的 for 循环中从头开始，逐个比较数组中的元素，找到相应数据后，则将该元素的序号保存到变量 f 中，并通过 break 语句跳出循环（后面有相同的数也不再查找）。最后，返回变量 f 的值，即该数据所在的位置。

5.2.2　顺序查找操作实例

学习了前面的顺序查找算法之后，下面通过一个完整的例子说明顺序查找的方法在程序中的应用。完整示例代码如下：

```
import java.util.Scanner;

public class P5_1
{
    static final int N=15;
    static int searchFun(int a[],int n,int x)       //顺序查找函数
```

```
    {
        int i,f=-1;
        for(i=0;i<n;i++)
        {
            if(x==a[i])
            {
                f=i;
                break;                                      //退出
            }
        }

        return f;
    }

    public static void main(String[] args)
    {
        int x,n,i;
        int[] shuzu=new int[N];

        for(i=0;i<N;i++)
        {
            shuzu[i]=(int)(100+Math.random()*(100+1));; //产生数组
        }

        System.out.print("顺序查找算法演示! \n");
        System.out.print("数据序列:\n");
        for(i=0;i<N;i++)
        {
            System.out.print(" "+shuzu[i]);                 //输出序列
        }
        System.out.print("\n\n");
        System.out.print("输入要查找的数:");
        Scanner input=new Scanner(System.in);
        x=input.nextInt();                                  //输入要查找的数

        n=searchFun(shuzu,N,x);                             //查找

        if(n<0)                                             //输出查找结果
        {
            System.out.println("没找到数据:"+x);
        }
        else
        {
            System.out.println("数据:"+x+" 位于数组的第"+(n+1)+" 个元素处。");
        }
    }
}
```

在该程序中，宏定义了数组的大小 *N*=15，main()方法生成 15 个随机数并输出显示这些数据。然后，调用 searchFun()方法进行查找操作。如果在数组中查找到了目标数，将返回该数在数组中的序号；若未查找到目标数，将返回-1。在主调方法中通过 searchFun()方法的返回值进行判断。

执行上述程序，首先将显示一个随机的数据序列，然后输入一个目标数，程序将显示查找的结果，如图 5-1 所示。

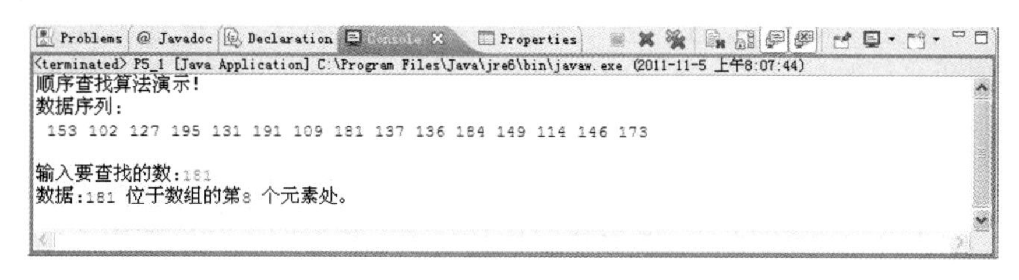

图 5-1　执行结果

5.3　折半查找

在实际应用中，有些数据序列是经过排序的，或者可以经过排序来呈现某种线性结构。这样便不用逐个比较来查找，可以采用折半查找的方法来提高查找的效率。

5.3.1　折半查找算法

折半查找又称为二分查找，其要求数据序列呈线性结构，也就是经过排序的数据序列。对于没有经过排序的数据序列，可以通过第 4 章中的排序算法来进行预排序，然后执行折半查找操作。

折半查找可以明显地提高查找的效率。其算法的操作步骤如下：

首先需要设三个变量 lownum、midnum、highnum，分别保存数组元素的开始、中间和末尾的序号。假定有 10 个元素，开始时令 lownum=0，highnum=9，midnum =(lownum+highnum)/2=4。接着进行以下判断：

（1）如果序号为 midnum 的数组元素的值与 x 相等，表示查找到了数据，返回该序号 midnum。

（2）如果 x<a[midnum]，表示要查找的数据 x 位于 lownum 与 midnum−1 序号之间，就不需要再去查找 midnum 与 highnum 序号之间的元素。因此，将 highnum 变量的值改为 midnum−1，重新查找 lownum 与 midnum−1（即 highnum 变量的新值）之间的数据。

（3）如果 x>a[midnum]，表示要查找的数据 x 位于 midnum+1 与 highnum 序号之间，就不需要再去查找 lownum 与 midnum 序号之间的元素。因此，将 lownum 变量的值改为 midnum−1，重新查找 midnum+1（即 lownum 变量的新值）与 highnum 之间的数据。

（4）逐步循环，如果到 lownum>highnum 时还未找到目标数据 x，则表示数组中无此数据。

从上述算法执行过程可看出，折半查找是一种递归过程。每折半查找一次，可使查找范围缩小一半，当查找范围缩小到只剩下一个元素，而该元素仍与关键字不相等，则说明查找失败。

在最坏的情况下，折半查找所需的比较次数为 $O(n\log_2 n)$，其查找效率比顺序查找法要快很多。

下面通过一个实际的例子来分析折半查找算法的执行步骤。假设有如下经过排序的数据：3、12、31、42、54、59、69、77、90、97。待查找关键字为 42。在折半查找过程如下：

（1）取中间数据项 mid 与待查找关键字 42 对比，mid 项的值大于 42。因此，42 应该在数据的前半部分；

（2）取前半部分的中间数据项 mid 与待查找关键字 42 对比，mid 项的值小于 42。因此，42 应该在数据的后半部分；

（3）取后半部分的中间数据项 mid 与待查找关键字 42 对比，mid 项的值小于 42。因此，42 应该在数据的后半部分；

（4）最后数据仅剩一项，将其作为 mid 与待查找关键字 42 对比，正好相等，表示查找到该数据。

这样，经过 4 次比较便查找到 42 所在的位置。整个查找的步骤，如图 5-2 所示。

如果要查找关键字 67，还是在相同的数据序列中查找，其查找过程如下：

（1）取中间数据项 mid 与待查找关键字 67 对比，mid 项的值小于 67。因此，67 应该在数据的后半部分；

（2）取后半部分的中间数据项 mid 与待查找关键字 67 对比，mid 项的值大于 67。因此，67 应该在数据的前半部分；

（3）取前半部分的中间数据项 mid 与待查找关键字 67 对比，mid 项的值小于 67。因此，67 应该在数据的后半部分；

（4）最后数据仅剩一项，将其作为 mid 与待查找关键字 67 对比，不相等，表示没有查找到该数据。

这样，经过 4 次比较将查找范围缩小到只剩一个元素，仍没有找到指定关键字，说明查找失败。整个查找的步骤，如图 5-3 所示。

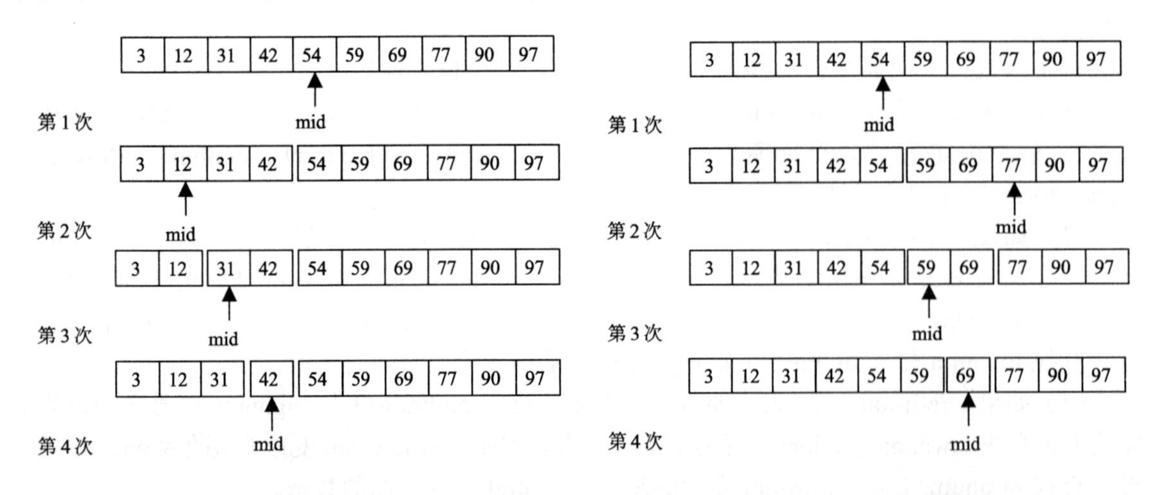

图 5-2　折半查找 42　　　　图 5-3　折半查找 67

从上述过程可看出，折半查找只需要 4 次，而采用顺序查找则需要对比完所有的数据才能确定没有该数据。折半查找比顺序查找具有更快的查找效率。

根据上述算法的操作步骤，可以编写相应的折半查找算法，程序代码示例如下：

```
int SearchFun(int a[],int n,int x)              //折半查找
{
    int mid,low,high;
    low=0;
    high=n-1;
    while(low<=high)
    {
          mid=(low+high)/2;
```

```
        if(a[mid]==x)                                      //查找到
            return mid;                                    //返回
        else if(a[mid]>x)
            high=mid-1;
        else
            low=mid+1;
    }

    return -1;                                             //未查找到
}
```

在上述代码中，输入参数 *a* 为数据序列数组，*n* 为数组的长度，*x* 为待查找的数据。在程序中，严格遵循了前面的折半查找算法，读者可以对照两者来加深理解。如果在数组中查找到了目标数，将返回该数在数组中的序号；若未查找到目标数，将返回-1。在主方法中通过 isearch()方法的返回值进行判断。

5.3.2　折半查找操作实例

学习了前面的折半查找算法之后，下面通过一个完整的例子说明折半查找的方法在程序中的应用。完整的示例代码如下：

```
import java.util.Scanner;

public class P5_2
{
    static final int N=15;
    static void quickSort(int[] arr,int left,int right)//快速排序算法
    {
        int f,t;
        int rtemp,ltemp;

        ltemp=left;
        rtemp=right;
        f=arr[(left+right)/2];                             //确定分界值
        while(ltemp<rtemp)
        {
            while(arr[ltemp]<f)
            {
                ++ltemp;
            }
            while(arr[rtemp]>f)
            {
                --rtemp;
            }
            if(ltemp<=rtemp)
            {
                t=arr[ltemp];
                arr[ltemp]=arr[rtemp];
                arr[rtemp]=t;
                --rtemp;
                ++ltemp;
            }
```

```
        }
        if(ltemp==rtemp)
        {
            ltemp++;
        }

        if(left<rtemp)
        {
            quickSort(arr,left,ltemp-1);                      //递归调用
        }
        if(ltemp<right)
        {
            quickSort(arr,rtemp+1,right);                     //递归调用
        }
    }

    static int searchFun(int a[],int n,int x)                 //折半查找
    {
        int mid,low,high;

        low=0;
        high=n-1;
        while(low<=high)
        {
              mid=(low+high)/2;
            if(a[mid]==x)
                return mid;                                   //找到
            else if(a[mid]>x)
                high=mid-1;
            else
                low=mid+1;
        }

        return -1;                                            //未找到
    }

    public static void main(String[] args)
    {
        int[] shuzu=new int[N];
        int x,n,i;

        for(i=0;i<N;i++)
        {
            shuzu[i]=(int)(100+Math.random()*(100+1));;  //产生数组
        }

        System.out.print("折半查找算法演示! \n");
        System.out.print("排序前数据序列:\n");
        for(i=0;i<N;i++)
        {
            System.out.print(" "+shuzu[i]);                   //输出序列
        }

        System.out.print("\n\n");
```

```
        quickSort(shuzu,0,N-1);                         //排序
        System.out.print("排序后数据序列:\n");
        for(i=0;i<N;i++)
        {
            System.out.print(" "+shuzu[i]);             //输出序列
        }

        System.out.print("\n\n");
        System.out.print("输入要查找的数:");
        Scanner input=new Scanner(System.in);
        x=input.nextInt();                              //输入要查找的数

        n=searchFun(shuzu,N,x);                         //查找

        if(n<0)                                         //输出查找结果
        {
            System.out.println("没找到数据:"+x);
        }
        else
        {
            System.out.println("数据:"+x+" 位于数组的第"+(n+1)+" 个元素处。");
        }

    }

}
```

在该程序中，宏定义了数组的大小 N=15，main()方法生成 15 个随机数，然后调用 quickSort()方法进行排序，接着调用 searchFun()方法进行查找。

编译执行上述程序，程序将显示排序前后的数据序列。然后输入待查找的数据，程序便给出查找的结果，如图 5-4 所示。

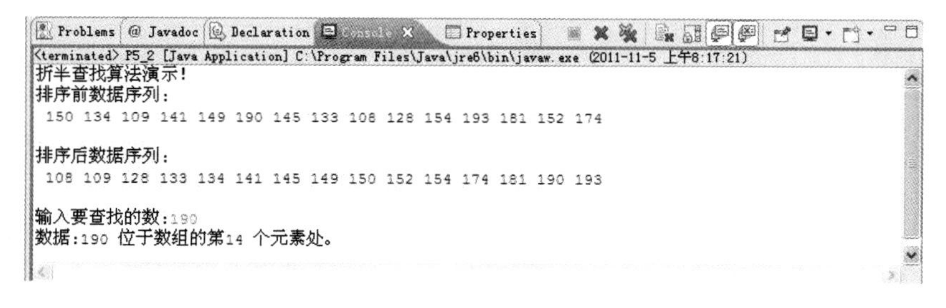

图 5-4　执行结果

5.4　数据结构中的查找算法

前面介绍的顺序查找和折半查找都是最基本的查找算法。在不同的数据结构中，查找算法可以有不同的形式。下面总结一下不同数据结构中的查找算法。

5.4.1　顺序表结构中的查找算法

顺序表结构是典型的线性表结构，顺序表在存储时才有结构数组的形式。顺序表结构中的查找算法就是查找数据结点，并返回该结点在线性表中的位置。如果在线性表中没有找到

值为 x 的结点，则返回一个错误标志。根据值 x 类型的不同，查找结点可以分为按照序号查找结点和按照关键字查找结点。

1. 按照序号查找结点

对于一个顺序表，序号就是数据元素在数组中的位置，也就是数组的下标标号。按照序号查找结点是顺序表查找结点最常用的方法，这是因为顺序表的存储本身就是一个数组。示例代码如下：

```
Data SLFindByNum(SLType SL,int n)                    //根据序号返回数据元素
{
    if(n<1 || n>SL.ListLen+1)                        //元素序号不正确
    {
        System.out.print("结点序号错误，不能返回结点！\n");
        return null;                                 //不成功，则返回0
     }
    return SL.ListData[n];
}
```

在上述代码中，输入参数 SL 为一个顺序表的数据结构，输入参数 n 为待查找的序号。SLType 类型采用了前面数据结构一种的定义，读者可以对照着理解。该函数的返回值是指向该结点的指针。

2. 按照关键字查找结点

另一个比较常用的是按照关键字查找结点。这里，关键字可以是数据元素结构中的任意一项。下面以 key 关键字为例进行介绍，由前面知道 key 可以看作学生的学号。示例代码如下：

```
int SLFindByCont(SLType SL,String key)               //按关键字查询结点
{
    int i;
    for(i=1;i<=SL.ListLen;i++)
        {
            if(SL.ListData[i].key.compareTo(key)==0) //如果找到所需结点
           {
             return i;                               //返回结点序号
            }
        }
    return 0;                                //搜索整个表后仍没有找到，则返回0
}
```

在上述代码中，输入参数 SL 为一个顺序表的数据结构，输入参数 key 为待查找的关键字。SLType 类型采用了前面数据结构一种的定义，读者可以对照着理解。该方法的返回值是该结点的序号。

3. 实例

学习了前面的顺序表结构中的查找算法，便可以轻松地完成顺序表的查找。下面给出一个完整的例子，来演示按照序号查找结点的方法。完整的示例代码如下：

```
import java.util.Scanner;

public class P5_3
{
```

```
    public static void main(String[] args)
    {
        int i;
        SLType SL=new SLType();                         //定义顺序表变量
        Data pdata;                                     //定义结点保存指针变量
        Scanner input=new Scanner(System.in);
        System.out.print("顺序表操作演示!\n");

        SL.SLInit(SL);                                  //初始化顺序表

        System.out.print("初始化顺序表完成!\n");

        do
        {                                               //循环添加结点数据
            System.out.print("输入添加的结点(学号 姓名 年龄): ");
            Data data=new Data();
            data.key=input.next();
            data.name=input.next();
            data.age=input.nextInt();
            if(data.age>0)                              //若年龄不为0
            {
                if(SL.SLAdd(SL,data)==0)                //若添加结点失败
                {
                    break;                              //退出死循环
                }
            }
           else                                         //若年龄为0
           {
               break;                                   //退出死循环
           }
        }while(true);
        System.out.print("\n顺序表中的结点顺序为: \n");
        SL.SLAll(SL);                                   //显示所有结点数据

        System.out.print("\n要取出结点的序号: ");
        i=input.nextInt();                              //输入结占点序号
        pdata=SL.SLFindByNum(SL,i);                     //按序号查找结点
        if(!pdata.equals(null))                         //若返回的结点指针不为NULL
        {
            System.out.print("第"+i+"个结点为: <"+pdata.key+" "+pdata.name+" "+pdata.
            age+">");
        }

    }

}
class Data{
    String key;                                     //结点的关键字
    String name;
    int age;
}                                                   //定义结点类型
```

```
class SLType                                        //定义顺序表结构
{   static final int MAXLEN=100;
    Data[] ListData=new Data[MAXLEN+1];             //保存顺序表的结构数组
    int ListLen;                                    //顺序表已存结点的数量

    void SLInit(SLType SL)                          //初始化顺序表
    {
        SL.ListLen=0;                               //初始化为空表
    }

    int SLLength(SLType SL)
    {
        return SL.ListLen;                          //返回顺序表的元素数量
    }

    int SLAdd(SLType SL,Data data)                  //增加元素到顺序表尾部
    {
        if(SL.ListLen==MAXLEN)                      //顺序表已满
        {
            System.out.print("顺序表已满，不能再添加结点了！\n");
            return 0;
        }
        SL.ListData[++SL.ListLen]=data;
        return 1;
    }

    Data SLFindByNum(SLType SL,int n)               //根据序号返回数据元素
    {
        if(n<1 || n>SL.ListLen+1)                   //元素序号不正确
        {
            System.out.print("结点序号错误，不能返回结点！\n");
            return null;                            //不成功，则返回0
        }
        return SL.ListData[n];
    }

    int SLFindByCont(SLType SL,String key)          //按关键字查询结点
    {
        int i;
        for(i=1;i<=SL.ListLen;i++)
        {
                if(SL.ListData[i].key.compareTo(key)==0)  //如果找到所需结点
            {
                return i;                           //返回结点序号
            }
        }
        return 0;                                   //搜索整个表后仍没有找到，则返回0
    }

    int SLAll(SLType SL)                            //显示顺序表中的所有结点
    {
        int i;
```

```
        for(i=1;i<=SL.ListLen;i++)
        {
            System.out.println("<"+SL.ListData[i].key+" "+SL.ListData[i].name+"
            "+SL.ListData[i].age+">");
        }
        return 0;
    }

}
```

在上述代码中，main()主方法首先初始化顺序表，然后循环添加数据结点，当输入全部为0时，则退出结点添加的进程。接下来显示所有的结点数据，然后按照序号来进行结点的查找。该程序执行结果如图 5-5 所示。

图 5-5　执行结果

5.4.2　链表结构中的查找算法

链表结构也是一种顺序结构，只不过采用的是链式存储的方式。链表结构中的查找算法类似于顺序查找的思想。

1. 链表结构中的查找算法

对于链表结构来说，一般可通过关键字进行查询。查找结点的示例代码如下：

```
CLType CLFindNode(CLType head,String key)          //查找结点
{
    CLType htemp;
    htemp=head;                                     //保存链表头指针
    while(htemp!=null)                              //若结点有效，则进行查找
    {
        if(htemp.nodeData.key.equals(key))          //若结点关键字与传入关键字相同
         {
            return htemp;                           //返回该结点指针
         }
        htemp=htemp.nextNode;                       //处理下一结点
     }
     return null;                                   //返回空指针
}
```

在上述代码中，输入参数 head 为链表头引用，输入参数 key 是用来在链表中进行查找的结点关键字。程序中，首先从链表头引用开始，对结点进行逐个比较，直到查找到。找到关

键字相同的结点后，返回该结点的引用，方便调用程序处理。CLType 类型采用了前面数据结构定义的一种，读者可以对照着理解。

2．实例

学习了前面的链表结构中的查找算法，便可以轻松地完成链表的查找。下面给出一个完整的例子，来演示按照关键字查找结点的方法。完整的示例代码如下：

```
import java.util.Scanner;

class Data1
{
   String key;                                            //关键字
   String name;
   int age;
}

class  CLType                                             //定义链表结构
{
   Data1 nodeData=new Data1();
   CLType nextNode;

   CLType CLAddEnd(CLType head,Data1 nodeData)            //追加结点
   {
      CLType node,htemp;
      node=new CLType();
      node.nodeData=nodeData;                             //保存数据
         node.nextNode=null;                              //设置结点指针为空，即为表尾
         if(head==null)                                   //头指针
         {
            head=node;
            return head;
         }
         htemp=head;
         while(htemp.nextNode!=null)                      //查找链表的末尾
         {
            htemp=htemp.nextNode;
         }
         htemp.nextNode=node;
         return head;
      }


   CLType CLFindNode(CLType head,String key)              //查找结点
   {
      CLType htemp;
      htemp=head;                                         //保存链表头指针
      while(htemp!=null)                                  //若结点有效，则进行查找
      {
         if(htemp.nodeData.key.equals(key))               //若结点关键字与传入关键字相同
         {
            return htemp;                                 //返回该结点指针
         }
```

```
            htemp=htemp.nextNode;                       //处理下一结点
        }
        return null;                                    //返回空指针
    }

    int CLLength(CLType head)                           //计算链表长度
    {
        CLType htemp;
        int Len=0;
        htemp=head;
        while(htemp!=null)                              //遍历整个链表
        {
            Len++;                                      //累加结点数量
            htemp=htemp.nextNode;                       //处理下一结点
        }
        return Len;                                     //返回结点数量
    }

    void CLAllNode(CLType head)                         //遍历链表
    {
        CLType htemp;
        Data1 nodeData;
        htemp=head;
        System.out.print("当前链表共有"+CLLength(head)+"个结点。链表所有数据如下：\n");
        while(htemp!=null)                              //循环处理链表的每个结点
        {
            nodeData=htemp.nodeData;                    //获取结点数据
            System.out.println("结点("+nodeData.key+" "+nodeData.name+" "+nodeData.
            age+")");
            htemp=htemp.nextNode;                       //处理下一结点
        }
    }
}

public class P5_4 {
    public static void main(String[] args)
    {
        CLType node, head=null;
        String key;
        Scanner input=new Scanner(System.in);

        System.out.print("链表测试!\n先输入链表中的数据。\n");
        do
        {
            System.out.print("输入添加的结点(学号 姓名 年龄)：");
            Data1 data=new Data1();
            data.key=input.next();

            if(data.key.equals("0"))
            {
                break;                              //若输入0，则退出
            }
```

```
            else
            { CLType t=new CLType();
                data.name=input.next();
                data.age=input.nextInt();
                head=t.CLAddEnd(head,data);         //在链表尾部添加结点
            }
        }while(true);
        head.CLAllNode(head);                       //显示所有结点

        System.out.print("\n演示在链表中查找，输入查找关键字:");
        key=input.next();                           //输入查找关键字
        node=head.CLFindNode(head,key);             //调用查找函数，返回结点指针
        if(node!=null)                              //若返回结点指针有效
        {
            Data1 nodeData=node.nodeData;           //获取结点的数据
         System.out.println("关键字"+key+"对应的结点为:("+nodeData.key+" "+nodeData.name+
         " "+nodeData.age+")");
        }
        else                                        //若结点指针无效
        {
            System.out.print("在链表中未找到关键字为"+key+"的结点！\n");
        }

    }

}
```

在上述代码中，main()主方法首先初始化链表，然后循环添加数据结点，当输入全部为 0 时，则退出结点添加的进程。接下来显示所有的结点数据，然后演示了查找结点操作。该程序执行结果，如图 5-6 所示。

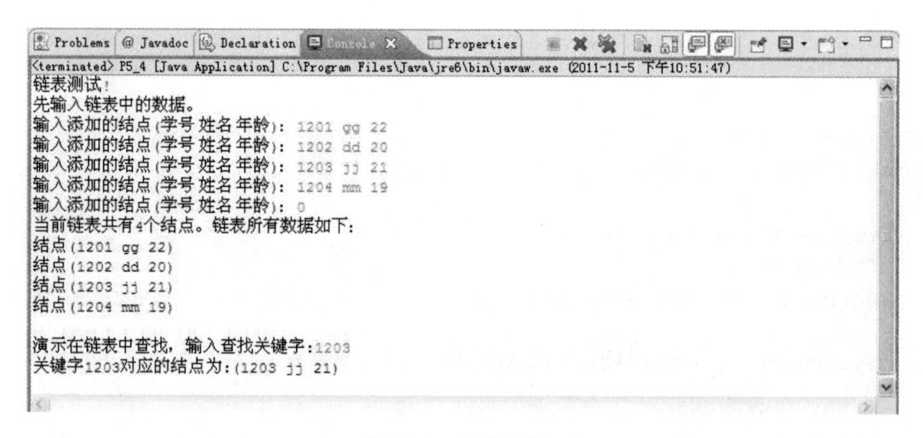

图 5-6　执行结果

5.4.3　树结构中的查找算法

树（Tree）结构是一种描述非线性层次关系的数据结构，其中最为重要的便是二叉树。这里仅讨论二叉树中的查找算法。查找结点就是遍历二叉树中的每一个结点，逐个比较数据，当找到目标数据时返回该数据所在结点的指针。查找结点的示例代码如下：

```
CBTType TreeFindNode(CBTType treeNode,String data)      //查找结点
{
    CBTType ptr;

    if(treeNode==null)
    {
        return null;
    }
    else
    {
        if(treeNode.data.equals(data))
        {
            return treeNode;
        }
        else
        {                                                //分别向左右子树递归查找
            if((ptr=TreeFindNode(treeNode.left,data))!=null)
            {
                return ptr;
            }
            else if((ptr=TreeFindNode(treeNode.right, data))!=null)
            {
                return ptr;
            }
            else
            {
                return null;
            }
        }
    }
}
```

在上述代码中，输入参数 treeNode 为待查找的二叉树的根结点，输入参数 data 为待查找的结点数据。程序中首先判断根结点是否为空，然后分别向左右子树递归查找。如果当前结点的数据与查找数据相等，则返回当前结点的指针。CBTType 类型采用了前面数据结构定义的一种，读者可以对照着理解。

读者可以参阅前面章节关于二叉树的介绍来编写相应的测试实例，这里不再赘述。

5.4.4　图结构中的查找算法

图（Graph）结构也是一种非线性数据结构，每个数据元素之间可以任意关联，这导致图结构非常复杂。图结构的查找算法即查找图中是否包含某个顶点。可以通过图结构的遍历算法进行查找。图结构中的查找算法示例代码如下：

```
void DeepTraOne(GraphMatrix GM,int n,char ch)       //从第n个结点开始，深度遍历图
{
    int i;
    GM.isTrav[n]=1;                                 //标记该顶点已处理过
If(GM.Vertex[n]==ch)                                //判断
    {
        System.out.printf("->%c",GM.Vertex[n]); //输出结点数据
    }
```

```
        //添加处理节点的操作
        for(i=0;i<GM.VertexNum;i++)
        {
            if(GM.EdgeWeight[n][i]!=GraphMatrix.MaxValue && GM.isTrav[n]==0)
            {
                DeepTraOne(GM,i,ch);                //递归进行遍历
            }
        }
    }

    void FindV(GraphMatrix GM,char ch)              //深度优先遍历
    {
        int i;

        for(i=0;i<GM.VertexNum;i++)                 //清除各顶点遍历标志
        {
            GM.isTrav[i]=0;
        }
        System.out.printf("深度优先遍历结点:");
        for(i=0;i<GM.VertexNum;i++)
        {
            if(GM.isTrav[i]==0)                     //若该点未遍历
            {
                DeepTraOne(GM,i,ch);                //调用函数遍历
            }
        }
        System.out.printf("\n");
    }
```

在上述代码中，方法 DeepTraOne()从第 n 个结点开始深度遍历图，在遍历图的过程中逐个对比查找顶点。其输入参数 GM 为一个指向图结构的引用，输入参数 n 为顶点编号，输入参数 ch 为待查找的顶点。程序中通过递归进行遍历查找，查找到之后输出该顶点数据。GraphMatrix 类型采用了前面数据结构定义的一种，读者可以对照着理解。

方法 FindV()用于执行完整的深度优先遍历查找，以访问所有的顶点。其中，输入参数 GM 为一个指向图结构的引用。程序中通过调用方法 DeepTraOne()来完成所有顶点的遍历查找。

读者可以参阅前面章节关于图结构的介绍来编写相应的测试实例，这里不再赘述。

—— 本章小结 ——

查找算法在很多应用程序中都用到，特别是与数据库有关的程序。本章介绍了两种基本的查找算法：顺序查找算法和折半查找算法。然后，介绍了不同数据结构中的查找算法，包括顺序表结构中的查找算法、链表结构中的查找算法、树结构中的查找算法和图结构中的查找算法。读者应该熟练掌握本章内容。

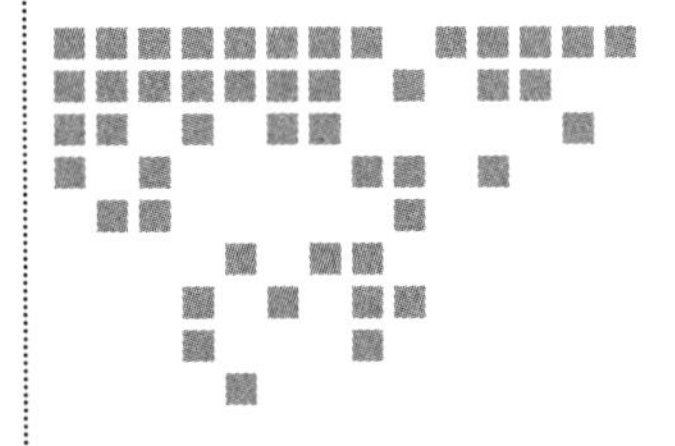

第6章 基本数学问题

算法的一个重要应用就是求解数学问题。实际应用中很多场合都会涉及或者最终归结为数学问题，如日历的推算、科学计算、工程处理等。数学问题涉及的内容非常广泛，往往需要很多的数学知识背景。本章将首先介绍一些常见的基本的数学问题的算法求解，在讲解过程中也会简单讲解相关的数学背景知识。

6.1 判断闰年

闰年（Leap Year）是一个比较简单而又经典的数学问题。那么什么是闰年呢？闰年就是阳历或阴历中有闰日的年，或阴阳历中有闰月的年。其实闰年问题是历法上的一种折中方案，主要是为弥补因人为制定的历法而造成的年度天数与地球实际公转周期的时间差而设置的。也就是说，补上时间差的年份称为闰年。

那么数学上闰年有什么计算规则呢？闰年的一个基本规则就是“四年一闰，百年不闰，四百年再闰”。通俗来讲，闰年就是能被4整除，但同时不能被100整除却能被400整除的年份。根据闰年的数学描述可以编写程序来判断给定的年份是否为闰年。

下面给出一个判断闰年的算法，示例代码如下：

```
int LeapYear(int year)                      //判断闰年
{
    if((year%400==0) || (year%100!=0) && (year%4==0))
    {
        return 1;                           //是闰年,则返回1
    }
    else
    {
        return 0;                           //不是闰年,则返回0
    }
}
```

程序中使用 LeapYear()方法来判断闰年，输入参数为年份 year，如果该年份是闰年则返回值为 1，否则返回值为 0。在该方法中，采用 if 判断语句对年份 year 进行判断。

下面来演示在具体程序中如何使用该算法判断 2000 年到 3000 年之间的闰年年份。完整的示例代码如下：

```
public class P6_1 {

    static int LeapYear(int year)                   //判断闰年
    {
        if((year%400==0) || (year%100!=0) && (year%4==0))
        {
            return 1;                               //是闰年,则返回1
        }
        else
        {
            return 0;                               //不是闰年,则返回0
        }
    }


    public static void main(String[] args)
    {
        int year;
        int count=0;

        System.out.print("2000年到3000年之间所有的闰年如下: \n");
        for(year=2000;year<=3000;year++)
        {
            if(LeapYear(year)==1)
            {
                System.out.print(year+" ");     //输出闰年年份
                count++;
                if(count%16==0)
                    System.out.print("\n");
            }
        }
        System.out.print("\n");
    }
}
```

在该程序中，main()主方法通过 for 循环来逐个对 2000 年到 3000 年之间的年份进行判断，最终输出所有的闰年年份。执行该程序的结果如图 6-1 所示。

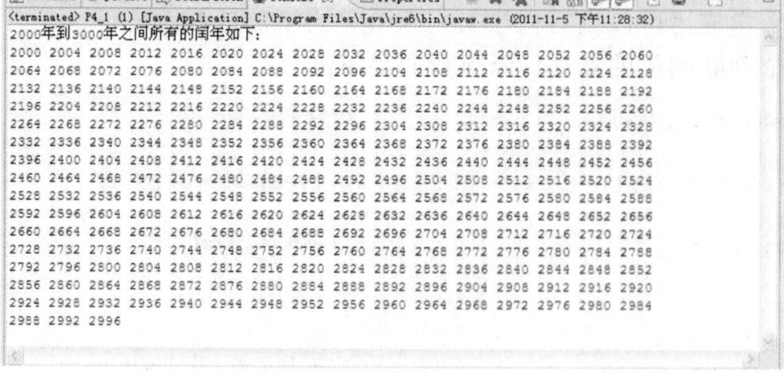

```
Problems @ Javadoc Declaration Console Properties
<terminated> P4_1 (1) [Java Application] C:\Program Files\Java\jre6\bin\javaw.exe (2011-11-5 下午11:28:32)
2000年到3000年之间所有的闰年如下:
2000 2004 2008 2012 2016 2020 2024 2028 2032 2036 2040 2044 2048 2052 2056 2060
2064 2068 2072 2076 2080 2084 2088 2092 2096 2104 2108 2112 2116 2120 2124 2128
2132 2136 2140 2144 2148 2152 2156 2160 2164 2168 2172 2176 2180 2184 2188 2192
2196 2204 2208 2212 2216 2220 2224 2228 2232 2236 2240 2244 2248 2252 2256 2260
2264 2268 2272 2276 2280 2284 2288 2292 2296 2304 2308 2312 2316 2320 2324 2328
2332 2336 2340 2344 2348 2352 2356 2360 2364 2368 2372 2376 2380 2384 2388 2392
2396 2400 2404 2408 2412 2416 2420 2424 2428 2432 2436 2440 2444 2448 2452 2456
2460 2464 2468 2472 2476 2480 2484 2488 2492 2496 2504 2508 2512 2516 2520 2524
2528 2532 2536 2540 2544 2548 2552 2556 2560 2564 2568 2572 2576 2580 2584 2588
2592 2596 2604 2608 2612 2616 2620 2624 2628 2632 2636 2640 2644 2648 2652 2656
2660 2664 2668 2672 2676 2680 2684 2688 2692 2696 2704 2708 2712 2716 2720 2724
2728 2732 2736 2740 2744 2748 2752 2756 2760 2764 2768 2772 2776 2780 2784 2788
2792 2796 2800 2804 2808 2812 2816 2820 2824 2828 2832 2836 2840 2844 2848 2852
2856 2860 2864 2868 2872 2876 2880 2884 2888 2892 2896 2904 2908 2912 2916 2920
2924 2928 2932 2936 2940 2944 2948 2952 2956 2960 2964 2968 2972 2976 2980 2984
2988 2992 2996
```

图 6-1 执行结果

6.2　多项式计算

多项式（Polynomial）是基础数学中常用到的概念，多项式即若干个单项式的和构成的式子。这里首先简单明确几个基本的概念。多项式中每个单项式称为多项式的项，多项式项的最高次数称为多项式的次数，不含字母的项称为常数项。

6.2.1　一维多项式求值

一维多项式即包含一个变量的多项式，典型的一维多项式示例如下：

$$P(x)=a_{n-1}x^{n-1}+a_{n-2}x^{n-2}+\cdots+a_1x+a_0$$

一维多项式求值就是对上述多项式计算在指定的 x 处的函数值。例如：

$$P(x)=3x^6+7x^5-3x^4+2x^3+7x^2-7x-15$$

计算该多项式在指定 x 时的 $P(x)$的函数值。这个问题其实比较简单，可以采用如下程序代码来实现。

```
double x=2.0;
double P;
P=3*x*x*x*x*x*x+7*x*x*x*x*x—3*x*x*x*x+2*x*x*x+7*x*x—7*x—15;
System.out.printf("P(%f)=%f",x,P);
```

但是，如何重新换一个多项式呢？那么就要重新改写代码，重列一个多项式表达式来进行计算。这样显然比较麻烦。有没有一个通用的算法来计算多项式的值呢？答案是肯定的，因为这就是研究算法的目的所在，即寻找有效和通用的求解问题的方法。

一个通用的计算多项式的值的算法可以采用递推的方式。首先将上述多项式变形为如下的等价形式。

$$P(x)=(\cdots((a_{n-1}x+a_{n-2})x+a_{n-3})x+\cdots+a_1)x+a_0$$

通过这个表达式可以看出，只要从里往外一层一层地按照如下的方式递推，便可以计算得到整个一维多项式的值。

$$R_{n-1}=a_{n-1}$$

$$R_k=R_{k+1}x+a_k \quad k=n-2,\cdots,1,0$$

通过一层一层计算后，得到的 R_0 便是多项式 P(x)的值。

依照这个思路来编写一维多项式求值的算法，示例代码如下：

```
double polynomial1D(double a[],int n,double x)
{
    int i;
    double result;
    result=a[n-1];
    for (i=n-2; i>=0; i--)              //递推算法计算
    {
        result=result*x+a[i];
    }
    return result;                      //返回计算结果
}
```

其中，输入参数 n 为多项式的项数，数组 a[]依次存放多项式的 n 个系数，x 便是指定的变量值。该方法的返回值便是多项式在指定的 x 点的值。

下面，按照上述算法来计算如下多项式在 x=−2.0、−0.5、1.0、2.0、3.7 和 4.0 处的值。

$$P(x)=3x^6+7x^5-3x^4+2x^3+7x^2-7x-15$$

完整的示例代码如下：

```
import java.text.DecimalFormat;
public class P6_2 {
    static double polynomial1D(double a[],int n,double x)
    {
        int i;
        double result;
        result=a[n-1];
        for (i=n-2; i>=0; i--)              //递推算法计算
        {
            result=result*x+a[i];
        }
        return result;                      //返回计算结果
    }
    public static void main(String[] args)
    {
        int i;
        double a[]={-15.0,-7.0,7.0,2.0,-3.0,7.0,3.0};
        double[] x={-2.0,-0.5,1.0,2.0,3.7,4.0};
        double result;

        DecimalFormat df = new DecimalFormat("0.0000000E000");
        DecimalFormat df1 = new DecimalFormat("0.00");

        System.out.print("\n");
        for (i=0; i<6; i++)                 //逐个计算结果
        {
            result=polynomial1D(a,7,x[i]);
            System.out.print("x="+df1.format(x[i])+"时, p(x)="+df.format(result)+"\n");
        }
        System.out.print("\n");
    }
}
```

在上述代码中，主方法首先给出了多项式的系数以及要求值的 x 位置，然后循环调用 polynomial1D()方法来计算指定点的多项式的值，并打印输出该值。程序执行结果如图 6-2 所示。

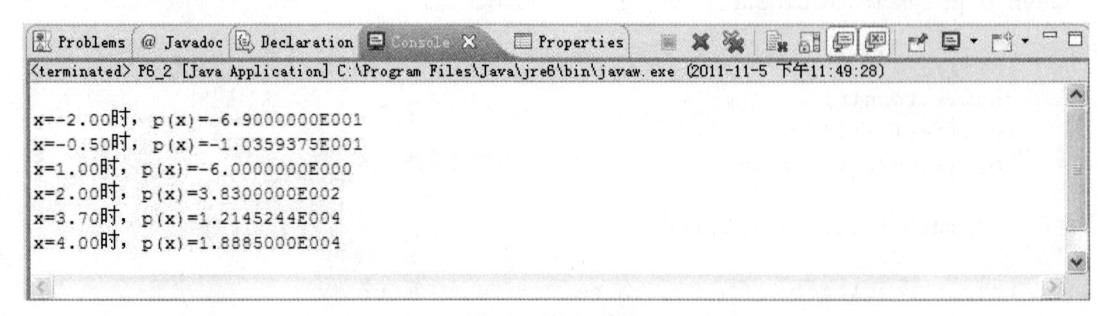

图 6-2　执行结果

从上述例子可以看出，只要换一个思路即可编写一个通用的算法来适应这一类问题的求解。在后面的内容中，也采用同样的方法来编写通用的计算算法。

6.2.2 二维多项式求值

二维多项式即包含 x、y 两个变量的多项式，其一般形式如下：

$$P(x,y)=\sum_{i=0}^{m-1}\sum_{j=0}^{n-1}a_{ij}x^{i}y^{j}$$

二维多项式求值即计算在指定的（x，y）处的函数值。可以采用相同的方法将二维多项式变形，然后利用递推的方式计算二维多项式的值。首先，上述二维多项式等价于如下形式：

$$P(x,y)=\sum_{i=0}^{m-1}\sum_{j=0}^{n-1}a_{ij}x^{i}y^{j}=\sum_{i=0}^{m-1}[\sum_{j=0}^{n-1}(a_{ij}x^{i})y^{j}]$$

进一步，可以将上述式子中“[]”内的内容看作一维多项式，则有如下的式子：

$$t_{i}=\sum_{j=0}^{n-1}(a_{ij}x^{i})y^{j},i=0,1,\cdots,m-1$$

参照上一节，我们便可以得到计算 t_i 的递推表达式：

$$R_{n-1}=a_{i,n-1}x^{j}$$

$$R_{j}=R_{j+1}y+a_{ij}x^{j},j=n-2,\ \cdots,\ 1,\ 0$$

递推到最后的 R_0 即 t_i。最后，只需将所有的 t_i 累加在一起即可。按照这种思路，可以编写如下二维多项式求值的算法，示例代码如下：

```
double polynomial2D(double a[][],int m,int n,double x,double y)
{
    int i,j;
    double result,temp,tt;
    result=0.0;
    tt=1.0;
    for(i=0;i<m;i++)                                    //递推求值
    {
    temp=a[i][n-1]*tt;
       for(j=n-2;j>=0;j--)                              //内层的递推算法
        {
             temp=temp*y+a[i][j]*tt;
        }
       result+=temp;
        tt*=x;
      }
    return result;                                      //返回结果
}
```

在上述代码中，输入参数 m 和 n 分别为二多项式自变量 x 和 y 的项数，数组 a 为二维多项式的系数，x 和 y 为指定的求值点。该方法的返回值便是指定的（x，y）处的多项式的值。

下面举例来说明二维多项式求值的应用。对于一个 4×5 的二维多项式 $P(x,y)=\sum_{i=0}^{3}\sum_{j=0}^{4}a_{ij}x^{i}y^{j}$，其中的系数可以用二维数组来表示，如下：

$$\begin{bmatrix} 1.0 & 2.0 & 3.0 & 4.0 & 5.0 \\ 6.0 & 7.0 & 8.0 & 9.0 & 10.0 \\ 11.0 & 12.0 & 13.0 & 14.0 & 15.0 \\ 16.0 & 17.0 & 18.0 & 19.0 & 20.0 \end{bmatrix}$$

对这样一个二维多项式，计算在给定的（0.5，-2.0）处的多项式的值。采用上述算法来实现，完整的示例代码如下：

```
import java.text.DecimalFormat;

public class P6_3 {
    static double polynomial2D(double a[][],int m,int n,double x,double y)
    {
        int i,j;
        double result,temp,tt;
        result=0.0;
        tt=1.0;
        for(i=0;i<m;i++)                                    //递推求值
        {
            temp=a[i][n-1]*tt;
            for(j=n-2;j>=0;j--)                             //内层的递推算法
            {
              temp=temp*y+a[i][j]*tt;
            }
            result+=temp;
            tt*=x;
        }
        return result;                                      //返回结果
    }
    public static void main(String[] args)
    {
        double result;
        double x,y;
        DecimalFormat df = new DecimalFormat("0.000E000");
        double a[][]={{1.0,2.0,3.0,4.0,5.0},                //初始化二维多项式的系数
                      {6.0,7.0,8.0,9.0,10.0},
                      {11.0,12.0,13.0,14.0,15.0},
                      {16.0,17.0,18.0,19.0,20.0}};
        x=0.5;                                              //待求值的点
        y=-2.0;
        System.out.print("二维多项式求值：\n");

        result=polynomial2D(a,4,5,x,y);                     //调用方法计算

        System.out.print("p("+x+","+y+")="+df.format(result)+"\n");
        System.out.print("\n");
    }
}
```

在上述代码中，主方法首先给出了二维多项式的系数，采用二维数组来表示，以及要求值的（x，y）位置，然后调用 polynomial2D()方法来计算指定点的多项式的值，并打印输出该值。程序执行结果如图 6-3 所示。

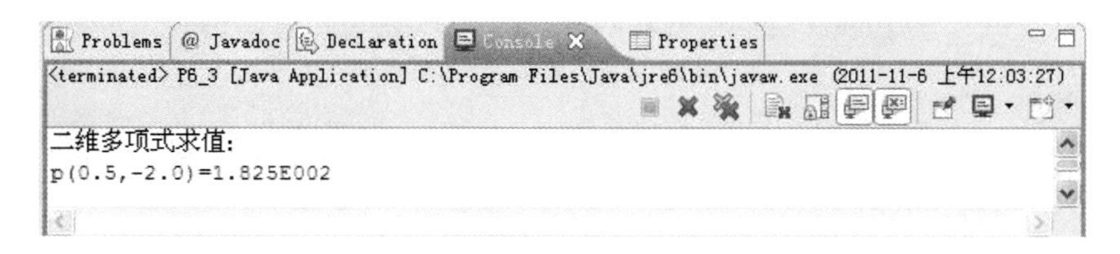

图 6-3 执行结果

6.2.3 多项式乘法

多项式乘法就是将两个多项式进行相乘，最后得到一个新的多项式。例如，如下的两个多项式：

$$A(x)=a_{m-1}x^{m-1}+a_{m-2}x^{m-2}+\cdots+a_1x+a_0$$

$$B(x)=b_{n-1}x^{n-1}+b_{n-2}x^{n-2}+\cdots+b_1x+b_0$$

这两个多项式的项数分别为 m 和 n，最高次数分别为 $m-1$ 和 $n-1$。这两个多项式相乘的结果如下：

$$R(x)=A(x)B(x)=r_n+m-2x_n+m-2+\cdots+r_1x+r_0$$

乘积多项式的最高次数为 $m+n-2$。其中，每一项的系数可以按照如下方法来计算：

$$r_k=0,\ 其中\ k=0,1,\cdots,m+n-2$$

$$r_{i+j}=r_{i+j}+a_ib_j,\ 其中\ i=0,1,\cdots,m-1;j=0,1,\cdots,n-1$$

按照此方法可以编写相应的多项式乘法的算法，示例代码如下：

```
polynomial_mul(double A[],int m,double B[],int n,double R[],int k)
{
    int i,j;
    for (i=0; i<k; i++)                          //初始化
    {
        R[i]=0.0;
    }
    for (i=0; i<m; i++)                          //计算各项系数
    {
        for (j=0; j<n; j++)
        {
            R[i+j]+=A[i]*B[j];
        }
    }
}
```

其中，输入参数 A[]和 m 分别为多项式 $A(x)$的系数矩阵和项数，输入参数 B[]和 n 分别为多项式 $B(x)$的系数矩阵和项数，参数 R[]和 k 分别为乘积多项式 $R(x)$的系数矩阵和项数。

例如，计算如下两个多项式的乘积多项式。

$$A(x)=2x^5+3x^4-x^3+2x^2+5x-4$$

$$B(x)=3x^3+x^2-2x-3$$

通过这两个表达式，得知 $m=6$，$n=4$，最后的乘积多项式 $k=m+n-1=9$。这样便可以使用上述算法来进行计算，完整的示例代码如下：

```
import java.text.DecimalFormat;
public class P6_4 {
```

```
    static void polynomial_mul(double A[],int m,double B[],int n,double R[],int k)
    {
        int i,j;
        for (i=0; i<k; i++)                              //初始化
        {
            R[i]=0.0;
        }
        for (i=0; i<m; i++)                              //计算各项系数
        {
            for (j=0; j<n; j++)
            {
                R[i+j]+=A[i]*B[j];
            }
        }
    }
    public static void main(String[] args)
    {
        int i;
        double A[]={-4.0,5.0,2.0,-1.0,3.0,2.0};
        double B[]={-3.0,-2.0,1.0,3.0};
        double[] R=new double[9];
        DecimalFormat df = new DecimalFormat("0.0000000E000");

        polynomial_mul(A,6,B,4,R,9);                     //调用方法来计算

        System.out.print("多项式A(x)和B(x)乘积的各项系数如下: \n");
        for (i=0; i<9; i++)
        {
           System.out.print(" R("+i+")="+df.format(R[i])+"\n");//输出各项系数
        }
        System.out.print("\n");
    }
}
```

在上述代码中，主方法首先给出了两个多项式的系数，分别采用一维数组来表示，然后调用 polynomial_mul()方法来计算乘积多项式的各个系数，并打印输出该值。程序执行结果如图 6-4 所示。

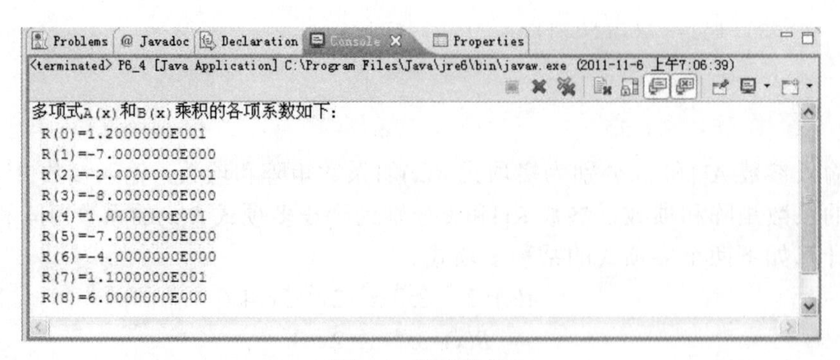

图 6-4 执行结果

通过上述结果可知，最终的乘积多项式如下：

$$R(x)=6x^8+11x^7-4x^6-7x^5+10x^4-8x^3-20x^2-7x+12$$

6.2.4　多项式除法

多项式除法就是将两个多项式进行相除，最后得到一个商多项式和余多项式。例如，下面的两个多项式：

$$A(x)=a_{m-1}x^{m-1}+a_{m-2}x^{m-2}+\cdots+a_1x+a_0$$
$$B(x)=b_{n-1}x^{n-1}+b_{n-2}x^{n-2}+\cdots+b_1x+b_0$$

这两个多项式的项数分别为 m 和 n，$m>n$，最高次数分别为 $m-1$ 和 $n-1$。多项式相除 $A(x)/B(x)$ 的商多项式为 $R(x)$，余多项式为 $L(x)$。

通过推算，可以知道商多项式 $R(x)$的最高次数为 $k=m-n$，余多项式的最高次数为 $n-2$。在数学上可以通过综合除法来计算商多项式 $R(x)$和余多项式为 $L(x)$中的各个系数。商多项式 $R(x)$ 的各个系数由下列递推算法来计算得到：

$$r_{k-i}=a_{m-1-i}/b_{n-1}$$

$$b_j=b_{j-s_{k-1}}b_{j+i-k}$$

其中，$j=m-i-1$，…，$k-i$；$i=0$，1，…，k。而余多项式为 $L(x)$中的各个系数 L_0，L_1，…，L_{n-2}，则分别上面的递进公式最后得 b_0，b_1，…，b_{n-2}。

依照这个方法可以编写相应的多项式除法的算法，示例代码如下：

```
void polynomial_div(double A[],int m,double B[],int n,double R[],int k,double
L[],int l)
{
int i,j,mm,ll;
    for (i=0; i<k; i++)                          //初值
{
         R[i]=0.0;
}
    ll=m-1;
    for (i=k; i>0; i--)
    {
        R[i-1]=A[ll]/B[n-1];                     //除法，计算商多项式系数
        mm=ll;
        for (j=1; j<=n-1; j++)
        {
              A[mm-1]-=R[i-1]*B[n-j-1];
              mm-=1;
        }
        ll-=1;
    }
    for (i=0; i<l; i++)                          //余多项式系数
    {
         L[i]=A[i];
    }
}
```

在上述代码中，输入参数 A[]和 m 为被除多项式的系数数组和项数，输入参数 B[]和 n 为除数多项式的系数数组和项数，参数 R[]和 k 为商多项式的系数数组和项数，参数 L[]和 l 为余多项式的系数数组和项数。

例如，计算 $A(x)/B(x)$的商多项式和余多项式，$A(x)$和 $B(x)$分别如下：

$$A(x)=2x^4+4x^3-3x^2+6x-3$$
$$B(x)=x^2+x-1$$

通过推算可以知道，多项式 $A(x)$的项数 m=5，多项式 $B(x)$的项数 n=3，商多项式 $R(x)$的项数 $k=m-n+1=3$，余多项式 $L(x)$的项数 $l=n-1=2$。

按照上面的算法可以进行多项式除法的计算，完整的示例代码如下：

```
import java.text.DecimalFormat;

public class P6_5 {
    static void polynomial_div(double A[],int m,double B[],int n,double R[],int
    k,double L[],int l)
    {
        int i,j,mm,ll;
        for (i=0; i<k; i++)                     //初值
        {
            R[i]=0.0;
        }
        ll=m-1;
        for (i=k; i>0; i--)
        {
            R[i-1]=A[ll]/B[n-1];                //除法，计算商多项式系数
            mm=ll;
            for (j=1; j<=n-1; j++)
            {
                A[mm-1]-=R[i-1]*B[n-j-1];
                mm-=1;
            }
            ll-=1;
        }
        for (i=0; i<l; i++)                     //余多项式系数
        {
            L[i]=A[i];
        }
    }
    public static void main(String[] args)
    {
        int i;
        double A[]={-3.0,6.0,-3.0,4.0,2.0};
        double B[]={-1.0,+1.0,1.0};
        double[] R=new double[3];
        double[] L=new double[2];
        DecimalFormat df=new DecimalFormat("0.00E000");
        System.out.print("计算A(x)/B(x)的商多项式和余多项式: \n");

        polynomial_div(A,5,B,3,R,3,L,2);     //调用方法计算

        for (i=0; i<=2; i++)                    //输出商多项式系数
        {
            System.out.print("商多项式系数 R("+i+")="+df.format(R[i])+"\n");
        }
        System.out.print("\n");
```

```
        for (i=0; i<=1; i++)                        //输出余多项式系数
        {
            System.out.print("余多项式系数 L("+i+")="+df.format(L[i])+"\n");
        }
        System.out.print("\n");
    }
}
```

在上述代码中，主方法首先给出了两个多项式的系数，分别采用一维数组来表示，然后调用 polynomial_div()方法来计算商多项式和余多项式的各个系数值，并打印输出该值。程序执行结果如图 6-5 所示。

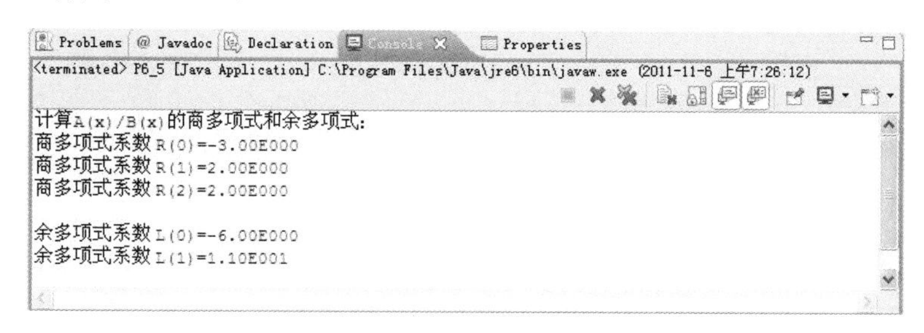

图 6-5　执行结果

通过上述结果得知，最终的商多项式和余多项式分别如下：

$$R(x)=2x^2+2x-3$$

$$L(x)=11x-6$$

6.3　随机数生成算法

随机数在很多场合都有用处，最典型的应用是在互联网上登录论坛、网上银行等站点，或者进行注册时，网页会随机给出一个字符和数字组成的序列，这就是验证码。此外，随机数在加密/解密算法、蒙特卡罗分析等场合也有着重要用途。

6.3.1　Java 语言中的随机方法

编程语言中提供了随机数的生成方法。例如，Java 语言中就提供了三种随机数生成方法，我们来简单了解一下。

（1）Math.random()方法，产生的随机数是 0～1 之间的一个 double，可以把它乘以一定的数，比如乘以 100，它就是 100 以内的随机。

（2）java.util 包里面提供 Random 的类，可以新建一个 Random 的对象来产生随机数，它可以产生随机整数、随机 float、随机 double、随机 long。

（3）System 类中有一个 currentTimeMillis()方法，该方法返回一个从 1970 年 1 月 1 日 0 点 0 分 0 秒到目前的一个毫秒数，返回类型是 long，可以将它作为一个随机数，对一些数取模，就可以把它限制在一个范围之内。

根据需要选择，便可以产生需要的随机数。一个典型的随机数产生的示例代码如下：

```
import java.util.Random;
public class P6_6 {
```

```
    public static void main(String[] args)
    {
        int i,j;                                                    //声明变量

        Random r=new java.util.Random(10);                          //随机种子
        for(j=0;j<10;j++)
        {
            for(i=0;i<10;i++)
            {
                System.out.printf("%11d ",r.nextInt());            //输出随机数

            }
            System.out.print("\n");
        }
    }
}
```

在该程序中，首先定义并初始化变量，然后调用 Random()方法初始化随机种子。这里的随机种子指定为 10，每次执行程序时，该方法将返回相同的值。接着，在循环中调用 nextInt()方法获得伪随机整数，每行 10 个共 10 行。程序的执行结果，如图 6-6 所示。

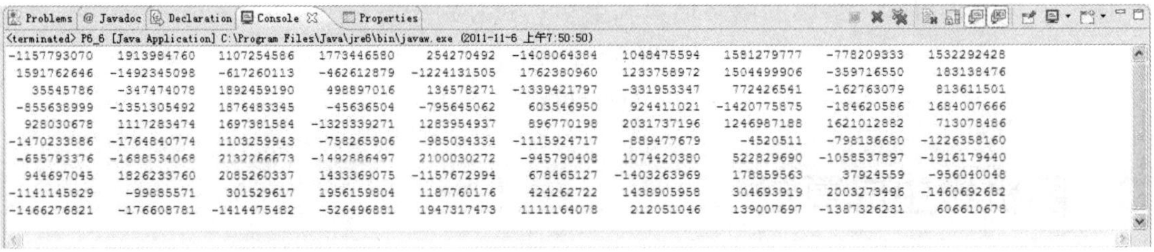

```
Problems  @ Javadoc  Declaration  Console  Properties
<terminated> P6_6 [Java Application] C:\Program Files\Java\jre6\bin\javaw.exe (2011-11-6 上午7:50:50)
-1157793070  1913984760  1107254586  1773446580   254270492 -1408064384  1048475594  1581279777  -778209333  1532292428
 1591762646 -1492345098  -617260113  -462612879 -1224131505  1762380960  1233758972  1504499906  -359716550   183138476
   35545786  -347474078  1892459190   498897016   134578271 -1339421797  -331953347   772426541  -162763079   813611501
 -855638999 -1351305492  1876483345   -45636504  -795645062   603546950   924411021 -1420775875  -184620586  1684007666
  928030678  1117283474  1697381584 -1328339271  1283954937   896770198  2031737196  1246987188  1621012882   713078486
-1470233886 -1764840774  1103259943  -758265906  -985034334 -1115924717  -889477679    -4520511  -798136680 -1226358160
 -655793376 -1688534068  2132266673 -1492886497  2100030272  -945790408  1074420380   522829690 -1058537897 -1916179440
  944697045  1826233760  2085260337  1433369075 -1157672994   678465127 -1403263969   178859563    37924559  -956040048
-1141145829   -99885571   301529617  1956159804  1187760176   424262722  1438905958   304693919  2003273496 -1460692682
-1466276821  -176608781 -1414475482  -526496881  1947317473  1111164078   212051046   139007697 -1387326231   606610678
```

图 6-6 执行结果

当然，也可以采用一定的技巧产生任意范围之间的随机数。示例代码如下：

```
import java.util.Random;

public class P6_7 {

    public static void main(String[] args)
    {
        int i,j;                                                    //声明变量

        Random r=new Random();                                      //随机种子
        for(j=0;j<10;j++)
        {
            for(i=0;i<10;i++)
            {
                System.out.printf("%3d ",r.nextInt(100));          //输出0~100
之间的随机整数
            }
            System.out.print("\n");
        }
```

```
    }

}
```

在该程序中，首先定义并初始化变量，然后调用 Random()方法初始化随机种子。这里的随机种子由时间来获得，每次执行程序时，该方法将返回不同的值。接着，在循环中调用 nextInt()方法获得伪随机整数，每行 10 个共 10 行。通过传递参数 100，将输出的结果限制在 0~100 之间。程序的执行结果如图 6-7 所示。

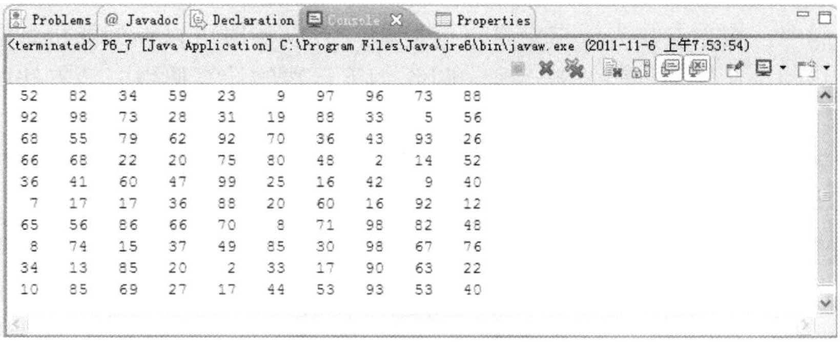
Problems
@ Javadoc
Declaration
Properties
<terminated> P6_7 [Java Application] C:\Program Files\Java\jre6\bin\javaw.exe (2011-11-6 上午7:53:54)
52 82 34 59 23 9 97 96 73 88
92 98 73 28 31 19 88 33 5 56
68 55 79 62 92 70 36 43 93 26
66 68 22 20 75 80 48 2 14 52
36 41 60 47 99 25 16 42 9 40
7 17 17 36 88 20 60 16 92 12
65 56 86 66 70 8 71 98 82 48
8 74 15 37 49 85 30 98 67 76
34 13 85 20 2 33 17 90 63 22
10 85 69 27 17 44 53 93 53 40
图 6-7 执行结果

此外，也可以使用这两个方法来产生随机的字符输出等。

虽然编程语言给出了一个很方便的随机数生成方法，但是有时候程序员需要自己来编写随机数产生的算法。下面将介绍如何实现随机数的生成算法。

6.3.2 [0，1]之间均匀分布的随机数算法

产生随机数的算法有很多种，读者遵循一定的方法可以自己进行发挥。下面给出一个比较简单的产生[0，1]之间均匀分布的随机数的算法。

首先，设定一个基数 base=256.0，以及两个常数 a=17.0 和 b=139.0。基数 base 一般取 2 的整数倍，常数 a 和 b 可以根据经验来随意取。然后，按照如下递推算法来逐个得到[0，1]之间的随机数。

$$r_i=\mathrm{mod}(a*r_{i-1}+b,\ \mathrm{base})$$

$$p_i=r_i/\mathrm{base}$$

其中，i=1，2，…。而 p_i 便是递推得到的第 i 个随机数。

在此需要格外注意如下两点：

首先，此处的取模运算是针对浮点数的，而 C 语言中的取模运算符不能应用于浮点型数据的操作。这样，就需要程序员自己来编写取模的程序；

其次，r_i 是随着递推而每次更新的。因此，如果将该算法编写成方法，则必须考虑是参数是传值还是传地址的问题。

根据上述算法来编写相应的随机数生成方法，示例代码如下：

```
double rand01(double[] r)
{
   double base,u,v,p,temp1,temp2,temp3;
   base=256.0;                         //基数
   u=17.0;
   v=139.0;
```

```
        temp1=u*(r[0])+v;                    //计算总值
        temp2=(int)(temp1/base);             //计算商
        temp3=temp1-temp2*base;              //计算余数
        r[0]=temp3;                          //更新随机种子，为下一次使用
        p=r[0]/base;                         //随机数

        return p;
    }
```

在上述代码中，输入参数为浮点型引用变量 *r*，*r* 在初始时可以作为随机种子。在每次调用该方法时，该地址所对应的值将被改变，以作为下一次的计算使用。该方法的返回值便是要求的随机数。

下面来演示如何在程序中使用该算法产生 10 个[0，1]之间的随机数。完整的示例代码如下：

```
public class P6_8 {
    static double rand01(double[] r)
    {
        double base,u,v,p,temp1,temp2,temp3;
        base=256.0;                          //基数
        u=17.0;
        v=139.0;

        temp1=u*(r[0])+v;                    //计算总值
        temp2=(int)(temp1/base);             //计算商
        temp3=temp1-temp2*base;              //计算余数
        r[0]=temp3;                          //更新随机种子，为下一次使用
        p=r[0]/base;                         //随机数

        return p;
    }

    public static void main(String[] args)
    {
        int i;
        double[] r={5.0};

        System.out.printf("产生10个[0，1]之间的随机数：\n");
        for (i=0; i<10; i++)                 //循环调用
        {
          System.out.printf("%10.5f\n",rand01(r));
        }
        System.out.printf("\n");

    }
}
```

在该程序中，首先初始化随机种子 *r*=5.0，然后循环调用 Rand01()方法来输出随机数。其中，将变量 *r* 的地址传入 Rand01()方法中，以便能够每次调用之后更新随机种子的值，否则将得到完全一样的数据而不具有随机性。该程序的执行结果如图 6-8 所示。

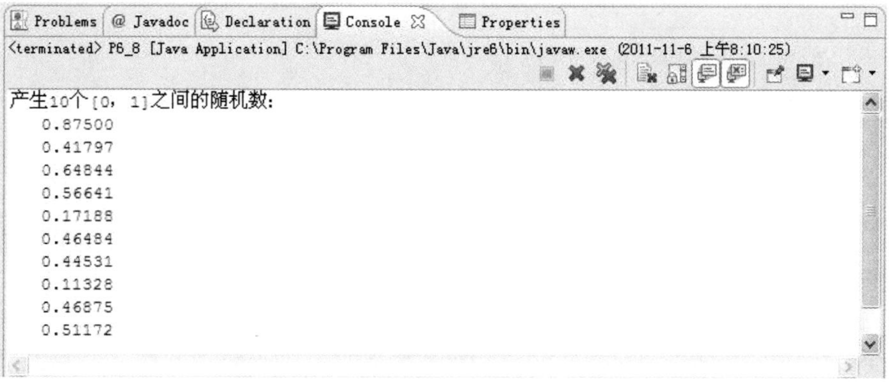

```
Problems  @ Javadoc  Declaration  Console  Properties
<terminated> P6_8 [Java Application] C:\Program Files\Java\jre6\bin\javaw.exe (2011-11-6 上午8:10:25)
产生10个[0, 1]之间的随机数:
   0.87500
   0.41797
   0.64844
   0.56641
   0.17188
   0.46484
   0.44531
   0.11328
   0.46875
   0.51172
```

图 6-8　执行结果

6.3.3　产生任意范围的随机数

上面 6.3.2 小节中的算法是最基本的算法，读者也可以采用这个算法并加上一点技巧即可生成任意范围之间的随机数。例如，需要一个[m，n]之间的浮点随机数，则可以采用如下方法获得。

$$m+(n-m)*\mathrm{rand01}(r)$$

下面我们通过一个示例来演示如何产生 10 个[10.0，20.0]之间的浮点随机数；完整的示例代码如下：

```
public class P6_9 {
    static double rand01(double[] r)
    {
        double base,u,v,p,temp1,temp2,temp3;
        base=256.0;                         //基数
         u=17.0;
         v=139.0;

         temp1=u*(r[0])+v;                  //计算总值
         temp2=(int)(temp1/base);           //计算商
         temp3=temp1-temp2*base;            //计算余数
         r[0]=temp3;                        //更新随机种子，为下一次使用
         p=r[0]/base;                       //随机数

        return p;
    }

    public static void main(String[] args)
    {
         int i;
        double m,n;
        double[] r={5.0};
         m=10.0;
         n=20.0;
        System.out.print("产生10个[10.0,20.0]之间的浮点随机数: \n");
        for (i=0; i<10; i++)                    //循环调用
         {
           System.out.printf("%10.5f\n",m+(n-m)*rand01(r));
```

```
            }
            System.out.printf("\n");

        }

    }
```

该程序的基本结构和 6.3.2 小节中的程序类似，只不过这里通过表达式 $m+(n-m)*\mathrm{rand01}(r)$ 将输出结果限制在[m，n]之间。该程序的执行结果如图 6-9 所示。

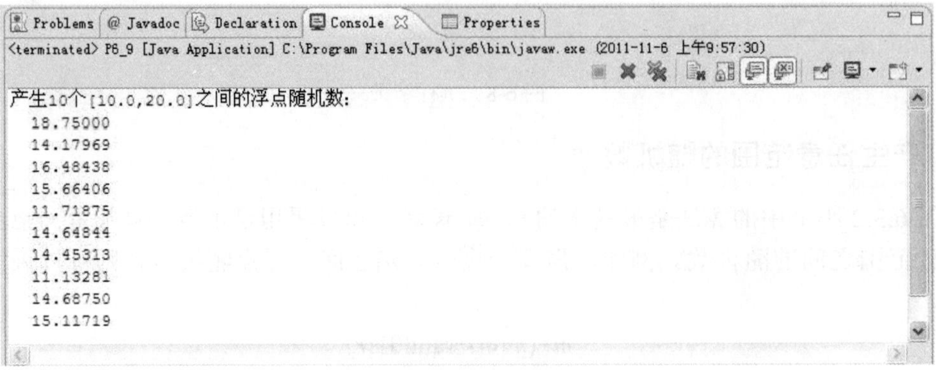

```
Problems  @ Javadoc  Declaration  Console  Properties
<terminated> P6_9 [Java Application] C:\Program Files\Java\jre6\bin\javaw.exe (2011-11-6 上午9:57:30)
产生10个[10.0,20.0]之间的浮点随机数:
  18.75000
  14.17969
  16.48438
  15.66406
  11.71875
  14.64844
  14.45313
  11.13281
  14.68750
  15.11719
```

图 6-9　执行结果

6.3.4　[m，n]之间均匀分布的随机整数算法

了解了[0，1]之间均匀分布的随机数算法，若需要得到随机的整数，则会比较容易。只需将结果取整即可。例如，若需要得到[m，n]之间均匀分布的随机整数算法（m 和 n 都是整数），可以采用如下式子得到：

$$m+(\mathrm{int})((n-m)*\mathrm{rand01}(r))$$

下面我们来演示如何产生 10 个[100，200]之间的随机整数，完整的示例代码如下：

```
public class P6_10 {
    static double rand01(double[] r)
    {
        double base,u,v,p,temp1,temp2,temp3;
        base=256.0;                                 //基数
        u=17.0;
        v=139.0;

        temp1=u*(r[0])+v;                           //计算总值
        temp2=(int)(temp1/base);                    //计算商
        temp3=temp1-temp2*base;                     //计算余数
        r[0]=temp3;                                 //更新随机种子，为下一次使用
        p=r[0]/base;                                //随机数

        return p;
    }
    public static void main(String[] args)
    {
        int i,m,n;
        double[] r={5.0};
```

```
        m=100;
        n=200;

        System.out.print("产生10个[100,200]之间的随机整数：\n");
        for (i=0; i<10; i++)                          //循环调用
        {
          System.out.printf(" %d\n",m+(int)((n-m)*rand01(r)));
        }
        System.out.print("\n");
    }
}
```

在该程序中，通过表达式 m+(int)((n−m)*rand01(r))，产生了 10 个[100，200]之间的随机整数。该程序的执行结果，如图 6-10 所示。

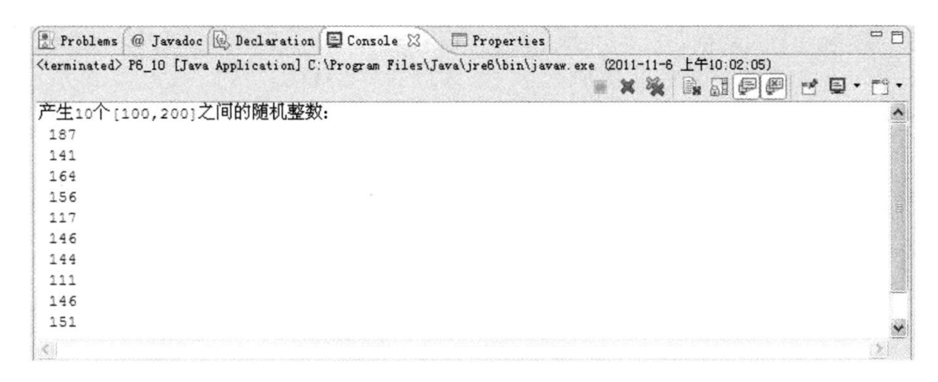

图 6-10　执行结果

6.3.5　正态分布的随机数生成算法

前面介绍的都是均匀分布的随机数生成算法，在科学及工程应用中，正态分布的随机数也是经常用到的。对于一个给定的正态分布，描述该正态分布的参数包括均值 μ 和方差 σ^2。在数学上，一种近似的产生正态分布的算法如下：

$$\mathrm{RZT} = \mu + \sigma \frac{\left(\sum_{i=0}^{n-1} R_i\right) - n/2}{\sqrt{n/12}}$$

R_i 为[0，1]之间的均匀分布的随机数。当 n 趋向无穷大时，得到的随机分布为正态分布。关于这个算法更为详细的数学讨论，读者可以参阅概率统计相关的书籍，这里将直接引用。

在实际应用中，不可能取 n 为无穷大。一般来说，n 足够大就可以了。为了计算的方便，可以取 n=12，这样上式分母中的根号便可以忽略，而且得到的结果也已经足够形成正态分布了。

按照上述算法，可以编写正态分布的随机数生成算法，示例代码如下：

```
double randZT(double u,double t, double[] r)        //正态分布的随机数
    {
        int i;
        double total=0.0;
        double result;
        for(i=0;i<12;i++)
```

```
    {
        total+=rand01(r);                    //累加
    }
    result=u+t*(total-6.0);                  //随机数
    return result;
}
```

在上述代码中，输入参数 u 即正态分布的均值 μ，输入参数 t 即正态分布的方差 σ，输入参数 r 为随机种子。在该程序中，使用了前面的[0，1]之间均匀分布的随机数算法 Rand01()。

下面结合一个完整的示例来分析如何产生 10 个正态分布随机数。假设需要的正态分布均值 μ=2.0，方差 $\sigma^2=3.5^2$。完整的示例代码如下：

```
public class P6_11 {
    static double rand01(double[] r)
    {
        double base,u,v,p,temp1,temp2,temp3;
        base=256.0;                          //基数
        u=17.0;
        v=139.0;

        temp1=u*(r[0])+v;                    //计算总值
        temp2=(int)(temp1/base);             //计算商
        temp3=temp1-temp2*base;              //计算余数
        r[0]=temp3;                          //更新随机种子，为下一次使用
        p=r[0]/base;                         //随机数

        return p;
    }
    static double randZT(double u,double t, double[] r)    //正态分布的随机数
    {
        int i;
        double total=0.0;
        double result;
        for(i=0;i<12;i++)
        {
            total+=rand01(r);                //累加
        }
        result=u+t*(total-6.0);              //随机数
        return result;
    }
    public static void main(String[] args)
    {
        int i;
        double u,t;
        double[] r={5.0};
        u=2.0;
        t=3.5;
        System.out.print("产生10个正态分布的随机数：\n");
        for (i=0; i<10; i++)                        //循环调用
        {
            System.out.printf("%10.5f\n",randZT(u,t,r));
        }
```

```
        System.out.print("\n");
    }
}
```

该程序中，主方法首先初始化正态分布的均值 μ 和方差 σ，然后循环调用 randZT()方法来输出该正态分布的随机数。该程序的执行结果，如图 6-11 所示。

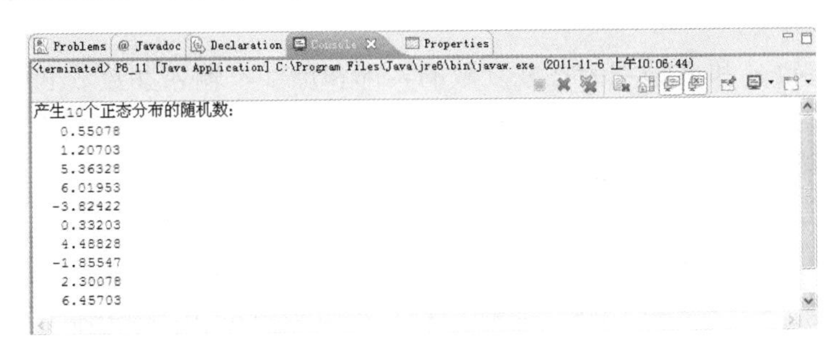

图 6-11　执行结果

当然，也可以通过取整的限制，来生成任意正态分布的随机整数。这里不再赘述，读者可以参阅前面的介绍自己给出相应的程序。

6.4　复数运算

复数运算在科学及工程计算领域都有着极为重要的地位，因为很多问题不采用复数将很难描述或计算。Java 语言不支持复数，下面将介绍如何借助简单的数学知识和基本的 Java 语法，来完成复数算法。

6.4.1　简单的复数运算

谈到运算，最简单的莫过于加法（+）、减法（-）、乘法（*）和除法（/）。下面将分别探讨这四种运算的实现。对于给定的两个复数，如下：

$$a+\mathrm{i}b$$

$$c+\mathrm{i}d$$

其中，$\mathrm{i}=\sqrt{-1}$，在有些场合也采用 j 来表示复数，含义是一样的，本书统一采用 i 来表示。

复数的加法运算比较简单，只需将对应项相加即可，计算结果如下：

$$e+\mathrm{i}f=(a+\mathrm{i}b)+(c+\mathrm{i}d)=(a+c)+(b+d)\mathrm{i}$$

按照上述计算公式，可以编写如下复数加法的算法方法。

```
void cPlus(double a,double b,double c,double d,double[] e,double[] f) //加法
{
    e[0]=a+c;
    f[0]=b+d;
}
```

其中，输入参数 a 和 b 分别为第一个复数的实部和虚部，输入参数 c 和 d 分别为第二个复数的实部和虚部，参数 e 和 f 为相加结果的实部和虚部。

同样对于复数的减法运算，计算公式如下：

$$e+\mathrm{i}f=(a+\mathrm{i}b)-(c+\mathrm{i}d)=(a-c)+(b-d)\mathrm{i}$$

相应的复数减法的算法方法如下：

```
void cMinus(double a,double b,double c,double d,double[] e,double[] f)//减法
{
   e[0]=a-c;
   f[0]=b-d;
}
```

其中，输入参数 a 和 b 分别为被减复数的实部和虚部，输入参数 c 和 d 分别为减数复数的实部和虚部，参数 e 和 f 为相减结果的实部和虚部。

对于复数的乘法运算，计算公式如下：

$$e+\mathrm{i}f=(a+\mathrm{i}b)*(c+\mathrm{i}d)=(ac-bd)+(ad+bc)\mathrm{i}$$

相应的复数乘法的算法方法如下：

```
void cMul(double a,double b,double c,double d,double[] e,double[] f)  //乘法
{
    e[0]=a*c-b*d;
    f[0]=a*d+b*c;
}
```

其中，输入参数 a 和 b 分别为第一个复数的实部和虚部，输入参数 c 和 d 分别为第二个复数的实部和虚部，参数 e 和 f 为相乘结果的实部和虚部。

对于复数的除法运算，计算公式如下：

$$e+\mathrm{i}f=(a+\mathrm{i}b)/(c+\mathrm{i}d)=\frac{ac+bd}{c^2+d^2}+\frac{bc-ad}{c^2+d^2}\mathrm{i}$$

相应的复数除法的算法方法如下：

```
void cDiv(double a,double b,double c,double d,double[] e,double[] f)  //除法
{
    double sq;
    sq=c*c+d*d;
    e[0]=(a*c+b*d)/sq;
    f[0]=(b*c-a*d)/sq;
}
```

其中，输入参数 a 和 b 分别为被除复数的实部和虚部，输入参数 c 和 d 分别为除数复数的实部和虚部，参数 e 和 f 为相除结果的实部和虚部。

下面将通过一个示例来分析如何使用这些算法来进行给定复数的加法（+）、减法（－）、乘法（*）和除法（/）运算。完整的示例代码如下：

```
public class P6_12 {
    static void cPlus(double a,double b,double c,double d,double[] e,double[] f)
    //加法
    {
        e[0]=a+c;
        f[0]=b+d;
    }
    static void cMinus(double a,double b,double c,double d,double[] e,double[] f)
                                              //减法
    {
```

```
        e[0]=a-c;
        f[0]=b-d;
    }
    static void cMul(double a,double b,double c,double d,double[] e,double[] f)
                                                      //乘法
    {
        e[0]=a*c-b*d;
        f[0]=a*d+b*c;
    }
    static void cDiv(double a,double b,double c,double d,double[] e,double[] f)
                                                      //除法
    {
        double sq;
        sq=c*c+d*d;
        e[0]=(a*c+b*d)/sq;
        f[0]=(b*c-a*d)/sq;
    }
    public static void main(String[] args)
    {
        double a,b,c,d;
        double[] e={0},f={0};
        a=4;b=6;                                      //第一个复数的实部和虚部
        c=2;d=-1;                                     //第二个复数的实部和虚部
        cPlus(a,b,c,d,e,f);                           //加法
        System.out.printf("(%f+%fi) + (%f+%fi)= %f+%fi\n",a,b,c,d,e[0],f[0]);
        cMinus(a,b,c,d,e,f);                          //减法
        System.out.printf("(%f+%fi) - (%f+%fi)= %f+%fi\n",a,b,c,d,e[0],f[0]);
        cMul(a,b,c,d,e,f);                            //乘法
        System.out.printf("(%f+%fi) * (%f+%fi)= %f+%fi\n",a,b,c,d,e[0],f[0]);
        cDiv(a,b,c,d,e,f);                            //除法
        System.out.printf("(%f+%fi) / (%f+%fi)= %f+%fi\n",a,b,c,d,e[0],f[0]);
    }
}
```

在该程序中，首先初始化第一个复数和第二个复数的实部及虚部，然后分别调用前面预定义的复数加法、减法、乘法和除法的算法方法来进行计算，并输出相应的运算结果。该程序的执行结果，如图 6-12 所示。

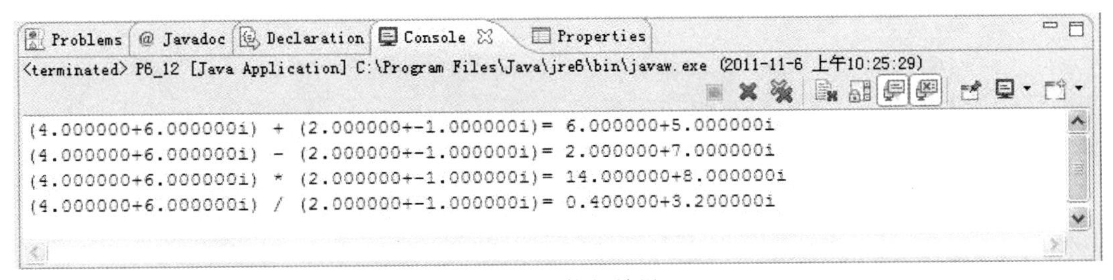

图 6-12　执行结果

6.4.2　复数的幂运算

复数的幂运算是指对于给定的一个复数，来计算如下表达式的值。

$$e+\mathrm{i}f=(a+\mathrm{i}b)^n$$

其中，n 为正整数。前面已经学习了复数乘法的算法，因此复数的幂运算也就比较容易实现了。下面是依照复数乘法而得到的复数幂运算的算法，代码如下：

```
void cPowN(double a,double b,int n,double[] e,double[] f) //幂运算
{
    double result;
    int i;
    e[0]=a;
    f[0]=b;

    if(n==1)                                                //1次幂为其本身
    {
        return;
    }
    else
    {
        for(i=1;i<n;i++)
        {
            cMul(e[0],f[0],a,b,e,f);                        //递推得到n次幂
        }
    }
}
```

在上述代码中，幂次 n=1 时，其实就是复数本身；而幂次 n>1 时，则多次调用复数乘法的算法 cMul() 来实现。

下面通过一个完整的示例来演示给定复数幂运算的求解。示例代码如下：

```
public class P6_13 {
    static void cMul(double a,double b,double c,double d,double[] e,double[] f)
    //乘法
    {
        e[0]=a*c-b*d;
        f[0]=a*d+b*c;
    }
    static void cPowN(double a,double b,int n,double[] e,double[] f)
    //幂运算
    {
        double result;
        int i;
        e[0]=a;
        f[0]=b;
        if(n==1)                                            //1次幂为其本身
        {
            return;
        }
        else
        {
            for(i=1;i<n;i++)
            {
                cMul(e[0],f[0],a,b,e,f);           //递推得到n次幂
            }
        }
    }
```

```
    public static void main(String[] args)
    {
        double a,b;
        double[] e={0},f={0};
        int n;
        a=1;b=1;                                    //初始化复数的实部和虚部
        n=5;                                        //幂次
        cPowN(a,b,n,e,f);                           //幂运算
        System.out.printf("(%f+%fi)的%d次幂= %f+%fi\n",a,b,n,e[0],f[0]);
    }
}
```

在该程序中，首先初始化复数的实部和虚部，以及需要计算的幂次 n。然后调用幂运算的算法方法 cPowN()来进行计算。该程序的执行结果如图 6-13 所示。

图 6-13　执行结果

另外，复数的幂运算也可以换一种思路来完成。在数学上，一个复数可以表示成极坐标的形式，示例如下：

$$a+\mathrm{i}b= r(\cos\theta+\mathrm{i}\sin\theta)$$

依照此规则，可以得到复数幂运算的计算公式如下：

$$e+\mathrm{i}f=(a+\mathrm{i}b)^n=(r(\cos\theta+\mathrm{i}\sin\theta))^n=r^n(\cos(n\theta)+\mathrm{i}\sin(n\theta))$$

这里，应首先计算得到 r 和 θ。读者可以将上式转换为相应的 C 算法来实现。这里不再详述，读者可以作为一个练习来自行完成。

6.4.3　复指数运算

复指数是指以复数作为 e 指数的形式，例如：

$$\mathrm{e}^{a+b\mathrm{i}}$$

虽然复数可以表示成这种形式，但是这种表示不容易理解，往往还需要将其进一步计算为常用的表示形式，示例如下：

$$e+\mathrm{i}f=\mathrm{e}^{a+b\mathrm{i}}$$

上述过程就是复指数运算。相应的算法还要从数学上来寻找，根据数学规则可以将上式进一步计算：

$$\mathrm{e}+\mathrm{i}f=\mathrm{e}^{a+b\mathrm{i}} = \mathrm{e}^a\mathrm{e}^{b\mathrm{i}} =\mathrm{e}^a（\cos b+\mathrm{i}\sin b）$$

这样便找到了复指数运算的结果，如下：

$$\mathrm{e}=\mathrm{e}^a \cos b，f=\mathrm{e}^a \sin b$$

依照上述算法，可以得到复指数运算的算法，代码示例如下：

```
void cExp(double a,double b,double[] e,double[] f)              //复指数运算
{
    double temp;
    temp=Math.exp(a);
    e[0]=temp*Math.cos(b);
```

```
        f[0]=temp*Math.sin(b);
    }
```

在该方法中，输入参数 a 和 b 分别为复指数的实部和虚部，参数 e 和 f 是复指数运算的实部结果和虚部结果。

下面结合一个示例来演示给定复指数运算的使用。完整的示例代码如下：

```
public class P6_14
{
    static void cExp(double a,double b,double[] e,double[] f)  //复指数运算
    {
        double temp;
        temp=Math.exp(a);
       e[0]=temp*Math.cos(b);
        f[0]=temp*Math.sin(b);
    }
    public static void main(String[] args)
    {
        double a,b;
        double[] e={0},f={0};
        a=3;b=2;                                               //初始化

        cExp(a,b,e,f);                                         //复指数运算
        System.out.printf("e的(%f+%fi)次幂= %f+%fi\n",a,b,e[0],f[0]);
    }
}
```

在上述代码中，主方法首先初始化复指数的实部和虚部，然后调用复指数算法方法来进行计算。该程序的执行结果，如图 6-14 所示。

图 6-14　执行结果

6.4.4　复对数运算

复对数运算即计算复变量的自然对数。也就是，对于 ln(a+bi)形式的复数，如何将其表示成常见的形式，公式如下：

$$\mathrm{e}+\mathrm{i}f=\ln(a+b\mathrm{i})$$

在数学上，上式可以通过如下公式来计算。

$$\mathrm{e}+\mathrm{i}f=\mathrm{in}(a+b\mathrm{i})=\mathrm{in}\sqrt{a^2+b^2}+\mathrm{i}*\mathrm{arctg}\frac{b}{a}$$

这样便找到了对应的结果，如下：

$$\mathrm{e}=\mathrm{in}\sqrt{a^2+b^2}\;,\quad f=\arctan\frac{b}{a}$$

参照上述推算，可以得到复对数运算的算法，代码如下：

```
void cLog(double a,double b,double[] e,double[] f)              //复对数运算
```

```
{
    double temp;
   temp=Math.log(Math.sqrt(a*a+b*b));
   e[0]=temp;                                                    //实部
    f[0]=Math.atan2(b,a);                                        //虚部
}
```

在该方法中，输入参数 a 和 b 分别为复对数的实部和虚部，参数 e 和 f 是复对数运算的实部和虚部结果。

下面结合一个示例来演示复对数运算的使用。完整的示例代码如下：

```
public class P6_15
{
    static void cLog(double a,double b,double[] e,double[] f) //复对数运算
    {

         double temp;
        temp=Math.log(Math.sqrt(a*a+b*b));
        e[0]=temp;                                               //实部
         f[0]=Math.atan2(b,a);                                   //虚部
    }
    public static void main(String[] args)
    {
         double a,b;
         double[] e={0},f={0};
         a=2.0;b=3.0;
         cLog(a,b,e,f);                                          //复对数运算
         System.out.printf("ln(%f+%fi)= %f+%fi\n",a,b,e[0],f[0]);
    }
}
```

在上述代码中，主方法首先初始化了复指数的实部和虚部，然后调用复对数算法方法来进行计算。该程序的执行结果如图 6-15 所示。

图 6-15　执行结果

6.4.5　复正弦运算

复正弦运算就是计算复变量的正弦值。也就是，对于 $\sin(a+bi)$形式的复数，如何将其表示成常见的形式，公式如下：

$$e+if=\sin(a+bi)$$

在数学上，上式可以通过如下公式来计算。

$$e+if=\sin(a+bi)=\sin a\cos(ib)+\cos a\sin(ib)=\sin a*\frac{e^b+e^{-b}}{2}+i\cos a*\frac{e^b-e^{-b}}{2}$$

这样便找到了对应的结果，如下：

$$e=\sin a*\frac{e^{b}+e^{-b}}{2},\quad f=\cos a*\frac{e^{b}-e^{-b}}{2}$$

参照上述推算，便可以得到复正弦运算的算法，代码如下：

```
void cSin(double a,double b,double[] e,double[] f)                  //复正弦
{
    double p,q;
    p=Math.exp(b);
    q=1/p;
    e[0]=Math.sin(a)*(p+q)/2.0;                                     //实部
    f[0]=Math.cos(a)*(p-q)/2.0;                                     //虚部
}
```

在该方法中，输入参数 a 和 b 分别为输入复数的实部和虚部，参数 e 和 f 是复正弦运算的实部和虚部结果。

下面结合一个示例来演示复正弦运算的使用。完整的示例代码如下：

```
public class P6_16
{
    static void cSin(double a,double b,double[] e,double[] f)  //复正弦
    {
        double p,q;
        p=Math.exp(b);
        q=1/p;
        e[0]=Math.sin(a)*(p+q)/2.0;                                 //实部
        f[0]=Math.cos(a)*(p-q)/2.0;                                 //虚部
    }
    public static void main(String[] args)
    {
        double a,b;
        double[] e={0},f={0};
        a=1.0;b=4.0;                                                //初始化

        cSin(a,b,e,f);                                              //复正弦运算
        System.out.printf("sin(%f+%fi)= %f+%fi\n",a,b,e[0],f[0]);
    }

}
```

在上述代码中，主方法首先初始化了复指数的实部和虚部，然后调用复正弦算法来进行计算。该程序的执行结果如图 6-16 所示。

```
Problems  @ Javadoc  Declaration  Console  Properties
<terminated> P6_16 [Java Application] C:\Program Files\Java\jre6\bin\javaw.exe (2011-11-6 上午11:08:22)
sin(1.000000+4.000000i)= 22.979086+14.744805i
```

图 6-16　执行结果

6.4.6 复余弦运算

复余弦运算与复正弦运算类似，即计算复变量的余弦值。也就是，对于 $\cos(a+bi)$形式的复数，如何将其表示成常见的形式，公式如下：

$$e+if=\cos(a+bi)$$

在数学上，上式可以通过如下公式来计算。

$$e+if=\cos(a+bi)=\cos a\cos(ib)-\sin a\sin(ib)=\cos a*\frac{e^{b}+e^{-b}}{2}-i\sin a*\frac{e^{b}-e^{-b}}{2}$$

这样便找到了对应的结果，如下：

$$e=\cos a*\frac{e^{b}+e^{-b}}{2},\quad f=-\sin a*\frac{e^{b}-e^{-b}}{2}$$

参照上述推算，可得到复余弦运算的算法，代码如下：

```
void cCos(double a,double b,double[] e,double[] f)     //复余弦
{
    double p,q;
    p=Math.exp(b);
    q=1/p;
    e[0]=Math.cos(a)*(p+q)/2.0;                          //实部
    f[0]=-1.0*Math.sin(a)*(p-q)/2.0;                     //虚部
}
```

在该方法中，输入参数 a 和 b 分别为输入复数的实部和虚部，参数 e 和 f 是复余弦运算的实部和虚部结果。

下面结合一个示例来演示复余弦运算的使用。完整的示例代码如下：

```
public class P6_17 {
    static void cCos(double a,double b,double[] e,double[] f) //复余弦
    {
        double p,q;
        p=Math.exp(b);
        q=1/p;
        e[0]=Math.cos(a)*(p+q)/2.0;                      //实部
        f[0]=-1.0*Math.sin(a)*(p-q)/2.0;                 //虚部
    }
    public static void main(String[] args)
    {
        double a,b;
        double[] e={0},f={0};
        a=1.0;b=4.0;                              //初始化
        cCos(a,b,e,f);                            //复余弦运算
        System.out.printf("Cos(%f+%fi)= %f+%fi\n",a,b,e[0],f[0]);

    }
}
```

在上述代码中，主方法首先初始化了复指数的实部和虚部，然后调用复余弦算法方法来进行计算。该程序的执行结果如图 6-17 所示。

图 6-17 执行结果

6.5 阶乘

阶乘（Factorial）是排列、组合、概率及微积分级数分析中的一个重要概念，很多表达式中都可以找到它的身影。对于一个正整数 n，n 的阶乘是指所有小于或等于 n 的正整数的乘积，一般记为 $n!$。阶乘的公式如下：

$$n! = n*(n-1)*(n-2)* \cdots *2 * 1$$

下面将从不同的角度来分析阶乘，从而采用不同的算法计算阶乘。

6.5.1 使用循环来计算阶乘

从 $n!$ 的表达式可以看出，其是非常有规律地从 1 开始逐个递增相乘，这样的结构使用循环很容易实现。下面采用 for 循环的阶乘算法，代码如下：

```
long fact(int n)                                    //求阶乘方法
{
    int i;
    long result=1;

    for(i=1;i<=n;i++)                               //循环计算
    {
        result*=i;
    }
    return result;
}
```

其中，输入参数 n 为需要计算的阶乘。在该方法中，使用 for 循环来逐个计算从 1 到 n 的乘积，返回值便是 $n!$。

说明： 在 Java 语言中，除 for 循环外，还可以采用 while 循环、do…while 循环来实现。读者可以根据上述思路来编写相应的算法。

下面结合一个示例来演示整数 5 的阶乘运算的算法使用。完整的示例代码如下：

```
import java.util.Scanner;
public class P6_18
{
    static long fact(int n)                                 //求阶乘方法
    {
        int i;
        long result=1;

        for(i=1;i<=n;i++)                                   //循环计算
```

```
        {
            result*=i;
        }
        return result;
    }
    public static void main(String[] args)
    {
        int i;                                          //声明变量

       System.out.print("请输入要求阶乘的一个整数: ");
       Scanner input=new Scanner(System.in);
       i=input.nextInt();                               //输入数据
       System.out.println(i+"的阶乘结果为: "+fact(i));   //调用方法

    }
}
```

该程序中，首先由用户输入一个要求阶乘的整数，然后调用 fact()方法来计算阶乘。该程序的执行结果如图 6-18 所示。

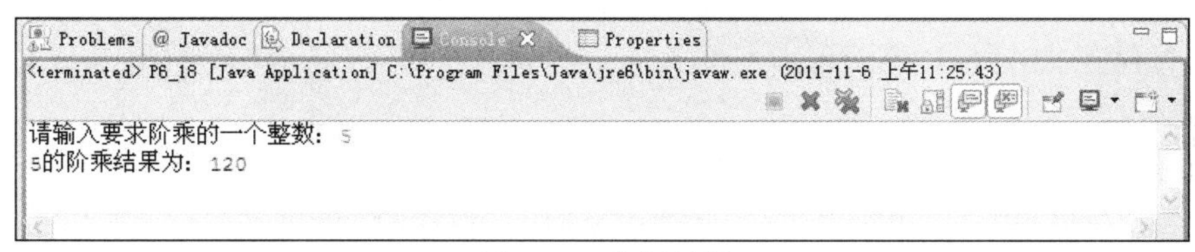

图 6-18　执行结果

6.5.2　使用递归来计算阶乘

下面从另外一个角度来分析阶乘。对于 $n!$，有如下表达式：

$$n! = n*(n-1)*(n-2)* \cdots *2 * 1$$

而对于$(n-1)!$，则有如下表达式：

$$(n-1)! = (n-1)*(n-2)* \cdots *2 * 1$$

从上述两个表达式可以看到阶乘具有明显的递归的性质，符合如下递归公式。

$$n! =n*(n-1)!$$

因此，可以采用递归的思想来计算阶乘。递归算法计算阶乘的代码如下：

```
long fact(int n)                                    //求阶乘方法
{
    if(n<=1)
        return 1;
    else
        return n*fact(n-1);                         //递归
}
```

其中，输入参数 n 为需要计算的阶乘。在该方法中，当 $n \leqslant 1$ 时，$n!=1$；当 $n>1$ 时，通过递归调用来计算阶乘。方法 fact()是一个递归方法，在该方法内部中，程序又调用了名为 fact 的方法（自身）。方法的返回值便是 $n!$。

下面结合一个示例来演示整数 12 的阶乘运算的算法使用。完整的示例代码如下：

```
import java.util.Scanner;
```

```
public class P6_19
{
    static long fact(int n)                                  //求阶乘方法
    {
        if(n<=1)
            return 1;
        else
            return n*fact(n-1);                              //递归
    }
    public static void main(String[] args)
    {
         int i;                                              //声明变量
        System.out.print("请输入要求阶乘的一个整数：");
        Scanner input=new Scanner(System.in);
        i=input.nextInt();                                   //输入数据
        System.out.println(i+"的阶乘结果为："+fact(i));     //调用方法
    }
}
```

该程序中，首先由用户输入一个要求阶乘的整数，然后调用递归方法 fact()来计算阶乘。该程序的执行结果如图 6-19 所示。

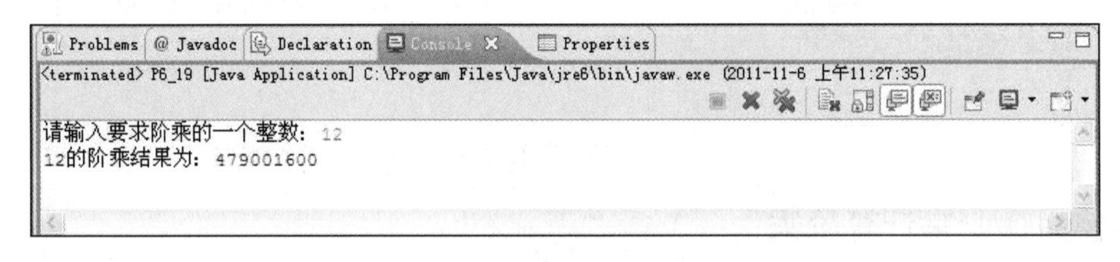

图 6-19　执行结果

从计算阶乘的例子可以看出，同一个问题，从不同的角度来分析可以得到不同的计算方法。因此，读者遇到问题时，应从多个角度分析，考虑有哪些途径可以用来进行计算。另外，不同算法的执行效率是不同的。

6.6　计算π的近似值

圆周率 π 是一个非常重要的常数，无论在数学领域还是在物理学领域，都有很广泛的用途。π 的值直接关系到计算圆周长、圆面积、球体积等。π 一般定义为圆周长与圆直径之比。在数学分析学中，圆周率 π 被严格定义为满足如下等式的最小正实数：

$$\sin(x) = 0$$

圆周率 π=3.141592653589793…其是一个无限不循环实数，即所谓的无理数。

圆周率 π 的精确计算，从古至今都非常重要。下面将分析几种典型的圆周率 π 的计算算法。

6.6.1　割圆术

割圆术（Cyclotomic Method）可以说是最为古老的计算圆周率 π 的方法。公元 3 世纪中期，割圆术最早由我国魏晋时期著名数学家刘徽创立。割圆术的基本思想是不断倍增圆内接正多边形的边数，使其逐渐接近圆，从而计算圆的周长，并且可以推算出圆周率 π 的近似值。

我国古代经典的数学著作《九章算术》在第一章“方田”中提到“半周半径相乘得积步”。这里，半周就是周长的一半，半径就是圆的半径，积步就是圆面积。刘徽为证明这个公式，在其著作《九章算术注》一书中，在公式“半周半径相乘得积步”后面著有长篇注记。这篇注记建立了割圆术的完整的体系。

刘徽得出的圆周率 π 近似值为 3.1416。公元 5 世纪，祖冲之与其子以正 24 576 边形来内接圆，计算得到误差小于八亿分之一的圆周率 π。这个纪录在一千年后才被西方国家打破。

在国外，阿基米德使用正 96 边形得出精度为小数点后 3 位的圆周率 π，鲁道夫使用正 262 边形得出精度为小数点后 35 位的圆周率 π。

1．割圆术的算法思想

下面简单介绍一下割圆术计算圆周率 π 的思想。如图 6-20 所示，假设一个圆的半径为 1，在其内部内接一个正六边形。正六边形的边长为 y_1。根据几何知识可知 $y_1=1$，圆的周长近似为 $L_1=6*y_1=6$。圆周率 π 为圆周长与圆直径之比，即 $L_1/(2*1)=6/2=3$，这就是按照内接正六边形得到的圆周率 π 近似值，即我国古代《周髀算经》中的“周三径一”。刘徽指出了它的不准确性，需要进一步增加内接多边形的边数来逼近准确值。

下面，在内接正六边形的基础上再细分，即内接一个正 12 边形，如图 6-21 所示。显然，正 12 边形要更加接近圆。正 12 边形的边长为 y_2，通过计算可以得到此时的圆周率 π。首先，图中 $m+n=1$。边长 m、$y_1/2$，y_2 构成一个直角三角形，根据勾股定理可得如下公式：

$$y_2^2 = m^2 + \left(\frac{y_1}{2}\right)^2$$

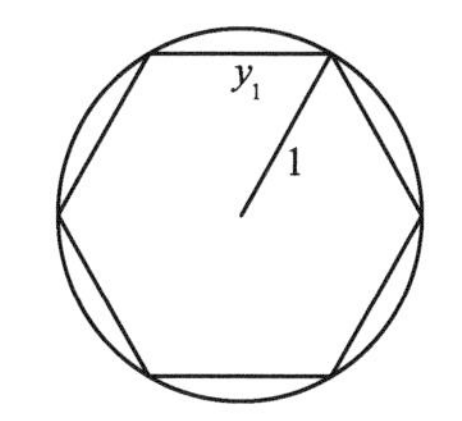

图 6-20　圆内接正六边形

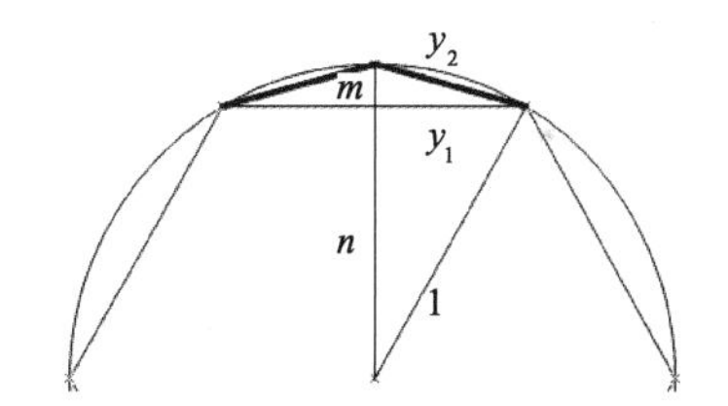

图 6-21　圆内接正 12 边形

另外，边长 n、$y_1/2$ 和半径 1 构成一个直角三角形，根据勾股定理可得如下公式：

$$1^2 = n^2 + \left(\frac{y_1}{2}\right)^2$$

m 和 n 构成圆的半径，即：

$$m+n=1$$

综合上述三个式子，可以得到：

$$y_2^2 = 2 - \sqrt{2^2 - y_1^2}$$

而圆周率 π 的近似值为：

$$\pi \approx \frac{12 * y_2}{2} = 6 * y_2$$

再进一步，如果内接 24 边形，其边长为 y_3。则有如下公式。

$$y_3^2 = 2 - \sqrt{2^2 - y_2^2}$$

而圆周率 π 的近似值为：

$$\pi \approx \frac{24 * y_3}{2} = 12 * y_2$$

可以看到，这是一个递推的公式，示例如下：

$$y_n^2 = 2 - \sqrt{2^2 - y_{n-1}^2}$$

只要 n 趋向于无穷大，便可以得到足够接近圆的多边形，计算的圆周率 π 也就越精确。

2．割圆术的算法实现

可以通过 Java 语言来实现上述割圆术的算法。割圆术计算圆周率 π 算法的代码如下：

```
void cyclotomic(int n)                          //割圆术算法
{
    int i,s;
    double k,len;
    i=0;
    k=3.0;                                      //初值
    len=1.0;                                    //边长初值
    s=6;                                        //初始内接正6边形
    while(i<=n)
    {
    System.out.printf("第%2d次切割,为正%5d边形,PI=%.24f\n",i,s,k*Math.sqrt(len));
    s*=2;                                       //边数加倍
        len=2-Math.sqrt(4-len);                 //内接多边形的边长
        i++;
        k*=2.0;
    }
}
```

其中，输入参数 n 为需要在初始内接正六边形的基础上继续切割的次数。该方法完全遵循了前面的算法，将每次切割的结果打印输出。

下面结合一个示例来演示割圆术算法在计算圆周率 π 时的使用（切割次数为 12）。完整的示例代码如下：

```
import java.util.Scanner;
public class P6_20 {
    static void cyclotomic(int n)                       //割圆术算法
    {
        int i,s;
        double k,len;
        i=0;
        k=3.0;                                          //初值
        len=1.0;                                        //边长初值
        s=6;                                            //初始内接正六边形
```

```
        while(i<=n)
        {
    System.out.printf("第%2d次切割,为正%5d边形,PI=%.24f\n",i,s,k*Math.sqrt(len));
       s*=2;                                      //边数加倍
           len=2-Math.sqrt(4-len);                //内接多边形的边长
           i++;
           k*=2.0;
        }
     }
     public static void main(String[] args)
     {
        int n;
        System.out.print("输入切割次数:");
        Scanner input=new Scanner(System.in);
        n=input.nextInt();                        //输入切割次数
        cyclotomic(n);                            //计算每次切割的圆周率
     }
  }
```

该程序中，首先输入切割次数，然后调用 cyclotomic()方法来计算每次切割的圆周率 π 的近似值。该程序的执行结果如图 6-22 所示。

由上述例子可知，切割的次数越多，内接多边形的边数也就越多，内接多边形也就越接近圆，计算所得的圆周率 π 也就越精确。

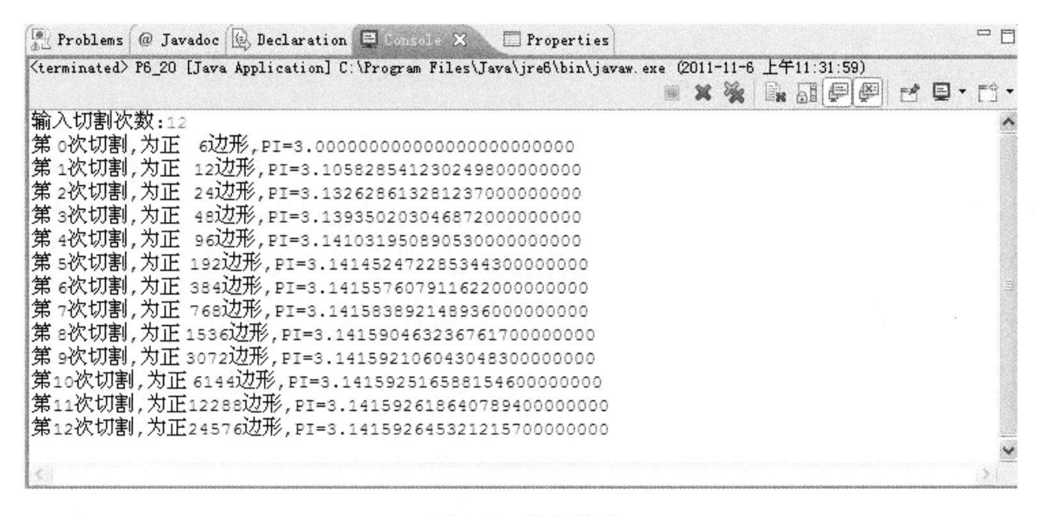

图 6-22 执行结果

6.6.2 蒙特卡罗算法

蒙特卡罗算法是一种非常重要的数值计算方法，在工程、金融、计算物理学等领域都有着重要的应用。蒙特卡罗算法是以概率为基础的。

1. 蒙特卡罗算法思想

下面简单介绍一下使用蒙特卡罗算法计算圆周率 π 的思想。这个思想其实比较简单，画一个半径为 1 的圆，如图 6-23 所示。首先，推算图中阴影部分的面积。阴影部分是一个圆的 1/4，因此有如下计算公式。

$$S_{阴影} = S_{圆}/4 = \frac{\pi * r^2}{4} = \frac{\pi}{4}$$

而图中正方形的面积为：

$$S_{正方形} = r^2 = 1$$

这样，按照图示建立一个坐标系。如果均匀地向正方形内撒点，那么落入阴影部分的点数与全部的点数之比就是 $S_{阴影}/S_{正方形}$ $=\pi/4$。根据概率统计的规律，只要撒的点足够多，就会得到近似的结果。通过这个原理便可以计算圆周率 π 的近似值，这就是蒙特卡罗算法。

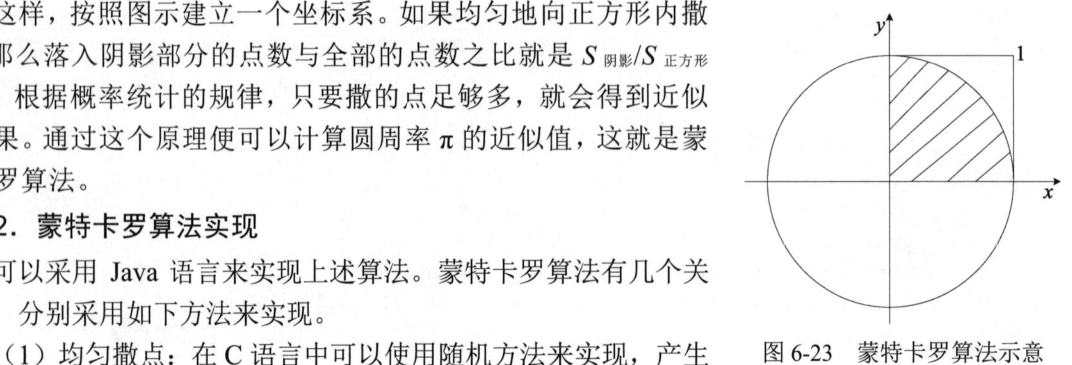

图 6-23　蒙特卡罗算法示意

2．蒙特卡罗算法实现

可以采用 Java 语言来实现上述算法。蒙特卡罗算法有几个关键点，分别采用如下方法来实现。

（1）均匀撒点：在 C 语言中可以使用随机方法来实现，产生[0，1]之间随机的坐标值[x，y]。

（2）区域判断：图中阴影部分的特点是距离坐标原点的距离小于或等于 1，这样，可以通过计算判断 $x^2+y^2 \leqslant 1$ 来实现。

使用蒙特卡罗算法计算圆周率 π 的示例代码如下：

```
double montePI(int n)                        //蒙特卡罗算法
{
    int i,sum;
    double PI;
    double x,y;
    sum=0;

    Random r=new Random();
    for(i=1;i<n;i++)
    {
        x=r.nextDouble();                    //产生0~1之间的一个随机数
        y=r.nextDouble();                    //产生0~1之间的一个随机数
        if((x*x+y*y)<=1)                     //若在阴影区域
        sum++;                               //计数
    }
    PI=4.0*sum/n;                            //计算PI
    return PI;
}
```

其中，输入参数 n 为撒点数。该方法完全遵循了前面的蒙特卡罗算法过程，返回值便是圆周率 π 的近似值。

下面结合一个具体示例来演示蒙特卡罗算法在计算圆周率 π 时的使用（撒点数为 500000）。完整的示例代码如下：

```
import java.util.Random;
import java.util.Scanner;
public class P6_21
 {
    static double montePI(int n)                //蒙特卡罗算法
```

```
    {
        int i,sum;
        double PI;
        double x,y;
        sum=0;

        Random r=new Random();
        for(i=1;i<n;i++)
        {
            x=r.nextDouble();                    //产生0~1之间的一个随机数
            y=r.nextDouble();                    //产生0~1之间的一个随机数
            if((x*x+y*y)<=1)                     //若在阴影区域
                sum++;                           //计数
        }
        PI=4.0*sum/n;                            //计算PI
        return PI;
    }
    public static void main(String[] args)
    {
        int n;
        double PI;

        System.out.print("输入点的数量:");
        Scanner input=new Scanner(System.in);
        n=input.nextInt();                       //输入撒点数
        PI=montePI(n);                           //计算PI
        System.out.println("PI="+PI);            //输出结果
    }
}
```

在程序中，主方法首先接收用户输入的撒点数，然后调用 MontePI()算法方法来计算圆周率 π 的近似值。该程序的执行结果如图 6-24 所示。

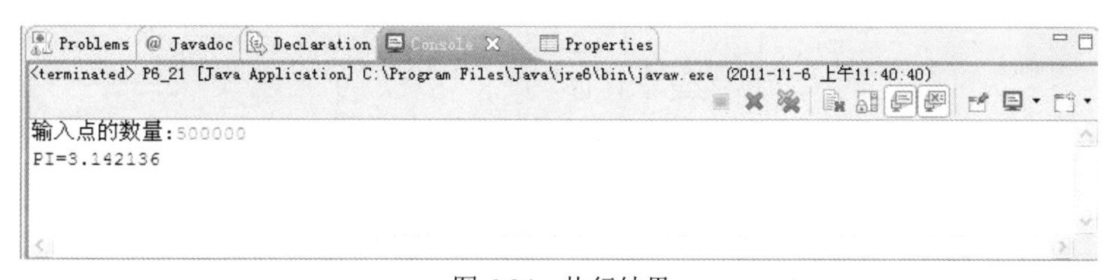

图 6-24　执行结果

读者可以多次执行该程序，会发现撒点数越多，圆周率 π 计算的精度也就越高。同时，这种方法计算的圆周率 π 值具有很大的随机性，在不同的运行时间，即使输入同样的撒点数，得到的结果也不相同。

6.6.3　级数公式

刘徽创立的割圆术可以作为最早的公式，其中用到了递推和极限的思想，在当时都是非常先进的。但割圆术需要的计算量比较大，效率较低。随着技术的发展，逐渐产生了多个效率更高的计算圆周率 π 的公式。

1．常用的圆周率 π 的计算公式简介

圆周率 π 的计算公式凝聚了众多数学家的智慧。下面列举一些比较著名的圆周率 π 的计算公式。

（1）马青公式

马青公式是 1706 年由英国天文学家约翰·马青提出的，表达式如下：

$$\pi=16*\arctan\frac{1}{5}-4*\arctan\frac{1}{239}$$

依照这个公式，可计算得到 100 位的圆周率 π。

（2）拉马努金公式

拉马努金公式是 1914 年由印度数学家拉马努金提出的。使用该公式可计算得到 17 500 000 位的圆周率 π。

（3）丘德诺夫斯基公式

丘德诺夫斯基公式是对拉马努金公式的改进，1989 年由丘德诺夫斯基提出。丘德诺夫斯基兄弟使用该公式计算得到了 4 044 000 000 位的圆周率 π。

（4）高斯—勒让德公式

高斯—勒让德公式效率非常高，迭代 20 次便可以计算到 100 万位的圆周率 π。日本数学家使用该公式计算得到了圆周率的 206 158 430 000 位，创造了当时的世界纪录。

（5）BBP 公式

BBP 公式也称为 Bailey-Borwein-Plouffe 算法，这是一个全新的算法，可以计算到圆周率 π 的任意一位，而不用计算该位之前的各位。圆周率 π 的分布式计算就是基于这种算法。

2．级数公式的算法思想

在微积分中，对一个表达式进行级数展开并取极限便可以得到一系列的迭代计算公式。对于圆周率 π 也可以采用相同的方法来得到级数公式。这样的级数公式很多，依赖于不同的级数展开表达式，例如：

$$\frac{\pi}{2}=1+\frac{1}{3}+\frac{1}{3}\times\frac{2}{5}+\frac{1}{3}\times\frac{2}{5}\times\frac{3}{7}+\frac{1}{3}\times\frac{2}{5}\times\frac{3}{7}\times\frac{4}{9}+\cdots$$

关于级数展开并不是本书的重点内容，读者可以参阅微积分相关的书籍，这里仅引用相应的公式来实现相应的程序算法。对上式左右两边同时乘 2，得到如下结果：

$$\pi=2*\left(\frac{1}{1}+\frac{1}{3}+\frac{1}{3}\times\frac{2}{5}+\frac{1}{3}\times\frac{2}{5}\times\frac{3}{7}+\frac{1}{3}\times\frac{2}{5}\times\frac{3}{7}\times\frac{4}{9}+\cdots\right)$$

这便可以作为圆周率 π 的计算公式，其中的各项非常有规律。从第二项开始，每一项都是在前一项的基础上多乘了一个分数，该分数的分母增加 2，而分子增加 1。这样，便可以采用递推的算法来实现。

3．级数公式的算法实现

依照上面的级数公式的算法思想，可以编写相应的计算圆周率 π 的程序，代码如下：

```
double jiShuPI()                              //级数算法
{
    double PI,temp;
    int n,m;
```

```
        n=1;                                //分子
        m=3;                                //分母
        temp=2;                             //精度
        PI=2;                               //初始化PI
        while(temp>1e-15)                   //数列大于指定的精度
        {
            temp=temp*n/m;                  //计算一个项的值
            PI+=temp;                       //添加到pi中
            n++;                            //分子增加1
            m+=2;                           //分母增加2
        }
        return PI;                          //返回PI
    }
```

上述代码严格遵循了前面的级数公式的算法。方法中设置了一个精度 1e-15，当计算的每一项大于该精度时才计算，否则将退出并返回圆周率 π。

下面结合一个具体示例来演示级数公式的算法在计算圆周率 π 时的使用。完整的示例代码如下：

```
#include <stdio.h>
#include <stdlib.h>
double JishuPI()                            //级数算法
{
    double PI,temp;
    int n,m;
    n=1;                                    //分子
    m=3;                                    //分母
    temp=2;                                 //精度
    PI=2;                                   //初始化PI
    while(temp>1e-15)                       //数列大于指定的精度
    {
        temp=temp*n/m;                      //计算一个项的值
        PI+=temp;                           //添加到PI中
        n++;                                //分子增加1
        m+=2;                               //分母增加2
    }
    return PI;                              //返回PI
}
void main()
{
    double PI;
    PI=JishuPI();                       //计算
    printf("PI=%f\n",PI);               //输出结果
}
```

在程序中，主方法直接调用 JishuPI()方法来计算圆周率 π 的近似值。该程序的执行结果如图 6-25 所示。可见，得到的结果非常接近圆周率 π。

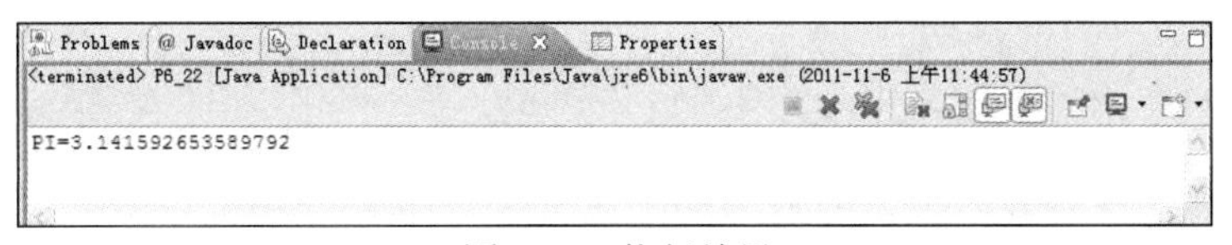

图 6-25　执行结果

6.7 矩阵运算

矩阵是非常重要的数据表示形式，其在线性代数、数值计算和方程求解等领域都有着广泛的应用。在 C 语言中，矩阵可以使用二维数组的形式来表示。矩阵的基本运算包括加法、减法、乘法和求逆等，此外还包括一些更为复杂的运算，如转置、稀疏矩阵运算、求秩等。下面先介绍最基本的加法、减法和乘法运算。

6.7.1 矩阵加法

矩阵加法比较简单，只需将对应项相加即可。矩阵加法的前提条件是两个参与运算的矩阵的行数和列数必须对应相等。例如：

$$\begin{bmatrix} 2 & 8 & 3 \\ 11 & -1 & 5 \\ 13 & 2 & 7 \end{bmatrix} + \begin{bmatrix} 1 & 18 & 7 \\ 2 & 11 & 15 \\ 10 & 3 & 4 \end{bmatrix} = \begin{bmatrix} 3 & 26 & 10 \\ 13 & 10 & 20 \\ 23 & 5 & 11 \end{bmatrix}$$

矩阵加法的算法方法代码如下：

```
void MatrixPlus(double A[][],double B[][],int m,int n,double C[][])
{
    int i,j;
    for(i=0;i<m;i++)
        for(j=0;j<n;j++)
        {
          C[i][j]=A[i][j]+B[i][j];   //各元素相加
        }
}
```

在上述代码中，输入参数 A[][]和 B[][]为参与运算的矩阵，输入参数 m 和 n 分别为行数和列数，参数 C[][]为相加结果矩阵。

下面结合一个具体示例来演示矩阵 A 和 B 加法算法的应用，完整的示例代码如下：

```
public class P6_23
{
    static void MatrixPlus(double A[][],double B[][],int m,int n,double C[][])
    {
        int i,j;
        for(i=0;i<m;i++)
            for(j=0;j<n;j++)
            {
              C[i][j]=A[i][j]+B[i][j];                          //各元素相加
            }
    }

    public static void main(String[] args)
    {
        double A[][]={{1.0,2.0,3.0},                           //矩阵A
                {4.0,5.0,6.0},
                {7.0,8.0,9.0}};
        double B[][]={{2.0,-2.0,1.0},                          //矩阵B
```

```
                {1.0,3.0,9.0},
                {17.0,-3.0,7.0}};
        double[][] C=new double[3][3];                        //结果矩阵C
        int m,n,i,j;
        m=3;                                                  //行数
        n=3;                                                  //列数

        System.out.print("矩阵A和B相加的结果为: \n");
        MatrixPlus(A,B,m,n,C);                                //运算
        for(i=0;i<m;i++)
        {
            for(j=0;j<n;j++)
            {
                System.out.printf("%10.6f ",C[i][j]);  //输出结果
            }
            System.out.print("\n");
        }
    }
}
```

在该程序中，首先初始化参与运算的矩阵 *A* 和 *B*，这两个矩阵的行数为 3，列数为 3，分别采用二维数组来表示。然后调用 MatrixPlus()方法来进行矩阵加法的计算，最后输出相加的结果矩阵 *C*。该程序的执行结果如图 6-26 所示。

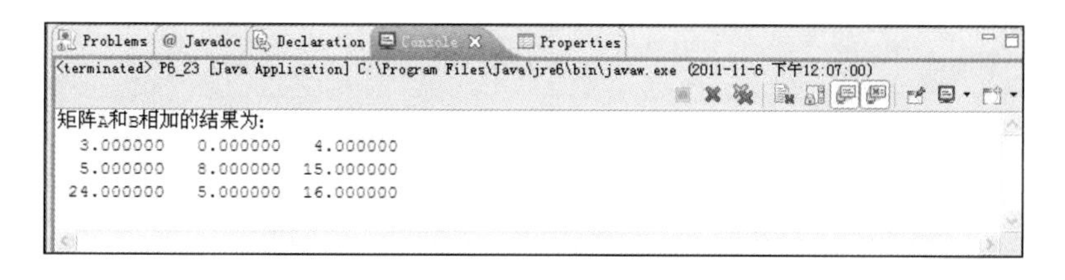

图 6-26　执行结果

6.7.2　矩阵减法

矩阵减法也比较简单，只需将对应项相减即可。矩阵减法的前提条件是两个参与运算的矩阵的行数和列数必须对应相等。例如：

$$\begin{bmatrix} 2 & 8 & 3 \\ 11 & -1 & 5 \\ 13 & 2 & 7 \end{bmatrix} - \begin{bmatrix} 1 & 18 & 7 \\ 2 & 11 & 15 \\ 10 & 3 & 4 \end{bmatrix} = \begin{bmatrix} 1 & -10 & -4 \\ 9 & -12 & -10 \\ 3 & -1 & 3 \end{bmatrix}$$

矩阵减法的算法方法代码如下：

```
void MatrixPlus(double A[][],double B[][],int m,int n,double C[][])
{
    int i,j;
    for(i=0;i<m;i++)
        for(j=0;j<n;j++)
        {
          C[i][j]=A[i][j]-B[i][j];                             //各元素相减
        }
}
```

在上述代码中，输入参数 A[][]和 B[][]为参与运算的矩阵，输入参数 *m* 和 *n* 分别为行数和列数，参数 C[][]为相减结果矩阵。

下面结合一个具体示例来演示矩阵 *A* 和 *B* 减法算法的应用，完整的示例代码如下：

```
public class P6_24
{
    static void MatrixMinus(double A[][],double B[][],int m,int n,double C[][])
    {
        int i,j;
        for(i=0;i<m;i++)
            for(j=0;j<n;j++)
            {
              C[i][j]=A[i][j]-B[i][j];                        //各元素相减
            }
    }
    public static void main(String[] args)
    {
        double A[][]={{1.0,2.0,3.0},                          //矩阵A
                {4.0,5.0,6.0},
                {7.0,8.0,9.0}};
        double B[][]={{2.0,-2.0,1.0},                         //矩阵B
                {1.0,3.0,9.0},
                {17.0,-3.0,7.0}};
        double[][] C=new double[3][3];                        //结果矩阵C
        int m,n,i,j;
        m=3;                                                  //行数
        n=3;                                                  //列数
        System.out.print("矩阵A和B相减的结果为：\n");
        MatrixMinus(A,B,m,n,C);                               //运算
        for(i=0;i<m;i++)
        {
            for(j=0;j<n;j++)
            {
                System.out.printf("%10.6f ",C[i][j]);         //输出结果
            }
            System.out.print("\n");
        }
    }
}
```

在该程序中，首先初始化参与运算的矩阵 *A* 和 *B*，这两个矩阵的行数为 3，列数为 3，分别采用二维数组来表示。然后调用 MatrixMinus()方法来进行矩阵减法，最后输出相减的结果矩阵 *C*。该程序的执行结果如图 6-27 所示。

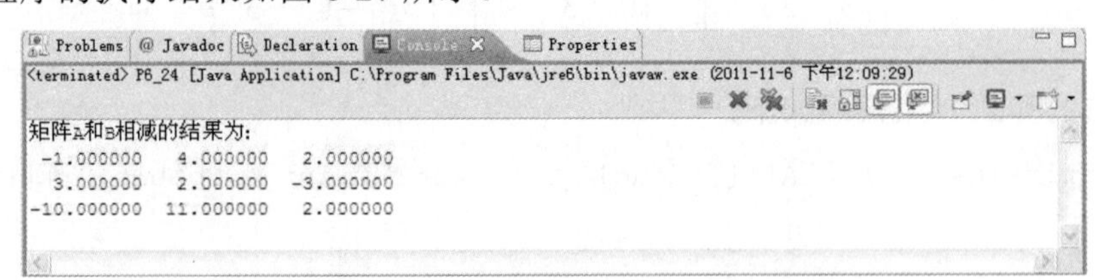

图 6-27　执行结果

6.7.3　矩阵乘法

矩阵的乘法要相对复杂些。对于给定的 $m \times n$ 矩阵 *A* 和 $n \times k$ 矩阵 *B*，其乘积矩阵为：

$$C=AB$$

这里，乘积矩阵 C 为 $m \times k$ 阶的。两个矩阵参与相乘的前提条件是，矩阵 A 的列数必须等于矩阵 B 的行数。这时，还需要指出的是矩阵的乘法不具备交换性，即

$$AB \neq BA$$

在数学上，乘积矩阵 C 中各个元素的值为：

$$c_{ij} = \sum_{t=0}^{n-1} a_{it} b_{tj}$$

这里，i=0，1，…，m−1；j=0，1，…，k−1。

形象地说，在运算时，第 1 个矩阵 A 的第 i 行的所有元素与第 2 个矩阵 B 的第 j 列的元素对应相乘，并把相乘的结果相加，最终得到的值就是矩阵 C 的第 i 行第 j 列的值。两个矩阵相乘的过程如下：

$$\begin{bmatrix} 5 & 8 & 3 \\ 11 & 0 & 5 \end{bmatrix} \times \begin{bmatrix} 0 & 18 \\ 2 & 11 \\ 10 & 3 \end{bmatrix} = \begin{bmatrix} 5\times0+8\times2+3\times10 & 5\times18+8\times11+3\times3 \\ 11\times0+0\times2+5\times10 & 11\times18+0\times11+5\times3 \end{bmatrix} = \begin{bmatrix} 46 & 187 \\ 50 & 213 \end{bmatrix}$$

根据上述矩阵乘法的规则来编写矩阵乘法的算法，代码如下：

```
void matrixMul(double A[][],double B[][],int m,int n,int k,double C[][])
{
    int i,j,l;
    for (i=0; i<m; i++)
    {
        for (j=0; j<n; j++)
        {
            C[i][j]=0;
            for(l=0; l<k; l++)
            {
                C[i][j] += (A[i][l] * B[l][j]);     //相乘累加
            }
        }
    }
}
```

在上述代码中，输入参数 A[][]和 B[][]为参与运算的矩阵，输入参数 m 为矩阵 A 的行数，输入参数 n 为矩阵 A 的列数，输入参数 k 为矩阵 B 的列数，参数 C[][]为相乘结果矩阵。

下面结合一个具体示例来演示如何对矩阵 A 和 B 进行相乘，完整的示例代码如下：

```
public class P6_25
{
    static void matrixMul(double A[][],double B[][],int m,int n,int k,double C[][])
    {
        int i,j,l;
        for (i=0; i<m; i++)
        {
            for (j=0; j<n; j++)
            {
                C[i][j]=0;
                for(l=0; l<k; l++)
                {
```

```
                    C[i][j] += (A[i][l] * B[l][j]);     //相乘累加
                }
            }
        }
    }
    public static void main(String[] args)
    {
        double A[][]={{1.0,2.0,3.0},                          //矩阵A
                {4.0,5.0,6.0},
                {7.0,8.0,9.0}};
        double B[][]={{2.0,-2.0,1.0},                         //矩阵B
                {1.0,3.0,9.0},
                {17.0,-3.0,7.0}};
        double[][] C=new double[3][3];                        //结果矩阵C
        int m,n,k,i,j;
        m=3;                                                  //行数
        n=3;                                                  //列数
        k=3;
        System.out.print("矩阵A和B相乘的结果为: \n");
        matrixMul(A,B,m,n,k,C);                               //运算
        for(i=0;i<m;i++)
        {
            for(j=0;j<n;j++)
            {
                System.out.printf("%10.6f ",C[i][j]);  //输出结果
            }
            System.out.print("\n");
        }
    }
}
```

在该程序中，首先初始化参与运算的矩阵 *A* 和 *B*，这两个矩阵的行数为 3，列数为 3，分别采用二维数组来表示。然后调用 matrixMul()方法来进行矩阵乘法的计算，最后输出相乘的结果矩阵 *C*。该程序的执行结果如图 6-28 所示。

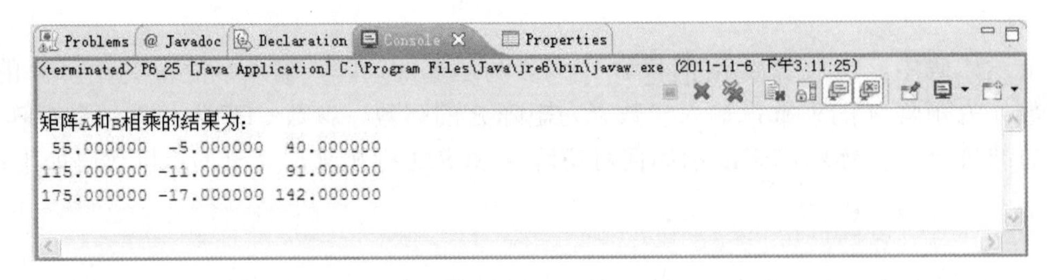

图 6-28　执行结果

6.8　方程求解

在实际应用中，很多问题都可以简化为方程或者方程组的形式。这样，问题的求解也就转化为方程的求解。一般来说，方程可以划分为线性方程和非线性方程两类。

（1）线性方程：方程中任何一个变量的幂次都是 1 次。例如，$y=4x-3$。以这类方程作图，

图中会呈现一条直线，因此称为线性方程。在线性方程中，对于自变量 x 的一个值，对应的因变量 y 是一个确定的值。线性方程求解比较简单。

（2）非线性方程：方程中包含一个变量的幂次不是 1 次。例如，$y=4x^2-3$、$y=\sin(x)-3x+1$。以这类方程作图，图中会呈现各式各样的曲线，因此称为非线性方程。对于大部分的非线性方程，往往求解很难，数学上往往计算其近似解。

本节将首先介绍简单的线性方程的求解，然后介绍两种非线性方程近似解的计算。

6.8.1　线性方程求解——高斯消元法

高斯（Gauss）消元法是线性方程组最经典的求解算法，一般也称为简单消元法或者高斯消元法。高斯消元法虽然以数学家高斯命名，但其实该方法的思想最早出现于我国古代的数学专著《九章算术》。

1．高斯消元法的算法思想

下面来分析高斯消元法的基本原理。对于如下线性方程组：

$$AX=B$$

其中，A 为系数矩阵；X 为变量列矩阵；B 为常数列矩阵。假设该方程组有 equnum 个方程，每个方程有 varnum 个变量。可以将系数矩阵 A 和常数列矩阵 B 组合成一个增广矩阵 A'，然后对该矩阵中的每一个元素进行如下消元操作：

$$a_{ij}=a_{ij}-\frac{a_{ik}}{a_{kk}}a_{kj}$$

其中，$i=k+1$，…，n；$j=k+1$，…，$n+1$；$k=1$，…，$n-1$。

也就是说，循环处理矩阵的 0~equnum−1 行（用 k 表示当前处理的行），并设当前处理的列为 col（设初值为 0），每次找第 k 行以下（包括第 k 行）col 列中元素绝对值最大的列与第 k 行交换。如果 col 列中的元素全为 0，则处理 col+1 列，k 不变。

经过消元后，再按以下公式执行回代过程，得到方程组各变量的解：

$$x_n=a_{nn+1}/a_{nn}$$

$$x_k=\left(a_{kn+1}-\sum_{j=k+1}^{n}a_{kj}x_j\right)/a_{kk}$$

其中，$k=n-1$，…，1。

在整个算法处理的过程中，可以根据高斯消元得到的行阶梯矩阵的值来判断该方程组解的形式。主要有如下几种情况。

（1）无解：当最后的行阶梯矩阵中出现（0，0，…，0，a）的形式，其中，a 为不等于 0 的数，这显然是不可能的，因此说明该方程无解。

（2）唯一解：若最后的行阶梯矩阵形成了严格的上三角阵，判断条件是 k=equ。这种情况具有唯一解，可利用回代法逐一求出方程组的解。

（3）无穷多解：若最后的行阶梯矩阵不能形成严格的上三角形，条件是 k<equ。此时，自由变量的个数即为 equ−k，这种情况下有无穷多解。

2．高斯消元法的算法实现

可以根据前面所述的算法思想来编写相应的 Java 语言实现，详细的示例代码如下：

```
static final int MaxNum=10;                              //变量数量的最大值
static int array[][]=new int[MaxNum][MaxNum];            //输入的增广矩阵
static int[] unuse_result=new int[MaxNum];               //判断是否为不确定的变量

int GaussFun(int equ,int var,int result[])               //高斯消元法算法
{
    int i,j,k,col,num1,num2;
    int max_r,ta,tb,gcdtemp,lcmtemp;
    int temp,unuse_x_num,unuse_index=0;
    col=0;                                               //第1列开始处理
    for(k=0;k<equ && col<var;k++,col++)                  //循环处理增广矩阵中的各行
    {
        max_r=k;                                         //保存绝对值最大的行号
        for(i=k+1;i<equ;i++)
        {
            if(Math.abs(array[i][col])>Math.abs(array[max_r][col]))
            {
                max_r=i;                                 //保存绝对值最大的行号
            }
        }
        if(max_r!=k)                                     //最大行不是当前行，则与第k行交换
        {
            for(j=k;j<var+1;j++)                         //交换矩阵右上角数据
            {
                temp=array[k][j];
                array[k][j]=array[max_r][j];
                array[max_r][j]=temp;
            }
        }
        if(array[k][col]==0)         //说明col列第k行以下全是0，则处理当前行的下一列
        {
            k--;
            continue;
        }
        for(i=k+1;i<equ;i++)                             //查找要删除的行
        {
            if(array[i][col]!=0)                         //如果左列不为0，进行消元运算
            {
                num1=Math.abs(array[i][col]);
                num2=Math.abs(array[k][col]);
                while(num2!= 0)
                {
                    temp=num2;
                    num2=num1%num2;
                    num1=temp;
                }
                gcdtemp=num1;                            //最大公约数
                lcmtemp=(Math.abs(array[i][col]) * Math.abs(array[k][col]))/gcdtemp;
                //求最小公倍数

                ta=lcmtemp/Math.abs(array[i][col]);
                tb=lcmtemp/Math.abs(array[k][col]);
```

```
                if(array[i][col]*array[k][col]<0)     //如果两数符号不同
                  {
                   tb=-tb;                            //异号的情况是两个数相加
                  }
                for(j=col;j<var+1;j++)
                  {
                   array[i][j]=array[i][j]*ta-array[k][j]*tb;
                  }
            }
        }
    }
    for(i=k;i<equ;i++)                                //判断最后一行最后一列
    {
        if(array[i][col]!=0)                          //若不为0，表示无解
         {
            return -1;                                //返回-1，表示无解
         }
    }
    if(k<var)                      //自由变量有var-k个，即不确定的变量至少有var-k个.
    {
        for(i=k-1;i>=0;i--)
        {
            unuse_x_num=0;                            //判断该行中不确定变量数量，
            for(j=0;j<var;j++)
            {
                if(array[i][j]!=0 && unuse_result[j]!=0)
                {
                    unuse_x_num++;
                    unuse_index=j;
                }
            }
            if(unuse_x_num>1)
            {
                continue;                         //若超过1个，则无法求解
            }
            temp=array[i][var];
            for(j=0;j<var;j++)
            {
                if(array[i][j]!=0 && j!=unuse_index)
                {
                    temp-=array[i][j]*result[j];
                 }
            }
            result[unuse_index]=temp/array[i][unuse_index]; //求出该变量
            unuse_result[unuse_index]=0;          //该变量是确定的
        }
        return var-k;                             //自由变量有var—k个
    }
    for(i=var-1;i>=0;i--)                         //求解
    {
        temp=array[i][var];
        for(j=i+1;j<var;j++)
```

```
        {
           if(array[i][j]!=0)
            {
              temp-=array[i][j]*result[j];
            }
        }
        if(temp % array[i][i]!=0)                //若不能整除
         {
           return -2;                            //返回有浮点数解，但无整数解
         }
        result[i]=temp/array[i][i];
    }
    return 0;
}
```

在上述代码中，array 为输入的增广矩阵，MaxNum 定义了变量的最大数目。GaussFun()是高斯消元法算法的方法主体。其中，输入参数 equ 为方程的数量；var 为变量的个数；数组 result[]用于保存方程组的解。整个代码处理过程严格遵循了前面所述的算法，读者可以对照两者来加深理解。

3．高斯消元法的算法应用

学习了高斯消元法，便可以轻松地计算线性方程组的求解。下面举例来说明高斯消元算法的应用。对于如下线性方程组：

$$\begin{cases} 3x_1+5x_2-4x_3=0 \\ 7x_1+2x_2+6x_3=-4 \\ 4x_1-x_2+5x_3=-5 \end{cases}$$

首先，需要得到增广矩阵，示例如下：

$$A=\begin{bmatrix} 3 & 5 & -4 & 0 \\ 7 & 2 & 6 & -4 \\ 4 & -1 & 5 & -5 \end{bmatrix}$$

然后调用前面的高斯消元算法来求解方程组，完整的示例代码如下：

```
public class P6_26 {
    static final int MaxNum=10;
    static int array[][]={{3,5,-4,0},
                {7,2,6,-4},
                {4,-1,5,-5}};                        //输入的增广矩阵
    static int[] unuse_result=new int[MaxNum];      //判断是否是不确定的变量

public static void main(String[] args)
    {
         int i, type;
           int equnum, varnum;
           int[] result=new int[MaxNum];            //保存方程的解
           equnum=3;
           varnum=3;

           type=GaussFun(equnum,varnum,result);     //调用高斯方法
```

```
            if(type==-1)                                  //无解
             {
                System.out.printf("该方程无解!\n");
             }
            else if(type==-2)                             //只有浮点数解
             {
                System.out.printf("该方程有浮点数解，无整数解!\n");
             }
            else if(type>0)                               //无穷多个解
            {
                 System.out.printf("该方程有无穷多解! 自由变量数量为%d\n",type);
                 for(i=0;i<varnum;i++)
                 {
                     if(unuse_result[i]!=0)
                       {
                        System.out.printf("x%d 是不确定的\n",i+1);
                       }
                     else
                       {
                        System.out.printf("x%d: %d\n",i+1,result[i]);
                       }
                 }
            }
            else
             {
                      System.out.printf("该方程的解为:\n");
                for(i=0;i<varnum;i++)                     //输出解
                {
                    System.out.printf("x%d=%d\n",i+1,result[i]);
                }
            }
      }
  }
```

在该程序中，首先初始化增广矩阵 array，方程个数 equnum 为 3，变量个数 varnum 为 3。方程的解保存在数组 result 中。初始化这些参数后，调用 GaussFun()方法来进行高斯消元算法的计算，最后根据解的情况来输出结果。由于篇幅的关系，这里没有列出高斯消元算法 GaussFun()方法。该程序的执行结果如图 6-29 所示。

图 6-29　执行结果

6.8.2　非线性方程求解——二分法

非线性方程的求解一般都比较困难，其中二分法是最典型、最简单的一种求解算法。二分法也称为对分法。

1. 二分法的算法思想

对于函数 $f(x)$，如果 x=c 时，$f(\text{c})=0$，那么把 x=c 称为函数 $f(x)$的零点。求解方程就是计算该方程所有的零点。对于二分法，假定非线性方程$f(x)$在区间$[x, y]$连续。如果存在两个实数a和b属于区间（x，y），使得满足如下公式。

$$f(a)*f(b)<0$$

也就是说$f(a)$和$f(b)$异号，这就说明在区间$[a, b]$一定有零点，即至少包含该方程的一个解。

然后，计算$f[(a+b)/2]$。此时，假设如下条件。

$$f(a)<0，f(b)>0，a<b$$

则可以根据$f[(a+b)/2]$的值来判断方程解的位置，如下：

（1）如果$f[(a+b)/2]=0$，该点就是零点；

（2）如果$f[(a+b)/2]<0$，则表示在区间$[(a+b)/2, b]$有零点，若$(a+b)/2 \geqslant a$，重复前面的步骤来进行判断；

（3）如果$f[(a+b)/2]>0$，则表示在区间$[a, (a+b)/2]$有零点，若$(a+b)/2 \leqslant b$，重复前面的步骤来进行判断。

这样，通过上述步骤就可以不断接近零点。由于非线性方程在很多时候都没有精确解，因此可以设置一个精度，当$f(x)$小于该精度时就认为找到了零点，即找到了方程的解。

这种通过每次把$f(x)$的零点所在小区间收缩一半，使区间的两个端点逐步逼近函数的零点，以求得零点的近似值的方法，就是二分法。二分法是比较简单的非线性方程求解方法，但二分法不能计算复根和重根，这是它的不足。

2．二分法的算法实现

可以根据前面所述的算法思想来编写相应的 Java 语言实现，详细的代码如下：

```
double erfen(double a,double b,double err)          //二分算法
{
    double c;
    c=(a+b)/2.0;                                    //中间值
    while(Math.abs(func(c))>err && func(a-b)>err)
    {
        if(func(c)*func(b)<0)                       //确定新的区间
         {
            a=c;
         }
        if(func(a)*func(c)<0)
         {
            b=c;
         }
        c=(a+b)/2;                                  //二分法确定新的区间
    }

     return c;
}
```

在上述代码中，func()为待求解的非线性方程。方法 erfen()便是二分法求解的算法主体，其中输入参数a和b分别为待求解的区间，输入参数 err 为误差精度。该方法的返回值便是通过二分法求得的解。整个代码处理过程严格遵循了前面所述的算法，读者可以对照两者来加深理解。

3．二分法的算法应用

下面通过一个具体的例子来分析二分法求解非线性方程的应用。对于如下的非线性方程：

$$2x^3-5x-1=0$$

令 $f(x)=2x^3-5x-1$，那么当 x=1.0 和 x=2.0 时，该函数的值分别如下：

$$f(1)=2*1^3-5*1-1=-4$$
$$f(2)=2*2^3-5*2-1=5$$

很显然 $f(1)*f(2)<0$，也就是在区间[1.0，2.0]有一个方程的解。根据二分法来求解该方程的解，完整的示例代码如下：

```
public class P6_27
{
    static double func(double x)                              //方法
    {
        return  2*x*x*x-5*x-1;
    }
    static double erfen(double a,double b,double err)  //二分算法
    {
        double c;
        c=(a+b)/2.0;                                          //中间值

        while(Math.abs(func(c))>err && func(a-b)>err)
        {
            if(func(c)*func(b)<0)                             //确定新的区间
             {
                a=c;
             }
            if(func(a)*func(c)<0)
             {
                b=c;
             }
            c=(a+b)/2;                                    //二分法确定新的区间
        }

         return c;
    }
    public static void main(String[] args)
    {
         double a=1.0,b=2.0;                              //初始区间
         double err=1e-5;                                 //绝对误差
        double result;

        result=erfen(a,b,err);
        System.out.print("二分法解方程:2*x*x*x-5*x-1\n");
        System.out.printf("结果x=%.5f\n",result);    //输出解
    }
}
```

在该程序中，首先定义 func()方法作为待求解的方程。主方法中首先初始化求解区间，以及绝对误差。然后，调用方法求解方程。该程序的执行结果如图 6-30 所示。

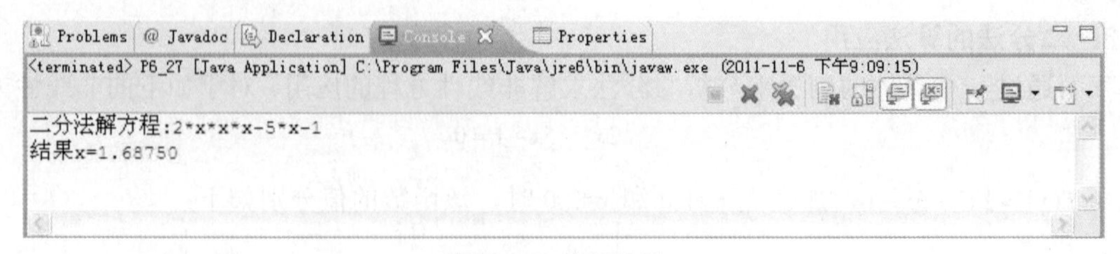

图 6-30 执行结果

6.8.3 非线性方程求解——牛顿迭代法

由前面的内容可知，二分法的不足是不能计算复根和重根的，而且收敛的速度比较慢。在二分法之后，数学家又提出了其他许多求解算法，牛顿迭代法就是很经典的一个算法。牛顿迭代法（Ncwton' s mcthod）根据函数 $f(x)$的泰勒基数的前几项来寻找方程的根。牛顿迭代法有时也称为牛顿-拉夫逊迭代法（Newton-Raphson method）。牛顿迭代法具有平方收敛的速度，而且还可以用来计算方程的复根和重根。

1．牛顿迭代法的算法思想

首先，假设方程 $f(x)=0$ 在 x_0 处有解。可以将 $f(x)$在某一点 x_0 处进行泰勒级数展开，示例如下：

$$f(x)=f(x_0)+f'(x_0)(x-x_0)+\frac{f''(x_0)}{2!}(x-x_0)^2+\cdots$$

下面取其线性部分，作为非线性方程 $f(x)=0$ 的一个近似方程，也就是上述泰勒级数展开的前面两项，示例如下：

$$f(x_0)+f'(x_0)(x-x_0)=f(x)=0$$

如果 $f(x_0)=0$，那么上述方程的解为：

$$x_1=x_0-\frac{f(x_0)}{f'(x_0)}$$

通过 x_0 得到了 x_1，然后再按照 x_1 进行下一次相似的计算。这样，便得到牛顿法的一个迭代序列公式：

$$x_{n+1}=x_n-\frac{f(x_n)}{f'(x_n)}$$

重复该过程使得到的根逐渐逼近于真实根，直到满足精度为止。

2．牛顿迭代法的算法实现

可以根据前面所述的算法思想来编写相应的 Java 语言实现，详细的示例代码如下：

```
int NewtonMethod(double[] x,int maxcyc,double precision)
{
   double x0,x1;
   int i;

   x0=x[0];
   i=0;
   while(i<maxcyc)
   {
      if(dfunc(x0)==0.0)                          //若通过初值，方法返回值为0
      {
```

```
            System.out.print("迭代过程中导数为0!\n");
            return 0;
        }
        x1=x0-func(x0)/dfunc(x0);                         //牛顿迭代计算
        if(Math.abs(x1-x0)<precision || Math.abs(func(x1))<precision)
                                                          //达到预设的结束条件
        {
            x[0]=x1;                                      //返回结果
            return 1;
        }
        else                                              //未达到结束条件
         {
            x0=x1;                                        //准备下一次迭代
         }
         i++;                                             //迭代次数累加
    }
    System.out.print("迭代次数超过预设值!仍没有达到精度! \n");
    return 0;
}
```

在上述代码中，输入参数 x 为初始近似值，由于每次迭代之后都要对其进行修改，因此，这里才有了引用变量的形式。输入参数 maxcyc 为预设的最大迭代次数，输入参数 precision 为预设的精度，当小于该精度时便停止迭代。该方法的返回值如果为 1，则表示找到了结果，如果为 0，则表示没有找到结果。整个代码处理过程严格遵循了前面所述的算法，读者可以对照两者来加深理解。

另外，需要注意的是，这里的 func()方法为待求解的方程，而 dfunc()方法为待求解方程的导数方程。这两个方程都需要用户首先给出。

3．牛顿迭代法的算法应用

下面通过一个具体的例子来分析牛顿迭代法求解非线性方程的应用。例如，对于如下非线性方程：

$$x^4-3x^3+1.5x^2-4=0$$

计算其在 x_0=2.0 附近的方程的解。因此，首次迭代 x 的初始值为 2.0。根据牛顿迭代法来求解该方程的解，完整的示例代码如下：

```
public class P6_28
{
    static double func(double x)                            //待求解方程
    {
        return x*x*x*x-3*x*x*x+1.5*x*x-4.0;
    }
    static double dfunc(double x)                           //导数方程
    {
        return 4*x*x*x-9*x*x+3*x;
    }
    static int NewtonMethod(double[] x,int maxcyc,double precision)
    {
        double x0,x1;
        int i;
```

```
        x0=x[0];
        i=0;
        while(i<maxcyc)
        {
            if(dfunc(x0)==0.0)                          //若通过初值，方法返回值为0
            {
                System.out.print("迭代过程中导数为0!\n");
                return 0;
            }
            x1=x0-func(x0)/dfunc(x0);                   //牛顿迭代计算
            if(Math.abs(x1-x0)<precision || Math.abs(func(x1))<precision)
                                                        //达到预设的结束条件
            {
                x[0]=x1;                                //返回结果
                return 1;
            }
            else                                        //未达到结束条件
             {
                x0=x1;                                  //准备下一次迭代
             }
             i++;                                       //迭代次数累加
        }
        System.out.print("迭代次数超过预设值!仍没有达到精度! \n");
        return 0;
    }
    public static void main(String[] args)
    {
        double precision;
        int maxcyc,result;

        double[] x={2.0};                               //初始值
        maxcyc=1000;                                    //迭代次数
        precision=0.00001;                              //精度
        result=NewtonMethod(x,maxcyc,precision);
        if(result==1)                                   //得到结果
        {
            System.out.printf("方程x*x*x*x-3*x*x*x+1.5*x*x-4.0=0\n在2.0附近的根
为:%f\n",x[0]);
        }
        else                                            //未得到结果
        {
            System.out.print("迭代失败!\n");
        }
    }
}
```

在该程序中，首先定义 func()方法作为待求解的方程，dfunc()方法是 func()方法的导数方法。主方法中首先初始化待求解的近似值、迭代次数及精度。然后，调用 NewtonMethod()方法求解方程。求解的结果保存在变量 x 中。该程序的执行结果如图 6-31 所示。

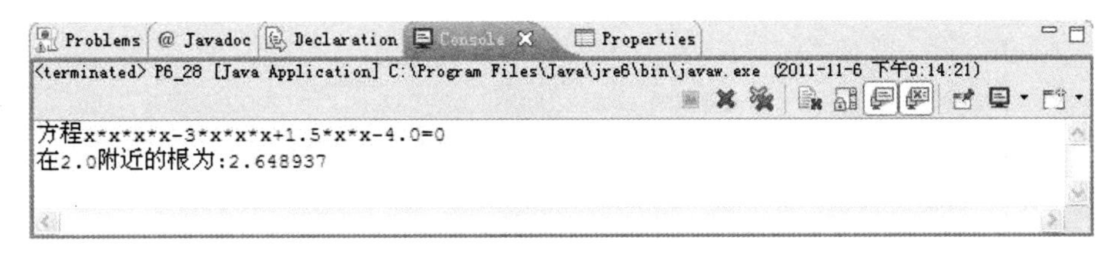

图 6-31　执行结果

—— 本章小结 ——

实际应用中的很多问题都可以归结为数学问题，因此算法的一个重要应用领域便是求解数学问题。本章对一些常用的数学算法进行详细的分析，包括多项式的算法、随机数生成算法、复数运算的算法、阶乘算法、计算 π 近似值的算法、矩阵运算算法和方程求解的基本算法等。这些都是算法在数学中的基本应用，读者应该熟练掌握。

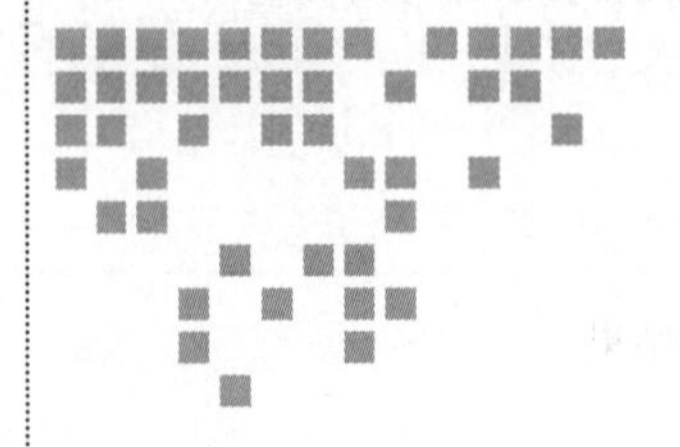

第 7 章

数据结构问题

数据结构是算法的核心，高效率的算法往往依赖于合理的数据结构。在前面章节中介绍了常用数据结构及其基本操作，本章将介绍一些经典的数据结构问题。通过这些问题，读者可以领略到合理选用数据结构所带来的方便。

7.1 动态数组排序

C 语言不支持动态数组。也就是说，在声明数组时，一定要明确指定数组的大小，不能将数组大小设置为未知数。但是很多时候数据量的大小未知，或者数据量的大小会随着问题而变化。此时就需要一个长度大小能够变化的数组，这在程序中应该如何有效处理呢？

7.1.1 动态数组的存储和排序

对于上述问题，一个最简单的方法便是申请一个非常大的数组，使其能够满足所有应用的需要。如果输入的数据量少，则只使用有效的部分。这种方法显然是不好的，浪费了大量的内存空间。

其实，一个很好的解决方法便是链表结构。也就是说，采用链式存储结构来保存数组。这样，程序在运行过程中，可以动态申请内存并增加链表的长度。这样就相当于增加了数组的长度，实现了动态数组。此后，便可以对该动态数组进行各种操作。

而对动态数组的排序，可以参照前面章节中介绍的各种排序算法。需要注意的是，这里排序的对象是链表，需要对排序算法进行适当的修改。

根据上述分析来完成动态数组的排序算法，代码如下：

```
class LinkList                              //链表结构
{
    char data;                              //数据域
```

```
    LinkList next;                              //指针域
}
void DynamicSort(LinkList q)                    //动态数组排序
{
    LinkList p=q;
    int i,j,k=0;
    char t;

    while(p!=null)
    {
        k++;
        p=p.next;
    }
    p=q;
    for(i=0;i<k-1;i++)
    {
        for(j=0;j<k-i-1;j++)
        {
            if(p.data>p.next.data)
            {
                t=p.data;                       //交换数据
                p.data=p.next.data;
                p.next.data=t;
            }
            p=p.next;
        }
        p=q;
    }
}
```

在上述代码中，首先定义了一个链表结构的结点，其包括一个数据域（保存字符信息）和一个引用域（指向下一个数据结点）。该方法的输入参数 q 即为此类型的变量。程序中，采用了冒泡排序的思想，只不过针对链表结构进行了优化。方法 DynamicSort()能够完成任意长度字符数组的排序。

7.1.2　动态数组排序实例

学习了前面链表结构专门优化的排序算法之后，便可以完成动态数组排序问题。由于需要用到链表，读者可以参阅前面章节中的介绍。下面给出一个完整的示例来演示动态字符（以 C 结束的一组字符）数组排序的过程。示例代码如下：

```
import java.io.BufferedReader;
import java.io.IOException;
import java.io.InputStreamReader;
import java.util.Scanner;

class LinkList                                  //链表结构
{
    char data;                                  //数据域
    LinkList next;                              //指针域
}
```

```
public class P8_1
 {
    static Scanner input=new Scanner(System.in);
    static char chc;
    static LinkList CreatLinkList()                              //创建链表
    {
       char ch;
       LinkList list=null;

       list=new LinkList();
       list.data=chc;
       list.next=null;
       return list;
    }

    static void insertList(LinkList list,char e)             //插入结点
    {
        LinkList p;
       p=new LinkList();
       p.data=e;
       if(list==null)
        {
            list=p;
            p.next=null;
        }
       else
        {
          p.next=list.next;
          list.next=p;
        }
    }

    static void DynamicSort(LinkList q)                        //动态数组排序
    {
       LinkList p=q;
       int i,j,k=0;
        char t;

       while(p!=null)
        {
            k++;
            p=p.next;
        }
       p=q;
       for(i=0;i<k-1;i++)
       {
          for(j=0;j<k-i-1;j++)
          {
               if(p.data>p.next.data)
              {
                 t=p.data;                               //交换数据
```

```
                p.data=p.next.data;
                  p.next.data=t;
            }
            p=p.next;
        }
    p=q;
    }
}


public static void main(String[] args) throws IOException
{
    int ch;
    LinkList  list,q;                              //声明链表

    System.out.printf("动态数组排序! \n");
    System.out.printf("请输入一组字符，以0结束! \n");
    BufferedReader reader = new BufferedReader(new InputStreamReader(System.in));
    ch = (char)reader.read();
    chc=(char)ch;                                  //输入链表的第一个数据
    q=list=CreatLinkList();                        //创建一个链表结点
    while(ch!='0'){
        ch = reader.read();
        if(ch!='0'){
        insertList(q,(char)ch) ;
        q=q.next;
        }
    }

    DynamicSort(list);                             //动态数组排序
    System.out.printf("\n");
    System.out.printf("对该数组排序之后，得到如下结果：\n");
    while(list!=null)
    {
        System.out.printf("%c ",list.data);        //输出排序后的数组内容
        list=list.next;
    }
    System.out.printf("\n");
}
}
```

在该程序中，定义了链表结构的基本操作方法。由于这里只需创建链表、插入结点等几个基本操作，因此，此处声明了几个程序中用到了一个最基本的方法。方法 CreatLinkList()用于创建一个链表，并保存一个字符数据，方法 insertList()用于向链表尾部添加一个结点，方法 DynamicSort()就是基于冒泡思想的动态字符数组排序算法。

在主方法中，首先创建一个链表结点，然后由用户动态输入数据，接着对其进行排序，最后输出排序后的数组内容。执行该程序，输入一组字符以 0 结束，得到如下结果，如图 7-1所示。

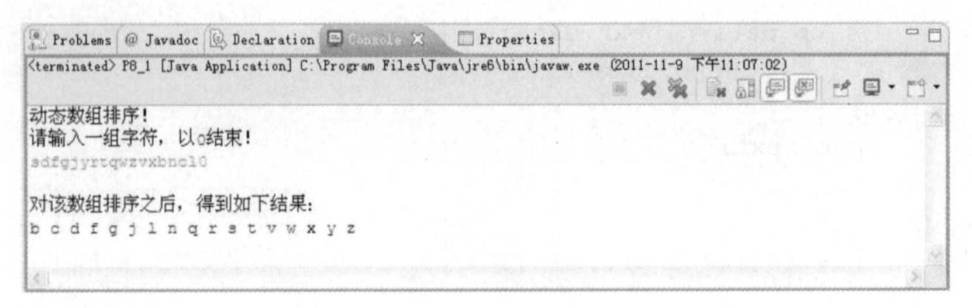

图 7-1 执行结果

7.2 约瑟夫环

约瑟夫环问题起源于一个犹太故事。约瑟夫环问题的大意如下：

罗马人攻占了乔塔帕特，41 个人藏在一个山洞中躲过了这场浩劫。这 41 个人中，包括历史学家约瑟夫和他的一个朋友。剩余的 39 个人为了表示不向罗马人屈服，决定集体自杀。大家决定了一个自杀方案，所有这 41 个人围成一个圆圈，由第 1 个人开始顺时针报数，每报数为 3 的人就立刻自杀，然由再由下一个人重新开始报数，仍然是每报数为 3 的人就立刻自杀……，直到所有人都自杀身亡为止。

约瑟夫和他的朋友并不想自杀，于是约瑟夫想到了一个计策，他们两个同样参与到自杀方案中，但是最后却躲过了自杀。请问，他们是怎么做到的？

7.2.1 简单约瑟夫环算法

先来分析一下约瑟夫环问题。其实，约瑟夫和他的朋友要想躲过自杀，那么自杀到最后一轮应该剩下 3 个人，且约瑟夫和他的朋友应该位于 1 和 2 的位置。这样，第 3 个人自杀后，便只剩下约瑟夫和他的朋友。此时，已经没有其他人了，他们两个可以不遵守自杀规则而幸存下来。

一个明显的求解方法便是将 41 个人排成一个环，内圈为按照顺时针的最初编号，外圈为每个人数到数字 3 的顺序，如图 7-2 所示。可以使用数组来保存约瑟夫环中该自杀的数据，而数组的下标作为参与人员的编号，并将数组看作环形来处理。

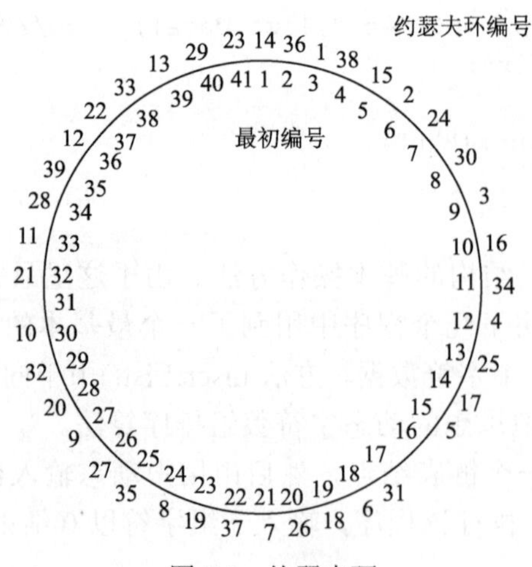

图 7-2 约瑟夫环

根据上面的思路，可以编写相应的约瑟夫环处理算法，代码如下：

```
static final int Num=41;                                    //总人数
static final int KillMan=3;                                 //自杀者报数

void Josephus(int alive)                                    //约瑟夫环算法
{
    int[] man=new int[Num];
    int count=1;
    int i=0,pos=-1;

    while(count<=Num)
    {
        do{
            pos=(pos+1) % Num;                              //环处理
            if(man[pos]==0)
            i++;
            if(i==KillMan)                                  //该人自杀
            {
                i=0;
                break;
            }
        }while(true);
        man[pos]=count;
         System.out.printf("第%2d个人自杀！约瑟夫环编号为%2d",pos+1,man[pos]);
         if(count%2==1)
         {
             System.out.printf(" -> ");
         }
         else
         {
             System.out.printf(" ->\n");                    //输出换行
         }
        count++;
    }
    System.out.printf("\n");
    System.out.printf("这%d需要存活的人初始位置应排在以下序号:\n",alive);
    alive=Num-alive;
    for(i=0;i<Num;i++)
    {
        if(man[i]>alive)
         {
            System.out.printf("初始编号:%d,约瑟夫环编号:%d\n",i+1,man[i]);
         }
    }
    System.out.printf("\n");
}
```

在上述代码中，Num 为总人数，KillMan 为自杀者应该报的数字。程序中，首先进行环处理，对于报数字 KillMan 的人则按照顺序自杀并显示。最后，根据要求存活的人数来输出其初始编号。

7.2.2 简单约瑟夫环求解

学习了前面简单约瑟夫环求解算法之后，便可以求解约瑟夫和他的朋友应该排在什么位置才能躲过自杀。下面给出一个完整的演示整个约瑟夫环的求解过程。示例代码如下：

```
import java.util.Scanner;
public class P8_2
{
    static final int Num=41;                                    //总人数
    static final int KillMan=3;                                 //自杀者报数

    static void Josephus(int alive)                             //约瑟夫环算法
    {
        int[] man=new int[Num];
        int count=1;
        int i=0,pos=-1;
        while(count<=Num)
        {
            do{
                pos=(pos+1) % Num;                              //环处理
                if(man[pos]==0)
                    i++;
                if(i==KillMan)                                  //该人自杀
                {
                    i=0;
                    break;
                }
            }while(true);
            man[pos]=count;
             System.out.printf("第%2d个人自杀! 约瑟夫环编号为%2d",pos+1,man[pos]);
             if(count%2==1)
             {
                 System.out.printf(" -> ");
             }
             else
             {
                 System.out.printf(" ->\n");                    //输出换行
             }
            count++;
        }
        System.out.printf("\n");
        System.out.printf("这%d需要存活的人初始位置应排在以下序号:\n",alive);
        alive=Num-alive;
        for(i=0;i<Num;i++)
         {
            if(man[i]>alive)
             {
                System.out.printf("初始编号:%d,约瑟夫环编号:%d\n",i+1,man[i]);
             }
         }
        System.out.printf("\n");
    }
```

```
    public static void main(String[] args)
    {
        int alive;
        Scanner input=new Scanner(System.in);
        System.out.printf("约瑟夫环问题求解!\n");
        System.out.printf("输入需要留存的人的数量:");
        alive=input.nextInt();                                //输入留存的人的数量
        Josephus(alive);
    }
}
```

在该程序中，主方法首先应输入需要留存的人的数量，然后调用 Josephus()方法来求解。求解的过程中，按照顺序显示自杀的顺序，以及最后留存的人应该排的编号。

执行该程序，得到结果如图 7-3 所示。从以下结果可以看出，约瑟夫和他的朋友应该排在 16 号和 31 号才能够躲过自杀而存活下来。

这里演示了 41 个人，报数为 3 的人自杀情况，读者也可以将上述算法推广，计算 n 个人，报数为 m 的人自杀的情况，看看存活的人应该排在什么位置。

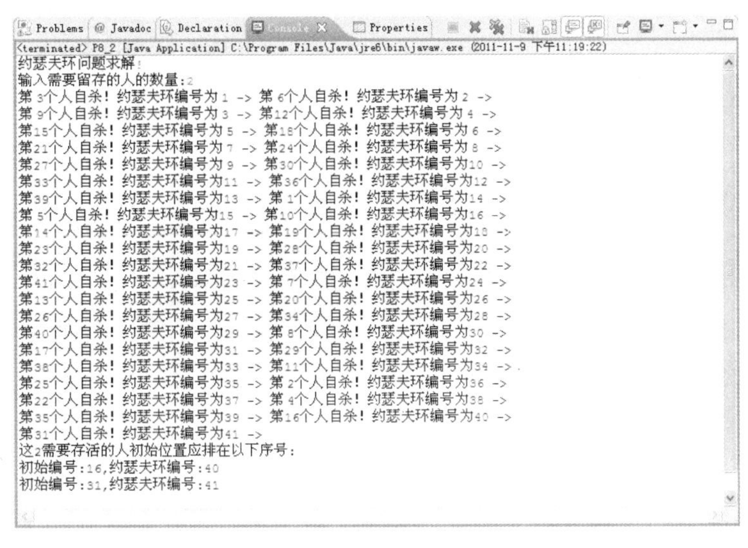

图 7-3　执行结果

7.2.3　复杂约瑟夫环算法

在历史上，约瑟夫环被广泛研究。一个推广的约瑟夫环问题如下：

有 n 个人环坐一圈，按照顺时针方向依次编号为 1，2，3，…，n。有一个黑盒子中放置着许多纸条，其上随机写有数字。每个人随机取一个纸条，纸条上的数字为出列数字。游戏开始时，任选一个出列数字 m。从第一个人开始，按编号顺序自 1 开始顺序报数，报到 m 的人出列，同时将其手中的数字作为新的出列数字。然后，从下一个人开始重新从 1 报数，如此循环报数下去。问最后剩下哪个人？

先来分析一下这个问题，同前面的约瑟夫环相比，这里要明显复杂，主要体现在如下两点：

（1）参与人的个数为 n 是一个可变量，因此，不能使用数组来表示，应该使用链表结构来表示。另外，这 n 个人首尾相接构成一个环，因此应该使用循环链表来处理该问题；

（2）约瑟夫环的出列数字不是固定值，而是每个人具有不同的值。这就要在程序中分别处理。

其他部分和之前的约瑟夫环处理类似。可以参照前述的算法方法来编写该复杂约瑟夫环的求解算法。算法的代码如下：

```
class  LinkList2                                        //结点类
{
  int  no ;                                             //序列
  int  psw;
  LinkList2 next;                                       //下一个结点
}
void CircleFun(LinkList2 list, int m)                   //算法
{
   LinkList2 p ,q;
   int i;
   q = p = list ;
   while(q.next != p)
    {
       q=q.next;
    }
   System.out.printf("游戏者按照如下的顺序出列。\n") ;
   while(p.next != p)
    {
       for(i=0;i<m-1;i++)
       {
           q = p;
           p = p.next;
       }
       q.next = p.next;                                 //删除p指向的结点
       System.out.printf("第%d个人出列，其手中的出列数字为%d。\n",p.no,p.psw );
       m = p.psw;                                       //重置出列数字
       p=null;
       p = q.next;
   }
   System.out.printf("\n最后一个人是%d，其手中的出列数字为%d。",p.no,p.psw);
}
```

在上述代码中，定义了链表结构来保存数据。链表中每个结点包括如下三个域：

（1）域 no：用于保存游戏者编号；

（2）域 psw：用于保存游戏者的出列数字；

（3）域 next：引用域，用于保存下一个结点的引用。

程序中，按照约瑟夫环的规则来处理，依次输出出列的人及出列数字，直到最后一个。最后，便得到剩余的那一个人。

7.2.4 复杂约瑟夫环求解

学习了前面复杂约瑟夫环求解算法之后，便可以求解前述约瑟夫环问题，得到最后剩余的是哪一个人。下面给出一个完整的示例来演示复杂约瑟夫环的求解过程（约瑟夫环中的人数为 8）。示例代码如下：

```
import java.util.Scanner;
class  LinkList2                                        //结点类
{
```

```
    int  no ;                                         //序列
    int psw;
    LinkList2 next;                                   //下一个结点

    public LinkList2(int no,int psw)
    {
       this.no=no;
       this.psw=psw;
     }

   public LinkList2(int no,int psw,LinkList2 next)  //构造方法
   {
    this.no=no;
    this.psw=psw;
    this.next=next;
   }
}

public class P8_3 {
     static  LinkList2 head=null,tail=null;           //头指针，尾指针
     int size=0;

     public void addhead(int i,int psw)
     {
     head=new LinkList2(i,psw,head);
        if (tail == null)
           tail = head;
        size++;
     }

    public void addtail(int i,int psw)
    {
         tail.next = new LinkList2(i,psw);
        tail = tail.next;
        tail.next=head;
        size++;
     }

    static  void CircleFun(LinkList2 list, int m)    //算法
     {
        LinkList2 p ,q;
        int i;
        q = p = list ;
        while(q.next != p)
         {
            q=q.next;
         }
        System.out.printf("游戏者按照如下的顺序出列。\n") ;
        while(p.next != p)
         {
            for(i=0;i<m-1;i++)
            {
```

```
                q = p;
                p = p.next;
            }
            q.next = p.next;                        //删除p指向的结点
            System.out.printf("第%d个人出列，其手中的出列数字为%d。\n",p.no,p.psw);
            m = p.psw;                              //重置出列数字
            p=null;
            p = q.next;
        }
        System.out.printf("\n最后一个人是%d，其手中的出列数字为%d。",p.no,p.psw);
    }
    public static void main(String[] args)
    {
        P8_3 LL=new P8_3();
        int e,baoshu;
        System.out.printf("约瑟夫环问题求解！\n");
        System.out.printf("请输入约瑟夫环中的人数：\n");
        Scanner input=new Scanner(System.in);
        int  num=input.nextInt();                  //输入约瑟夫环的人数

        System.out.printf("按照顺序输入每个人手中的出列数字：\n");
        e=input.nextInt();

        LL.addhead(1,e);

        for (int i=2; i<=num;i++ )                 //构造循环链表
        {
                e=input.nextInt();
               LL.addtail(i,e);
        }

        System.out.printf("请输入第一次出列的数字：\n");
        baoshu=input.nextInt();
        CircleFun(head,baoshu) ;                   //求解约瑟夫环
        System.out.printf("\n");
    }
}
```

在该程序中，主方法首先输入约瑟夫环中的人数，然后依次输入每个人手中的出列数字，从而创建循环链表。接着，由用户输入初始的出列数字。然后，调用 CircleFun()方法进行求解。在求解的过程中，按照顺序显示了出列者的顺序，以及最后剩余的人。

执行该程序，得到结果如图 7-4 所示。这里输入约瑟夫环中的人数为 8，每个人手中的出列数字为 3、5、6、2、1、5、7、2，初始的出列数字为 4。那么，游戏者的出列顺序如下：

（1）第 4 个人首先出列，其手中的出列数字为 2；
（2）第 6 个人接着出列，其手中的出列数字为 5；
（3）第 3 个人接着出列，其手中的出列数字为 6；
（4）第 5 个人接着出列，其手中的出列数字为 1；
（5）第 7 个人接着出列，其手中的出列数字为 7；
（6）第 8 个人接着出列，其手中的出列数字为 2；

（7）第 2 个人接着出列，其手中的出列数字为 5；

（8）只剩下一个人，其编号为 1，手中的出列数字为 3。

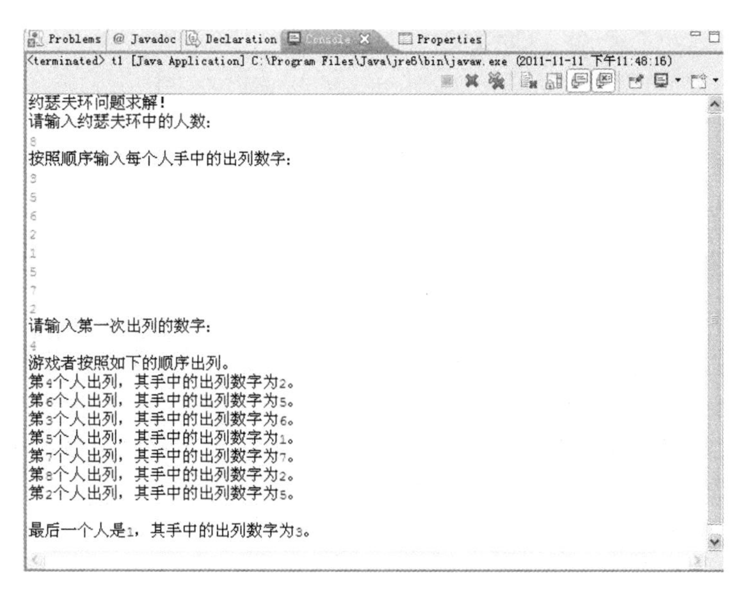

图 7-4　执行结果

这样便找到了剩余的人。读者可以输入不同的数据来执行该程序，这是一个非常有意思的游戏，适合多人一起玩。

7.3　城市之间的最短总距离

求解城市之间的最短总距离是一个非常实际的问题，其大意如下：

某地区有 n 个城市，如何选择一条路线使各个城市之间的总距离最短？

7.3.1　最短总距离算法

先来分析一下上述问题。某个地区的 n 个城市构成一个交通图，可以使用图结构来描述此问题，其对应关系如下：

（1）每个城市代表图中的一个顶点；

（2）两个顶点之间的边即两个城市之间的路径，边的权值代表了城市间的距离。

这样，求解各个城市之间的最短总距离问题就归结为该图的最小生成树问题。

下面分析什么是生成树和最小生成树。对于一个连通图中的一个子图，如果其满足如下条件，则称之为原图的一个生成树。

（1）子图的顶点和原图完全相同。

（2）子图的部分是原图的子集，这一部分边刚好将图中所有顶点连通。

（3）子图中的边不构成回路。

满足上述条件的子图往往不止一个，这就导致生成树也不止一个。例如，在图 7-5 中，左图为一个无向图，右边的两个图均为该图的生成树。

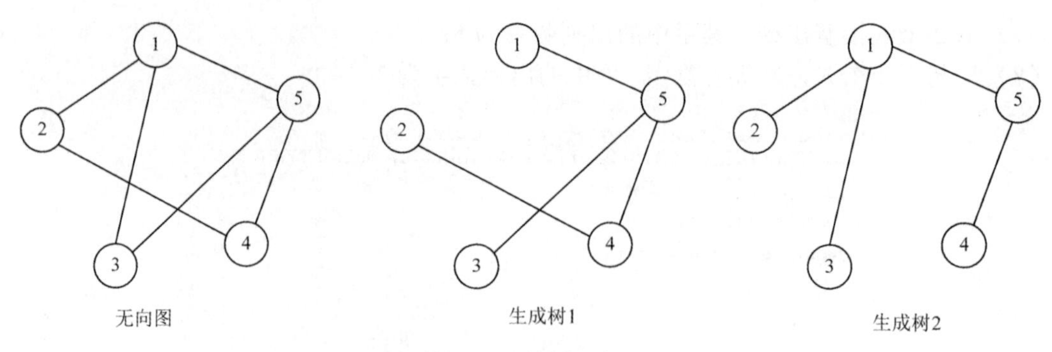

图 7-5 图的生成树

理论上可以证明，对于有 n 个顶点的连通图，其生成树有且只有 $n-1$ 条边。如果边数少于此数就不可能将各顶点连通，如果边连接边的数量多于 $n-1$，则必须要产生回路。

在实际应用中的问题往往归结为带权无向图，例如，前述的交通图。对于一个带权连通图，生成树不同，树中各边上的权值总和也不同，权值最小的生成树称为图的最小生成树。例如，图 7-6 所示的带权无向图，其有两个生成树方案，如下：

方案一：权值总和为 3+2+4+5=14；

方案二：权值总和为 3+2+2+5=12。

方案二的权值和小于方案一的权值和，因此，方案二为最小生成树。

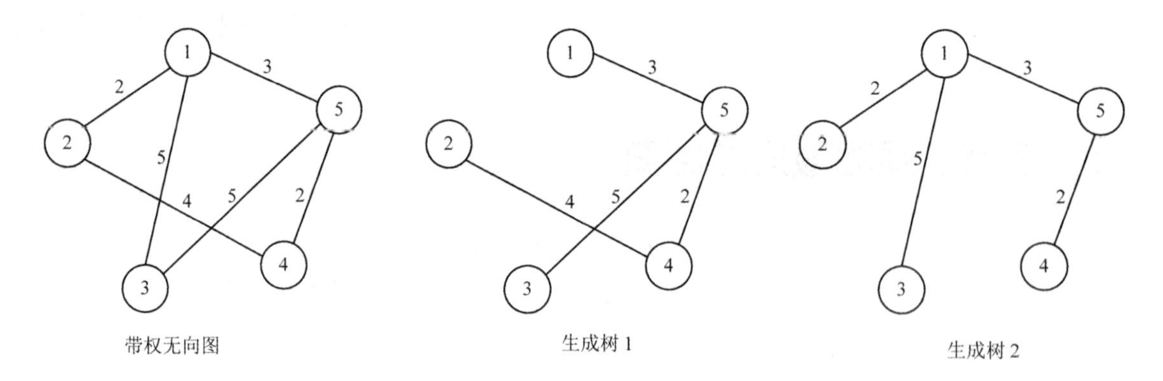

图 7-6 带权无向图及生成树

在图中求解最小生成树，可以采用算法如下：

（1）将图中所有顶点的集合记为 V，最小生成树中的顶点集合为 U。初始时，V 中包含所有顶点，而 U 为空集；

（2）从 V 集合中取出一个顶点（设为 V_0），将其加入集合 U 中；

（3）从 V_0 的邻接点中选择点 V_n，使（V_0，V_n）边的权值最小，得到最小生成树中的一条边。将 V_n 点加入集合 U；

（4）从 $V—U$ 集合中再选出一个与 V_0、V_n 邻接的顶点，找出权值最小的一条边，得到最小生成树的另一条边。将该顶点加入集合 U。

（5）按上述步骤不断重复，最后便可得到该图的最小生成树。

按照上述思路便可以编写相应的算法来求解最小生成树。代码如下：

```
static final int  MaxNum=20;                             //图的最大顶点数
static final int  MaxValue=65535;                        //最大值(可设为一个最大整数)
```

```
static final int  USED=0;                          //已选用顶点
static final int  NoL=-1;                          //非邻接顶点

class GraphMatrix
{   static final int  MaxNum=20;
    char[] Vertex=new char[MaxNum];                //保存顶点信息(序号或字母)
    int GType;                                     //图的类型(0:无向图, 1:有向图)
    int VertexNum;                                 //顶点的数量
    int EdgeNum;                                   //边的数量
    int[][] EdgeWeight=new int[MaxNum][MaxNum];//保存边的权
    int[] isTrav=new int[MaxNum];                  //遍历标志
}                                                  //定义邻接矩阵图结构
void PrimGraph(GraphMatrix GM)                     //最小生成树算法
{
    int i,j,k,min,sum;
    int[] weight=new int[GraphMatrix.MaxNum];   //权值
    char[] vtempx=new char[GraphMatrix.MaxNum];//临时顶点信息

    sum=0;
    for(i=1;i<GM.VertexNum;i++)                    //保存邻接矩阵中的一行数据
    {
        weight[i]=GM.EdgeWeight[0][i];
        if(weight[i]==MaxValue)
         {
            vtempx[i]=(char)NoL;
         }
        else
         {
            vtempx[i]=GM.Vertex[0];                //邻接顶点
         }
    }
    vtempx[0]=USED;                                //选用
    weight[0]=MaxValue;
    for(i=1;i<GM.VertexNum;i++)
    {
        min=weight[0];                             //最小权值
        k=i;
        for(j=1;j<GM.VertexNum;j++)
         {
            if(weight[j]<min && vtempx[j]>0)       //找到具有更小权值的未使用边
            {
                min=weight[j];                     //保存权值
                k=j;                               //保存邻接点序号
            }
         }
        sum+=min;                                  //权值累加
        System.out.printf("(%c,%c),",vtempx[k],GM.Vertex[k]); //输出生成树一条边
        vtempx[k]=USED;                            //选用
        weight[k]=MaxValue;
        for(j=0;j<GM.VertexNum;j++)                //重新选择最小边
         {
            if(GM.EdgeWeight[k][j]<weight[j]  && vtempx[j]!=0)
```

```
                {
                    weight[j]=GM.EdgeWeight[k][j];      //权值
                    vtempx[j]=GM.Vertex[k];
                }
            }
        }
        System.out.printf("\n最小生成树的总权值为:%d\n",sum);
    }
```

在上述代码中，定义了图的最大顶点数 MaxNum 和用于保存特殊符号 Z 的最大值 MaxValue。USED 表示已选用的顶点，NoL 表示非邻接顶点。

邻接矩阵图结构为 GraphMatrix，其中包括保存顶点信息的数组 Vertex，图的类型 GType、顶点的数量 VertexNum、边的数量 EdgeNum、保存边的权的二维数组 EdgeWeight 及遍历标志数组 isTrav。

方法 PrimGraph()便是最小生成树算法，其输入参数 GM 为 GraphMatrix 结构的图数据。程序中严格遵循了前述求解最小生成树的算法，读者可以对照以加深理解。

7.3.2 最短总距离求解

学习了前述图的最小生成树算法后，便可以求解城市之间最短总距离问题。假设一个地区共有 5 个城市，如图 7-7 所示，各个城市之间道路的距离如下：

（1）城市 1 和城市 2 之间为 2km；

（2）城市 1 和城市 3 之间为 5km；

（3）城市 1 和城市 5 之间为 3km；

（4）城市 2 和城市 4 之间为 4km；

（5）城市 3 和城市 5 之间为 5km；

（6）城市 4 和城市 5 之间为 2km。

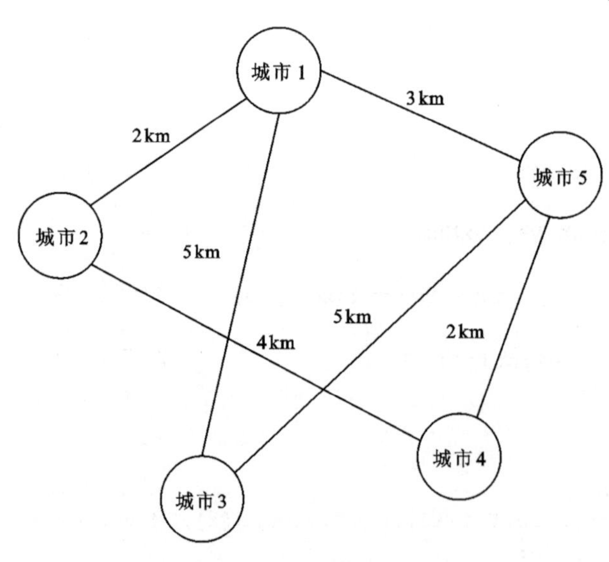

图 7-7　城市间的交通图

下面通过前述的求解最小生成树的算法来求解城市间的最短总距离。完整的示例代码如下：

```
import java.util.Scanner;
class GraphMatrix
{   static final int  MaxNum=20;
    char[] Vertex=new char[MaxNum];                //保存顶点信息(序号或字母)
    int GType;                                     //图的类型(0:无向图, 1:有向图)
    int VertexNum;                                 //顶点的数量
    int EdgeNum;                                   //边的数量
    int[][] EdgeWeight=new int[MaxNum][MaxNum];    //保存边的权
    int[] isTrav=new int[MaxNum];                  //遍历标志
}                                                  //定义邻接矩阵图结构

public class P8_4
{
    static final int  MaxValue=65535;              //最大值(可设为一个最大整数)
    static final int  USED=0;                      //已选用顶点
    static final int  NoL=-1;
    static Scanner input=new Scanner(System.in);
    static void CreateGraph(GraphMatrix GM)        //创建邻接矩阵图
    {
        int i,j,k;
        int weight;                                //权
        char EstartV,EendV;                        //边的起始顶点

        System.out.printf("输入图中各顶点信息\n");
        for(i=0;i<GM.VertexNum;i++)                //输入顶点
        {
            System.out.printf("第%d个顶点:",i+1);
            GM.Vertex[i]=(input.next().toCharArray())[0];//保存到各顶点数组元素中
        }
        System.out.printf("输入构成各边的顶点及权值:\n");
        for(k=0;k<GM.EdgeNum;k++)                  //输入边的信息
        {
            System.out.printf("第%d条边: ",k+1);
            EstartV=input.next().charAt(0);
            EendV=input.next().charAt(0);
            weight=input.nextInt();
            for(i=0;EstartV!=GM.Vertex[i];i++);    //在已有顶点中查找始点
            for(j=0;EendV!=GM.Vertex[j];j++);      //在已有顶点中查找结终点
            GM.EdgeWeight[i][j]=weight;            //对应位置保存权值, 表示有一条边
            if(GM.GType==0)                        //若是无向图
             {
                GM.EdgeWeight[j][i]=weight;        //在对角位置保存权值
             }
        }
    }

    static void ClearGraph(GraphMatrix GM)
    {
        int i,j;

        for(i=0;i<GM.VertexNum;i++)                //清空矩阵
        {
```

```
            for(j=0;j<GM.VertexNum;j++)
             {
                GM.EdgeWeight[i][j]=MaxValue;           //设置矩阵中各元素的值为MaxValue
             }
        }
    }

    static void OutGraph(GraphMatrix GM)                    //输出邻接矩阵
    {
        int i,j;
        for(j=0;j<GM.VertexNum;j++)
         {
            System.out.printf("\t%c",GM.Vertex[j]); //在第1行输出顶点信息
         }
        System.out.printf("\n");
        for(i=0;i<GM.VertexNum;i++)
        {
            System.out.printf("%c",GM.Vertex[i]);
            for(j=0;j<GM.VertexNum;j++)
            {
                if(GM.EdgeWeight[i][j]==MaxValue)       //若权值为最大值
                 {
                  System.out.printf("\tZ");             //以Z表示无穷大
                 }
                else
                 {
                  System.out.printf("\t%d",GM.EdgeWeight[i][j]); //输出边的权值
                 }
            }
            System.out.printf("\n");
        }
    }

    static void PrimGraph(GraphMatrix GM)                   //最小生成树算法
    {
        int i,j,k,min,sum;
        int[] weight=new int[GraphMatrix.MaxNum];       //权值
        char[] vtempx=new char[GraphMatrix.MaxNum]; //临时顶点信息
         sum=0;
        for(i=1;i<GM.VertexNum;i++)                     //保存邻接矩阵中的一行数据
        {
            weight[i]=GM.EdgeWeight[0][i];
            if(weight[i]==MaxValue)
             {
                vtempx[i]=(char)NoL;
             }
            else
             {
                vtempx[i]=GM.Vertex[0];                 //邻接顶点
             }
        }
        vtempx[0]=USED;                                 //选用
```

```
    weight[0]=MaxValue;
    for(i=1;i<GM.VertexNum;i++)
    {
       min=weight[0];                              //最小权值
       k=i;
       for(j=1;j<GM.VertexNum;j++)
        {
          if(weight[j]<min && vtempx[j]>0)       //找到具有更小权值的未使用边
          {
             min=weight[j];                        //保存权值
             k=j;                                  //保存邻接点序号
          }
        }
       sum+=min;                                   //权值累加
       System.out.printf("(%c,%c),",vtempx[k],GM.Vertex[k]);//输出生成树一条边
       vtempx[k]=USED;                             //选用
       weight[k]=MaxValue;
       for(j=0;j<GM.VertexNum;j++)                 //重新选择最小边
        {
          if(GM.EdgeWeight[k][j]<weight[j] && vtempx[j]!=0)
          {
             weight[j]=GM.EdgeWeight[k][j];       //权值
             vtempx[j]=GM.Vertex[k];
          }
        }
    }
    System.out.printf("\n最小生成树的总权值为:%d\n",sum);
}
public static void main(String[] args)
{
     GraphMatrix GM=new GraphMatrix();             //定义保存邻接表结构的图
     char again;
     String go;
     System.out.printf("寻找最小生成树! \n");
    do{
        System.out.printf("请先输入输入生成图的类型:");
        GM.GType=input.nextInt();                   //图的种类
        System.out.printf("输入图的顶点数量:");
        GM.VertexNum=input.nextInt();               //输入图顶点数
        System.out.printf("输入图的边数量:");
        GM.EdgeNum=input.nextInt();                 //输入图边数
        ClearGraph(GM);                             //清空图
        CreateGraph(GM);                            //生成邻接表结构的图

       System.out.printf("最小生成树的边为:");
       PrimGraph(GM);

       System.out.print("\n继续玩吗(y/n)?");
       go=input.next();
    }while(go.equalsIgnoreCase("y"));

    System.out.printf("游戏结束! \n");
```

```
        }
    }
```

在上述代码中，图的处理部分参照了前面章节中关于图结构的算法。在主方法中，首先输入图的种类，0 表示无向图，1 表示有向图。然后，输入顶点数和边数。接着清空图，并按照输入的数据生成邻接表结构的图。最后，调用 PrimGraph()方法求解最小生成树。

整个程序的执行结果如图 7-8 所示。这里按照题目的要求输入，这是一个无向图，包含 4 个顶点和 6 条边，将各个城市之间道路的距离作为权值输入。

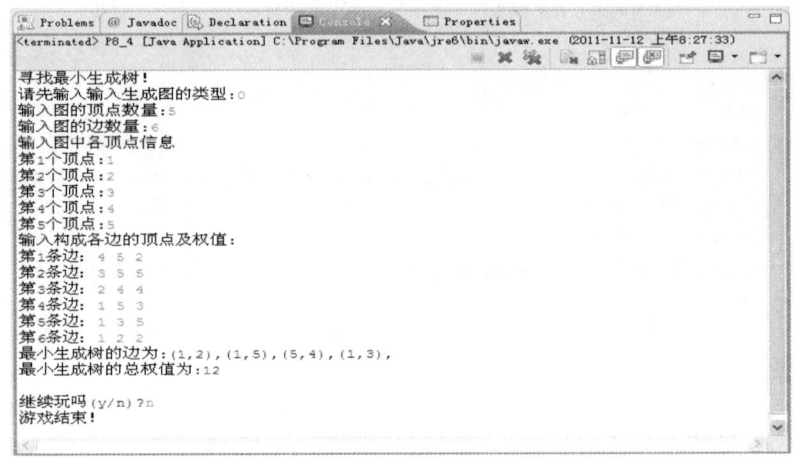

图 7-8 执行结果

最终计算得到的最小生成树为（1，2）、（1，5）、（5，4）、（1，3），总权值为 12。也就是说，这 5 个城市之间的最短总距离为 12km，最短路径为图 7-9 中实线部分。

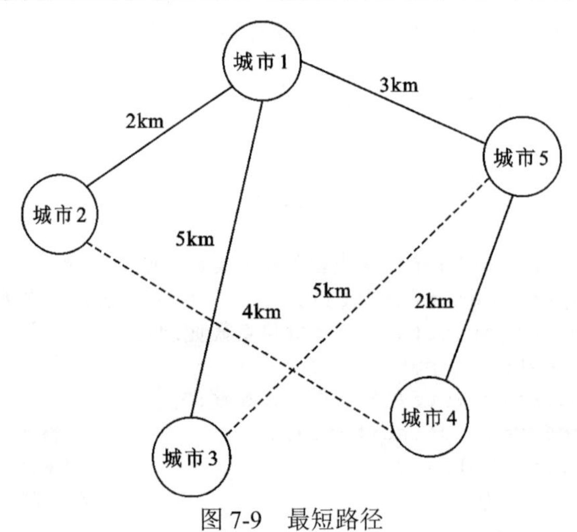

图 7-9 最短路径

7.4 最短路径

求解城市之间的最短距离是一个非常实际的问题，其大意如下：

某地区有 n 个城市，如何选择路线使某个城市到另一个指定城市的距离最短？

注意：这里需要求解的最短路径指的是两个城市之间的最短距离，而不是前面所讲的所有城市之间最短总距离。

7.4.1　最短路径算法

先来分析一下这个问题。某地区的 n 个城市构成一张交通图，仿照前面一节，这里仍然可以使用图结构来描述此问题，其对应关系如下：

（1）每个城市代表一个图中的一个顶点；

（2）两个顶点之间的边即两个城市之间的路径，边的权值代表了城市间的距离。

因此，求解两个城市之间的最短距离问题就归结为该图的最小路径问题。

对于一个带权图，一条路径的起始顶点往往称为源点，最后一个顶点为终点。对于图 7-10 所示的带权无向图，下面来分析每个顶点到顶点 V_1 的最短路径，如下：

（1）对于 V_2 到 V_1，两者之间的最短路径即两者之间的边，路径权值为 2；

（2）对于 V_3 到 V_1，两者之间的最短路径即两者之间的边，路径权值为 5；

（3）对于 V_4 到 V_1，两者之间没有边，可以经过顶点 2 然后到达顶点 1，此时路径权值为 2+4=6；也可以经过顶点 5 然后到达顶点 1，此时路径权值为 2+3=5。因此，最短路径为经过顶点 5 然后到达顶点 1，路径权值为 5；

（4）对于 V_5 到 V_1，两者之间的最短路径即两者之间的边，路径权值为 3。

在图中求解最短路径，可以采用如下算法。

（1）将图中所有顶点的集合记为 V，最小生成树中的顶点集合为 U。初始时，V 中包含所有顶点，而 U 中只有一个顶点 V_0。

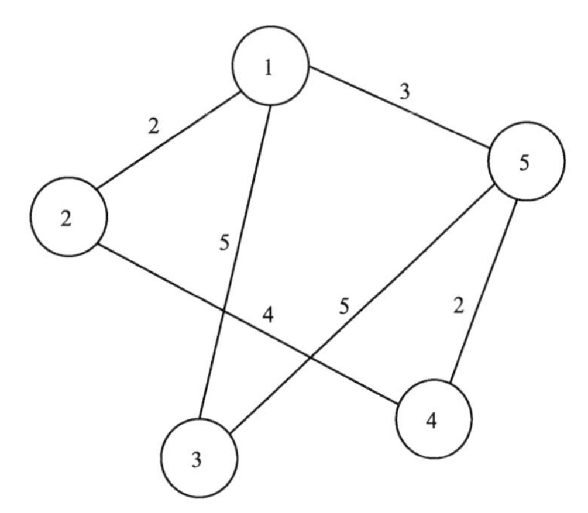

图 7-10　带权无向图图的最短路径

（2）然后，计算下一个顶点到顶点 V_0 的最短路径，并将该顶点加入集合 U 中。

（3）将上述步骤不断重复，直到全部顶点都加入集合 U，这样便得到每个顶点到达顶点 V_0 的最短路径。

按照此思路便可以编写相应的算法来求解最短路径。代码如下：

```
class GraphMatrix2
{   static final int  MaxNum=20;
    char[] Vertex=new char[MaxNum];                    //保存顶点信息(序号或字母)
    int GType;                                         //图的类型(0:无向图, 1:有向图)
    int VertexNum;                                     //顶点的数量
    int EdgeNum;                                       //边的数量
```

```
    int[][] EdgeWeight=new int[MaxNum][MaxNum];        //保存边的权
    int[] isTrav=new int[MaxNum];                      //遍历标志
}

static int[] path=new int[GraphMatrix2.MaxNum];        //两点经过的顶点集合的数组
static int[] tmpvertex=new int[GraphMatrix2.MaxNum];//最短路径的起始点集合

void DistMin(GraphMatrix2 GM,int vend)                 //最短路径算法
{
    int[] weight=new int[GraphMatrix2.MaxNum];         //某终止点到各顶点的最短路径长度
    int i,j,k,min;

    vend--;

    for(i=0;i<GM.VertexNum;i++)                        //初始weight数组
    {
        weight[i]=GM.EdgeWeight[vend][i];              //保存最小权值
    }
    for(i=0;i<GM.VertexNum;i++)                        //初始path数组
    {
        if(weight[i]<MaxValue && weight[i]>0)          //有效权值
        {
            path[i]=vend;                              //保存边
        }
    }
    for(i=0;i<GM.VertexNum;i++)                        //初始tmpvertex数组
    {
        tmpvertex[i]=0;                                //初始化顶点集合为空
    }

    tmpvertex[vend]=1;                                 //选入顶点vend
    weight[vend]=0;
    for(i=0;i<GM.VertexNum;i++)
    {
        min=MaxValue;
        k=vend;
        for(j=0;j<GM.VertexNum;j++)                    //查找未用顶点的最小权值
        {
            if(tmpvertex[j]==0 && weight[j]<min)
            {
                min=weight[j];
                k=j;
            }
        }
        tmpvertex[k]=1;                                //将顶点k选入
        for(j=0;j<GM.VertexNum;j++)                    //以顶点k为中间点，重新计算权值
        {
            if(tmpvertex[j]==0 && weight[k]+GM.EdgeWeight[k][j]<weight[j])
            {
                weight[j]=weight[k]+GM.EdgeWeight[k][j];
                path[j]=k;
            }
```

```
        }
    }
}
```

在上述代码中，定义了图的最大顶点数 MaxNum 和用于保存特殊符号 Z 的最大值 MaxValue。数组 path 用于保存两点经过的顶点集合的数组，数组 tmpvertex 用于保存最短路径的起始点集合。

邻接矩阵图结构为 GraphMatrix，其中包括保存顶点信息的数组 Vertex，图的类型 GType、顶点的数量 VertexNum、边的数量 EdgeNum、保存边的权的二维数组 EdgeWeight 及遍历标志数组 isTrav。

方法 DistMin()即最短路径算法，其输入参数 GM 为 GraphMatrix 结构的图数据，输入参数 vend 为指定的终止点编号。程序中严格遵循了前述求解最短路径的算法，读者可以对照以加深理解。

7.4.2　最短路径求解

学习了前述图的最短路径算法后，便可以求解两个城市之间的最短距离问题。假设一个地区共有五个城市，如图 7-11 所示，各个城市之间道路的距离如下：

（1）城市 1 和城市 2 之间为 2km；

（2）城市 1 和城市 3 之间为 5km；

（3）城市 1 和城市 5 之间为 3km；

（4）城市 2 和城市 4 之间为 4km；

（5）城市 3 和城市 5 之间为 5km；

（6）城市 4 和城市 5 之间为 2km。

下面通过前述的图论求解最短路径的算法来求解各个城市到城市 1 之间的最短距离。完整的示例代码如下：

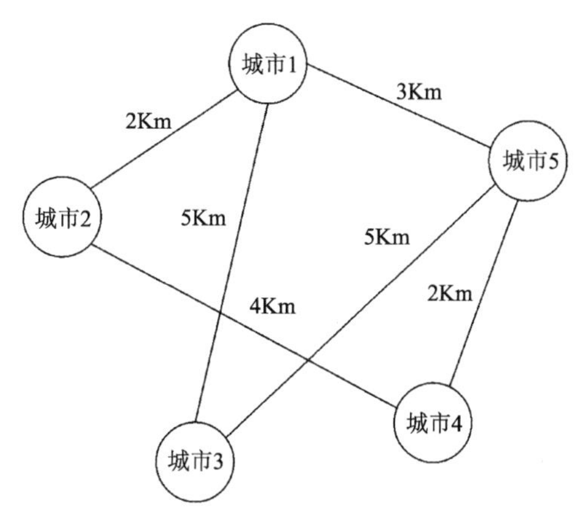

图 7-11　城市间的交通图

```
import java.util.Scanner;

class GraphMatrix2
{   static final int  MaxNum=20;
    char[] Vertex=new char[MaxNum];                    //保存顶点信息(序号或字母)
    int GType;                                         //图的类型(0:无向图, 1:有向图)
    int VertexNum;                                     //顶点的数量
```

```
    int EdgeNum;                                        //边的数量
    int[][] EdgeWeight=new int[MaxNum][MaxNum];        //保存边的权
    int[] isTrav=new int[MaxNum];                       //遍历标志
}

public class P8_5
{
    static final int  MaxValue=65535;                   //最大值(可设为一个最大整数)
    static int[] path=new int[GraphMatrix2.MaxNum];//两点经过的顶点集合的数组
    static int[] tmpvertex=new int[GraphMatrix2.MaxNum];  //最短路径的起始点集合
    static Scanner input=new Scanner(System.in);
    static void CreateGraph(GraphMatrix2 GM)            //创建邻接矩阵图
    {
        int i,j,k;
         int weight;                                    //权
        char EstartV,EendV;                             //边的起始顶点

        System.out.printf("输入图中各顶点信息\n");
        for(i=0;i<GM.VertexNum;i++)                     //输入顶点
        {
            System.out.printf("第%d个顶点:",i+1);
            GM.Vertex[i]=(input.next().toCharArray())[0];//保存到各顶点数组元素中
        }
        System.out.printf("输入构成各边的顶点及权值:\n");
        for(k=0;k<GM.EdgeNum;k++)                       //输入边的信息
        {
            System.out.printf("第%d条边: ",k+1);
            EstartV=input.next().charAt(0);
            EendV=input.next().charAt(0);
            weight=input.nextInt();
            for(i=0;EstartV!=GM.Vertex[i];i++);         //在已有顶点中查找始点
            for(j=0;EendV!=GM.Vertex[j];j++);           //在已有顶点中查找结终点
            GM.EdgeWeight[i][j]=weight;                 //对应位置保存权值，表示有一条边
            if(GM.GType==0)                             //若是无向图
             {
                GM.EdgeWeight[j][i]=weight;             //在对角位置保存权值
             }
        }
    }

    static void ClearGraph(GraphMatrix2 GM)
    {
         int i,j;

         for(i=0;i<GM.VertexNum;i++)                    //清空矩阵
         {
            for(j=0;j<GM.VertexNum;j++)
             {
                GM.EdgeWeight[i][j]=MaxValue;           //设置矩阵中各元素的值为MaxValue
             }
         }
    }

    static void OutGraph(GraphMatrix2 GM)                   //输出邻接矩阵
```

```
{
    int i,j;
    for(j=0;j<GM.VertexNum;j++)
     {
        System.out.printf("\t%c",GM.Vertex[j]);       //在第1行输出顶点信息
     }
    System.out.printf("\n");
    for(i=0;i<GM.VertexNum;i++)
    {
        System.out.printf("%c",GM.Vertex[i]);
        for(j=0;j<GM.VertexNum;j++)
        {
            if(GM.EdgeWeight[i][j]==MaxValue)         //若权值为最大值
              {
                System.out.printf("\tZ");             //以Z表示无穷大
              }
            else
              {
                System.out.printf("\t%d",GM.EdgeWeight[i][j]); //输出边的权值
              }
        }
        System.out.printf("\n");
    }
}

static void DistMin(GraphMatrix2 GM,int vend)         //最短路径算法
{

nt[] weight=new int[GraphMatrix2.MaxNum];  //某终止点到各顶点的最短路径长度
    int i,j,k,min;
    vend--;

    for(i=0;i<GM.VertexNum;i++)                       //初始weight数组
    {
        weight[i]=GM.EdgeWeight[vend][i];             //保存最小权值
    }
    for(i=0;i<GM.VertexNum;i++)                       //初始path数组
    {
        if(weight[i]<MaxValue && weight[i]>0)         //有效权值
         {
            path[i]=vend;                             //保存边
         }
    }
    for(i=0;i<GM.VertexNum;i++)                       //初始tmpvertex数组
    {
        tmpvertex[i]=0;                               //初始化顶点集合为空
    }

    tmpvertex[vend]=1;                                //选入顶点vend
    weight[vend]=0;
    for(i=0;i<GM.VertexNum;i++)
    {
        min=MaxValue;
        k=vend;
```

```
            for(j=0;j<GM.VertexNum;j++)              //查找未用顶点的最小权值
             {
                if(tmpvertex[j]==0 && weight[j]<min)
                {
                    min=weight[j];
                    k=j;
                }
             }
            tmpvertex[k]=1;                          //将顶点k选入
            for(j=0;j<GM.VertexNum;j++)              //以顶点k为中间点，重新计算权值
             {
                if(tmpvertex[j]==0 && weight[k]+GM.EdgeWeight[k][j]<weight[j])
                {
                    weight[j]=weight[k]+GM.EdgeWeight[k][j];
                    path[j]=k;
                }
             }
        }
    }

    public static void main(String[] args)
  {
        GraphMatrix2 GM=new GraphMatrix2();                  //定义保存邻接表结构的图
        String go;
        int vend;
        int i,k;

        System.out.printf("求解最短路径问题！\n");
        do{
        System.out.printf("请先输入输入生成图的类型:");
            GM.GType=input.nextInt();                        //图的种类
            System.out.printf("输入图的顶点数量:");
            GM.VertexNum=input.nextInt();                    //输入图顶点数
            System.out.printf("输入图的边数量:");
            GM.EdgeNum=input.nextInt();                      //输入图边数
            ClearGraph(GM);                                  //清空图
            CreateGraph(GM);                                 //生成邻接表结构的图

            System.out.printf("\n请输入结束点:");
            vend=input.nextInt();

            DistMin(GM,vend);

            vend--;
            System.out.printf("\n各顶点到达顶点%c的最短路径分别为(起始点 - 结束点):\n",GM.
            Vertex[vend]);
            for(i=0;i<GM.VertexNum;i++)                      //输出结果
            {
                if(tmpvertex[i]==1)
                {
                    k=i;
                    while(k!=vend)
                    {
                        System.out.printf("顶点%c - ",GM.Vertex[k]);
```

```
                    k=path[k];
                }
                System.out.printf("顶点%c\n",GM.Vertex[k]);
            }
            else
            {
        System.out.printf("%c - %c:无路径\n",GM.Vertex[i],GM.Vertex[vend]);
            }
        }

     System.out.print("\n继续玩吗(y/n)?");
     go=input.next();
    }while(go.equalsIgnoreCase("y"));
    System.out.printf("游戏结束! \n");
  }
}
```

在上述代码中，图的处理部分参照了前面章节中关于图结构的算法。在主方法中，首先输入图的种类，0 表示无向图，1 表示有向图。然后输入顶点数和边数。接着清空图，并按照输入的数据生成邻接表结构的图。此时，由用户输入一个指定的结束点，然后调用 DistMin()方法来求解各个顶点到达该指定结束点的最短路径。最后，将计算得到的最短路径结果输出显示。

整个程序的执行结果如图 7-12 所示。

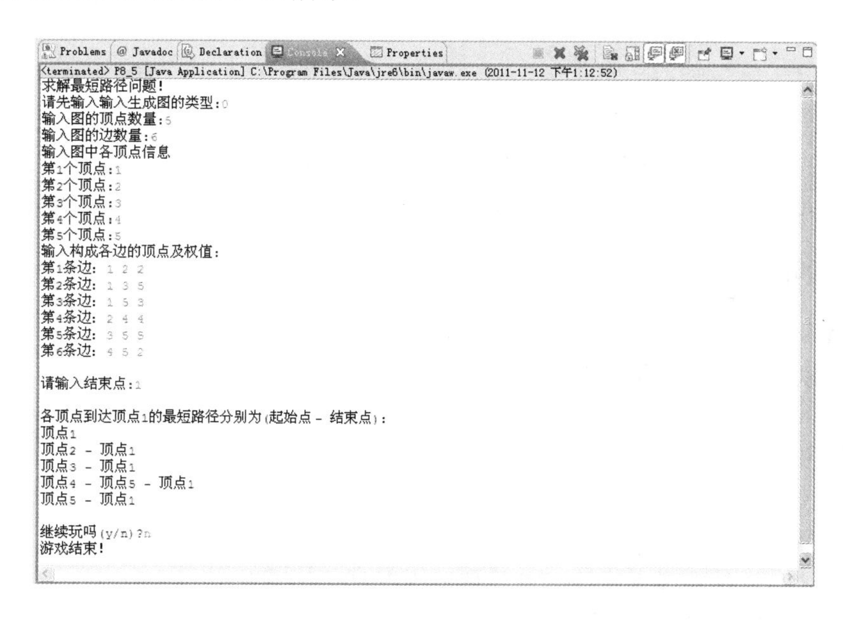

图 7-12　执行结果

这里按照题目的要求输入，这是一个无向图，包含 4 个顶点和 6 条边，将各个城市之间道路的距离作为权值输入。从图中的结果可知，各个城市到达城市 1 的最短距离分别如下：

（1）城市 2 到城市 1 的最短距离为 2km，直接到达；

（2）城市 3 到城市 1 的最短距离为 5km，直接到达；

（3）城市 4 到城市 1 的最短距离为 5km，中间经过城市 5；

（4）城市 5 到城市 1 的最短距离为 3km，直接到达。

7.5 括号匹配

括号匹配是程序设计中一个最基本的问题。例如，在 Java 语言中，for 循环语言中的循环体需要用一对花括号“{}”括起来，代码如下：

```
for(i=0;i<num;i++)
{
    //循环体语句
}
```

类似的还有 if 语句，switch 语句等复合语句及自定义函数。

在 C 语言的编译环境中输入代码时，要求括号成对出现；否则，编译时将提示出错信息。例如：

```
for(i=0;i<num;i++)
{
                        //循环体语句
    if(j>k)
    {                   //这个括号缺少匹配
                        //语句;
    else
    {
                        //语句;
    }
}
```

在上述代码中，if 语句的第一个花括号缺少匹配，因此将无法通过编译。

编译系统具有括号匹配的一个检测功能。那么括号匹配的功能是如何实现的呢？

7.5.1 括号匹配算法

先来分析一下括号匹配问题。括号匹配的一个基本规则是括号应该成对出现，并且可以进行嵌套。可以使用的括号包括如下几种。

（1）花括号“{}”

（2）方括号“[]”

（3）圆括号“()”

（4）尖括号“<>”

这些括号往往成对出现，因此可以具体分为左括号和右括号。

（1）左括号：“{”“[”“(”和“<”。

（2）右括号：“}”“]”“)”和“>”。

根据前述的括号匹配原则，可知[]、{[]}、{[[()]<>]}等形式都是匹配的；而[]{>{}、(){}}><>}、}[><()等则是不匹配的情况。

判断括号匹配用到了栈结构，其操作步骤如下：

（1）输入 1 个字符，当该字符是括号字符时，程序进入循环处理；

（2）如果是左括号，则将其入栈，继续执行步骤（1）；

（3）如果是右括号，则取出栈顶数据进行对比，如果匹配，则不进行操作；否则，必须先将刚才取出的栈顶数据重新入栈，再将刚才输入的括号字符也入栈；

（4）然后再输入下一个字符，重复执行，直到所有的字符都得到操作。

按照以上思路便可以编写相应的算法来判断括号是否匹配；代码如下：

```
class Stack
{
  char[] data;
  int maxSize;
  int top;
}                                          //栈结构

void pipei()
{
   Stack stack;
   char ch,temp;
   int match;

   stack=new Stack(0) ;                    //初始化一个栈结构,空栈
   BufferedReader reader = new BufferedReader(new InputStreamReader(System.in));
   ch =(char)reader.read();                //输入一个字符
   while(ch!='0')                          //循环处理
    {
       if(getElementCount()==-1)
        {
          push(ch);
        }
       else
       {
         temp=pop();                       //取出栈顶元素
          match=0;

          if(temp=='(' && ch==')')         //判断是否匹配
          {
             match=1;
          }
          if(temp=='[' && ch==']')
          {
             match=1;
          }
         if(temp=='<' && ch=='>')
          {
             match=1;
          }
         if(temp=='{' && ch=='}')
          {
             match=1;
          }

        if(match==0)                       //如果不匹配
         {
            push(temp);                    //原栈顶元素重新入栈
            push(ch);                                //将输入的括号字符入栈
         }
```

```
            }
            ch =(char)reader.read();                        //输入一个字符
        }
        if(getElementCount()==-1)
        {
            System.out.printf("输入的括号完全匹配!\n");      //完全匹配
        }
        else
        {
            System.out.printf("输入的括号不匹配，请检查!\n");//不完全匹配
        }


    }
```

由于这里需要用到栈结构，因此首先定义了栈结构类型 Stack。数据项 data 为栈内数据，数据项 top 为栈顶引用，maxSize 为栈大小。

方法pipei()便是判断括号是否匹配的算法。在程序中，循环对比每个输入的字符来判断是否匹配，然后进行相应的处理。该程序严格遵循了前述的算法，读者可以对照着加深理解。最后，如果栈为空，表示所有的括号都匹配；否则表示有不匹配的括号，输出显示结果。

7.5.2 括号匹配求解

学习了前面括号匹配算法之后，便可以完成括号匹配的判断问题。由于需要使用栈结构，读者可以参阅前面章节中的介绍。下面给出一个完整的示例来演示括号匹配判断的过程。示例代码如下：

```
import java.io.BufferedReader;
import java.io.IOException;
import java.io.InputStreamReader;
import java.util.Scanner;

class Stack {
    char[] data;
    int maxSize;
    int top;

    Scanner input=new Scanner(System.in);
    public Stack(int maxSize)
    {
        this.maxSize = maxSize;
        data = new char[maxSize];
        top = -1;
    }

    public int getSize()
    {
       return maxSize;
    }

    public int getElementCount()
```

```
    {
        return top;
    }

    public boolean isEmpty()
    {
        return top == -1;
    }

    public boolean isFull()
    {
        return top+1 == maxSize;
    }

    public boolean push(char data)
    {
        if(isFull())
         {
             System.out.println("栈已满!");
             return false;
         }
        this.data[++top] = data;
        return true;
    }

    public char pop() throws Exception
    {
    if(isEmpty())
    {
        throw new Exception("栈已空!");
    }
    return this.data[top--];
}

    public char peek()
    {
    return this.data[getElementCount()];
    }

    void pipei() throws Exception
    {
    Stack stack;
    char ch,temp;
        int match;
        stack=new Stack(0) ;                           //初始化一个栈结构,空栈
    BufferedReader reader = new BufferedReader(new InputStreamReader(System.in));
        ch =(char)reader.read();                       //输入一个字符
        while(ch!='0')                                 //循环处理
        {
            if(getElementCount()==-1)
            {
                push(ch);
```

```
            }
            else
            {
                temp=pop();                                //取出栈顶元素
                match=0;
            if(temp=='(' && ch==')')                       //判断是否匹配
            {
                match=1;
            }
            if(temp=='[' && ch==']')
            {
                match=1;
            }
           if(temp=='<' && ch=='>')
            {
                match=1;
            }
           if(temp=='{' && ch=='}')
            {
                match=1;
            }
          if(match==0)                                     //如果不匹配
        {
              push(temp);                                  //原栈顶元素重新入栈
              push(ch);                                    //将输入的括号字符入栈
           }
        }
        ch =(char)reader.read();                           //输入一个字符
    }
    if(getElementCount()==-1)
    {
         System.out.printf("输入的括号完全匹配!\n");       //完全匹配
    }
    else
    {
         System.out.printf("输入的括号不匹配，请检查!\n");//不完全匹配
    }
  }

}
public class P8_6
{
    public static void main(String[] args) throws Exception
    {
        String go;
        Scanner input=new Scanner(System.in);
        Stack s=new Stack(20);
        System.out.printf("括号匹配问题! \n");

        do{
        System.out.printf("请先输入一组括号组合，以0表示结束。支持的括号包括：{},(),[],<>。\n");
```

```
        s.pipei();          //匹配算法

        System.out.print("\n继续玩吗(y/n)?");
        go=input.next();
        }while(go.equalsIgnoreCase("y"));

        System.out.printf("游戏结束! \n");

    }
}
```

在上述代码中，用到了栈结构，包括初始化栈、入栈和出栈等操作。读者可以参阅前面章节的介绍来理解。在主方法中，首先调用 pipei()方法，输入一组括号组合，以 0 表示结束，支持的括号包括“{}”“[]”“()”和“<>”。使用 pipei()方法进行判断并输出结果。

该程序可以执行多次。执行该程序，输入相应的括号组合，得到结果如图 7-13 所示。

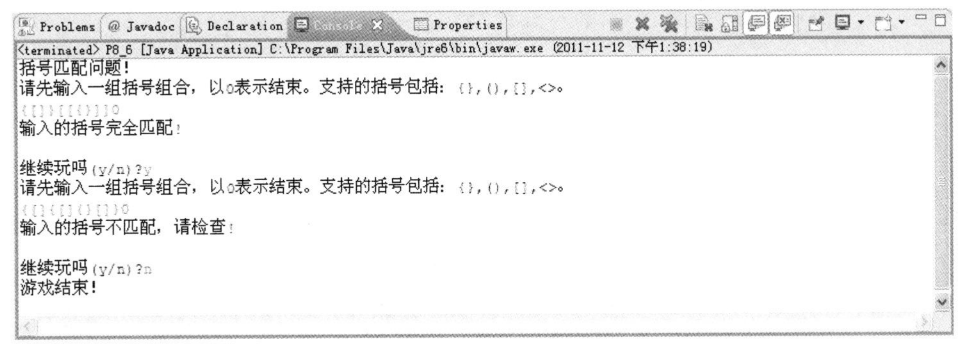

图 7-13　执行结果

—— 本章小结 ——

选择合理的数据结构可使问题的求解事半功倍。在前面章节介绍的几种基本数据结构的基础上，本章讲解了几个典型的应用示例。通过这几个例子，读者可以领会到数据结构在求解实际问题中的应用。若想学会算法和数据结构，读者应该熟练掌握本章内容。

第 8 章

数论问题

数论是一门古老的学科，是数学中最早研究的一个方向。数论充满了无穷的魅力，至今仍吸引着无数著名的数学家为其奋斗不息。简单地说，数论就是研究数字的一门学科。数论的问题简单而又充满了智慧，是算法的一个最好的练兵场。通过简单而有趣的数论问题，不仅可以演练算法的应用，更可以激发读者研究数学的乐趣。本章就对最基本的数论问题进行探讨，并给出相应的算法。

8.1 数论概述

数论是一门研究整数性质的数学学科。在我国古代和西方都有对数论相关问题的探讨，有些基本问题在我国古代研究得更早。不过由于西方研究得更为系统，因此数论中的很多概念是采用西方数学家所定义的。

8.1.1 数论概述

数论的起源可以追溯到公元前 300 年，当时古希腊著名数学家欧几里得发现了数论的本质是素数。这主要记载在欧几里得的著作《几何原本》中，距今已有两千多年的历史。在该书中，欧几里得证明了素数具有无穷多个。随后，大概在公元前 250 年，古希腊数学家埃拉托塞发现了素数的一种筛选法。借此，数学家可以对所有整数中的素数进行筛选。

在西方国家，特别是古希腊，是数论的发源地。当时的数学家主要对整除性这个基本的数论问题进行了系统的研究。在我国古代，也有很多数学家讨论了数论的内容，如最大公因数、不定方程的整数解等。

在随后的年代，由于西方国家采用了更为方便的阿拉伯数字来进行计数，数论问题更多地被西方数学家研究。但是，每个数学家都只研究数论的一个或一些方面，并没有归为一个系统的科学。

在 18 世纪末，被誉为“数学王子”的德国数学家高斯，完成了经典著作《算术研究》。

在《算术研究》中，高斯将历代的数论问题进行统一的符号处理，将已有的成果进行系统化，并提出了很多新的概念和研究方法。这样，数论才真正走向成熟，成为一门独立的学科。

随后，随着数学研究的深入，更多的数论研究工具和成果出现，使得数论不断繁荣。

在国外，欧几里得、费马、欧拉、高斯、拉马努金等赫赫有名的数学家都曾经在数论领域有所研究。在国内，华罗庚、陈景润、王元也是世界著名的数论研究学者。中国古代的《周髀算经》《孙子算经》和《九章算术》等都记载了数论的相关研究成果。例如，著名的中国剩余定理（也称为孙子定理），比西方国家要早 500 年。

8.1.2　数论的分类

按照研究方法的复杂程度，数论可以简单地分为初等数论和高等数论。其中初等数论也称为古典数论，而高等数论也称为近代数论。高等数论按照研究方法的不同，还可以细分为代数数论、解析数论等。下面简单介绍一下不同数论的研究方法和内容。

（1）初等数论

初等数论是数论中最为古老的一个分支，其以初等、算术、朴素的方法来研究数论问题。初等数论起源于古希腊，当时毕达哥拉斯及其学派研究诸如亲和数、完全数、多边形数等基本问题。到了公元前 4 世纪，欧几里得在其著作《几何原本》中建立了完整的体系，并初步建立了整数的整除理论。

初等数论中非常经典的成就包括算术基本定理、中国剩余定理、欧拉定理、高斯的二次互逆律、勾股方程的商高定理、欧几里得的质数无限证明等。

（2）解析数论

解析数论的创始人是德国数学家黎曼。解析数论使用现代微积分及复变函数分析等方法来研究整数问题。通过黎曼 zeta()函数与素数之间的奇妙联系，可以获得很多素数的性质。著名的黎曼假设也是现代数学中一个著名的难题。

（3）代数数论

代数数论在代数数域来研究整数，将整数环的数论性质研究扩展到了更为一般的整环中。在代数数论中，一个重要的目标就是解决不定方程的求解问题。

（4）几何数论

几何数论通过几何的方法来研究整数的分布情况，从中获取整数的一些性质。几何数论是俄国数学家闵科夫斯基创立的。

（5）计算数论

计算数论是伴随着计算机的产生而产生的，借助于高性能计算机的计算能力来解决数论问题。例如，典型的素数测试和质因数分解等。在信息安全领域，公钥密码的基础便是基于质因数分解的。

（6）超越数论

超越数论主要研究数的超越性，同时也研究数的丢番图逼近理论和欧拉常数。

（7）组合数论

组合数论由艾狄胥首先创立，其利用了排列组合和概率的技巧来解决一些初等数论无法解决的复杂问题。

（8）算术代数几何

算术代数几何是最新的研究方向，其从代数几何的角度出发，通过深刻的数学工具来研究数论问题和整数的性质。这方面近期的一个最伟大的成就便是费马大定理的证明，由普林斯顿大学的英国数学家怀尔斯完成，几乎用到了当时最深刻的理论工具。

8.1.3 初等数论

数论的起源可谓古老，但至今仍然有着无穷的魅力。数论中的每个命题都是世界级的难题。例如，费马大定理、孪生素数问题、歌德巴赫猜想、圆内整点问题、完全数问题等。这些难题吸引着无数的数学家为之奋斗，从而也推动了数论乃至整个数学领域的发展。

本章主要介绍的便是初等数论中的一些基本问题及其算法实现，这些基本问题是数论的基础。下面首先分析初等数论的主要研究内容。

（1）整除理论

整除理论主要包括欧几里得的辗转相除法、算术基本定理等。其中，也引入了整除、倍数、因数、素数等基本概念。

（2）同余理论

同余理论主要包括二次互反律、欧拉定理、中国剩余定理等。其中，引入了同余、原根、指数、平方剩余、同余方程等概念。同余理论最早源于高斯的《算术研究》。

（3）连分数理论

连分数理论主要研究整数平方根的连分数展开。其中，引入了连分数及相应算法的概念。例如，循环连分数展开、佩尔方程求解等。

（4）不定方程

不定方程的主要研究对象为低次代数曲线对应的不定方程，例如，勾股方程的商高定理、佩尔方程的连分数求解等。

（5）数论函数

数论函数的主要研究对象为欧拉函数、莫比乌斯变换等内容。

8.1.4 本章用到的基本概念

下面要讨论的算法都与这些初等数论（也称为古典数论）问题息息相关。在介绍这些基本数论问题和算法之前，这里首先总结一下将会用到的一些基本数学及数论概念，这有助于读者的理解。

- 自然数：一般将大于或等于 0 的正整数称为自然数。
- 因数：一个数的因数就是所有可以整除这个数的数。
- 倍数：如果一个整数能够被另一个整数整除，这个整数就是另一个整数的倍数。
- 因子：一个数的因子就是所有可以整除这个数的数，而不包括该数本身。因子也称为真因数。
- 奇数：整数中，不能够被 2 整除的数。
- 偶数：整数中，能够被 2 整除的数。
- 素数：又称为质数，指在一个大于 1 的自然数中，除了 1 和此整数自身外，无法被其他自然数整除的数。
- 调和数：如果一个正整数的所有因子的调和平均是整数，那么这个正整数便是调和数。调和数又称为欧尔数或者欧尔调和数。
- 完全数：完全数等于其所有真因子的和，完全数又称完美数或完备数。

- 亏数：亏数大于其所有真因子的和。
- 盈数：盈数小于其所有真因子的和。
- 亲密数：如果整数 a 的因子和等于整数 b，整数 b 的因子和等于整数 a，因子包括 1 但不包括本身，且 a 不等于 b，则称 a、b 为亲密数对。
- 水仙花数：指一个 n 位数（$n\geqslant3$），它的每个位上的数字的 n 次幂之和等于它本身。
- 阿姆斯特朗数：其值等于各位数字的 n 次幂之和的 n 位数，又称为 n 位 n 次幂回归数。
- 自守数：指一个数的平方的末尾几位数等于该数自身的自然数。
- 最大公约数：指某几个整数共有因子中最大的一个
- 最小公倍数：指某几个整数共有倍数中最小的一个。

8.2　完全数

完全数（Perfect Number）是一些特殊的自然整数。完全数等于其所有因子的和。这里所谓的因子是指所有可以整除这个数的数，而不包括该数本身。本节将简单介绍完全数的基本规则和性质，以及判断完全数的算法。

8.2.1　什么是完全数

其实谈到完全数，与之相关的两个概念便是亏数和盈数。一般来说，通过其所有真因子的和来判断一个自然数是亏数、盈数及完全数，如下：

（1）当一个自然数的所有真因子的和小于该自然数，那么该自然数便是亏数；

（2）当一个自然数的所有真因子的和大于该自然数，那么该自然数便是盈数；

（3）当一个自然数的所有真因子的和等于该自然数，那么该自然数便是完全数。

例如，4 的所有真因子包括 1 和 2，而 4>1+2，所以 4 是一个亏数；6 的所有真因子包括 1、2、3，而 6=1+2+3，因此 6 是一个完全数；12 的所有真因子包括 1、2、3、4、6，而 12<1+2+3+4+6，所以 12 是一个盈数。下面举几个典型的完全数的例子：

6=1+2+3

28=1+2+4+7+14

496=1+2+4+8+16+31+62+124+248

8 128=1+2+4+8+16+32+64+127+254+508+1 016+2 032+4 064

对于完全数的研究，可以追溯到公元前 6 世纪。当时，毕达哥拉斯已经发现 6 和 28 是完全数。到目前为止，总共找到 47 个完全数。而寻找完全数是比较困难的，完全数的值越来越大，有时候需要借助高速的计算机来寻找。在所有的自然数中总共有多少个完全数，至今仍然是个谜，许多数学家在为之奋斗。另外，奇特的是，目前所有发现的完全数都是偶数，到底是否存在奇数的完全数也是一个谜。

人们不断研究完全数是因为其有许多特殊的性质，我们来具体了解一下。

（1）每一个完全数都可以表示成连续自然数的和。

每一个完全数都可以表示成连续自然数的和，这些自然数并不一定是完全数的因数。例如：

6=1+2+3

28=1+2+3+4+5+6+7

496=1+2+3+4+⋯+29+30+31

（2）每一个完全数都是调和数。

如果一个正整数的所有因子的调和平均是整数，那么这个正整数便是调和数。而每一个完全数都是调和数，例如：

对于完全数 6 来说，1/1+1/2+1/3+1/6=2

对于完全数 28 来说，1/1+1/2+1/4+1/7+1/14+1/28=2

（3）每一个完全数都可以表示为 2 的一些连续正整数次幂之和。

每一个完全数都可以表示为 2 的一些连续正整数次幂之和，例如：

$6=2^1+2^2$

$28=2^2+2^3+2^4$

$8\ 128=2^6+2^7+2^8+2^9+2^{10}+2^{11}+2^{12}$

（4）已知的完全数都是以 6 或者 8 结尾。

已知的完全数都是以 6 或者 8 结尾，例如，6、28、496、8 128、33 550 336 等。从这里也可以看出，已知的每一个完全数都是偶数，但还没有严格证明没有奇数的完全数。

（5）除 6 之外的完全数都可以表示成连续奇立方之和。

除 6 之外的完全数都可以表示成连续奇立方之和，例如：

$28=1^3+3^3$

$496=1^3+3^3+5^3+7^3$

$8\ 128=1^3+3^3+5^3+\cdots+15^3$

8.2.2 计算完全数算法

完全数至今仍是数学家研究的重点，可以通过完全数的定义来编写计算机查找完全数的算法；代码如下：

```
void Perfectnum(long fanwei)                          //计算完全数算法
{
    long[] p=new long[300];                           //保存分解的因子
    long i,j,sum,num;
    int k,count;

    for(i=1;i<fanwei;i++)                             //循环处理每1个数
    {
        count=0;
        num=i;
        sum=num;
        for(j=1;j<num;j++)                            //循环处理每1个数
        {
            if(num % j==0)
            {
                p[count++]=j;                         //保存因子，计数器count增加1
                sum=sum-j;                            //减去一个因子
            }
        }
        if(sum==0)
        {
            System.out.printf("%4d是一个完全数,因子是",num);
            System.out.printf("%d=%d",num,p[0]);      //输出完数
```

```
            for(k=1;k<count;k++)                        //输出因子
            {
                System.out.printf("+%d",p[k]);
            }
            System.out.printf("\n");
        }
    }
}
```

在上述代码中，输入参数 fanwei 为待查找完全数的范围。在该函数中通过双重循环对每一个数进行判断，当查找到一个完全数之后，便输出该完全数的所有真因子。算法的执行过程完全遵照了完全数的定义，读者可以对照着加深理解。

下面通过一个完整的示例来演示查找完全数算法的应用，我们来列举 10 000 以内的所有完全数。完整的示例代码如下：

```
public class P9_1 {
    static void Perfectnum(long fanwei)                //计算完全数算法
    {
       long[] p=new long[300];                         //保存分解的因子
        long i,j,sum,num;
        int k,count;

        for(i=1;i<fanwei;i++)                           //循环处理每1个数
        {
            count=0;
            num=i;
            sum=num;
            for(j=1;j<num;j++)                          //循环处理每1个数
            {
                if(num % j==0)
                {
                    p[count++]=j;                       //保存因子，计数器count增加1
                    sum=sum-j;                          //减去一个因子
                }
            }
            if(sum==0)
            {
              System.out.printf("%4d是一个完全数,因子是",num);
              System.out.printf("%d=%d",num,p[0]);//输出完数
              for(k=1;k<count;k++)                      //输出因子
                {
                  System.out.printf("+%d",p[k]);
                }
              System.out.printf("\n");
            }
        }
    }
    public static void main(String[] args)
    {
        long fanwei;

        fanwei=10000;                         //初始化范围
```

```
            System.out.printf("查找%d之内的完全数: \n",fanwei);
            Perfectnum(fanwei);                //查找完全数

        }

    }
```

在该程序中，主方法首先初始化待查找的范围，即 1～10 000，然后调用 Perfectnum()方法来逐个查找完全数并列举出来。该程序的执行结果如图 8-1 所示。

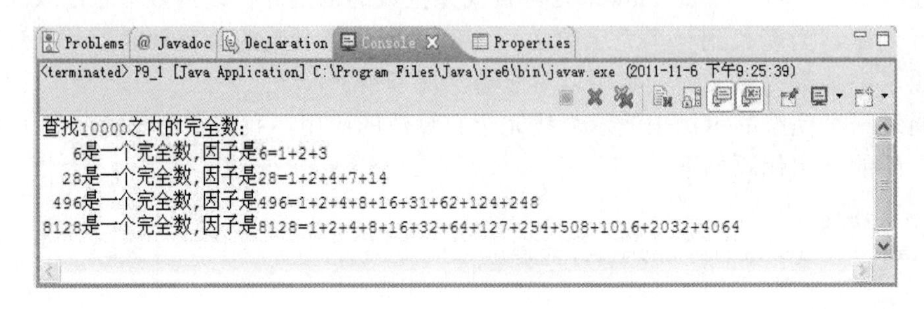

图 8-1 执行结果

8.3 亲密数

亲密数是具有特殊性质的整数。亲密数展示了两个整数之间通过因子的密切联系。

8.3.1 什么是亲密数

如果整数 *a* 的因子和等于整数 *b*，整数 *b* 的因子和等于整数 *a*，因子包括 1 但不包括本身，且 *a* 不等于 *b*，则称 *a*、*b* 为亲密数。

例如，220 和 284 便是一对亲密数，满足规则如下：

- 220 的各个因子之和为：1+2+4+5+10+11+20+22+44+55+110=284；
- 284 的各个因子之和为：1+2+4+71+142=220。

另外，1 184 和 1 210 是一对亲密数，因为其满足规则如下：

- 1 184 的各个因子之和为：1+2+4+8+16+32+37+74+148+296+592=1 210；
- 1 210 的各个因子之和为：1+2+5+10+11+22+55+110+121+242+605=1 184。

8.3.2 计算亲密数算法

可以通过亲密数的定义来编写计算机查找亲密数对的算法，代码如下：

```
int friendnum(int a)                        //亲密数对算法
{
        int i,b1,b2,count;
        for(i=0;i<100;i++)                  //清空数组
        {
            ga[i]=gb[i]=0;
        }
        count=0;                            //数组下标
        b1=0;                               //累加和
```

```
        for(i=1;i<a/2+1;i++)           //求数a的因子
        {
            if(a%i==0)                 //a能被i整除
            {
                ga[count++]=i;         //保存因子到数组，方便输出
                b1+=i;                 //累加因子之和
            }
        }
        count=0;
        b2=0;
        for(i=1;i<b1/2+1;i++)          //将数a因子之和再进行因子分解
        {
            if(b1%i==0)                //b1能被i整除
            {
                gb[count++]=i;         //保存因子到数组
                b2=b2+i;               //累加因子之和
            }
        }
        if(b2==a && a<b1)              //判断A，B的输出条件
        {
            return b1;
        }
        else
        {
            return 0;
        }
}
```

在上述代码中，输入参数 a 为一个正整数，该函数通过算法来寻找 a 的亲密数，如果找到，则返回该亲密数；否则，返回 0。程序中，对于输入的参数 a，首先将其因子分解出来，并保存在一个数组 ga 中，而各个因子之和保存在变量 $b1$ 中。然后，将 $b1$ 再次进行因子分解，并将因子保存在数组 gb 中，而各个因子之和保存在变量 $b2$ 中。最后，判断 $b2$ 和 a，如果 $b2$ 等于 a，并且 $b1$ 不等于 $b2$，则找到一对亲密数为 a 和 $b1$。读者可以对照算法来加深对亲密数的理解。

下面通过一个完整的示例来演示查找亲密数对算法的应用，我们来列举 5 000 以内的所有亲密数对。完整的示例代码如下：

```
#include <stdio.h>

int ga[100],gb[100];                    //保存因子的数组

int friendnum(int a)                    //亲密数对算法
{
        int i,b1,b2,count;
        for(i=0;i<100;i++)              //清空数组
        {
            ga[i]=gb[i]=0;
        }
        count=0;                        //数组下标
        b1=0;                           //累加和
        for(i=1;i<a/2+1;i++)            //求数a的因子
        {
```

```
            if(a%i==0)                    //a能被i整除
            {
                ga[count++]=i;            //保存因子到数组，方便输出
                b1+=i;                    //累加因子之和
            }
        }
        count=0;
        b2=0;
        for(i=1;i<b1/2+1;i++)             //将数a因子之和再进行因子分解
        {
            if(b1%i==0)                   //b1能被i整除
            {
                gb[count++]=i;            //保存因子到数组
                b2=b2+i;                  //累加因子之和
            }
        }
        if(b2==a && a<b1)                 //判断A，B的输出条件
        {
            return b1;
        }
        else
        {
            return 0;
        }
}

void main()
{
    int i,b,fanwei,count;

    fanwei=5000;                          //初始化
    printf("列举1~%d之间的所有亲密数对!\n",fanwei);
    for(i=1;i<fanwei;i++)
    {
        b=friendnum(i);
        if(b!=0)
        {
          printf("\n%d--%d是亲密数，示例如下：",i,b); //输出亲密数
          printf("\n%d的各个因子之和为:1",i);
          count=1;
          while(ga[count]>0)              //输出一个数的因子
          {
             printf("+%d",ga[count]);
             count++;
          }
           printf("=%d\n",b);
          printf("%d的各个因子之和为:1",b);
          count=1;
          while(gb[count]>0)              //输出另一个数的因子
          {
             printf("+%d",gb[count]);
             count++;
```

```
            }
             printf("=%d\n",i);
        }
    }
}
```

在该程序中，保存因子的数组 ga 和 gb 为全局变量，这样便于后面输出各个因子。主方法中，首先待查找的范围，然后通过 for 循环来对每一个整数进行处理。当查找到亲密数对后，将结果输出。该程序的执行结果如图 8-2 所示。

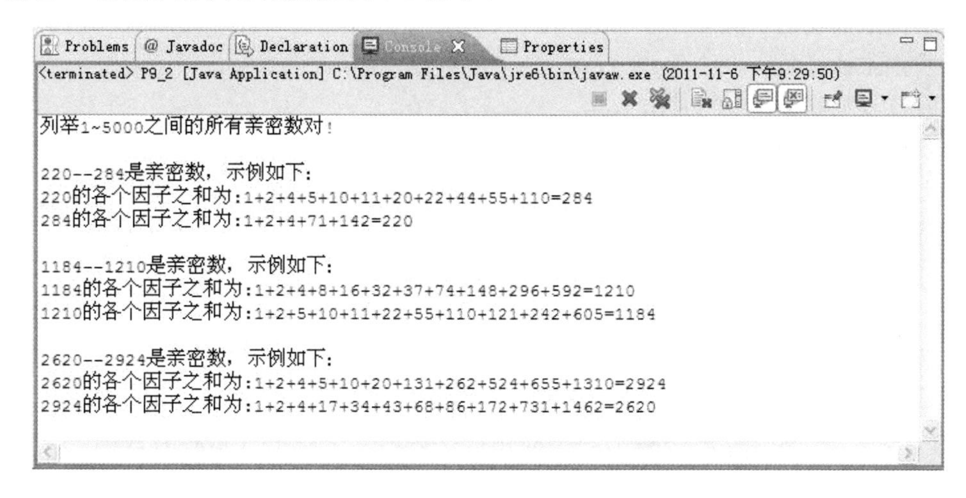

图 8-2　执行结果

8.4　水仙花数

水仙花数是指一个 n 位正整数（$n\geqslant 3$），它的每个位上的数字的 n 次幂之和等于它本身。水仙花数也是一种具有特殊性质的数。

8.4.1　什么是水仙花数

水仙花数最先是由英国数学家哈代发现的。他发现一些三位数满足如下奇特的现象。

$153=1^3+5^3+3^3$

$370=3^3+7^3+0^3$

$371=3^3+7^3+1^3$

$407=4^3+0^3+7^3$

简单地说，这些三位正整数在数值上等于其各位数字的立方之和（即 3 次幂之和）。哈代称为“水仙花数”。

除此之外，进一步研究还发现存在更高位数的水仙花数。以上所述均为三位的水仙花数，而四位的水仙花数有如下 3 个。

$1\,634=1^4+6^4+3^4+4^4$

$8\,208=8^4+2^4+0^4+8^4$

$9\,474=9^4+4^4+7^4+4^4$

五位的水仙花数共有 3 个，示例如下：

54 748=$5^5+4^5+7^5+4^5+8^5$

92 727=$9^5+2^5+7^5+2^5+7^5$

93 084=$9^5+3^5+0^5+8^5+4^5$

而六位的水仙花数则只有一个，示例如下：

548 834=$5^6+4^6+8^6+8^6+3^6+4^6$

数学家在理论上证明，最大的水仙花数不超过 34 位。因此，水仙花数是有限的。这种推广的水仙花数有时也称为阿姆斯特朗数。不同位数的水仙花数的个数如下：

（1）三位水仙花数：共 4 个；

（2）四位水仙花数：共 3 个；

（3）五位水仙花数：共 3 个；

（4）六位水仙花数：共 1 个；

（5）七位水仙花数：共 4 个；

（6）八位水仙花数：共 3 个；

（7）九位水仙花数：共 4 个；

（8）十位水仙花数：共 1 个；

……

当然还有很多，这里仅列举了前 10 位的水仙花数的个数。读者可以根据水仙花数的定义来编写相应的算法，寻找相应位数上的水仙花数。这是一个非常有意思的尝试。

8.4.2 计算水仙花数算法

由于水仙花数按照不同的位数来分，下面给出 n 位水仙花数的计算算法；代码如下：

```
void NarcissusNum(int n)                          //判断水仙花数算法
{
    long i,start,end,temp,num,sum;
    int j;

    start=(long)Math.pow(10,n-1);                 //起始数据
    end=(long)Math.pow(10,n)-1;                   //终止数据
    for(i=start;i<=end;i++)                       //逐个判断
    {
        temp=0;
        num=i;
        sum=0;
        for(j=0;j<n;j++)                          //分解各位
        {
            temp=num%10;
            sum=sum+(long)Math.pow(temp,n);       //n次幂累加
            num=(num-temp)/10;
        }
        if(sum==i)
        {
            System.out.printf("%d\n",i);          //输出水仙花数
        }
    }
}
```

在上述代码中，输入参数 n 表示需要查找的水仙花数的位数。在该算法中，首先计算起始数据和终止数据，然后对所有数据逐个判断。在进行判断时，基本是根据水仙花数的定义

来判断的。也就是，将数据的各个位分离出来，并逐位进行 n 次幂的累加，最后判断累加的结果是否与原数据相等，如果相等，则表示该数据是水仙花数。最后输出所有的水仙花数。

需要注意的是，算法的关键是如何分离数据的 n 位。采用如下算法步骤来实现。

（1）计算数据 num 的个位数，并将其赋值给 temp。

（2）计算个位数的 n 次幂，并累加到 sum 中。

（3）移位操作，将 num 减去个位数 temp 后，再除 10，便相当于数据的右移操作。此时位数减少一位，并将结果重新赋值给 num。

（4）重复步骤（1）的操作，直到所有的位数都得到处理为止。

这样便分离出了 n 位的数字并得到了其 n 次幂的累加和。

下面通过一个完整的示例来演示查找水仙花数的位数为 3 和 4 的算法的应用，完整的示例代码如下：

```
public class P8_3
{
    static void NarcissusNum(int n)                    //判断水仙花数算法
    {
        long i,start,end,temp,num,sum;
        int j;

        start=(long)Math.pow(10,n-1);                  //起始数据
        end=(long)Math.pow(10,n)-1;                    //终止数据
        for(i=start;i<=end;i++)                        //逐个判断
        {
            temp=0;
            num=i;
            sum=0;
            for(j=0;j<n;j++)                           //分解各位
            {
                temp=num%10;
                sum=sum+(long)Math.pow(temp,n);        //n次幂累加
                num=(num-temp)/10;
            }
            if(sum==i)
            {
                System.out.printf("%d\n",i);           //输出水仙花数
            }
        }
    }
    public static void main(String[] args)
    {
        int n;

        n=3;                                           //初始化位数
        System.out.printf("列举%d位的水仙花数：\n",n);
        NarcissusNum(n);                               //列举所有水仙花数
        System.out.printf("\n");
        n=4;                                           //初始化位数
        System.out.printf("列举%d位的水仙花数：\n",n);
        NarcissusNum(n);                               //列举所有水仙花数
```

```
            System.out.printf("\n");
        }
    }
```

在该程序中，首先初始化位数 n=3，然后调用 NarcissusNum()方法来列举所有 3 位水仙花数。接着初始化位数 n=4，然后调用 NarcissusNum()方法来列举所有 4 位水仙花数。该程序的执行结果如图 8-3 所示。

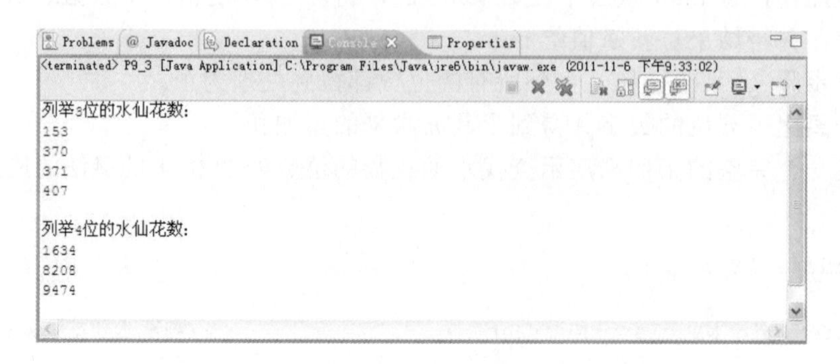

图 8-3　执行结果

读者也可以修改主方法来列举所有的其他位数的水仙花数，但是要记住，理论上证明最大的水仙花数不超过 34 位，因此 n 的值不应超过 34 位。另外，随着位数的增加，算法需要处理的数据也在增多，算法计算的过程会比较慢，对计算机的配置要求比较高。

8.5　自守数

如果一个正整数的平方的末尾几位数等于这个数本身，那么这个数便称为自守数。自守数包含了很多特殊的性质。

8.5.1　什么是自守数

依照自守数的定义，很容易找到一些简单的自守数，例如：

5 是一个一位自守数，因为 5^2=25，末尾仍然为 5；

6 是一个一位自守数，因为 6^2=36，末尾仍然为 6；

25 是一个两位自守数，因为 25^2=625，末尾两位仍然为 25；

76 是一个两位自守数，因为 76^2=5 776，末尾两位仍然为 76；

625 是一个三位自守数，因为 625^2=390 625，末尾两位仍然为 625；

376 是一个三位自守数，因为 376^2=141 376，末尾两位仍然为 376；

……

不过，细心的读者可能会说，0 和 1 也是自守数，因为 0^2=0，1^2=1，满足自守数的定义。不过，由于 0 和 1 这两个数过于简单，没有什么奇特的性质，因此没有太多的研究价值。故一般在数学上不将其归为自守数。

自守数有许多奇特的性质，我们来了解一下。

（1）以自守数为后几位的两数相乘，结果的后几位仍是这个自守数。

自守数的一个最基本的特点便是，以自守数为后几位的两数相乘，结果的后几位仍是这个自守数。例如，76 是一个两位自守数，以 76 为后两位的两个数相乘，那么乘积的结果的后两位仍然是 76，示例如下：

176×576=101 376

276×376=103 776

（2）n+1 位的自守数出自 n 位的自守数。

在所有的自守数中，n+1 位的自守数出自 n 位的自守数。例如：

- 625 是一个三位自守数，其末尾两位为 25，仍然是一个自守数。而 25 是一个两位自守数，其末尾一位为 5，而 5 是一个一位自守数；
- 376 是一个三位自守数，其末尾两位为 76，仍然是一个自守数。而 76 是一个两位自守数，其末尾一位为 6，而 6 是一个一位自守数。

这样，如果知道了 n 位的自守数，那么在其前面增加一位数即可成为 n+1 位的自守数，在有的场合可以减轻计算量。

（3）两个 n 位自守数的和等于 10^n+1。

两个 n 位自守数的和等于 10^n+1，示例如下：

$5+6=11=10^1+1$

$25+76=101=10^2+1$

$625+376=1\,001=10^3+1$

……

8.5.2　计算自守数算法

计算自守数的算法需遵循自守数的定义，算法代码如下：

```
int zishounum1(long n)                    //判断自守数算法1
{
    long temp,m,k;
    int count;

    k=1;
    count=0;
    while(k>0)                            //判断位数
    {
        k=n-(long)Math.pow(10,count);
        count++;
    }
    m=count-1;                            //位数
    temp=(n*n)%((long)(Math.pow(10,m)));
    if(temp==n)                           //判断是否为自守数
    {
        return 1;
    }
    else
    {
        return 0;
    }
}
```

在上述代码中，输入参数 n 为待判断的整数，如果 n 为自守数，则该方法返回 1；否则，返回 0。程序中，首先判断输入整数 n 的位数，然后按照自守数的定义，计算 n 的平方，并对末几位进行判断，看其是否满足自守数的定义。

该算法比较简单，但是存在一定的问题。当输入参数 n 比较大，n 和 n 乘积的结果将非常大，这一方面影响计算速度，另一方面容易造成数据范围溢出。因此需要寻找更为合理的算法。

简单分析一下整数平方的计算过程，从中寻找算法的灵感。这里以计算 625 的平方为例，如图 8-4 所示。

对于判断自守数，只需知道平方的后面 3 位数即可，而不必计算整个平方的结果。从这里的计算过程可知，在每一次的部分乘积中，并不是它的每一位都会对积的后 3 位产生影响。可以找到如下规律。

```
     625
 ×   625
 -------
    3125  ←— 个位5×625
   1250   ←— 十位2×625
  3750    ←— 百位6×625
 -------
  390625
```

图 8-4　平方的计算过程

（1）对于个位数与被乘数相乘的积中，用被乘数的后 3 位（625）与乘数的个位（5）相乘。

（2）对于十位数与被乘数相乘的积中，用被乘数的后 2 位（25）与乘数的十位（20）相乘。

（3）对于百位数与被乘数相乘的积中，用被乘数的后 1 位（5）与乘数的百位（600）相乘。

将以上各位相乘的积累加，再取最后 3 位即可。将上述规律推广，即可用来对多位数进行处理。

按照此思路，可以编写自守数计算算法，代码如下：

```
int zishounum2(long num)              //判断自守数算法2
{
    long faciend,mod,n_mod,p_mod;     //mod被乘数的系数，n_mod乘数的系数，p_mod部分乘积的系数
    long t,n;                         //临时变量

    faciend=num;                      //被乘数
    mod=1;
    do
    {
        mod*=10;                      //被乘数的系数
        faciend/=10;
    }while(faciend>0);                //循环求出被乘数的系数
    p_mod=mod;                        //p_mod为截取部分积时的系数
    faciend=0;                        //积的最后N位
    n_mod=10;                         //截取乘数相应位时的系数
    while(mod>0)
    {
        t=num % (mod*10);             //获取被乘数
        n=num%n_mod-num%(n_mod/10);   //分解出每一位乘数作为乘数
        t=t*n;                        //相乘的结果
        faciend=(faciend+t)%p_mod;    //截取乘积的后面几位
        mod/=10;                      //调整被乘数的系数
        n_mod*=10;                    //调整乘数的系数
    }
    if(num==faciend)                  //判断自守数，并返回
    {
        return 1;
    }
    else
    {
        return 0;
    }
}
```

在上述代码中，输入参数 *n* 为待判断的整数，如果 *n* 为自守数，则该函数返回 1；否则，返回 0。该程序严格遵循了前面介绍的算法，读者可以对照来加深理解。

下面通过一个完整的示例来演示计算自守数算法的应用，完整的示例代码如下：

```
public class P9_4
{
    static int zishounum1(long n)           //判断自守数算法1
    {
        long temp,m,k;
        int count;
        k=1;
        count=0;
        while(k>0)                          //判断位数
        {
            k=n-(long)Math.pow(10,count);
            count++;
        }
        m=count-1;                          //位数
        temp=(n*n)%((long)(Math.pow(10,m)));
        if(temp==n)                         //判断是否为自守数
        {
            return 1;
        }
        else
        {
            return 0;
        }
    }

    static int zishounum2(long num)         //判断自守数算法2
    {
       long faciend,mod,n_mod,p_mod;
                        //mod被乘数的系数，n_mod乘数的系数，p_mod部分乘积的系数
       long t,n;                            //临时变量
       faciend=num;                         //被乘数
       mod=1;
       do
        {
          mod*=10;                          //被乘数的系数
          faciend/=10;
       }while(faciend>0);                   //循环求出被乘数的系数
       p_mod=mod;                           //p_mod为截取部分积时的系数
       faciend=0;                           //积的最后N位
       n_mod=10;                            //截取乘数相应位时的系数
       while(mod>0)
       {
         t=num % (mod*10);                  //获取被乘数
         n=num%n_mod-num%(n_mod/10);        //分解出每一位乘数作为乘数
         t=t*n;                             //相乘的结果
         faciend=(faciend+t)%p_mod;         //截取乘积的后面几位
         mod/=10;                           //调整被乘数的系数
         n_mod*=10;                         //调整乘数的系数
       }
```

```
        if(num==faciend)                          //判断自守数，并返回
        {
            return 1;
        }
        else
        {
            return 0;
        }
    }
    public static void main(String[] args)
    {
        long i;
        System.out.printf("第一种算法计算自守数：\n");
        for(i=2;i<1000;i++)
        {
            if(zishounum1(i)==1)              //调用第一种算法
            {
                System.out.printf("%d ",i);
            }
        }
        System.out.printf("\n");

        System.out.printf("第二种算法计算自守数：\n");
        for(i=2;i<200000;i++)
        {
            if(zishounum2(i)==1)              //调用第二种算法
            {
                System.out.printf("%d ",i);
            }
        }
        System.out.printf("\n");
    }
}
```

在该程序中，主方法分别调用了两种计算自守数的算法来列举一定范围内的自守数。程序的执行结果如图 8-5 所示。

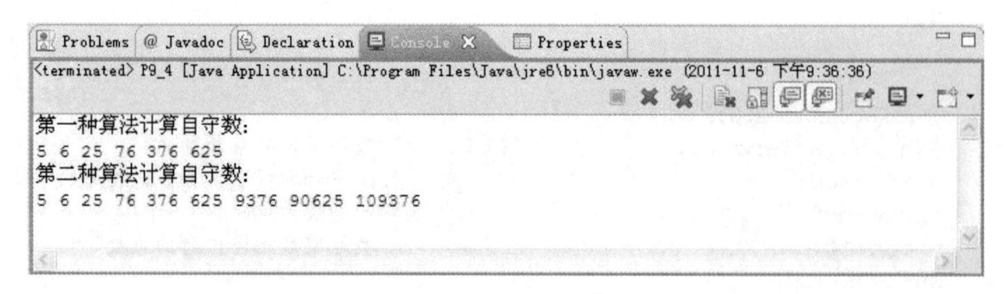

图 8-5 执行结果

8.6 最大公约数

最大公约数和最小公倍数应用广泛。如果有一个自然数 a 能被自然数 b 整除，则称 a 为 b 的倍数，b 为 a 的约数。几个自然数公有的约数，叫作这几个自然数的公约数。公约数中最大

的一个，一般就称为这几个自然数的最大公约数。

例如，在自然数 4、8、12 中，1、2 和 4 是这几个自然数的公约数，而 4 则是最大公约数。

关于最大公约数的讨论最早见于欧几里得的《几何原本》，著于公元前 300 年左右。欧几里得在该书中提出了一个非常经典的计算最大公约数的方法——辗转相除法，后人也称之为欧几里得算法。计算最大公约数还有 Stein 算法等。

8.6.1　计算最大公约数算法——辗转相除法

欧几里得的辗转相除算法是计算两个自然数最大公约数的传统算法，对于多个自然数可以执行多次辗转相除法来得到最大公约数。辗转相除法的执行过程如下：

（1）对于已知两自然数 m、n，假设 $m>n$；

（2）计算 m 除以 n，将得到的余数记为 r；

（3）如果 $r=0$，则 n 为求得的最大公约数，否则执行下面一步；

（4）将 n 的值保存到 m 中，将 r 的值保存到 n 中，重复执行步骤（2）和（3），直到 $r=0$，便得到最大公约数。

按照此思路可以编写相应的算法，代码如下：

```
int gcd(int a, int b)                  //最大公约数
{
    int m,n,r;
    if(a>b)                            //m保存较大数,n保存较小数
    {
        m=a;
        n=b;
    }
    else
    {
        m=b;
        n=a;
    }
    r=m%n;                             //求余数
    while(r!=0)                        //辗转相除
    {
       m=n;
       n=r;
       r=m%n;
    }
    return n;                          //返回最大公约数
}
```

在上述代码中，输入参数为两个自然数 a 和 b，a 和 b 谁大谁小没有要求。程序开始时首先判断 a 和 b 的大小，从而为 m 和 n 赋值。m 保存较大数，n 保存较小数。接着，按照辗转相除法的思路来计算最大公约数。读者可以对照代码和算法思路来加深理解。

8.6.2　计算最大公约数算法——Stein 算法

欧几里得的辗转相除法是最经典的计算最大公约数的算法，算法简单但执行效率非常高。但是如果参与运算的数据非常大，辗转相除法就暴露了其缺点。例如，计算机中的整数一般最多有 64 位，如果参与运算的整数低于 64 位，那么取模的算法比较简单，直接采用%运算符就

可以了。对于计算两个超过 64 位的整数的模，往往需要采用类似于多位数除法手算过程中的试商法。这个试商法过程不但复杂，而且要消耗很多 CPU 时间，致使辗转相除法效率变低。

Stein 算法便解决了这个问题。Stein 算法不采用除法和取模运算，而是采用整数的移位和最普通的加减法。这样，在计算超过 64 位的整数时，算法执行效率非常高。

下面来分析 Stein 算法的执行过程。假设计算 a 和 b 两个数的最大公约数。

（1）首先判断 a 或 b 的值，如果 a=0，b 就是最大公约数；如果 b=0，a 就是最大公约数，从而可以直接完成计算操作。如果 a 和 b 均不为 0，则执行下一步。

（2）完成如下赋值：$a_1=a$、$b_1=b$、$c_1=1$。

（3）判断 a_n 和 b_n 是否为偶数，若都是偶数，则使 $a_{n+1}=a_n/2$，$b_{n+1}=b_n/2$，$c_{n+1}=c_n*2$。如果 a_n 和 b_n 中包含一个奇数，则执行步骤（4）、（5）或（6）。

（4）若 a_n 是偶数，b_n 是奇数，则完成如下赋值：$a_{n+1}=a_n/2$，$b_{n+1}=b_n$，$c_{n+1}=c_n$。

（5）若 b_n 是偶数，a_n 是奇数，则完成如下赋值：$b_{n+1}=b_n/2$，$a_{n+1}=a_n$，$c_{n+1}=c_n$。

（6）若 a_n 和 b_n 都是奇数，完成如下赋值：$a_{n+1}=|a_n-b_n|$，$b_{n+1}=\min(a_n,b_n)$，$c_{n+1}=c_n$。

（7）n 累加 1，跳转到第 3 步进行下一轮运算。

以上述算法的执行过程中，反复用到除 2 和乘 2 的操作。其实乘 2 只需将二进制整数左移一位，而除 2 只需要将二进制整数右移一位即可，这样程序的执行效率更高。

按照此思路可以编写相应的算法，代码如下：

```
int gcd(int a, int b)                    //最大公约数
{
    int m,n,r;

    if(a>b)                              //m保存较大数，n保存较小数
    {
        m=a;
        n=b;
    }
    else
    {
        m=b;
        n=a;
    }
   if(n==0)                              //若较小数为0
   {
      return m;                          //返回另一数为最大公约数
   }
   if(m%2==0 && n%2 ==0)                 //m和n都是偶数
   {
      return 2*gcd(m/2,n/2);             //递归调用gcd()函数，将m、n都除以2
   }
   if ( m%2 == 0)                        //m为偶数
   {
      return gcd(m/2,n);                 //递归调用gcd()函数，将m除以2
   }
   if ( n%2==0 )                         //n为偶数
   {
      return gcd(m,n/2);                 //递归调用gcd()函数，将n除以2
   }
   return gcd((m+n)/2,(m-n)/2);          //m、n都是奇数，递归调用gcd()
}
```

在上述代码中，输入参数为两个自然数 a 和 b，a 和 b 谁大谁小没有要求。程序开始时首先判断 a 和 b 的大小，从而为 m 和 n 赋值。m 保存较大数，n 保存较小数。接着，按照 Stein 算法的思路来计算最大公约数。读者可以对照代码和算法思路来加深理解。

8.6.3　计算最大公约数示例

下面通过一个完整的示例来演示计算最大公约数算法的应用（求整数 12 和 34 的最大公约数），示例代码如下：

```
import java.util.Scanner;

public class P9_5
{
    static int gcd(int a, int b)              //最大公约数
    {
        int m,n,r;
         if(a>b)                              //m保存较大数,n保存较小数
         {
             m=a;
             n=b;
         }
         else
         {
             m=b;
             n=a;
         }
        r=m%n;                                //求余数
        while(r!=0)                           //辗转相除
        {
            m=n;
            n=r;
            r=m%n;
        }
        return n;                             //返回最大公约数
    }
    public static void main(String[] args)
    {
         int a,b,c;
        System.out.printf("输入两个正整数:");
        Scanner input=new Scanner(System.in);
        a=input.nextInt();
        b=input.nextInt();                    //输入数据
         c=gcd(a,b);
        System.out.printf("%d和%d的最大公约数:%d\n",a,b,gcd(a,b));
    }
}
```

在该程序中，首先输入两个数据，然后调用 gcd 算法来求最大公约数。这里采用的是辗转相除法，当然读者也可以采用 Stein 算法来求解最大公约数。该程序的执行结果如图 8-6 所示。

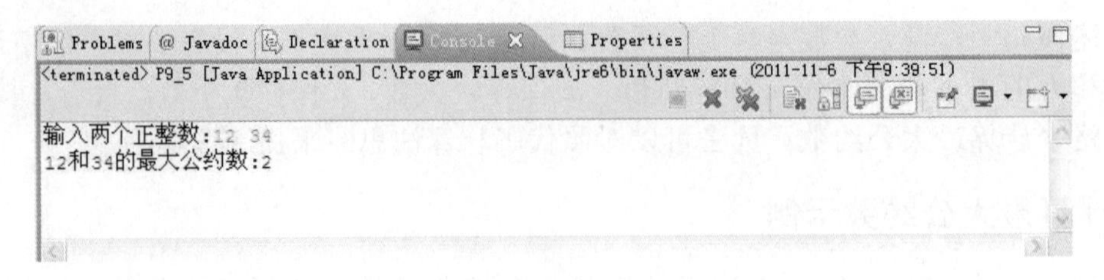

图 8-6 执行结果

8.7 最小公倍数

最大公约数和最小公倍数是相互关联的。如果有一个自然数 a 能被自然数 b 整除，则称 a 为 b 的倍数，b 为 a 的约数。对于几个整数来说，其共有的倍数成为公倍数。公倍数中最小的一个，即最小公倍数。

计算最小公倍数的算法比较简单，前面学习了两数的最大公约数，将两数相乘的积除以最大公约数便可得到两数的最小公倍数。对于多个自然数可以执行多次算法来得到。

按照此思路可以编写相应的算法，代码如下：

```
int lcm(int a,int b)                        //最小公倍数
{
    int c,d;

    c= gcd(a,b);                            //获取最大公约数
    d=(a*b)/c;
    return d;                               //返回最小公倍数
}
```

下面通过一个完整的示例来演示计算最小公倍数算法的应用（求整数 12 和 34 的最小公倍数），示例代码如下：

```
import java.util.Scanner;

public class P8_6
{
    static int gcd(int a, int b)            //最大公约数
    {
        int m,n;

        if(a>b)                             //m保存较大数,n保存较小数
        {
            m=a;
            n=b;
        }
        else
        {
            m=b;
            n=a;
        }
        if(n==0)                            //若较小数为0
        {
```

```
        return m;                   //返回另一数为最大公约数
    }
    if(m%2==0 && n%2 ==0)           //m和n都是偶数
    {
        return 2*gcd(m/2,n/2);      //递归调用gcd()函数，将m、n都除以2
    }
    if ( m%2 == 0)                  //m为偶数
    {
        return gcd(m/2,n);          //递归调用gcd()函数，将m除以2
    }
    if ( n%2==0 )                   //n为偶数
    {
        return gcd(m,n/2);          //递归调用gcd()函数，将n除以2
    }
    return gcd((m+n)/2,(m-n)/2); //m、n都是奇数，递归调用gcd()
}

static int lcm(int a,int b)     //最小公倍数
{
    int c,d;

     c= gcd(a,b);               //获取最大公约数
     d=(a*b)/c;
    return d;                   //返回最小公倍数
}
public static void main(String[] args)
{
     int a,b,c,d;
    System.out.printf("输入两个正整数:");
    Scanner input=new Scanner(System.in);
    a=input.nextInt();
    b=input.nextInt();          //输入整数
     c=gcd(a,b);                //最大公约数
    System.out.printf("%d和%d的最大公约数:%d\n",a,b,c);
     d=lcm(a,b);                //最小公倍数
    System.out.printf("%d和%d的最小公倍数:%d\n",a,b,d);
}
}
```

在该程序中，首先输入两个数据，然后调用 gcd()函数来求最大公约数，调用 lcm()函数来求最小公倍数。在计算最大公约数时，这里采用的是 Stein 算法，当然读者也可以采用辗转相除法来求解最大公约数。而最小公倍数的算法都是一样的。该程序的执行结果如图 8-7 所示。

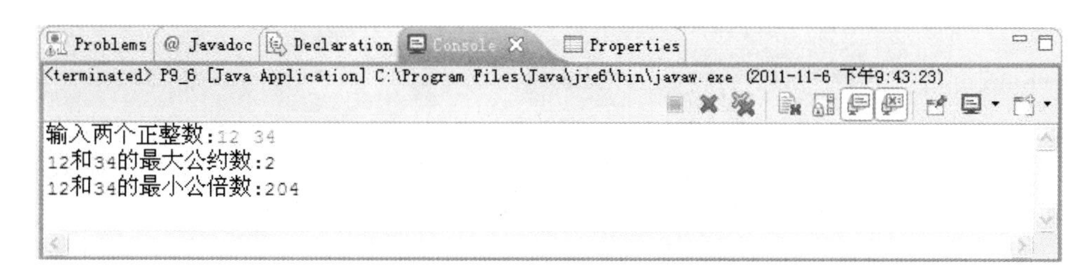

图 8-7　执行结果

8.8 素数

素数是初等数论中重点研究的对象，早在公元前 300 年，当时古希腊著名数学家欧几里得发现了数论的本质是素数。欧几里得在其著作《几何原本》中证明了素数具有无穷多个。

8.8.1 什么是素数

素数又称为质数，指在一个大于 1 的自然数中，除了 1 和此整数自身外，无法被其他自然数整除的数。比 1 大，但不是素数的称为合数。0 和 1 既不是素数也不是合数。

谈到素数，有著名的算术基本定理：任何一个大于 1 的正整数 n，可以唯一表示成有限个素数的乘积。

围绕着素数，数学家提出了各种猜想，内容如下：

（1）黎曼猜想：黎曼研究发现，素数分布的绝大部分猜想都取决于黎曼 zeta()函数的零点位置。黎曼在此基础上，猜想那些非平凡零点都落在复平面中实部为 1/2 的直线上；

（2）孪生素数猜想：对于素数 n，如果 $n+2$ 同样为素数，则称 n 和 $n+2$ 为孪生素数。到底有没有无穷多个孪生素数呢？这是一个至今仍无法解决的问题；

（3）哥德巴赫猜想：哥德巴赫通过大量的数据猜测，所有不小于 6 的偶数，都可以表示为两个奇素数之和。后人将其称为“1+1”。并且，对于每个不小于 9 的奇数，都可以表示为三个奇素数之和。

近年来，素数在密码学上又发现了新的应用。基于大的素数质因数分解的复杂性，从而构造出广泛应用的公钥密码。这是现代密码学的基础，是密码学领域令人激动人心的进步。

8.8.2 计算素数算法

素数的分布没有明显的规律。至今没有很好的办法来判断素数。一般根据素数的定义，来分析数值不大的数是否为素数。

按照此思路可以编写相应的算法，代码如下：

```
int isPrime(int a)
{                                    //判断a是否是素数，是素数返回1，不是素数返回0
    int i;
    for(i=2;i<a;i++)
    {
        if(a % i == 0)
        {
            return 0;                //不是素数
        }
    }
    return 1;                        //是素数
}
```

在上述代码中，输入参数 a 为待判断的数据。程序中，计算 a 除以小于 a 的数的余数，如果余数为 0 表示不是素数，方法返回 0。如果无法整除，则返回 1，表示该数据是素数。

下面通过一个完整的示例来演示如何列举出 1~1000 的所有素数，示例代码如下：

```
public class P9_7
{
```

```
    static int isPrime(int a)           //素数算法
    {
        int i;
        for(i=2;i<a;i++)
        {
            if(a % i == 0)
            {
                return 0;               //不是素数
            }
        }
        return 1;                       //是素数
    }
    public static void main(String[] args)
    {
        int i,n,count;
        n=1000;                         //范围
        count=0;
        System.out.printf("列举1~1000之间所有的素数：\n");
        for(i=1;i<1000;i++)
        {
            if(isPrime(i)==1)           //如果是素数
            {
                System.out.printf("%7d",i);
                count++;
                if(count%10==0)//10个一行
                {
                    System.out.printf("\n");
                }
            }
        }
        System.out.printf("\n");
    }
}
```

在该程序中，首先初始化计算的范围为 1～1 000，也就是列举 1～1 000 的所有素数。程序中调用 isPrime()方法来判断，最后输出时按照 10 个一行来显示素数。该程序的执行结果如图 8-8 所示。

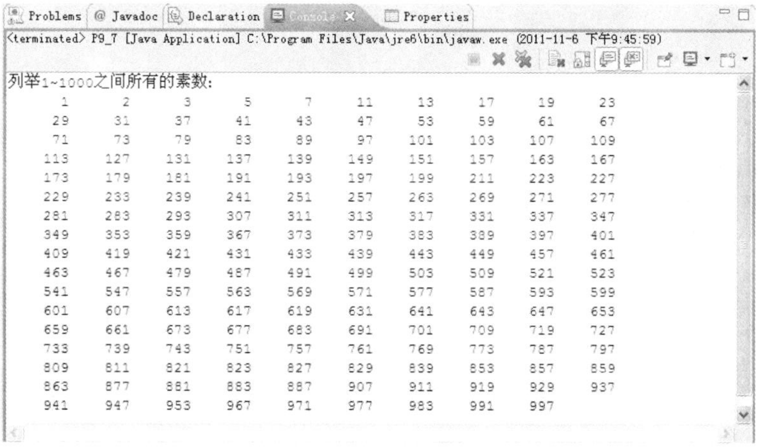

```
Problems  @ Javadoc  Declaration  Console  Properties
<terminated> P9_7 [Java Application] C:\Program Files\Java\jre6\bin\javaw.exe (2011-11-6 下午9:45:59)
列举1~1000之间所有的素数:
      1      2      3      5      7     11     13     17     19     23
     29     31     37     41     43     47     53     59     61     67
     71     73     79     83     89     97    101    103    107    109
    113    127    131    137    139    149    151    157    163    167
    173    179    181    191    193    197    199    211    223    227
    229    233    239    241    251    257    263    269    271    277
    281    283    293    307    311    313    317    331    337    347
    349    353    359    367    373    379    383    389    397    401
    409    419    421    431    433    439    443    449    457    461
    463    467    479    487    491    499    503    509    521    523
    541    547    557    563    569    571    577    587    593    599
    601    607    613    617    619    631    641    643    647    653
    659    661    673    677    683    691    701    709    719    727
    733    739    743    751    757    761    769    773    787    797
    809    811    821    823    827    829    839    853    857    859
    863    877    881    883    887    907    911    919    929    937
    941    947    953    967    971    977    983    991    997
```

图 8-8　执行结果

8.9 回文素数

回文素数是一种具有特殊性质的素数，其既是素数又是回文数。而所谓回文数，即从左向右读与从右向左读是完全一样的自然数，例如，11，22，101，222，818，12321 等。

回文数有点类似中国古代的回文诗，例如，“雾锁山头山锁雾，天连水尾水连天”。

8.9.1 什么是回文素数

回文素数即从左向右读与从右向左读是完全一样的素数。典型的回文素数如下：

11，101，131，151，181，191，313，…

回文素数往往与记数系统的进位值有关。目前，数学家仍无法证明在十进制中是否包含无限多个回文素数。

在其他进制中也有回文素数的概念，例如，在二进制中，回文素数包括梅森素数和费马素数。

8.9.2 计算回文素数算法

判断回文素数，应从其定义出发。按照此思路可以编写相应的算法，代码如下：

```
int huiwen(int n)                      //回文素数算法
{
    int temp,m,k,t,num,sum;
    int count,i;

    k=1;
    count=0;
    while(k>0)                         //判断位数
    {
        k=n-(int)Math.pow(10,count);
        count++;
    }
    m=count-1;                         //位数

    sum=0;
    num=n;
    for(i=0;i<m;i++)                   //按位处理，交换高低位
    {
        temp=num%10;
        sum=sum+temp*((int)Math.pow(10,m-1-i));
        num=(num-temp)/10;
    }
    t=sum;
    if(t==n)
    {
        if(isPrime(n)==1)
        {
            return 1;                  //是回文素数
        }
        else
```

```
        {
            return 0;
        }
    }
    else
    {
        return 0;
    }
}
```

在上述代码中，输入参数 *n* 为待判断的数据。程序中首先判断其是否为回文数，然后进一步判断其是否为素数。如果既是回文数又是素数则返回 1，表示该数据是回文素数；否则，将返回 0，表示该数据不是回文素数。在判断回文数时，首先判断位数，然后交换高低位得到另一个数据，如果这两个数据相等，则表示该数据为回文数。

下面通过一个完整的示例来列举出 0~50000 的回文素数，示例代码如下：

```
public class P9_8
{
    static int isPrime(int a)                   //素数算法
    {
        int i;
        for(i=2;i<a;i++)
        {
            if(a % i == 0)
            {
                return 0;                       //不是素数
            }
        }
        return 1;                               //是素数
    }

    static int huiwen(int n)                    //回文素数算法
    {
        int temp,m,k,t,num,sum;
        int count,i;

        k=1;
        count=0;
        while(k>0)                              //判断位数
        {
            k=n-(int)Math.pow(10,count);
            count++;
        }
        m=count-1;                              //位数

        sum=0;
        num=n;
        for(i=0;i<m;i++)                        //按位处理，交换高低位
        {
            temp=num%10;
            sum=sum+temp*((int)Math.pow(10,m-1-i));
            num=(num-temp)/10;
        }
```

```
        t=sum;
        if(t==n)
        {
            if(isPrime(n)==1)
            {
                return 1;                  //是回文素数
            }
            else
            {
                return 0;
            }
        }
        else
        {
            return 0;
        }
    }
    public static void main(String[] args)
    {
        int i,count;

        count=0;
        System.out.printf("列举0~50000之间的回文素数\n");
        for(i=10;i<50000;i++)              //列举回文素数
        {
            if(huiwen(i)==1)
            {
                System.out.printf("%7d",i);
                count++;
                if(count%10==0)            //10个为一行
                {
                    System.out.printf("\n");
                }
            }
        }
        System.out.printf("\n");
    }
}
```

在该程序中，列举 1～50 000 的所有回文素数。程序中调用 huiwen()方法来判断，最后输出时按照 10 个一行来显示回文素数。该程序的执行结果如图 8-9 所示。

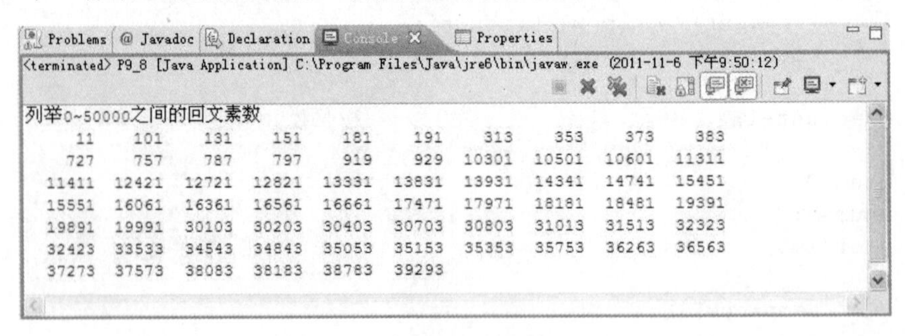

图 8-9 执行结果

8.10　平方回文数

平方回文数也是一个回文数，只不过其有自身的特殊性质，在数学中研究得比较多。

8.10.1　什么是平方回文数

平方回文数是一个回文数，这个回文数可以表示成某个自然数的平方的形式。也就是说，一个自然数 n 的平方，得到一个平方回文数。

典型的平方回文数，示例如下：

121=11×11

484=22×22

676=26×26

……

像这样的平方回文数还有很多，本节将分析如何计算平方回文数。

8.10.2　计算平方回文数算法

计算平方回文数应按照其定义。按照此思路可以编写相应的算法，代码如下：

```
int pingfanghuiwen(int a)                //算法
{
    int temp,m,k,t,num,sum;
    int count,i,n;

    n=a*a;
    k=1;
    count=0;
    while(k>0)                           //判断位数
    {
        k=n-(int)Math.pow(10,count);
        count++;
    }
    m=count-1;                           //位数

    sum=0;
    num=n;
    for(i=0;i<m;i++)                     //按位处理，交换高低位
    {
        temp=num%10;
        sum=sum+temp*((int)Math.pow(10,m-1-i));
        num=(num-temp)/10;
    }
    t=sum;
    if(t==n)
    {
        return 1;
    }
    else
    {
```

```
        return 0;
    }
}
```

在上述代码中，输入参数 a 为一个自然数。程序中首先计算 a 的平方，然后判断 a 的平方是否为回文数。如果是回文数，则返回 1；否则，将返回 0。在判断回文数时，采取了和前面类似的算法。

下面通过一个完整的示例来判断 1~1000 的数平方是否为回文素数，示例代码如下：

```
public class P9_9
{
    static int pingfanghuiwen(int a)        //算法
    {
        int temp,m,k,t,num,sum;
        int count,i,n;

        n=a*a;
        k=1;
        count=0;
        while(k>0)                          //判断位数
        {
            k=n-(int)Math.pow(10,count);
            count++;
        }
        m=count-1;                          //位数
        sum=0;
        num-n;
        for(i=0;i<m;i++)                    //按位处理，交换高低位
        {
            temp=num%10;
            sum=sum+temp*((int)Math.pow(10,m-1-i));
            num=(num-temp)/10;
        }
        t=sum;
        if(t==n)
        {
            return 1;
        }
        else
        {
            return 0;
        }
    }
    public static void main(String[] args)
    {
        int i;
        System.out.printf("列举平方回文素数\n");
        for(i=10;i<1000;i++)
        {
            if(pingfanghuiwen(i)==1)        //列举平方回文数
            {
                System.out.printf("%d*%d=%d\n",i,i,i*i);
```

```
            }
        }
    }
}
```

在该程序中，判断 1~1 000 的数的平方是否为回文素数。程序中调用 pingfanghuiwen() 方法来判断，最后输出时同时显示了平方回文数及其平方表示。该程序的执行结果如图 8-10 所示。

```
Problems  @ Javadoc  Declaration  Console  Properties
<terminated> P9_9 [Java Application] C:\Program Files\Java\jre6\bin\javaw.exe (2011-11-6 下午9:52:53)
列举平方回文素数
11*11=121
22*22=484
26*26=676
101*101=10201
111*111=12321
121*121=14641
202*202=40804
212*212=44944
264*264=69696
307*307=94249
836*836=698896
```

图 8-10　执行结果

8.11　分解质因数

在初等数论中，任何一个合数都可以写成几个质数相乘的形式，这几个质数都叫作这个合数的质因数。例如，24=2×2×2×3。分解质因数就是把一个合数写成几个质数相乘的形式。对于一个质数，它的质因数可定义为它本身。

因此，可以按照如下算法来对一个数 n 分解质因数：

（1）在 2~n−1 之间找出 n 的两个因数（不一定是质因数）i 和 j，即 $i\times j=n$；

（2）如果 i 是质数，则 i 一定是 n 的一个质因数，否则继续对 i 进行质因数分解；

（3）如果 j 是质数，则 j 一定是 n 的一个质因数，否则继续对 j 进行质因数分解。

按照这种方法，对 24 进行质因数分解，分解的示意过程，如图 8-11 所示。

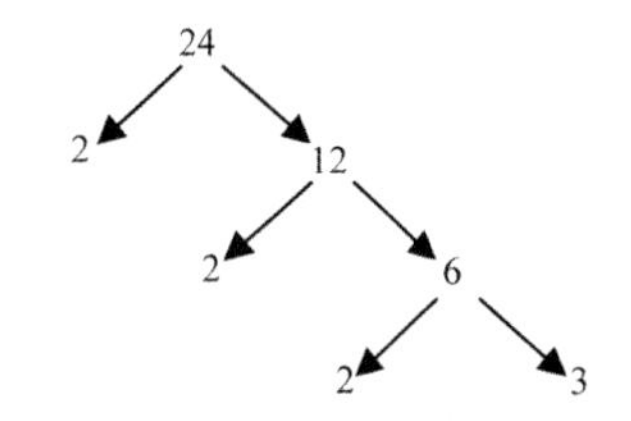

图 8-11　质因数分解过程

对上述过程进一步分析，很显然这是一种递归的方法。在这个递归的过程中，如果对 k 进行质因数分解，只有当 k 的质因数 s、t 全部找到后，这一层的调用才会结束，返回上一层的调用中。否则会将 s 或 t 中非质数的那个因数作为参数，继续调用这个递归过程进行分解。因此，一旦执行完这个递归的调用，一定能够求出 n 的全部质因数。

按照此思路可以编写相应的算法，代码如下：

```
void PrimeFactor(int n)      //分解质因数算法
{
    int i;
    if(isPrime(n)==1)
    {
```

```
            System.out.printf("%d*",n);
        }
        else
        {
            for(i=2;i<n;i++)
            {
                if(n % i == 0)
                {
                    System.out.printf("%d*",i);     //第一个因数一定是质因数
                    if(isPrime(n/i)==1)
                    {                                //判断第二个因数是否是质数
                        System.out.printf("%d",n/i);
                        break;                       //找到全部质因子
                    }
                    else
                    {
                        PrimeFactor(n/i);            //递归地调用PrimeFactor分解n/i
                    }
                    break;
                }
            }
        }
    }
```

在该程序中，输入参数 *n* 为待进行质因数分解的数据。在这里，严格遵照了前面的算法过程。读者可以对照算法和程序来加深理解。

下面通过一个完整的示例演示计算质因数分解算法的应用（对整数 1155 进行分解质因数），示例代码如下：

```
import java.util.Scanner;
public class P9_10
{
    static int isPrime(int a)                        //判断素数算法
    {
        int i;
        for(i=2;i<a;i++)
        {
            if(a % i == 0)
            {
                return 0;                            //不是质数
            }
        }
        return 1;                                    //是质数
    }

    static void PrimeFactor(int n)                   //分解质因数算法
    {
        int i;
        if(isPrime(n)==1)
        {
            System.out.printf("%d*",n);
        }
        else
```

```
        {
            for(i=2;i<n;i++)
             {
               if(n % i == 0)
               {
                    System.out.printf("%d*",i);  //第一个因数一定是质因数
                    if(isPrime(n/i)==1)
                      {                              //判断第二个因数是否是质数
                       System.out.printf("%d",n/i);
                       break;                        //找到全部质因子
                    }
                   else
                     {
                      PrimeFactor(n/i);              //递归地调用PrimeFactor 分解n/i
                     }
               break;
               }
             }
        }
    }
    public static void main(String[] args)
    {
         int n;
        System.out.printf("请首先输入一个数n: \n")  ;
        Scanner input=new Scanner(System.in);
        n=input.nextInt();
        System.out.printf("n=%d=",n);
        PrimeFactor(n);                              //对n分解质因数
    }
}
```

在该程序中，首先输入一个数 *n*，然后调用 PrimeFactor()方法对 *n* 进行分解质因数。该程序的执行结果如图 8-12 所示。

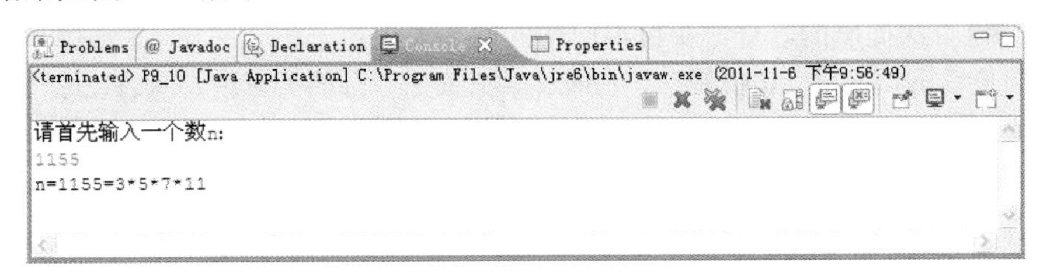

图 8-12　执行结果

—— 本章小结 ——

初等数论问题是算法的一个很好的练兵场。本章首先介绍了一些基本的数论知识，然后对初等数论中的完全数、亲密数、水仙花数、自守数、最大公约数、最小公倍数、素数、回文素数、平方回文数和分解质因数进行了介绍。在介绍这些内容时，不仅给出了相应的算法，还对相应的数学知识进行讲解。从而使读者更加明白算法的意义，增加读者的兴趣。

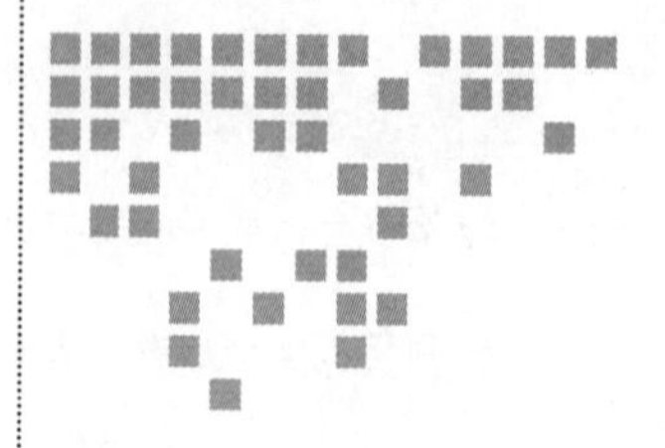

第9章 算法经典趣题

算法是一门很古老的学科，随着历史的发展，积累了很多非常经典的算法问题。这些经典的算法问题是一笔知识财富。读者通过学习这些算法经典趣题，不仅可以锻炼程序设计能力，也可以拓展思路，提高学习算法的兴趣。本章将介绍这些典型的算法问题。

9.1 百钱买百鸡

百钱买百鸡是一个非常经典的不定方程问题，最早源于我国古代的《算经》，这是古代著名数学家张丘建首次提出的。百钱买百鸡问题的原文如下：

鸡翁一，值钱五，鸡母一，值钱三，鸡雏三，值钱一，百钱买百鸡，问翁、母、雏各几何？

这个问题的大致意思是公鸡 5 文钱 1 只，母鸡 3 文钱 1 只，小鸡 3 只 1 文钱，如果用 100 文钱买 100 只鸡，那么公鸡、母鸡和小鸡各应该买多少只呢？

9.1.1 百钱买百鸡算法

百钱买百鸡问题中，有三个变量：公鸡数量、母鸡数量和小鸡数量，分别设为 x、y 和 z。这三者应该满足如下关系。

$x+y+z=100$

$5x+3y+z/3=100$

这里有三个变量，两个方程，因此是一个不定方程问题。这将导致求解的结果不止一个。可以根据上述两个方程来求出所有可能的结果。

可以编写一个算法，用于计算 m 钱买 n 鸡问题。当 m=100，n=100 时，这个算法正好是求解百钱买百鸡问题。算法的代码如下：

```
void BQBJ(int m,int n)                    //百钱买百鸡算法
{
```

```
        int x,y,z;
        for(x=0;x<=n;x++)                          //公鸡数量
        {
            for(y=0;y<=n;y++)                      //母鸡数量
            {
                z=n-x-y;                           //小鸡数量
                if (z>0 && z%3==0 && x*5+y*3+z/3==m)
                {
                    System.out.printf("公鸡: %d只,母鸡: %d只,小鸡: %d只\n",x,y,z);
                }
                else                               //无法求解!
                {
                }
            }
        }
    }
```

在上述代码中，输入参数 *m* 为钱数，输入参数 *n* 为购买的鸡数。程序中，通过两层循环来穷尽公鸡数量和母鸡数量，然后在 if 语句中判断是否满足方程的条件。如果满足条件，则表示是一种解，将其输出。

9.1.2　百钱买百鸡求解

学习了上述通用的百钱买百鸡算法后，可以求解任意的此类问题。下面给出完整的百钱买百鸡问题求解代码。

```
public class p10_1
{
    static void BQBJ(int m,int n)               //百钱买百鸡算法
    {
        int x,y,z;
        for(x=0;x<=n;x++)                       //公鸡数量
        {
            for(y=0;y<=n;y++)                   //母鸡数量
            {
                z=n-x-y;                        //小鸡数量
                if (z>0 && z%3==0 && x*5+y*3+z/3==m)
                {
                    System.out.printf("公鸡: %d只,母鸡: %d只,小鸡: %d只\n",x,y,z);
                }
                else                            //无法求解!
                {
                }
            }
        }
    }
    public static void main(String[] args)
    {
        int m,n;

        m=100;                                  //百钱
        n=100;                                  //百鸡
        System.out.printf("%d钱买%d鸡问题的求解结果为: \n",m,n);
```

```
            BQBJ(m,n);
        }
    }
```

在主程序中，首先初始化 m=100，表示 100 钱，n=100，表示 100 只鸡。然后调用 BQBJ() 方法来求解百钱买百鸡问题，输出所有可能的结果。执行该程序，得到结果如图 9-1 所示。

```
Problems  @ Javadoc  Declaration  Console ✕  Properties
<terminated> p10_1 [Java Application] C:\Program Files\Java\jre6\bin\javaw.exe (2011-11-6 下午10:04:47)
100钱买100鸡问题的求解结果为:
公鸡: 0只,母鸡: 25只,小鸡: 75只
公鸡: 4只,母鸡: 18只,小鸡: 78只
公鸡: 8只,母鸡: 11只,小鸡: 81只
公鸡: 12只,母鸡: 4只,小鸡: 84只
```

图 9-1 执行结果

从结果可以看出，共有 4 种可能的购买方案，如下：

（1）公鸡购买 0 只，母鸡购买 25 只，小鸡购买 75 只；

（2）公鸡购买 4 只，母鸡购买 18 只，小鸡购买 78 只；

（3）公鸡购买 8 只，母鸡购买 11 只，小鸡购买 81 只；

（4）公鸡购买 12 只，母鸡购买 4 只，小鸡购买 84 只。

9.2 五家共井

五家共井记载于我国古代的数学专著《九章算术》。五家共井问题的原文如下：

今有五家共井，甲二绠不足如乙一绠，乙三绠不足如丙一绠，丙四绠不足如丁一绠，丁五绠不足如戊一绠，戊六绠不足如甲一绠。如各得所不足一绠，皆逮。问井深、绠长各几何？

这里，“绠”即汲水桶上的绳索，“逮”即到达井底水面。这个问题的大致意思是现在有五家共用一口井，甲、乙、丙、丁、戊五家各有一条绳子汲水：甲绳×2+乙绳=井深，乙绳×3+丙绳=井深，丙绳×4+丁绳=井深，丁绳×5+戊绳=井深，戊绳×6+甲绳=井深，求甲、乙、丙、丁、戊各家绳子的长度和井深。

9.2.1 五家共井算法

首先分析一下问题，设甲、乙、丙、丁、戊各家绳子的长度分别为 len1、len2、len3、len4、len5，井深为 len，则前述问题五家共井的条件可表示为如下方程。

len1×2+len2=len

len2×3+len3=len

len3×4+len4=len

len4×5+len5=len

len5×6+len1=len

由于这里有 6 个未知数，但只有 5 个方程。因此，这是一个不定方程问题，可能存在多个求解结果。可以进一步限定绳长和井深都是整数，来求解一个最小的整数结果。对上述几个式子进行变形，得到结果如下：

len1×2+ len2= len2×3+ len3= len3×4+ len4= len4×5+ len5= len5×6+ len1

len1= len2+ len3/2

len2= len3+ len4/3

len3= len4+ len5/4

len4= len5+ len1/5

由此可知：

（1）len3 能被 2 整除，len3 必为 2 的倍数；

（2）len4 能被 3 整除，len4 必为 3 的倍数；

（3）len5 能被 4 整除，len5 必为 4 的倍数；

（4）len1 能被 5 整除，len1 必为 5 的倍数。

可以按照此倍数规则来求解。相应的五家共井算法的代码如下：

```
void WJGJ(int[] len1,int[] len2,int[] len3,int[] len4,int[] len5,int[] len)
                                                      //五家共井算法
{
    for(len5[0]=4; ;len5[0]+=4)                      //len5为4的倍数

        for(len1[0]=5; ;len1[0]+=5)                  //len1为5的倍数
        {
            len4[0]=len5[0]+len1[0]/5;
            len3[0]=len4[0]+len5[0]/4;

            if(len3[0]%2!=0||len4[0]%3!=0)
    continue;                           //如果不能被2整除或若不能被3整除，进行下一次循环
            len2[0]=len3[0]+len4[0]/3;
            if(len2[0]+len3[0]/2<len1[0])
                break;                  //切回len5[0]循环(因为x太大了)
            if(len2[0]+len3[0]/2==len1[0])
            {
                len[0]=2*(len1[0])+(len2[0]);   //计算井深
                return;
            }
        }
}
```

在上述代码中，输入参数 len1、len2、len3、len4、len5 分别为指向甲、乙、丙、丁、戊各家绳子的长度的引用，输入参数 len 为指向井深的引用。程序中，根据前面总结的倍数关系，来逐个验算满足条件的数据。这里采用引用的好处是便于返回各个数据的值。

9.2.2　五家共井求解

理解了上述五家共井的求解算法后，下面给出完整的五家共井问题求解代码。

```
public class P10_2
{
    static void WJGJ(int[] len1,int[] len2,int[] len3,int[] len4,int[] len5,int[] len)
                                                  //五家共井算法
    {
        for(len5[0]=4; ;len5[0]+=4)                      //len5为4的倍数
```

```
            for(len1[0]=5; ;len1[0]+=5)             //len1为5的倍数
            {
                len4[0]=len5[0]+len1[0]/5;
                len3[0]=len4[0]+len5[0]/4;

                if(len3[0]%2!=0||len4[0]%3!=0)
            continue;                   //如果不能被2整除或若不能被3整除，进行下一次循环

                len2[0]=len3[0]+len4[0]/3;
                if(len2[0]+len3[0]/2<len1[0])
                    break;              //切回len5[0]循环(因为x太大了)

                if(len2[0]+lcn3[0]/2--len1[0])
                {
                    len[0]=2*(len1[0])+(len2[0]);  //计算井深
                    return;
                }
            }


        }
        public static void main(String[] args)
        {
            int[] len1={0};
            int[] len2={0};
            int[] lcn3={0};
            int[] len4={0};
            int[] len5={0};
            int[] len={0};

            WJGJ(len1,len2,len3,len4,len5,len);                    //求解算法

           System.out.printf("五家共井问题求解结果如下:\n");       //输出结果
           System.out.printf("甲家井绳长度为:%d\n",len1[0]);
           System.out.printf("乙家井绳长度为:%d\n",len2[0]);
           System.out.printf("丙家井绳长度为:%d\n",len3[0]);
           System.out.printf("丁家井绳长度为:%d\n",len4[0]);
           System.out.printf("戊家井绳长度为:%d\n",len5[0]);
           System.out.printf("井深:%d\n",len[0]);
        }
    }
```

在主程序中，首先初始化甲、乙、丙、丁、戊各家绳子的长度为 0，井深为 0。然后调用 WJGJ()方法来求解五家共井问题。这里传入方法（函数）的是各个变量的地址。这样，求解的结果将保存在各个变量中。最后，程序输出求解的结果。

执行该程序，得到结果如图 9-2 所示。

从结果可以看出，甲家井绳长度为 265，乙家井绳长度为 191，丙家井绳长度为 148，丁家井绳长度为 129，代家井绳长度为 76，井深为 721。

当然，由于这是一个不定方程，因此满足相应的倍数关系仍然是该方程的解。

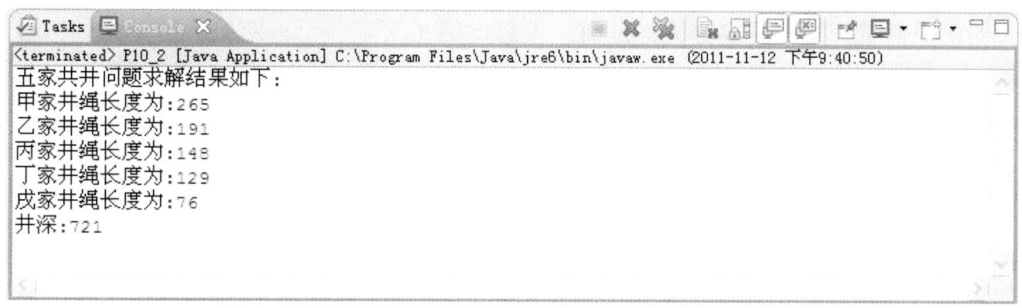

图 9-2 执行结果

9.3 猴子吃桃

猴子吃桃问题是一个典型的递归算法的问题。猴子吃桃问题的大意如下：

某天一只猴子摘了一堆桃子，每天吃掉其中的一半然后再多吃一个，第二天则吃剩余的一半然后再多吃一个，……，直到第 10 天，猴子发现只有 1 个桃子了。问这只猴子在第一天摘了多少个桃子？

9.3.1 猴子吃桃算法

先来分析一下猴子吃桃问题。这只猴子共用了 10 天吃桃子，最后一天剩余 1 个桃子，要想求出第 1 天的桃子数，就要先要求出第 2 天剩余的桃子数，……。假设 a_n 表示第 n 天剩余的桃子数量，$1 \leqslant n \leqslant 10$，则有如下关系：

$a_1=(a_2+1)\times 2$

$a_2=(a_3+1)\times 2$

……

$a_9=(a_{10}+1)\times 2$

$a_{10}=1$

从上述式子可知，只能通过倒推来求得第一天的桃子数。这在程序上就需要借助于递归算法。

可以编写一个算法用于计算猴子吃桃问题。算法的代码如下：

```
int peach(int n)                                    //猴子吃桃算法
{
int pe;
    if(n==1)
    {
       return 1;                                    //第10天就只剩1个了
    }
    else
    {
        pe=(peach(n-1)+1)*2;                        //前一天总比后1天多一个再两倍
    }
    return pe;
}
```

在上述代码中，输入参数 n 为猴子吃桃的天数。程序中通过递归调用 peach()方法来计算第一天的桃子数量，其中关键的关系是前一天总比后 1 天多一个再两倍。当 n=10 时，只剩下 1 个桃子。这就是猴子吃桃问题。

9.3.2 猴子吃桃求解

学习了上述通用的猴子吃桃算法后，可以求解任意的这类问题。下面给出完整的猴子吃桃问题求解的代码。

```
import java.util.Scanner;

public class p10_4
{
    static int peach(int n)                       //猴子吃桃算法
    {
        int pe;
        if(n==1)
        {
            return 1;                             //第10天就只剩1个了
        }
        else
        {
            pe=(peach(n-1)+1)*2;                  //前一天总比后1天多一个再两倍
        }
        return pe;
    }
    public static void main(String[] args)
    {
        int n;                                //天数
        int peachnum;                         //最初桃子数

        System.out.printf("猴子吃桃问题求解! \n");
        System.out.printf("输入天数:");
        Scanner input=new Scanner(System.in);
        n=input.nextInt();

        peachnum=peach(n);                    //求解

        System.out.printf("最初的桃子数为:%d个。\n",peachnum);
    }
}
```

在该程序的主方法中，首先输入猴子吃桃的天数，然后调用 peach()方法求解猴子吃桃问题，最后输出结果。

执行该程序，得到结果如图 9-3 所示。由此可知猴子在第一天摘了 1 534 个桃子。

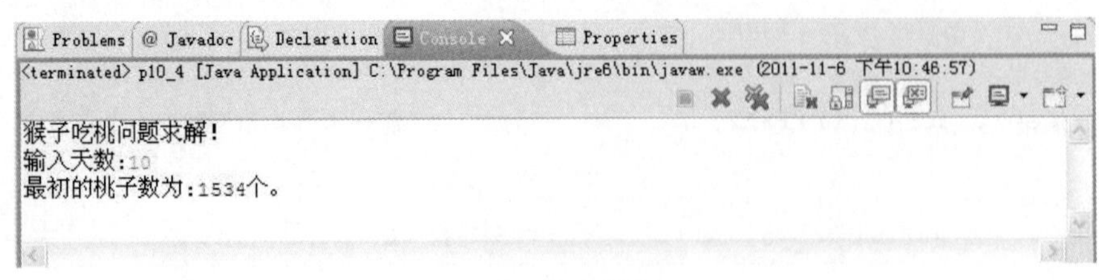

图 9-3 执行结果

9.4　舍罕王赏麦

舍罕王赏麦问题是古印度非常著名的一个级数求和问题。舍罕王赏麦问题的大意如下：

传说国际象棋的发明者是古印度的西萨·班·达依尔。那时的国王是舍罕，世人称为舍罕王。当时舍罕王比较贪玩，位居宰相的西萨·班·达依尔便发明了国际象棋献给舍罕王。舍罕王非常喜欢，为了奖励西萨·班·达依尔，便许诺可以满足他提出的任何要求。

西萨·班·达依尔灵机一动，指着 8×8=64 的棋盘说："陛下，请您按棋盘的格子赏赐我一点麦子吧，第 1 个小格赏我一粒麦子，第 2 个小格赏我两粒，第 3 个小格赏四粒，以后每一小格都比前一个小格赏的麦粒数增加一倍，只要把棋盘上全部 64 个小格按这样的方法得到的麦粒都赏赐给我，我就心满意足了。"

舍罕王觉得这是一个很小的要求，便满口答应了，命人按要求给西萨·班·达依尔准备麦子。但是，不久大臣计算的结果令舍罕王大惊失色。问题是：舍罕王需要赏赐多少粒麦子呢？

9.4.1　舍罕王赏麦问题

先来分析一下舍罕王赏麦问题。国际象棋棋盘总共有 8×8=64 格。按照西萨·班·达依尔的要求，每一格中放置的麦粒数量如下；

第 1 格：1 粒；

第 2 格：1×2=2 粒；

第 3 格：1×2×2=4 粒；

第 4 格：1×2×2×2=8 粒；

……

将每一格的麦子粒数加起来：

sum=1+2+4+8+⋯

一直重复到 64，将棋盘 8×8=64 格都计算完毕便可以计算出赏赐给西萨·班·达依尔总的麦粒数。如果使用数学的语言来描述，上述式子可以表述为如下形式。

$$\text{sun} = 1 + 2^2 + 2^3 + \cdots + 2^{64} = \sum_{i=1}^{64} 2^i$$

可以编写一个算法，用于计算舍罕王赏麦问题。算法的代码如下：

```
double mai(int n)                          //舍罕王赏麦算法
{
    int i;
    double temp,sum;

    temp=1;
    sum=0;                                 //总合

    for(i=1;i<=n;i++)                      //计算等比级数的和
    {
        temp=temp*2;
        sum=sum+temp;
    }
```

```
        return sum;
    }
```

在上述代码中，输入参数 *n* 为棋盘总的格子数。程序中通过 for 循环来计算赏赐的总的麦粒数。程序中定义 sum 为 double 类型，这是因为此处运算结果是一个 20 位十进制的大数，在 Java 语言的基本数据类型中，只有 double 类型的数据可以容纳。由此可以看出赏赐数量的庞大。

9.4.2 舍罕王赏麦求解

学习了上述通用的舍罕王赏麦算法后，可以求解任意的这类问题。下面给出完整的舍罕王赏麦问题求解的代码。

```
import java.util.Scanner;

public class P10_5
{
    static double mai(int n)                //舍罕王赏麦算法
    {
        int i;
        double temp,sum;

        temp=1;
        sum=0;                              //总合

        for(i=1;i<=n;i++)                   //计算等比级数的和
        {
           temp=temp*2;
           sum=sum+temp;
        }
        return sum;
    }
    public static void main(String[] args)
{
        int n;
        double sum;
        System.out.printf("舍罕王赏麦问题求解! \n");
        System.out.printf("输入棋盘格总数:");
       Scanner input=new Scanner(System.in);
        n=input.nextInt();
        sum=mai(n);                     //求解
       System.out.printf("舍罕王赏总麦粒数为:%f粒。\n",sum);
       System.out.printf("共:%.2f吨。\n",sum/25000/1000);
    }
}
```

主方法中，首先输入棋盘格总数，然后调用 mai()方法来求解舍罕王赏麦问题，最后输出结果。由于这里得到的是赏赐的麦子的粒数，为了便于理解，下面假定 25 000 粒麦子为 1 千克，那么 25 000 000 粒麦子就为 1 吨，经前述结果转化为吨数输出。

执行该程序，得到结果如图 9-4 所示。从这里可以看出，舍罕王需要赏赐的麦子总数是非常庞大的。怪不得舍罕王大惊失色呢！

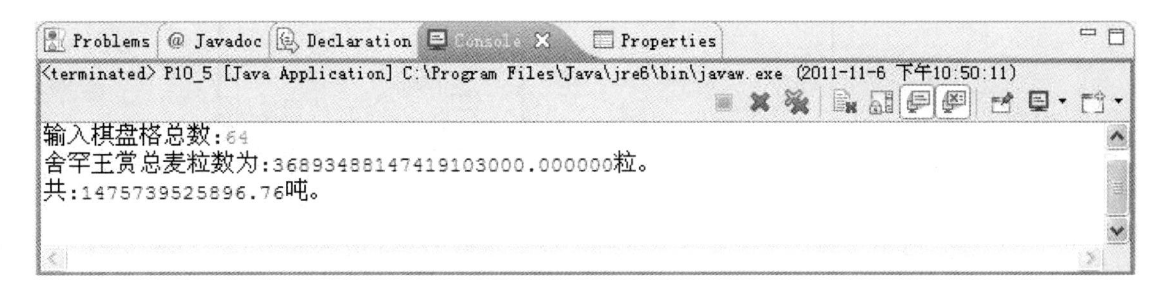

图 9-4　执行结果

9.5　汉诺塔

汉诺塔源于古印度，又称为河内塔。汉诺塔是非常著名的智力趣题，在很多算法书籍和智力竞赛中都有涉及。汉诺塔问题的大意如下：

勃拉玛是古印度一位开天辟地的神，其在一个庙宇中留下了三根金刚石的棒，第一根上面放着 64 个大小不一的黄金圆盘。其中，最大的圆盘在最底下，其余的依次叠上去，且一个比一个小，如图 9-5 所示。勃拉玛要求众僧将该金刚石棒上的圆盘逐个地移到另一根棒上，规定一次只能移动一个圆盘，且圆盘在放到棒上时，大的只能放在小的下面，但是可以利用中间的一根棒作为辅助移动使用。

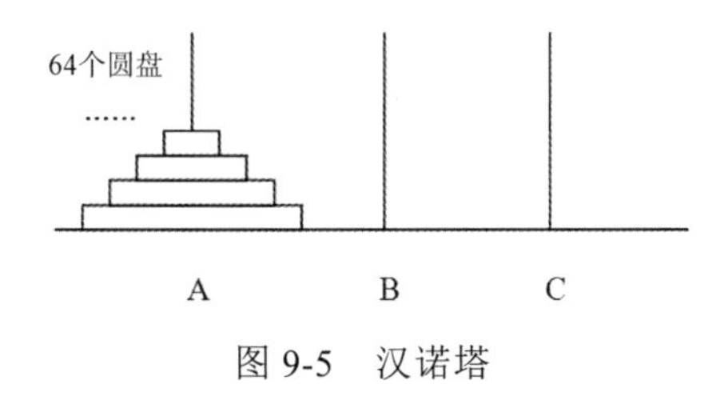

图 9-5　汉诺塔

9.5.1　汉诺塔算法

先来分析一下汉诺塔问题。汉诺塔问题是一个非常典型的递归算法问题，为了简单起见，先来考虑 3 个圆盘的情况。这里假设有 A、B、C 三根棒，初始状态时，A 棒上放着 3 个圆盘，将其移动到 C 棒上，可以使用 B 棒暂时放置圆盘，如图 9-6 所示。并且规定一次只能移动 1 个圆盘，且圆盘在放到棒上时，大的只能放在小的下面。

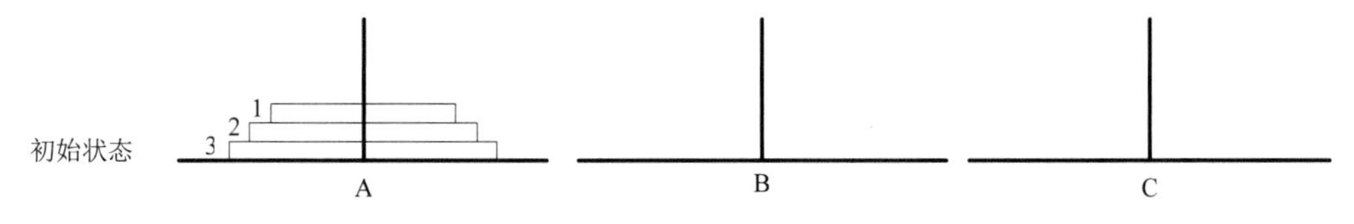

图 9-6　3 个圆盘的汉诺塔

使用递归思想，可以采用如下步骤来完成圆盘的移动。

（1）将 A 棒上的两个圆盘（圆盘 1 和圆盘 2）移到 B 棒上，如图 9-7 所示。

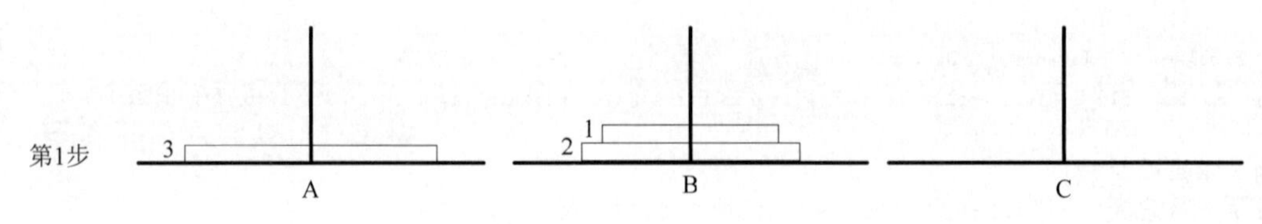

图 9-7　第一步移动

（2）将 A 棒上的 1 个圆盘（圆盘 3）移到 C 棒上，如图 9-8 所示。

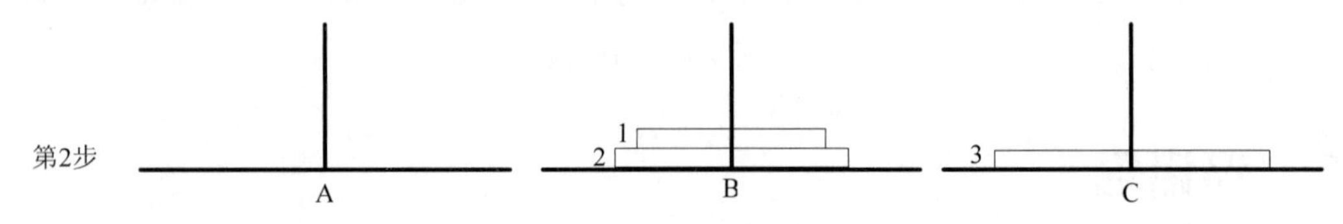

图 9-8　第二步移动

（3）将 B 棒上的 2 个圆盘移到 C 棒上，如图 9-9 所示。

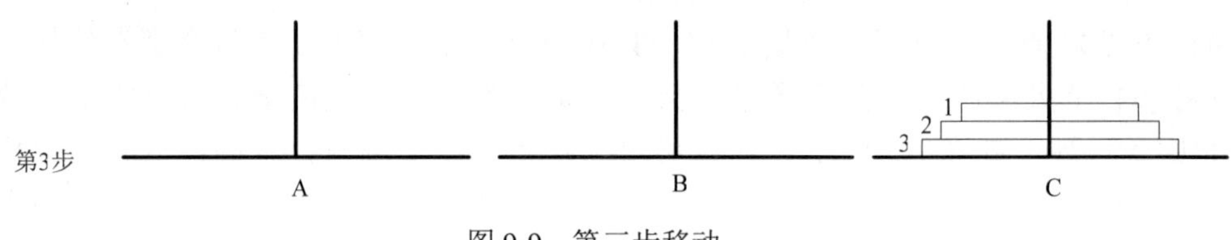

图 9-9　第三步移动

这样，便完成了 3 个圆盘的汉诺塔问题。当然，这里的第一步和第三步是移动多个圆盘的操作，可以采用递归的思想，仍然使用上述步骤来完成。将上述解决问题的步骤加以推广，便可以得到如下递归求解汉诺塔算法：

如果只有一个圆盘，则把该圆盘从 A 棒移动到 C 棒，完成移动。如果圆盘数量 $n>1$，移动圆盘的过程可分为三步，如下：

（1）将 A 棒上的 n-1 个圆盘移到 B 棒上；

（2）将 A 棒上的一个圆盘移到 C 棒上；

（3）将 B 棒上的 n-1 个圆盘移到 C 棒上。

其中，移动 n-1 个圆盘的工作，仍然可以归结为上述算法，即递归运算。

可以编写一个递归算法，用于计算 n 个圆盘的汉诺塔问题。算法的示例代码如下：

```
void hanoi(int n,char a,char b,char c)                    //汉诺塔算法
{
    if(n==1)
    {
      printf("第%d次移动:\t圆盘从%c棒移动到%c棒\n",++count,a,c);
    }
    else
    {
        hanoi(n-1,a,c,b);                                  //递归调用
        printf("第%d次移动:\t圆盘从%c棒移动到%c棒\n",++count,a,c);
        hanoi(n-1,b,a,c);                                  //递归调用
    }
}
```

在上述代码中，输入参数 *n* 为圆盘数量，输入参数 *a* 为 A 棒的符号，输入参数 *b* 为 B 棒的符号，输入参数 *c* 为 C 棒的符号。程序中，严格遵循前面的算法思想，采用递归调用来完成圆盘的移动。为了让读者更加清楚地理解整个移动过程，这里输出了每一步的操作。

9.5.2 汉诺塔求解

学习了上述通用的汉诺塔算法后，可以求解任意的这类问题。下面给出完整的汉诺塔问题求解代码。

```
import java.util.Scanner;

public class P10_6
{
    static long count;                                      //移动的次数
    static void hanoi(int n,char a,char b,char c)           //汉诺塔算法
    {
        if(n==1)
        {
           System.out.printf("第%d次移动:\t圆盘从%c棒移动到%c棒\n",++count,a,c);
        }
        else
        {
            hanoi(n-1,a,c,b);                               //递归调用
            System.out.printf("第%d次移动:\t圆盘从%c棒移动到%c棒\n",++count,a,c);
            hanoi(n-1,b,a,c);                               //递归调用
        }
    }
    public static void main(String[] args)
{
         int n;                                             //圆盘数量
        count=0;
        System.out.printf("汉诺塔问题求解! \n");
        System.out.printf("请输入汉诺塔圆盘的数量:");
        Scanner input=new Scanner(System.in);
        n=input.nextInt();
        hanoi(n,'A','B','C');                          //求解
        System.out.printf("求解完毕! 总共需要%d步移动! \n",count);
    }
}
```

在主方法中，首先初始化移动次数 count 为 0，然后输入汉诺塔圆盘的数量，接着调用 hanoi()方法来求解汉诺塔问题。

执行该程序，输入圆盘数量为 3，得到结果如图 9-10 所示。从这里的结果可知，当圆盘数量为 3 时，需要移动 7 次。

执行该程序，输入圆盘数量为 4，得到结果如图 9-11 所示。从这里的结果可知，当圆盘数量为 4 时，需要移动 15 次。

```
Problems  @ Javadoc  Declaration  Console
<terminated> P10_6 [Java Application] C:\Program Files\Ja

汉诺塔问题求解!
请输入汉诺塔圆盘的数量:3
第1次移动:        圆盘从A棒移动到C棒
第2次移动:        圆盘从A棒移动到B棒
第3次移动:        圆盘从C棒移动到B棒
第4次移动:        圆盘从A棒移动到C棒
第5次移动:        圆盘从B棒移动到A棒
第6次移动:        圆盘从B棒移动到C棒
第7次移动:        圆盘从A棒移动到C棒
求解完毕! 总共需要7步移动!
```

图 9-10　3 圆盘的汉诺塔求解

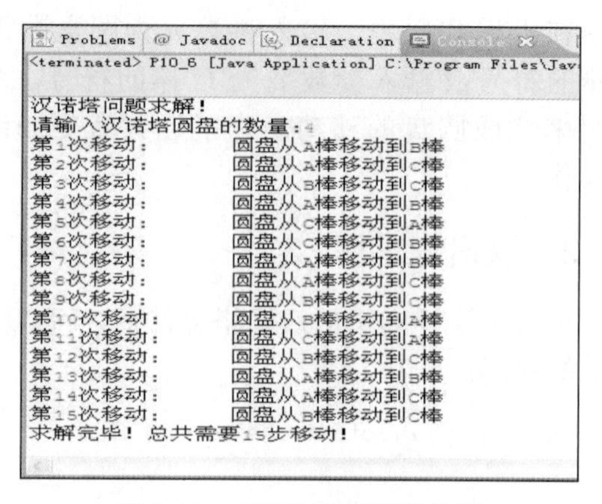

图 9-11　4 圆盘的汉诺塔求解

汉诺塔问题是一个非常复杂的问题，当圆盘数量很大时，需要移动圆盘的次数是一个天文数字，对计算机的要求比较高。因此，一般来说，在短时间内只能求解圆盘数目比较小的汉诺塔问题。读者可以自己反复执行该程序，来体验汉诺塔问题的求解。

9.6　窃贼问题

窃贼问题[①] 是一个典型的最优化的问题。窃贼问题的大意如下：

有一个窃贼带着一个背包去偷东西，房屋中共有 5 件物品，其重量和价值如下：

物品 1：6 千克，48 元；

物品 2：5 千克，40 元；

物品 3：2 千克，12 元；

物品 4：1 千克，8 元；

物品 5：1 千克，7 元。

窃贼希望能够拿最大价值的东西，而窃贼的背包最多可装重量为 8 千克的物品。那么窃贼应该装下列哪些物品才能达到要求呢？

9.6.1　窃贼问题算法

首先来分析一下窃贼问题。窃贼问题是关于最优化的问题，可使用动态规划的思想来解最优化问题。窃贼问题求解的操作过程如下：

（1）首先创建一个空集合；

（2）然后向空集合中增加元素，每增加一个元素就先求出该阶段最优解；

（3）继续添加元素，直到所有元素都添加到集合中，最后得到的就是最优解。

采用上述思路，窃贼问题的求解算法，如图 9-12 所示。

（1）首先，窃贼将物品 i 试着添加到方案中。

（2）然后判断是否超重，若未超重，则继续添加下一个物品，重复第一步。

（3）若超重，则将该物品排除在方案之外，并判断此时所有未排除物品的价值是否小于已有最大值；如果满足，则不必再尝试后续物品了。

---

① 窃贼问题是经典的算法，本书中仅从算法角度进行分析，窃贼行为应予批判。

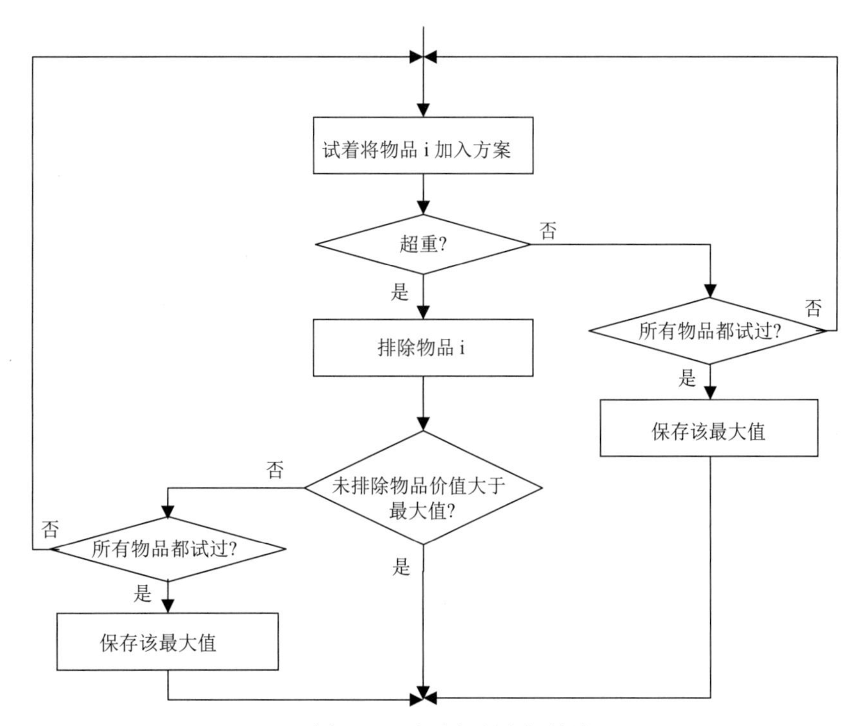

图 9-12　窃贼问题求解算法

可以按照此思路来编写相应的窃贼问题的求解算法，代码如下：

```
class GType                                           //结构
{
   double value;                                      //价值
   double weight;                                     //重量
   char isSelect;                                     //是否选中到方案
}

static double maxvalue;                               //方案最大价值
static double totalvalue;                             //物品总价值
static double maxwt;                                  //窃贼能拿的最大数量
static int num;                                       //物品数量
static char[] seltemp;                                //临时数组

void backpack(GType[] goods, int i, double wt, double vt)     //算法
{
    int k;
    if (wt + goods[i].weight <= maxwt)//将物品i包含在当前方案，判断重量小于等于限制重量
    {
        seltemp[i] = 1;                                   //选中第i个物品
        if (i < num - 1)                                  //如果物品i不是最后一个物品
        {
         backpack(goods, i + 1, wt + goods[i].weight, vt);//递归调用，继续添加物品
        }
        else
        {
            for (k = 0; k < num; ++k)
            {
```

```
                goods[k].isSelect = seltemp[k];
            }
          maxvalue = vt;                                //保存当前方案的最大价值
        }
    }
        seltemp[i] = 0;                                 //取消物品i的选择状态
        if (vt - goods[i].value >maxvalue)              //还可以继续添加物品
        {
            if (i < num - 1)
            {
                backpack(goods, i + 1, wt, vt - goods[i].value);    //递归调用
             }
             else
             {
                for (k = 0; k < num; ++k)
                 {
                    goods[k].isSelect = seltemp[k];
                 }
                maxvalue = vt - goods[i].value;
              }
    }
    }
```

在上述代码中，首先声明了一个 GType 类型的数据结构，用来保存物品的相关信息，包括物品的重量、价值、是否被选入方案等。该方法的输入参数 goods 为 GType 类型，输入参数 *i* 代表要尝试加入的物品 i，输入参数 wt 为当前选择已经达到的重量和，输入参数 vt 为当前选择已经达到的价值和。

程序中严格遵循了前面介绍的动态规划算法，读者可以对照两者来加深理解。

9.6.2 窃贼问题求解

学习了上述通用的窃贼问题算法后，可以求解任意的这类问题。下面给出完整的窃贼问题求解代码。

```
import java.util.Scanner;

class GType                                         //结构
{
    double value;                                   //价值
    double weight;                                  //重量
    char isSelect;                                  //是否选中到方案
}

public class P10_7
{
    static double maxvalue;                         //方案最大价值
    static double totalvalue;                       //物品总价值
    static double maxwt;                            //窃贼能拿的最大数量
    static int num;                                 //物品数量
    static char[] seltemp;                          //临时数组

    static void backpack(GType[] goods, int i, double wt, double vt)//算法
```

```
{
    int k;
    if (wt + goods[i].weight <= maxwt)  //将物品i包含在当前方案,判断重量小于等于限制重量
    {
        seltemp[i] = 1;                 //选中第i个物品
        if (i < num - 1)                //如果物品i不是最后一个物品
        {
       backpack(goods, i + 1, wt + goods[i].weight, vt);//递归调用，继续添加物品
        }
        else
        {
            for (k = 0; k < num; ++k)
            {
                goods[k].isSelect = seltemp[k];
            }
            maxvalue = vt;              //保存当前方案的最大价值
        }
 }
    seltemp[i] = 0;                     //取消物品i的选择状态
    if (vt - goods[i].value >maxvalue)  //还可以继续添加物品
    {
        if (i < num - 1)
        {
            backpack(goods, i + 1, wt, vt - goods[i].value);  //递归调用
        }
        else
        {
            for (k = 0; k < num; ++k)
            {
                goods[k].isSelect = seltemp[k];
            }
            maxvalue = vt - goods[i].value;
        }
    }
}

public static void main(String[] args)
{
        double sumweight;
        int i;

        System.out.print("窃贼问题求解! \n");
        System.out.print("窃贼背包能容纳的最大重量:");
        Scanner input=new Scanner(System.in);
        maxwt=input.nextDouble();              //窃贼背包能容纳的最大重量
        System.out.print("可选物品数量:");
        num=input.nextInt();                   //可选物品数量

        GType[] goods=new GType[num];
        seltemp=new char[num];

        totalvalue=0;                          //初始化总价值
```

```
            for (i = 0; i < num; i++)
            {
               GType t=new GType();
               System.out.print("输入第"+(i+1)+"号物品的重量和价值:");
               t.weight=input.nextDouble();
               t.value=input.nextDouble();
               totalvalue+=t.value;                      //统计所有物品的总价值
               goods[i]=t;
            }
            System.out.print("\n背包最大能装的重量为:  "+maxwt+" \n\n");
            for (i = 0; i < num; i++)
            {
      System.out.print("第"+(i+1)+"号物品重:"+goods[i].weight+",价值:"+goods[i].value+" \n");
               }
            for (i = 0; i < num; i++)
            {
               seltemp[i]=0;
            }
            maxvalue=0;
            backpack(goods,0,0.0,totalvalue);         //求解
            sumweight=0;
            System.out.print("\n可将以下物品装入背包，使背包装的物品价值最大:\n");
            for (i = 0; i < num; ++i)
            {
               if (goods[i].isSelect==1)
               {
                  System.out.print("第"+(i+1)+"号物品, 重量: "+goods[i].weight+" ,价值:
                  "+goods[i].value+" \n");
                   sumweight+=goods[i].weight;
               }
            }
         System.out.print("\n总重量为:  "+sumweight+" ,总价值为:  "+maxvalue+" \n");
      }
   }
```

在上述代码中，主方法首先由用户输入窃贼背包能容纳的最大重量和可选物品数量，接着，输入物品的重量和价值信息。然后，开始通过递归来求解窃贼问题。最后输出最优化的解决方案。

执行该程序，得到结果如图 9-13 所示。从这里可以看出，窃贼应该拿物品 1、物品 4 和物品 5，此时总重量为 8 千克，总价值为 63 元。

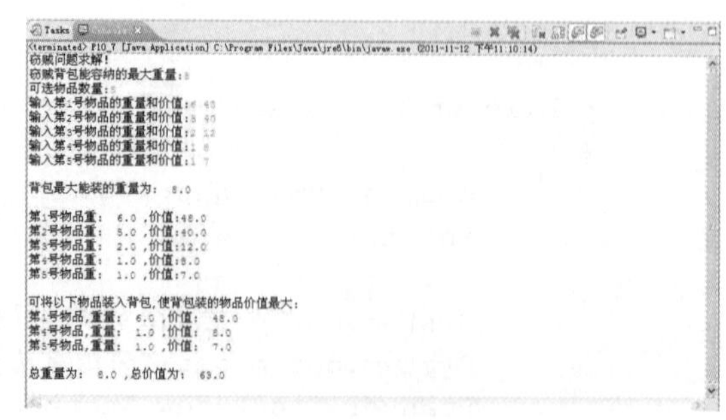

图 9-13　执行结果

9.7　马踏棋盘

马踏棋盘问题是一个非常有趣的智力问题。马踏棋盘问题的大意如下：

国际象棋的棋盘有 8 行 8 列共 64 个单元格，无论将马放于棋盘的哪个单元格，都可让马

踏遍棋盘的每个单元格。问马应该怎么走才可以踏遍棋盘的每个单元格？

9.7.1　马踏棋盘算法

先来分析一下马踏棋盘问题。在国际象棋中，马只能走“日”字形，但是马位于不同的位置其可以走的方向有所区别，如下：

（1）当马位于棋盘中间位置时，马可以向 8 个方向跳动；

（2）当马位于棋盘的边或角时，马可以跳动的方向将少于 8 个。

另外，为了求解最少的走法，当马所跳向的 8 个方向中的某一个或几个方向已被马走过，那么马也将跳至下一步要走的位置。

可以使用递归的思想来解决马踏棋盘问题，其操作步骤如下：

（1）从起始点开始向下一个可走的位置走一步；

（2）接着以该位置为起始，再向下一个可走的位置走一步；

（3）这样不断递归调用，直到走完 64 格单元格，就找到一个行走方案。

这里需要注意的是，如果在行走过程中，某个位置向 8 个方向都没有可走的点，则需要退回上一步，从上一个位置的另外一个可走位置继续递归调用，直至找到一个行走方案。

可以按照此思路来编写相应的马踏棋盘问题的求解算法，代码如下：

```
class Coordinate
{
  int x;
  int y;

  public Coordinate(int a,int b){
      x=a;
      y=b;
  }
}                                                    //棋盘上的坐标

static int[][] chessboard=new int[8][8];
static int curstep;                                  //马跳的步骤序号

//马可走的8个方向
static Coordinate[] fangxiang={new Coordinate(-2, 1), new Coordinate(-1, 2),
                    new Coordinate(1, 2), new Coordinate(2, 1),
                    new Coordinate(2, -1), new Coordinate(1, -2),
                    new Coordinate(-1, -2),new Coordinate(-2, -1)};
void Move(Coordinate curpos)                         //马踏棋盘算法
{
   Coordinate next=new Coordinate(0,0);
int i,j;
    if (curpos.x < 0 || curpos.x > 7 || curpos.y < 0 || curpos.y > 7) //越界
{
       return;
    }
    if (chessboard[curpos.x][curpos.y]!=0)         //已走过
    {
       return;
    }
```

```
        chessboard[curpos.x][curpos.y] = curstep;      //保存步数
        curstep++;
        if (curstep > 64)                              //棋盘位置都走完了
        {
            for (i = 0; i < 8; i++)                    //输出走法
            {
                for (j = 0; j < 8; j++)
                {
                   System.out.printf("%5d", chessboard[i][j]);

                }
                System.out.print("\n");
            }
            System.exit(0);
        }
        else
        {
           for (i = 0; i < 8; i++)                     // 8个可能的方向
           {
                next.x = curpos.x + fangxiang[i].x;
                next.y = curpos.y + fangxiang[i].y;
                if (next.x < 0 || next.x > 7 || next.y < 0 || next.y > 7)
                {
                }
                else
                {
                    Move(next);
                }
           }
         }

         chessboard[curpos.x][curpos.y] = 0;        //清除步数序号
         curstep--;                                 //减少步数
}
```

在上述代码中，输入参数 curpos 是 Coordinate 类型。方法 Move()为马向前走一步的算法，程序中通过递归来实现遍历棋盘所有位置。读者可以参阅前面的算法来加深理解。当找到一个遍历方案后，便输出马的走法信息。

9.7.2 马踏棋盘求解

学习了上述通用的马踏棋盘问题算法后，可以求解任意的这类问题。下面给出完整的马踏棋盘问题求解代码。

```
import java.util.*;

class Coordinate                                    //棋盘上的坐标
{
   int x;
   int y;

   public Coordinate(int a,int b)
```

```
    {
        x=a;
        y=b;
    }
}

public class P10_8
{
    static int[][] chessboard=new int[8][8];
    static int curstep;                                  //马跳的步骤序号

    //马可走的8个方向
    static Coordinate[] fangxiang={new Coordinate(-2, 1), new Coordinate(-1, 2),
                                  new Coordinate(1, 2), new Coordinate(2, 1),
                                  new Coordinate(2, -1), new Coordinate(1, -2),
                                  new Coordinate(-1, -2),new Coordinate(-2, -1)};


    static void Move(Coordinate curpos)                  //马踏棋盘算法
    {
        Coordinate next=new Coordinate(0,0);

        int i,j;
        if (curpos.x < 0 || curpos.x > 7 || curpos.y < 0 || curpos.y > 7) //越界
        {
            return;
        }
        if (chessboard[curpos.x][curpos.y]!=0)           //已走过
        {
            return;
        }
        chessboard[curpos.x][curpos.y] = curstep;        //保存步数
        curstep++;
        if (curstep > 64)                                //棋盘位置都走完了
        {
            for (i = 0; i < 8; i++)                      //输出走法
            {
                for (j = 0; j < 8; j++)
                {
                System.out.printf("%5d", chessboard[i][j]);

                }
                System.out.print("\n");
            }
            System.exit(0);
        }
        else
        {
            for (i = 0; i < 8; i++)                      //8个可能的方向
            {

                next.x = curpos.x + fangxiang[i].x;
```

```
                next.y = curpos.y + fangxiang[i].y;
                if (next.x < 0 || next.x > 7 || next.y < 0 || next.y > 7)
                {
                }
                else
                {
                    Move(next);
                }
            }
        }

        chessboard[curpos.x][curpos.y] = 0;              //清除步数序号
        curstep--;                                        //减少步数
    }

    public static void main(String[] args)
    {
        int i, j;
            Coordinate start=new Coordinate(0,0);

            System.out.print("马踏棋盘问题求解! \n");
            System.out.print("请先输入马的一个起始位置(x,y):");
            Scanner input=new Scanner(System.in);
            start.x=input.nextInt();
            start.y=input.nextInt();                      //起始位置

            if (start.x < 1 || start.y < 1 || start.x > 8 || start.y > 8)
            {                                             //越界
                System.out.print("起始位置输入错误，请重新输入! \n");
                System.out.print("over!");
            }

            for(i=0;i<8;i++)                    //初始化棋盘各单元格状态
            {
                for(j=0;j<8;j++)
                {
                    chessboard[i][j]=0;
                }
            }

            start.x--;
            start.y--;
            curstep = 1;                        //第1步

            Move(start);                        //求解
    }
}
```

在该程序的主方法中，首先输入马的一个起始位置，然后初始化棋盘各单元格状态，接着调用 Move()方法来递归求解一个走法。最后，输出马的走法信息。

执行该程序，输入马的一个起始位置（1，1），得到的结果如图 9-14 所示。如果输入马的另外一个起始位置（8，8），得到的结果如图 9-15 所示。

```
<terminated> P10_8 [Java Application] C:\Program Files\Java\jre
马踏棋盘问题求解!
请先输入马的一个起始位置(x,y):1 1
   1   38   55   34    3   36   19   22
  54   47    2   37   20   23    4   17
  39   56   33   46   35   18   21   10
  48   53   40   57   24   11   16    5
  59   32   45   52   41   26    9   12
  44   49   58   25   62   15    6   27
  31   60   51   42   29    8   13   64
  50   43   30   61   14   63   28    7
```

图 9-14　执行结果（一）

```
<terminated> P10_8 [Java Application] C:\Program Files\Java\jr
马踏棋盘问题求解!
请先输入马的一个起始位置(x,y):8 8
  53   34   55   30   51   32   15   18
  56   49   52   33   16   19    6   13
  35   54   29   50   31   14   17    4
  48   57   36   41   20    5   12    7
  37   28   47   58   43   22    3   64
  46   59   42   21   40   11    8   23
  27   38   61   44   25    2   63   10
  60   45   26   39   62    9   24    1
```

图 9-15　执行结果（二）

9.8　八皇后问题

八皇后问题是数学家高斯于 1850 年提出的，这是一个典型的回溯算法的问题。八皇后问题的大意如下：

国际象棋的棋盘有 8 行 8 列共 64 个单元格，在棋盘上摆放 8 个皇后，使其不能互相攻击，也就是说任意两个皇后都不能处于同一行、同一列或同一斜线上。问总共有多少种摆放方法，每一种摆放方式是怎样的。

目前，数学上可以证明八皇后问题总共有 92 种解。

9.8.1　八皇后问题算法

首先来分析八皇后问题。这个问题的关键是，8 个皇后中任意两个皇后都不能处于同一行、同一列或同一斜线上。可以采用递归的思想来求解八皇后问题，算法的思路如下：

（1）在棋盘的某个位置放置一个皇后；

（2）放置下一个皇后；

（3）判断该皇后是否与前面已有皇后形成互相攻击，若不形成互相攻击，则重复第二个步骤，继续放置下一列的皇后；

（4）当放置完 8 个不形成攻击的皇后，就找到一个解，将其输出。

这里可以使用递归调用的方法来实现。可以按照此思路来编写相应的八皇后问题的求解算法，示例代码如下：

```
static int iCount = 0;                          //全局变量
static int[] WeiZhi=new int[8];                 //全局数组

void EightQueen(int n)                          //算法
{
   int i,j;
   int ct;                                      //用于判断是否冲突
   if (n == 8)                                  //若8个皇后已放置完成
   {
      Output();                                 //输出求解的结果
      return;
   }
   for (i = 1; i <= 8; i++)                     //试探
   {
```

```
        WeiZhi[n] = i;                            //在该列的第i行上放置
        //判断第n个皇后是否与前面皇后形成攻击
        ct=1;
     for (j = 0; j < n; j++)
        {
            if (WeiZhi[j] == WeiZhi[n])           //形成攻击
            {
               ct=0;
            }
            else if (Math.abs(WeiZhi[j] - WeiZhi[n]) == (n - j)) //形成攻击
            {
               ct=0;
            }
            else
            {
            }
         }

         if (ct==1)                               //没有冲突，就开始下一列的试探
           EightQueen(n + 1);                     //递归调用
      }
   }
```

在上述代码中，输入参数 *n* 表示在第 *n* 列放置皇后。全局数组 WeiZhi 记录皇后在各列上的放置位置，全局变量 iCount 记录解的序号。

该方法在第 *n* 列的各个行上依次试探，并判断是否形成攻击。如果没有冲突，则递归调用该方法来摆放下一个皇后。当所有的皇后都放置后，便输出结果。

9.8.2 八皇后问题求解

学习了上述通用的八皇后问题算法后，可以求解任意的这类问题。下面给出完整的八皇后问题求解代码。

```
public class P10_9
{
    static int iCount = 0;                                      //全局变量
    static int[] WeiZhi=new int[8];                             //全局数组

    static void Output()                                        //输出解
    {
       int i,j,flag=1;
       System.out.printf("第%2d种方案(★表示皇后):\n", ++iCount); //输出序号。
       System.out.printf("  ");
       for(i=1;i<=8;i++)
       {
           System.out.printf("_");
       }
       System.out.printf("\n");
       for (i = 0; i < 8; i++)
       {
           System.out.printf(" |");
           for (j = 0; j < 8; j++)
```

```
        {
            if(WeiZhi[i]-1 == j)
             {
               System.out.printf("★");                        //皇后的位置
             }
            else
            {
               if (flag<0)
                 {
                   System.out.printf("    ");                  //棋格
                 }
               else
                 {
                   System.out.printf("■");                     //棋格
                 }
            }
            flag=-1*flag;
        }
        System.out.printf("┃ \n");
        flag=-1*flag;
    }
    System.out.printf("  ");
    for(i=1;i<=8;i++)
    {
        System.out.printf("￣");
    }
    System.out.printf("\n");
}

static void EightQueen(int n)         // 算法
{
    int i,j;
    int ct;                           //用于判断是否冲突
    if (n == 8)                       //若8个皇后已放置完成
    {
      Output();                       //输出求解的结果
      return;
    }
    for (i = 1; i <= 8; i++)          //试探
    {
      WeiZhi[n] = i;                  //在该列的第i行上放置
      //判断第n个皇后是否与前面皇后形成攻击
      ct=1;
     for (j = 0; j < n; j++)
     {
      if (WeiZhi[j] == WeiZhi[n])   //形成攻击
      {
         ct=0;
      }
      else if (Math.abs(WeiZhi[j] - WeiZhi[n]) == (n - j)) // 形成攻击
      {
         ct=0;
      }
```

```
            else
            {
            }
          }

            if (ct==1)                           //没有冲突，就开始下一列的试探
                EightQueen(n + 1);               //递归调用
        }
    }

    public static void main(String[] args)
    {
            System.out.printf("八皇后问题求解! \n");
            System.out.printf("八皇后排列方案:\n");
            EightQueen(0);                       //求解
    }
}
```

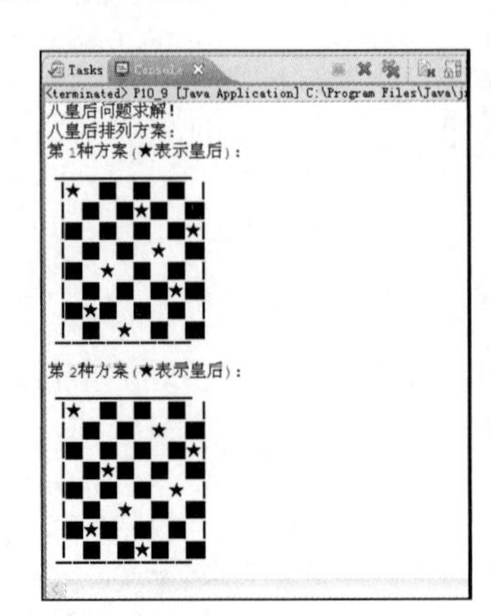

图 9-16 执行结果

在该程序中，调用 EightQueen()方法来递归求解八皇后问题，求得的结果将通过 Output()方法输出显示。执行该程序，便可以显示所有的求解方案，如图 9-16 所示。

9.9 青蛙过河

青蛙过河是一个非常有趣的智力游戏，其大意如下：

一条河之间有若干石块间隔，有两队青蛙在过河，每队有 3 只青蛙，如图 9-17 所示。这些青蛙只能向前移动，不能向后移动，且一次只能有一只青蛙向前移动。在移动过程中，青蛙可以向前面的空位中移动，不可一次跳过两个位置，但是可以跳过对方一只青蛙进入前面的一个空位。问两队青蛙该如何移动才能够用最少的步数分别走向对岸？

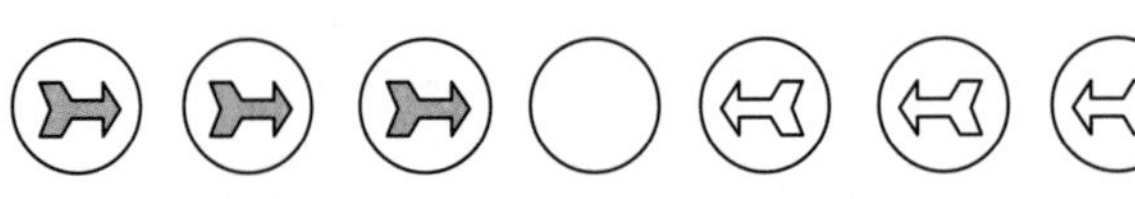

图 9-17 青蛙过河

9.9.1 青蛙过河算法

先来分析一下青蛙过河问题。可以采用如下方案来移动青蛙，操作步骤如下：

（1）左侧的青蛙向右跳过右侧的一只青蛙，落入空位，执行第（5）步；

（2）右侧的青蛙向左跳过左侧的一只青蛙，落入空位，执行第（5）步；

（3）左侧的青蛙向右移动一格，落入空位，执行第（5）步；

（4）右侧的青蛙向左移动一格，落入空位，执行第（5）步；

（5）判断是否已将两队青蛙移到对岸，如果没有，则继续从第（1）步执行；否则，结束程序。

可以按照此思路来编写相应的青蛙过河问题的求解算法，代码如下：

```
class Frog
{
    static enum frogDirection { 向左, 向右 };
```

```
    public String frogName  ;            //青蛙名称
    public int position;                 //青蛙位置
    public frogDirection direction;      //青蛙跳动的方向
    public boolean canJump;              //是否可以跳
  public boolean isEmpty = false;        //是否是空格
  }

  String frogJump(List<Frog> frogQueue, int emptyPositionId)
                                         // 获取青蛙的跳动步骤，当前青蛙队列，空位置编号
  {
      String frogJumpInfo = "";
       for(int i=0;i<frogQueue.size();i++)
      {
      Frog frog=(Frog)frogQueue.get(i);
       //是空位置
        if (frog.isEmpty)
            continue;
        if (!frog.canJump)
            continue;

        frogJumpInfo = "青蛙" + frog.frogName + " " + frog.direction + "跳到" +
         (emptyPositionId + 1) + "\r\n";
        int newPositionId = frog.position;
        List<Frog> newFrogQueue=this.editFrogQueue(frogQueue,frog.frogName,
        emptyPositionId, ewPositionId);

        //只要能继续跳就递归
        if (this.canFrogJump(newFrogQueue))
        {
             frogJumpInfo += this.frogJump(newFrogQueue, newPositionId);
        }
         else
         {
             if (this.isComplete(newFrogQueue))
             {
                  frogJumpInfo = frogJumpInfo + "成功";
                  break;
              }
          }
          if (frogJumpInfo.contains("成功"))
               break;
          }
          //循环结束
         return frogJumpInfo;

  }
```

在上述代码中，输入参数 frogQueue 为当前青蛙队列，参数 emptyPositionId 为空位置编号。程序中，严格遵循了前述的移动算法，读者可以对照着加深理解。

9.9.2 青蛙过河求解

学习了上述通用的青蛙过河问题算法后，可以求解任意的这类问题。下面给出完整的青蛙过河问题求解代码。

```
import java.util.ArrayList;
import java.util.List;

class FrogOverRiver              //青蛙过河类

{
    //初始化青蛙队列
    public  List<Frog> initializeFrogQueue()
    {
     List<Frog> frogQueue = new ArrayList<Frog>();
        frogQueue.add(new Frog(0, "左1", Frog.frogDirection.向右, false));
        frogQueue.add(new Frog(1, "左2", Frog.frogDirection.向右, true));
        frogQueue.add(new Frog(2, "左3", Frog.frogDirection.向右, true));
        frogQueue.add(new Frog(3));
        frogQueue.add(new Frog(4, "右1", Frog.frogDirection.向左, true));
        frogQueue.add(new Frog(5, "右2", Frog.frogDirection.向左, true));
        frogQueue.add(new Frog(6, "右3", Frog.frogDirection.向左, false));
        return frogQueue;
    }

    //当一个青蛙跳动后,形成一个新的队列
    private List<Frog> editFrogQueue(List<Frog> frogQueue, String frogName, int
    oldEmptyPositonID, int newEmptyPositonID)
    {
         List<Frog> newFrogQueue = new ArrayList<Frog>();
        for(int i=0;i<frogQueue.size();i++)
        {
            Frog frog=(Frog)frogQueue.get(i);
             Frog newFrog = new Frog(frog);
            if (newFrog.isEmpty)
                 newFrog.position = newEmptyPositonID;
            if (newFrog.frogName == frogName)
            {
                 newFrog.position = oldEmptyPositonID;
            }

            newFrog.canJump = false;
            if ((newEmptyPositonID - newFrog.position) > 0 && (newEmptyPositonID
            - newFrog.position) < 3 && newFrog.direction == Frog.frogDirection.向右)
                    newFrog.canJump = true;

            if ((newFrog.position - newEmptyPositonID) > 0 && (newFrog.position
            - newEmptyPositonID) < 3 && newFrog.direction == Frog.frogDirection.向左)
                    newFrog.canJump = true;

            newFrogQueue.add(newFrog);
        }
            return newFrogQueue;
     }
```

```
    //是否已经完成位置对换,即前三个青蛙的位置都大于3
    private boolean isComplete(List<Frog> frogQueue)
    {
        return (frogQueue.get(0).position > 3 && frogQueue.get(1).position > 3 &&
        frogQueue.get(2).position > 3);
    }

    //是否还有可以跳动的青蛙,只要有可以跳动的,就没有达到最后的状态，但既使都不可以跳动了，也
不一定对换完了，这里只是控制递归
    private boolean canFrogJump(List<Frog> frogQueue)
    {
        for(int i=0;i<frogQueue.size();i++)
        {
            Frog frog=(Frog)frogQueue.get(i);
            if (frog.canJump)
            return true;
        }
        return false;
    }

    // 获取青蛙的跳动步骤
    public String frogJump(List<Frog> frogQueue, int emptyPositionId)
    //当前青蛙队列,空位置编号
    {
    String frogJumpInfo = "";
        for(int i=0;i<frogQueue.size();i++)
        {
         Frog frog=(Frog)frogQueue.get(i);
            //是空位置
            if (frog.isEmpty)
                continue;
            if (!frog.canJump)
                continue;

            frogJumpInfo = "青蛙" + frog.frogName + " " + frog.direction + "跳到" +
             (emptyPositionId + 1) + "\r\n";
            int newPositionId = frog.position;
            List<Frog> newFrogQueue = this.editFrogQueue(frogQueue, frog.frogName,
            emptyPositionId, newPositionId);

            //只要能继续跳，就递归
            if (this.canFrogJump(newFrogQueue))
            {
                frogJumpInfo += this.frogJump(newFrogQueue, newPositionId);
            }
            else
            {
               if (this.isComplete(newFrogQueue))
               {
                  frogJumpInfo = frogJumpInfo + "成功";
                  break;
               }
            }
```

```
            if (frogJumpInfo.contains("成功"))
                break;
            }
            //循环结束
            return frogJumpInfo;
        }
    }

class Frog
{
    static enum frogDirection { 向左, 向右 };
    public String frogName;                  //青蛙名称
    public int position;                     //青蛙位置
    public frogDirection direction;          //青蛙跳动的方向
    public boolean canJump;                  //是否可以跳
    public boolean isEmpty = false;          //是否是空格

    public Frog(int positon, String frogName, frogDirection direction, boolean
    canJump)
    {
        this.position = positon;
        this.frogName = frogName;
        this.direction = direction;
        this.canJump = canJump;
    }

    public Frog(int positon)
    {
        this.frogName = "空";
        this.position = positon;
        this.canJump = false;
        this.isEmpty = true;
    }
    public Frog(Frog frog)
    {
        this.position = frog.position;
        this.frogName = frog.frogName;
        this.direction = frog.direction;
        this.canJump = frog.canJump;
        this.isEmpty = frog.isEmpty;
    }
}
public class P10_11
{
    public static void main(String[] args)
    {
        FrogOverRiver f= new FrogOverRiver();
        List frogQueue =f.initializeFrogQueue();
        System.out.println(f.frogJump(frogQueue, 3));
    }
}
```

在上述代码中，主方法首先初始化青蛙的位置，接着，调用 frogJump()方法求解青蛙过河问题。

执行该程序，得到结果如图 9-18 所示。从其中可知，通过 15 步移动即让所有的青蛙完成过河。

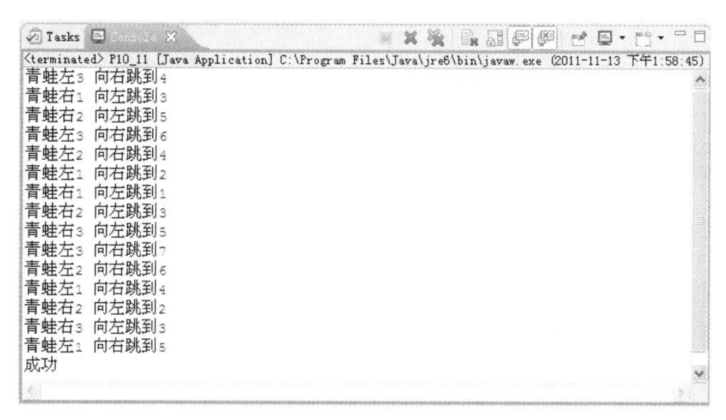

图 9-18　执行结果

9.10　三色彩带

三色彩带问题在很多算法书籍中都提到过，三色彩带问题的大意如下：

有一条绳子上面挂有白、红、蓝三种颜色的多条彩带，这些彩带的排列是无序的。现在要将绳子上的彩带按蓝、白、红三种颜色进行归类排列，但是只能在绳子上进行彩带的移动，并且每次只能调换两条彩带。问如何采用最少的步骤来完成三色彩带的排列呢？

9.10.1　三色彩带算法

先来分析一下三色彩带问题。假设绳子上共有 10 条彩带，蓝色彩带用符号 B 表示，白色彩带用符号 W 表示，红色彩带用符号 R 表示，如图 9-19 所示。

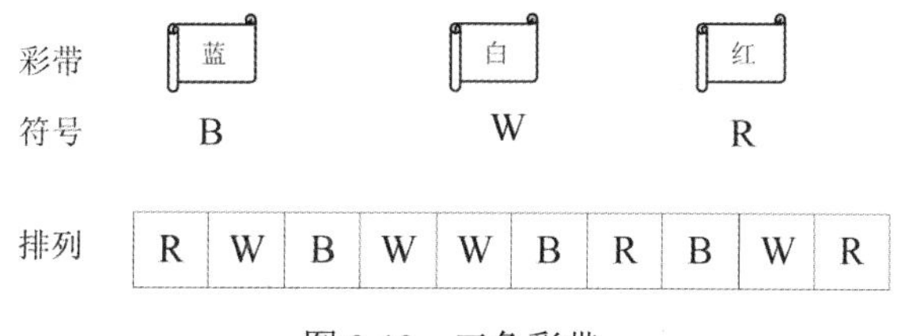

图 9-19　三色彩带

程序中可以使用 3 个变量（Blue、Write、Red）来指示三种颜色的彩带：在 0~(Blue-1)之间放蓝色彩带，Blue~(Write-1)放白色彩带，(Red+1)~9 放红色彩带，而 Write~Red 之间是未被处理的元素。每一次都处理变量 Write 指向位置的元素，可分如下 3 种情况处理：

（1）如果 Write 所在位置的元素是白色彩带，表示该位置的元素应该在此，将 Write++，接着处理下一条彩带。

（2）如果 Write 所在位置的元素是蓝色彩带，表示需将蓝色彩带与 Blue 变量所在位置的元素对调，然后是 Blue++、Write++，处理下一条彩带。

（3）如果 Write 所在位置的元素是红色彩带，表示需将红色彩带与 Red 变量的元素对调，然后将 Red--，继续处理下一彩带。

可以按照此思路来编写相应的三色彩带问题的求解算法，代码如下：

```
static char color[] = "rwbwwbrbwr".toCharArray();     //三色彩带排列的数组
static int Blue, Write, Red;

void three coloured ribbons()                            //三色彩带算法
{
  while (color[Write] == 'b')                            //白彩带
  {
    Blue++;                                              //向后移动蓝彩带
    Write++;                                             //向后移动白彩带
  }
  while (color[Red] == 'r')                              //红彩带
  {
    Red--;                                               //向前移动红彩带
   }
  while (Write <= Red)
  {
    if (color[Write] == 'r')                             //红彩带
    {
      swap(color,Write, Red);                            //对调红彩带和白彩带
      Red--;
      while (color[Red] == 'r')                          //若是红彩带
      {
        Red--;                                           //向前移动红彩带
      }
    }
    while (color[Write] == 'w')                          //白彩带
    {
      Write++;
    }
    if (color[Write] == 'b')                             //蓝彩带
    {
      swap(color,Write, Blue);                           //对调
      Blue++;
      Write++;
    }
  }
}
```

在上述代码中，数组 color 为三色彩带初始排列的数组，变量 Blue、Write 和 Red 的含义如前所述。程序中通过循环来处理每一条彩带，严格遵循了前面的算法思想，读者可以对照两者来加深理解。

9.10.2 三色彩带求解

学习了上述通用的三色彩带问题算法后，可以求解任意的这类问题。下面给出完整的三色彩带问题求解代码。

```
public class P10_12
{
   static int count;                                     //对调次数
   static char color[] = "rwbwwbrbwr".toCharArray();  //三色彩带排列的数组
   static int Blue, Write, Red;
```

```
static void swap(char[] c,int x, int y)                    //对调及显示
{
     int i;
   char temp;

   temp= c[x];                                              //对调操作
   c[x] = c[y];
   c[y] = temp;
   count++;                                                 //累加对调次数

   System.out.printf("第%d次对调后: ",count);
   for (i = 0; i < color.length; i++)                       //输出移动后的效果
   {
      System.out.printf(" %c", color[i]);
   }
   System.out.printf("\n");
}

static void three coloured ribbons()                       //三色彩带算法
{
   while (color[Write] == 'b')                              //白彩带
   {
      Blue++;                                               //向后移动蓝彩带
      Write++;                                              //向后移动白彩带
   }
   while (color[Red] == 'r')                                //红彩带
   {
      Red--;                                                //向前移动红彩带
    }
   while (Write <= Red)
   {
      if (color[Write] == 'r')                              //红彩带
      {
         swap(color,Write, Red);                            //对调红彩带和白彩带
         Red--;
         while (color[Red] == 'r')                          //若是红彩带
         {
            Red--;                                          //向前移动红彩带
         }
      }
      while (color[Write] == 'w')                           //白彩带
      {
         Write++;
      }
      if (color[Write] == 'b')                              //蓝彩带
      {
         swap(color,Write, Blue);                           //对调
         Blue++;
         Write++;
      }
   }
```

```
    }

    public static void main(String[] args)
    {
        int i;

        Blue=0;                                             //初始化
        Write=0;
        Red=color.length - 1;
        count=0;
        System.out.printf("三色彩带问题求解!\n");
        System.out.printf("三色彩带最初排列效果:\n");
        System.out.printf("        ");
        for (i = 0; i <= Red; i++)                          //输出最初的彩带排列
        {
            System.out.printf(" %c", color[i]);
        }
        System.out.printf("\n");
        three coloured ribbons();                           //求解
        System.out.printf("通过%d次完成对调,最终结果如下:\n", count);
        for (i = 0; i < color.length; i++)                  //输出移动后的效果
        {
            System.out.printf(" %c", color[i]);
        }
        System.out.printf("\n");
    }
}
```

在该程序中，主方法首先初始化变量 Blue、Write 和 Red，然后输出最初的彩带排列。接着，调用 threeflags()方法来求解三色彩带问题。最后输出移动后的效果。

执行该程序，得到结果如图 9-20 所示。从其中可以看出，总共需要 5 步便完成了三色彩带的归类排列。

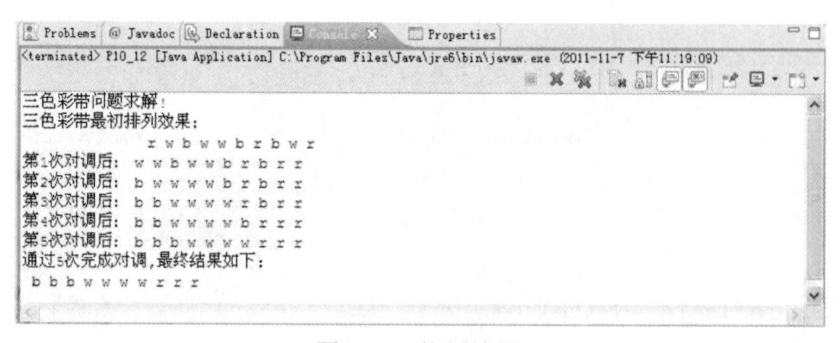

图 9-20　执行结果

9.11　渔夫捕鱼

渔夫捕鱼问题是一个典型的递推问题，渔夫捕鱼问题的大意如下：

某天晚上，A、B、C、D、E 五位渔夫合伙捕鱼，捕到一定数量之后便停止捕鱼，各自到岸边休息。第二天早晨，渔夫 A 第一个醒来，他将鱼分作 5 份，把多余的一条扔回河中，拿其中自己的一份回家去了。渔夫 B 第二个醒来，也将鱼分作 5 份，扔掉多余的一条，拿走自己的一份。渔夫 C 第三个醒来，也将鱼分作 5 份，扔掉多余的一条，拿走自己的一份。渔夫 D 第四个醒来，也将鱼分作 5 份，扔掉多余的一条，拿走自己的一份。渔夫 E 第五个醒来，也将鱼分作 5 份，扔掉多余的一条，拿走自己的一份。问 5 个渔夫至少捕到多少条鱼呢？

9.11.1　渔夫捕鱼算法

先来分析一下渔夫捕鱼问题。这里，每位渔夫醒来的时候，鱼的数量都应该是 5 的倍数再加 1。为了保证所有的渔夫都可以按照上述方法来分鱼，那么最后一位渔夫 E 醒来之后，鱼的数量至少应该为 6。在他扔掉一条鱼之后，仍然可以平均分为 5 份；那么：

渔夫 D 醒来的时候，鱼的数量应该为 6×5+1=31；

渔夫 C 醒来的时候，鱼的数量应该为 31×5+1=156；

渔夫 B 醒来的时候，鱼的数量应该为 156×5+1=781；

渔夫 A 醒来的时候，鱼的数量应该为 781×5+1=3 906；

那么，渔夫至少合伙捕到 3 906 条鱼。这是一个明显的递推的式子，递推公式如下：

$$S_{n-1}=5S_n+1$$

可以编写一个算法，用于计算渔夫捕鱼问题。可以按照此思路来编写相应的渔夫捕鱼问题的求解算法，示例代码如下：

```
int fish(int yufu)                          //渔父捕鱼算法
{
    int init;
    int n;
    int s;

    init=yufu+1;
    n=yufu-1;
   s = init;
   while(n!=0)
   {
       s=5*s+1;                             //递推
      n--;
   }
   return s;
}
```

在上述代码中，输入参数 yufu 为合伙渔夫的数量，程序中使用 while 循环和递推公式来求解最初的鱼的数量。程序中严格遵循了前面的算法思想，读者可以对照两者来加深理解。

9.11.2　渔夫捕鱼求解

学习了上述通用的渔夫捕鱼问题算法后，可以求解任意的这类问题。下面给出完整的渔夫捕鱼问题求解代码。

```
import java.util.Scanner;

public class P10_13
{
    static int fish(int yufu)               //渔夫捕鱼算法
```

```
    {
        int init;
        int n;
        int s;

        init=yufu+1;
        n=yufu-1;
      s = init;
      while(n!=0)
      {
          s=5*s+1;                           //递推
          n--;
      }
      return s;
    }
    public static void main(String[] args)
    {
        int num;
        int yufu;

        System.out.printf("渔夫捕鱼问题求解! \n");
        System.out.printf("请先输入渔夫的个数: ");
        Scanner input=new Scanner(System.in);
        yufu=input.nextInt();                              //渔夫个数
        num=fish(yufu);                                    //求解
       System.out.printf("渔夫至少合伙捕了%d条鱼! \n",num);
    }
}
```

在该程序中，主方法首先输入合伙渔夫的数量，然后调用 fish()方法来递推求解最初捕到的鱼的数量。最后输出渔夫至少合伙捕到鱼的数量。

执行该程序，输入渔夫的个数为 5，得到结果如图 9-21 所示。从这里可以看出，渔夫至少合伙捕到 3 906 条鱼，这和前面分析的结果一致。

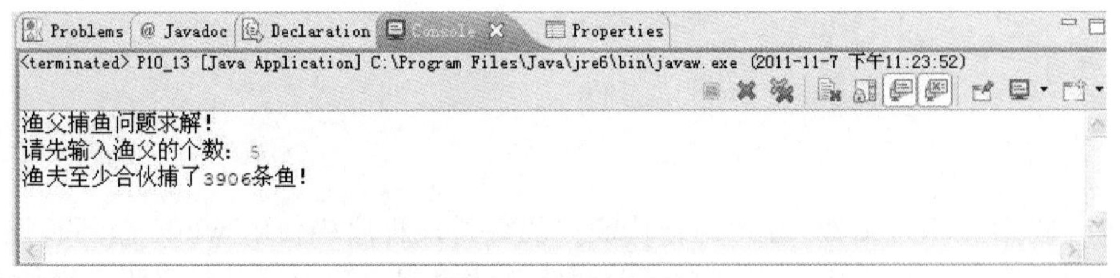

图 9-21　执行结果

9.12　爱因斯坦的阶梯

爱因斯坦的阶梯问题是一个有趣的数论问题，爱因斯坦的阶梯大意如下：

有一天爱因斯坦给他的朋友出了一个题目，楼房的两层之间有一个很长的阶梯。

如果一个人每步上 2 阶，最后剩 1 阶；

如果一个人每步上 3 阶，最后剩 2 阶；

如果一个人每步上 5 阶，最后剩 4 阶；

如果一个人每步上6阶，最后剩5阶；

如果一个人每步上7阶，最后刚好一阶也不剩。

问这个阶梯至少有多少阶呢？

9.12.1 爱因斯坦的阶梯算法

首先来分析一下爱因斯坦的阶梯问题。这是一个数论问题，假设阶梯的个数为count，按照前述的条件，count应该满足条件如下：

（1）count除以2的余数为1；

（2）count除以3的余数为2；

（3）count除以5的余数为4；

（4）count除以6的余数为5；

（5）count除以7的余数为0。

在程序中可以通过取模运算来对整数逐个判断，以寻找一个最小值。可以按照此思路来编写相应的爱因斯坦的阶梯问题的求解算法，示例代码如下：

```
int jieti()                          //算法
{
    int i,res;
    int count;
    count=7;
    for(i=1;i<=100;i++)              //循环
    {
        if((count%2==1)&&(count%3==2)&&(count%5==4)&&(count%6==5) ) //判断是否满足
        {
            res=count;
            break;                   //找到，跳出循环
        }
        count=7*(i+1);               //下一个
    }
    return count;                    //返回
}
```

在上述代码中，count应该为7的倍数。程序中，从7开始，对每个7的倍数进行判断，直到寻找到一个最小的满足条件的数据为止。该函数的返回值便是求得的阶梯数。

9.12.2 爱因斯坦的阶梯求解

学习了上述通用的爱因斯坦的阶梯问题算法后，可以求解任意的这类问题。下面给出完整的爱因斯坦的阶梯问题求解代码。

```
public class P10_14
{
    static int jieti()               //算法
    {
        int i,res;
        int count;

        count=7;
        for(i=1;i<=100;i++)          //循环
```

```
        {
        if((count%2==1)&&(count%3==2)&&(count%5==4)&&(count%6==5) )//判断是否满足
            {
                res=count;
                break;                  //找到，跳出循环
            }
            count=7*(i+1);              //下一个
        }
        return count;                   //返回
    }
    public static void main(String[] args)
    {
        int num;

        System.out.printf("爱因斯坦阶梯问题求解! \n");
        num=jieti();                        //求解
        System.out.printf("这个阶梯总共有%d个台阶! \n",num);
    }
}
```

在该程序中，主方法直接调用 jieti()方法进行爱因斯坦的阶梯问题求解，然后输出结果。执行该程序，得到结果如图 9-22 所示。可以看到共有 119 个台阶。

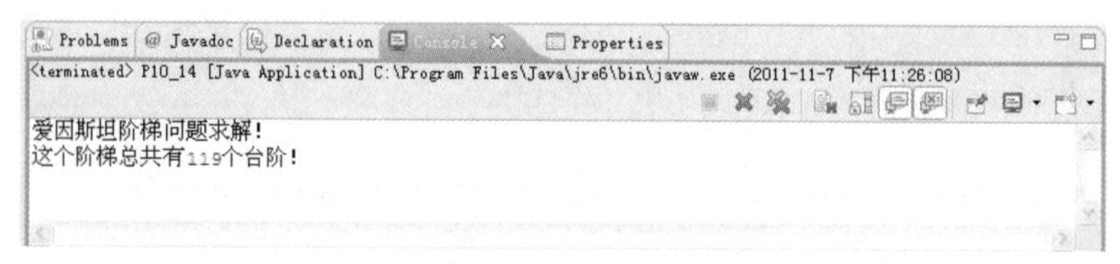

图 9-22 执行结果

9.13 常胜将军

常胜将军是一个非常有意思的智力游戏趣题，常胜将军的大意如下：

甲和乙两人玩抽取火柴的游戏，共有 21 根火柴。每个人每次最多取 4 根火柴，最少取 1 根火柴。如果某个人取到最后一根火柴则输了。甲让乙先抽取，结果每次都是甲赢。这是为什么呢？

9.13.1 常胜将军算法

先来分析一下常胜将军问题。甲要每次都赢，那么每次甲给乙只剩下 1 根火柴，因为此时乙至少取 1 根火柴，这样才能保证甲常胜。由于乙先抽取，因此只要保证甲抽取的数量和乙抽取的数量之和为 5 即可。

可以按照此思路来编写相应的常胜将军问题的求解算法，计算机代表甲，用户代表乙，示例代码如下：

```
void jiangjun()                                 //常胜将军算法
{
   while(true)
   {
```

```
        System.out.printf(" ----------  目前还有火柴 %d 根 ----------\n",last);
        System.out.printf("用户取火柴数量:") ;
        Scanner input=new Scanner(System.in);
        user=input.nextInt();                         //用户取火柴数量
        if(user<1 || user>4 || user>last)
        {
            System.out.printf("你违规了，你取的火柴数有问题!\n\n");
            continue;
        }
        last = last - user;                           //剩余火柴数量
        if(last == 0)
        {
        System.out.printf("\n用户取了最后一个火柴,因此计算机赢了!\n");
            break;
        }
        else
        {
            computer =  5 - user;                     //计算机取火柴数量
            last = last - computer;
            System.out.printf("计算机取火柴数量:%d  \n",computer);
            if(last == 0)
            {
                System.out.printf("\n计算机取了最后一根火柴, 因此用户赢了!\n");
                break;
            }
        }
    }
}
```

在上述代码中，每次抽取都判断一下是否违规，并且计算剩余的火柴数量 last。第一次由用户输入，然后计算机根据前面的算法思路来抽取。这样可以保证每次计算机都赢。

9.13.2　常胜将军求解

学习了上述通用的常胜将军问题算法后，可以求解任意的这类问题。下面给出完整的常胜将军问题求解代码。

```
import java.util.Scanner;

public class P10_16
{
    static int computer,user,last;

    static void jiangjun()                            //常胜将军算法
    {
      while(true)
      {
          System.out.printf(" ----------  目前还有火柴 %d 根 ----------\n",last);
          System.out.printf("用户取火柴数量:") ;
          Scanner input=new Scanner(System.in);
          user=input.nextInt();                       //用户取火柴数量
          if(user<1 || user>4 || user>last)
          {
```

```
                System.out.printf("你违规了，你取的火柴数有问题!\n\n");
                continue;
            }
            last = last - user;                          //剩余火柴数量
            if(last == 0)
            {
            System.out.printf("\n用户取了最后一个火柴,因此计算机赢了!\n");
                break;
            }
            else
            {
                computer =  5 - user;                    //计算机取火柴数量
                last = last - computer;
                System.out.printf("计算机取火柴数量:%d  \n",computer);
                if(last == 0)
                {
                    System.out.printf("\n计算机取了最后一根火柴,因此用户赢了!\n");
                    break;
                }
            }
        }
    }

    public static void main(String[] args)
{
        int num;
        System.out.printf("常胜将军问题求解! \n");
        System.out.printf("请先输入火柴的总量为:");
        Scanner input=new Scanner(System.in);
         num=input.nextInt();                            //火柴的总量
        System.out.printf("火柴的总量为%d: ",num);
        last=num;
        jiangjun();                                      //求解
    }
}
```

在该程序中，首先输入火柴的总量，然后调用 jiangjun()方法开始游戏。游戏中，用户先抽取火柴，最后计算机每次都能赢。

执行该程序，输入火柴的总量 21，得到结果如图 9-23 所示。

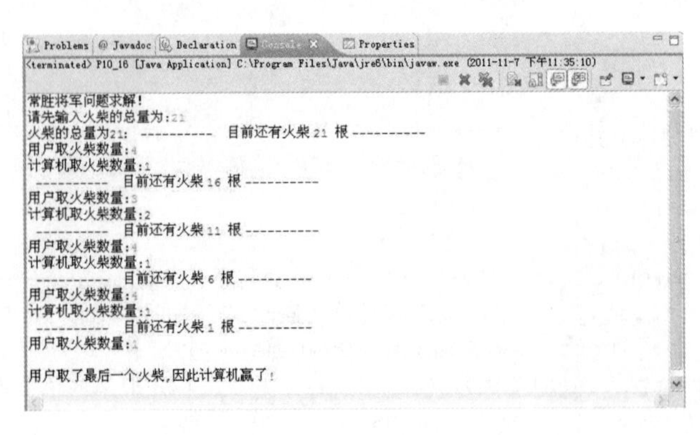

图 9-23　执行结果

9.14　新郎和新娘问题

新郎和新娘问题是非常典型的智力推理问题。新郎和新娘问题的大意如下：

有三对新郎和新娘参加集体婚礼，三个新郎为 A，B，C，三个新娘为 X，Y，Z。主持婚礼的人一时间忘了谁应该和谁结婚。于是，他便问参加婚礼的 6 个人中的三个，得到的回答如下：

新郎 A 说他将和新娘 X 结婚；

新娘 X 说她将和新郎 C 结婚；

新郎 C 说她将和新娘 Z 结婚。

聪明的主持人知道他们在与他开玩笑，但是，此时主持人已经推算出了谁应该和谁结婚。那么，到底是谁应该和谁结婚呢？

9.14.1　新郎和新娘问题算法

先来分析一下新郎和新娘结婚的问题。三个新郎和三个新娘随机结婚的话，共有六种可能，根据前面所述的三个错误条件，便可以采用穷尽的方法来逐个对照，直到找到正确的结婚对象。

可以按照此思路来编写相应的新郎和新娘问题的求解算法，示例代码如下：

```
int HW(char husband[], char wife[])        //算法
{
    int i,j,k;
    int match=0;                           //是否匹配
    for(i=0;i<3;i++)
    {
        for(j=0;j<3;j++)
        {
            for(k=0;k<3;k++)
            {
                if(i!=j && j!=k && i!=k)
                {
                        if(wife[i] == 'X' || wife[k] == 'X' || wife[k] == 'Z')
                        {
                            match=0;               //违反规则
                        }
                        else
                        {
                            match=1;               //符合规则
                            wi=i;
                            wj=j;
                            wk=k;
                            return match;          //返回
                        }
                }
            }
        }
    }
    return match;                          //返回
```

```
}
```

在上述代码中，输入参数 husband 为新郎的数组，wife 为新娘的数组。全局变量 wi、wj 和 wk 保存了符合要求的新娘的编号。程序中逐个对每一种方案进行比较，直到找到匹配的为止。该函数的返回值如果为 1，则表示找到了匹配方案；若为 0，则表示没有找到。

9.14.2 新郎和新娘问题求解

学习了上述通用的新郎和新娘问题算法后，可以求解任意的这类问题。下面给出完整的新郎和新娘问题求解代码。

```
public class P10_17
{
    static int wi,wj,wk;                                //保存匹配值

    static int HW(char husband[], char wife[])          //算法
    {
        int i,j,k;
        int match=0;                                    //是否匹配

       for(i=0;i<3;i++)
        {
           for(j=0;j<3;j++)
            {
              for(k=0;k<3;k++)
               {
                 if(i!=j && j!=k && i!=k)
                 {
                       if(wife[i] == 'X' || wife[k] == 'X' || wife[k] == 'Z')
                       {
                           match=0;                     //违反规则
                       }
                       else
                       {
                           match=1;                     //符合规则
                           wi=i;
                           wj=j;
                           wk=k;
                           return match;                //返回
                       }
                 }
               }
            }
        }
        return match;                                   //返回
    }

    public static void main(String[] args)
{
        char[] husband = {'A','B','C'}, wife = {'X','Y','Z'};
        int i,match;

        System.out.printf("新郎新娘问题求解! \n");
```

```
        System.out.printf("参加婚礼的新郎为:");          //显示新郎
        for(i=0;i<3;i++)
        {
            System.out.printf(" %c",husband[i]);
        }
        System.out.printf("\n");
        System.out.printf("参加婚礼的新娘为:");          //显示新娘
        for(i=0;i<3;i++)
        {
            System.out.printf(" %c",wife[i]);
        }
        System.out.printf("\n");

        match=HW(husband,wife);                         //求解
        if(match==1)
        {
            System.out.printf("A将和%c结婚! \n",wife[wi]);
            System.out.printf("B将和%c结婚! \n",wife[wj]);
            System.out.printf("C将和%c结婚! \n",wife[wk]);
        }
    }
}
```

在该程序中，主方法首先输出新郎的符号和新娘的符号，然后调用 WH()方法来求解新郎和新娘问题，最后输出合理的结婚方案。

执行该程序，得到结果如图 9-24 所示。从中可知，新郎 A 将和新娘 Z 结婚，新郎 B 将和新娘 X 结婚，新郎 C 将和新娘 Y 结婚。

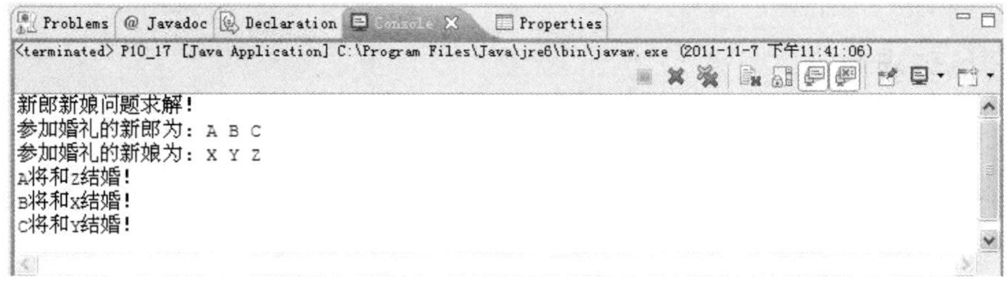

图 9-24　执行结果

9.15　三色球

三色球是一个排列组合问题，三色球问题的大意如下：

一个黑盒中放着 3 个红球、3 个黄球和 6 个绿球，如果从其中取出 8 个球，那么取出的球中有多种颜色搭配呢？

9.15.1　三色球算法

先来分析一下三色球问题。这是一个经典的排列组合问题，每种球的可能性如下：

（1）取红球可以有 3 种可能：1 个、2 个、3 个；

（2）取黄球可以有 3 种可能：1 个、2 个、3 个；

（3）取绿球可以有 6 种可能：1 个、2 个、3 个、4 个、5 个、6 个。

只要在程序中穷举每一种可能性，然后判断是否满足总共 8 个球的要求即可。

可以编写一个算法，用于计算三色球问题。算法的示例代码如下：

```
void threeball(int red,int yellow,int green,int n)      //算法
{
    int i,j,k;

    System.out.printf("总共有如下几种可能!\n");
    System.out.printf("\t红球\t黄球\t绿球\n");
    for(i=0;i<=3;i++)                                   //红色球
    {
        for(j=0;j<=3;j++)                               //黄色球
        {
            for(k=0;k<=6;k++)                           //绿色球
            {
                if(i+j+k== n)                           //判断是否符合
                {
                    System.out.printf("\t%d\t%d\t%d\n",i,j,k);
                }
            }
        }
    }
}
```

在上述代码中，输入参数 red 为红球的总数量，输入参数 yellow 为黄球的总数量，输入参数 green 为绿球的总数量，输入参数 *n* 为需要取出的球的数量。程序中使用三重 for 循环语句来穷尽每一种情况，并判断是否满足条件。程序将满足条件的组合输出显示。

9.15.2 三色球求解

学习了上述通用的三色球问题算法后，可以求解任意的这类问题。下面给出完整的三色球问题求解代码。

```
import java.util.Scanner;

public class P10_18
{
    static void threeball(int red,int yellow,int green,int n)      //算法
    {
        int i,j,k;

        System.out.printf("总共有如下几种可能!\n");
        System.out.printf("\t红球\t黄球\t绿球\n");
        for(i=0;i<=3;i++)                                   //红色球
        {
            for(j=0;j<=3;j++)                               //黄色球
            {
                for(k=0;k<=6;k++)                           //绿色球
                {
                    if(i+j+k== n)                           //判断是否符合
                    {
```

```
                            System.out.printf("\t%d\t%d\t%d\n",i,j,k);
                        }
                    }
                }
            }
        }
        public static void main(String[] args)
    {
            int red,yellow,green;
            int n;
            System.out.printf("三色球问题求解！\n");
            System.out.printf("请先输入红球的数量为:");
            Scanner input=new Scanner(System.in);
            red=input.nextInt();                        //红球的数量
            System.out.printf("请先输入黄球的数量为:");
            yellow=input.nextInt();                     //黄球的数量
            System.out.printf("请先输入绿球的数量为:");
            green=input.nextInt();                      //绿球的数量
            System.out.printf("请先输入取出球的数量为:");
            n=input.nextInt();                          //取出球的数量
            threeball(red,yellow,green,n);              //求解
        }
    }
```

在该程序中，主方法首先输入红球的数量、黄球的数量、绿球的数量和取出球的数量。然后调用 threeball()方法来求解。

执行该程序，按照题目的要求输入数据，得到结果如图 9-25 所示。

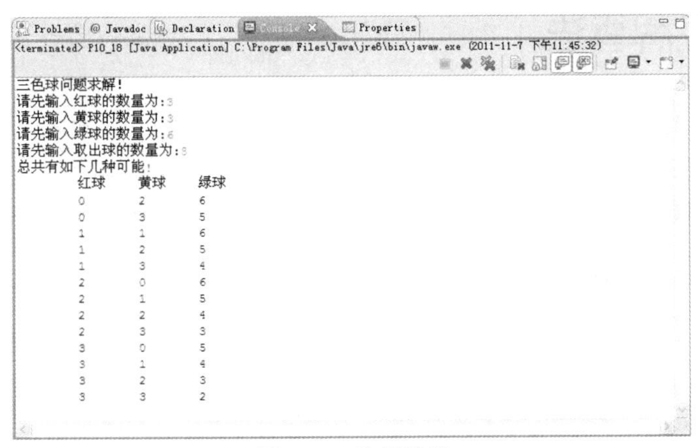

图 9-25　执行结果

本章小结

本章详细讲解了多种经典、有趣的算法问题。有些是历史上非常有名的典故或者问题，有些是非常有趣的智力问题。通过这些问题，读者可以领会算法在解决实际问题中的应用。本章在介绍各个问题时，给出了相应的算法和求解实例。通过本章的学习，读者可以锻炼程序设计能力、拓展思路，并提高学习算法的兴趣。

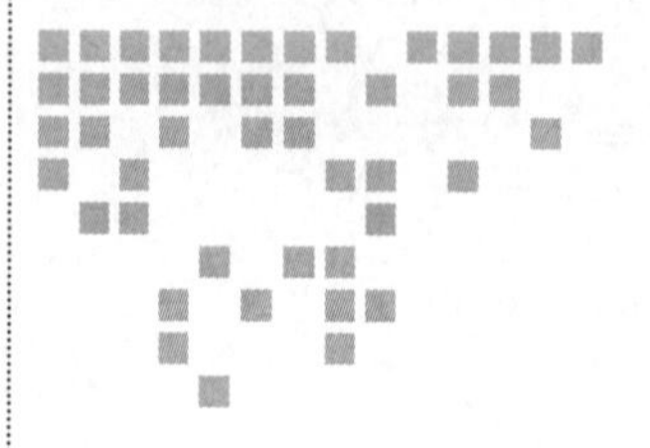

第 10 章

游戏中的算法

在现代程序设计中，算法的一个重要应用是在游戏中。很多游戏都是人机对战，因此对于游戏者的操作，计算机应该计算出对应的策略。好的游戏算法将大大提高游戏的运行速度，使得游戏更加耐玩。本章将通过一些典型的算法，来分析算法在游戏中的应用。

10.1　洗扑克牌算法

扑克牌是一种非常大众化的游戏，在计算机中有很多与扑克牌有关的游戏。例如，在 Windows 操作系统下自带的纸牌、红心大战等。在扑克牌类的游戏中，往往都需要执行洗牌操作，就是将一副牌完全打乱，使其排列没有规律。本节将介绍一种洗扑克牌算法。

10.1.1　洗扑克牌算法解析

先来分析一下如何洗扑克牌。一副扑克牌共有 52 张，4 种花色（方片、红心、黑桃、梅花）。可以随机生成扑克数和花色，但是随机生成的数据容易和前面的数据重复。这里采用随机换牌的方法来洗牌，操作步骤如下：

（1）按照顺序生成一副扑克牌；

（2）生成 1~52 中的一个随机数，按这个随机数从扑克牌中取牌、换牌；

（3）重复执行步骤（2）52 次，以达到洗牌的目的。

可以按照此思路来编写相应的洗扑克牌算法，代码如下：

```
void Shuffle()                                          //算法
{
    int i,j,temp;
    int suit;

    Card tempcard=new Card();
```

```
    suit=0;
for (i = 0; i < 52; i++)                         //生成52张牌
    {
        if (i % 13 == 0)
        {
           suit++;                               //改变花色
         }
         Card t=new Card();
         t.Suit = suit;                          //保存花色
         temp = i % 13;
         switch(temp)                            //特殊值处理
         {
         case 0:
             t.Number = 'A';
             break;
         case 9:
             t.Number = '0';
             break;
         case 10:
             t.Number = 'J';
             break;
         case 11:
             t.Number = 'Q';
             break;
         case 12:
             t.Number = 'K';
             break;
         default:
             t.Number =(char)(temp + '1');
         }
         OneCard[i]=t;

    }
    System.out.printf("一付新牌的初始排列如下:\n");

    ShowCard();

    Random r=new Random();                       //随机种子
    for (i = 0; i < 52; i++)
    {
        j = r.nextInt(52);                       //随机换牌
       tempcard = OneCard[j];
       OneCard[j] = OneCard[i];
       OneCard[i] = tempcard;
     }
}
```

在上述代码中，程序中首先按照顺序生成牌和花色。然后，显示生成的扑克牌。接着初始化随机种子，并随机换牌，将牌的顺序打乱，达到洗牌的效果。读者可以对照前面的算法来加深理解。

10.1.2 洗扑克牌示例

学习了上述通用的洗扑克牌算法后，下面给出完整的洗扑克牌代码。

```
import java.util.Random;

class Card
{
  int Suit;                                                    //花色
  char Number;                                                 //牌数
}

public class P11_1 {
   static Card[] OneCard=new Card[52];                         //保存每张扑克的花色、数字

   static void ShowCard()                                      //显示扑克牌
   {
     int i, j;
     int sign=0;
     String s="";

     for (i = 0, j = 0; i < 52; i++, j++)
     {
       if (j % 13==0)
       {
         System.out.print("\n");
       }
       switch(OneCard[i].Suit)                                 //显示花色符号
       {
       case 1:
          s="黑桃";
          sign=3;
          break;
       case 2:
          s="红桃";
          sign=4;
          break;
       case 3:
          s="梅花";
          sign=5;
          break;
       case 4:
          s="方块";
          sign=6;
          break;
       default:
          ;
       }
       System.out.printf("  "+s+OneCard[i].Number);            //输出显示
     }
     System.out.print("\n");
   }

   static void Shuffle()                                       //算法
   {
     int i,j,temp;
```

```
        int suit;

        Card tempcard=new Card();

        suit=0;
       for (i = 0; i < 52; i++)                    //生成52张牌
       {
          if (i % 13 == 0)
          {
             suit++;                               //改变花色
          }
          Card t=new Card();
          t.Suit = suit;                           //保存花色
          temp = i % 13;
          switch(temp)                             //特殊值处理
          {
          case 0:
              t.Number = 'A';
              break;
          case 9:
              t.Number = '0';
              break;
          case 10:
              t.Number = 'J';
              break;
          case 11:
              t.Number = 'Q';
              break;
          case 12:
              t.Number = 'K';
              break;
          default:
              t.Number =(char)(temp + '1');
          }
          OneCard[i]=t;

       }
       System.out.printf("一付新牌的初始排列如下:\n");

       ShowCard();

       Random r=new Random();                      //随机种子
       for (i = 0; i < 52; i++)
       {
          j = r.nextInt(52);                       //随机换牌
          tempcard = OneCard[j];
          OneCard[j] = OneCard[i];
          OneCard[i] = tempcard;
       }
   }
   public static void main(String[] args) {
```

```
        Shuffle();                                          //洗牌
        System.out.print("\n洗牌后的排列如下:\n");
        ShowCard();                                         //显示新牌的排列
    }
}
```

在该程序中，方法 ShowCard()用于输出显示扑克牌的排列。其中，对于花色，也可以采用 ASCII 码中的特殊符号来表示。

在主方法中，首先调用 Shuffle()方法进行洗牌，然后输出显示新牌的排列。执行该程序，得到结果如图 10-1 所示。

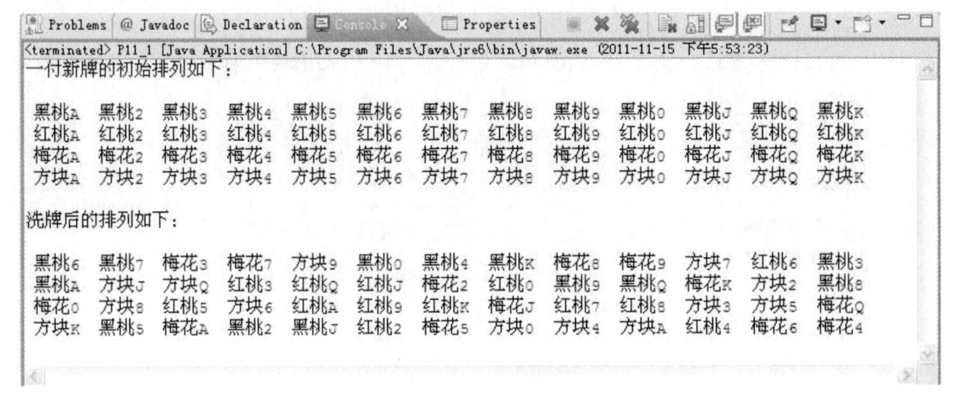

图 10-1　执行结果

10.2　取火柴游戏算法

取火柴游戏是一个非常有趣的智力游戏，所使用的工具非常简单，只使用火柴或者其他类似的物品即可。取火柴游戏的规则：有 n 根火柴，每个人每次最多取 4 根火柴，最少取 1 根火柴。如果某个人取到最后一根火柴，则输了。

10.2.1　取火柴游戏算法解析

先来分析一下取火柴游戏。当 n=21 时，取火柴游戏就是前面介绍的常胜将军问题。这里进行了推广，火柴的数量可以为任意值。此时，由用户和计算机来对战。计算机可以在 1~4 之间随机取火柴。但是为了保证计算机能赢，当剩余火柴数量小于或等于 5 时，计算机取火柴使剩余的火柴为 1 根。

可以按照此思路来编写相应的取火柴游戏算法，代码如下：

```
void quhuochai()                                    //游戏算法
{
    Random r=new Random();                          //随机种子
    while(true)
   {
        System.out.printf(" ----------  目前还有火柴 %d 根 ----------\n",last);
        System.out.printf("用户取火柴数量:") ;

        user=input.nextInt();                       //用户取火柴数量
        if(user<1 || user>4 || user>last)
```

```
        {
            System.out.printf("你违规了，你取的火柴数有问题!\n\n");
            continue;
        }
        last = last - user;                              //剩余火柴数量
        if(last == 0)
        {
            System.out.printf("\n用户取了最后一个火柴,因此计算机赢了!\n");
            break;
        }
        else
        {
            if(last>5)                                   //计算机取火柴数量
            {
                computer=r.nextInt(5);
            }
            else if(last<=1)
            {
                computer=1;
            }
            else
            {
                computer=last-1;
            }
            last = last - computer;
            System.out.printf("计算机取火柴数量:%d  \n",computer);
            if(last == 0)
            {
                System.out.printf("\n计算机取了最后一根火柴,因此用户赢了!\n");
                break;
            }
        }
    }
}
```

在上述代码中，每次抽取都判断一下是否违规，并且计算剩余的火柴数量 last。第一次由用户输入，然后计算机根据前面的算法思路来抽取，直至所有的火柴都抽取完毕。

10.2.2　取火柴游戏示例

学习了上述通用的取火柴游戏算法后，下面给出完整的取火柴游戏代码。

```
import java.util.Random;
import java.util.Scanner;

public class P11_2
{
    static int computer,user,last;
    static Scanner input=new Scanner(System.in);
    static void quhuochai()                              //游戏算法
    {
        Random r=new Random();                           //随机种子
        while(true)
```

```
        {
            System.out.printf(" ----------  目前还有火柴 %d 根
----------\n",last);
            System.out.printf("用户取火柴数量:") ;

            user=input.nextInt();                           //用户取火柴数量
            if(user<1 || user>4 || user>last)
            {
               System.out.printf("你违规了, 你取的火柴数有问题!\n\n");
               continue;
            }
            last = last - user;                             //剩余火柴数量
            if(last == 0)
            {
               System.out.printf("\n用户取了最后一个火柴,因此计算机赢了!\n");
               break;
            }
            else
            {
               if(last>5)                                   //计算机取火柴数量
               {
                  computer=r.nextInt(5);
               }
               else if(last<=1)
               {
                  computer=1;
               }
               else
               {
                  computer=last-1;
               }
               last = last - computer;
               System.out.printf("计算机取火柴数量:%d  \n",computer);
               if(last == 0)
               {
                  System.out.printf("\n计算机取了最后一根火柴,因此用户赢了!\n");
                  break;
               }
            }
        }
    }
    public static void main(String[] args)
  {
        int num;
        System.out.printf("取火柴游戏! \n");
        System.out.printf("请先输入火柴的总量为:");
        num=input.nextInt();                                //火柴的总量
        System.out.printf("火柴的总量为%d: ",num);
        last=num;

        quhuochai();                                    //执行游戏
    }
```

```
}
```

在该程序中，首先由用户输入火柴的总量，然后调用 quhuochai()方法开始游戏。游戏中，用户先抽取火柴，计算机根据前面的策略来操作。

执行该程序，输入火柴的总量 25，得到结果如图 10-2 所示。

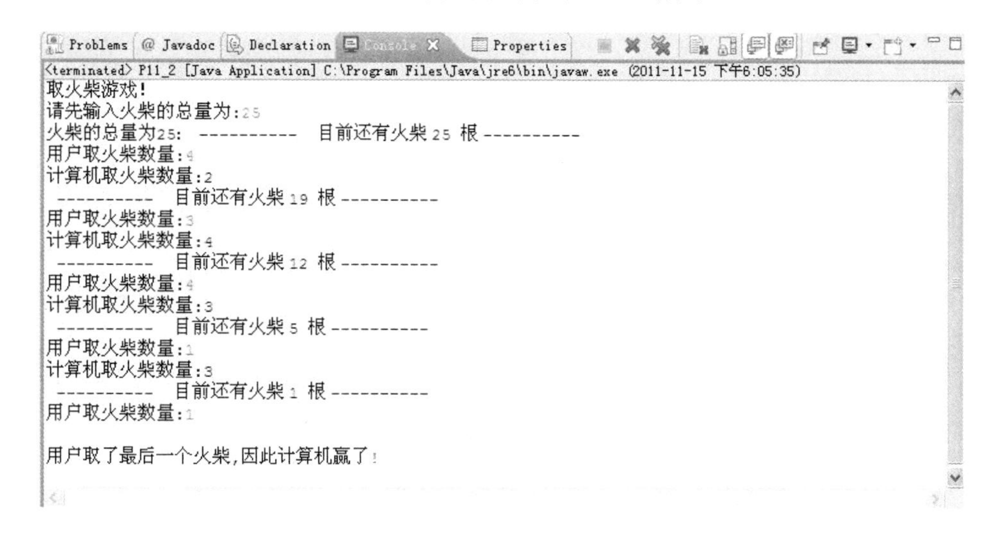

图 10-2 执行结果

10.3 十点半算法

十点半是一个典型的扑克牌游戏。十点半的游戏规则如下：

一副扑克，大于或等于 10 的记为 0.5，其他的按照其点数记。首先，经过洗牌后，各玩家依次取一张牌。然后，各玩家根据自己牌点数的大小决定是否继续要牌，最后由玩家牌的点数大小来决定胜负，点数大的则赢。如果某个玩家点数总和超过 10.5 则称为炸掉，炸掉后成绩为 0。

10.3.1 十点半算法解析

先来分析一下十点半游戏。游戏者不仅要保证自己的点数最大，还要防止被炸掉。由于在十点半游戏中，扑克牌中大于或等于 10 的记为 0.5。因此，为了能够统计玩家的点数，这里定义的数据结构如下：

```
class Card2
{
  int Suit;                                    //花色
  char Number;                                 //牌数
  double Num;
}
Card2[] OneCard=new Card2[52];                 //保存每张扑克的花色、数字
```

在上述代码中，使用 Suit 代表花色，使用 Number 代表牌数，而使用 Num 代表游戏中的点数。结构数组 OneCard 保存每张扑克的花色、数字和点数，用于在游戏中发牌。

1. 改进的洗牌算法

在每次开始游戏之前都需要洗牌。这里可以借鉴前面洗牌的算法。由于扑克牌中大于或等于 10 的记为 0.5，因此在游戏中使用前面结构中 Num 来保存每一张牌的实际点数。这样，便可以对前述洗牌算法进行改进，代码如下：

```
void Shuffle()                                   //算法
{
   int i,j,temp;
   int suit;

   Card2 tempcard=new Card2();

   suit=0;
    for (i = 0; i < 52; i++)                     //生成52张牌
{
       if (i % 13 == 0)
       {
         suit++;                                 //改变花色
       }
       Card2 t=new Card2();
       t.Suit = suit;                            //保存花色
       temp = i % 13;
       switch(temp)                              //特殊值处理
       {
         case 0:
            t.Number = 'A';
            break;
         case 9:
            t.Number = '0';
            break;
         case 10:
            t.Number = 'J';
            break;
         case 11:
            t.Number = 'Q';
            break;
         case 12:
            t.Number = 'K';
            break;
         default:
            t.Number =(char)(temp + '1');
         }

         if (temp >= 10)                         //记0.5点
           {
              t.Num = 0.5;
           }
         else
            {
              t.Num = (double)(temp + 1);
            }
```

```
            OneCard[i]=t;

        }
        System.out.printf("一付新牌的初始排列如下:\n");

        ShowCard();

        Random r=new Random();                    //随机种子
        for (i = 0; i < 52; i++)
        {
            j = r.nextInt(52);                    //随机换牌
            tempcard = OneCard[j];
            OneCard[j] = OneCard[i];
            OneCard[i] = tempcard;
       }
    }
```

在上述代码中首先按照顺序生成牌和花色。然后，显示生成的扑克牌。接着初始化随机种子，并随机换牌，将牌的顺序打乱，达到洗牌的效果。程序中，还增加了对结构中 Num 的赋值，用于保存游戏中的点数。读者可以对照前面的算法来加深理解。

2. 十点半算法实现

在十点半游戏的算法中，需要完成发牌，累积用户和计算机的点数，判断各自的点数是否炸了，显示点数和牌，以及最终的游戏结果等。算法并不复杂，但需要认真处理每一种情况。十点半算法的代码如下：

```
void tenhalf()                                      //十点半算法
{
    int i, count = 0;                               //count为牌的计数器
    int iUser = 0, iComputer = 0;//iUser为游戏者牌的数量，iComputer为计算机牌的数量
    int flag = 1, flagc = 1;
    String jixu,s="";
    Card2[] User=new Card2[20],Computer=new Card2[20];//保存游戏者和计算机手中的牌
    float TotalU = 0, TotalC = 0;                   //统计游戏者和计算机的总点数
    Scanner input=new Scanner(System.in);
    while (flag == 1 && count < 52)                 //还有牌，继续发牌
    {
        //游戏者取牌
        User[iUser++] = OneCard[count++];           //发牌给游戏者
        TotalU += User[iUser - 1].Num;              //累加游戏者总点数
        //接下为由计算机取牌
        if (count >= 52)                            //牌已取完
        {
            flag = 0;
        }
        else if (TotalU > 10.5)                     //游戏者炸了
        {
            flagc = 0;                              //计算机不再要牌
        }
        else
        {
            if ((TotalC < 10.5 && TotalC < TotalU) || TotalC < 7)
```

```
        {
            Computer[iComputer++] = OneCard[count++];    //计算机取一张牌
            TotalC += Computer[iComputer - 1].Num;       //累计计算机总点数
        }
    }
    System.out.printf("\n用户的总点数为:%.1f\t", TotalU);
    System.out.printf("用户的牌为:");
    for (i = 0; i < iUser; i++)                          //显示用户的牌
    {
        switch(User[i].Suit)                             //显示花色符号
        {
        case 1:
            s="黑桃";
                break;
        case 2:
            s="红桃";
            break;
        case 3:
            s="梅花";
            break;
        case 4:
            s="方块";
            break;
        default:
            ;
        }
        System.out.printf("  "+s+User[i].Number);
    }
    System.out.printf("\n");
    System.out.printf("计算机的总点数为:%.1f\t", TotalC);
    System.out.printf("计算机的牌为:");
    for (i = 0; i < iComputer; i++)                      //显示计算机的牌
    {
        switch(Computer[i].Suit)                         //显示花色符号
        {
        case 1:
            s="黑桃";
            break;
        case 2:
            s="红桃";
            break;
        case 3:
            s="梅花";
            break;
        case 4:
            s="方块";
            break;
        default:
            ;
        }
        System.out.printf("  "+s+Computer[i].Number);
    }
```

```
    System.out.printf("\n");
    if (TotalU < 10.5)                          //如果游戏者点数小于10.5,可继续要牌
    {
      do
      {
         System.out.printf("还要牌吗(y/n)?");
            jixu=input.next();
      }while (!jixu.equalsIgnoreCase("y") &&!jixu.equalsIgnoreCase("n"));
      if (jixu.equalsIgnoreCase("y"))          //继续要牌
      {
        flag = 1;
      }
      else
      {
        flag = 0;
      }
      if (count == 52)
      {
         System.out.printf("牌已经发完了! \n");
           break;
      }
    }
    else
      break;
}
while (flagc==1 && count < 52)                        //游戏者不要牌
{
    if (TotalU > 10.5)                                //游戏者炸了
    {
      break;
    }
    else
    {
      if (TotalC < 10.5 && TotalC < TotalU)
      {
        Computer[iComputer++] = OneCard[count++];     //计算机取一张牌
        TotalC += Computer[iComputer - 1].Num;        //累计计算机取得牌的总点数
      }
      else
      {
         break;
      }
    }
}
System.out.printf("\n用户的总点数:%.1f\t", TotalU);
System.out.printf("用户的牌为:");
for (i = 0; i < iUser; i++)                           //显示用户的牌
{
     switch(User[i].Suit)                             //显示花色符号
      {
      case 1:
          s="黑桃";
```

```
                break;
            case 2:
                s="红桃";
                break;
            case 3:
                s="梅花";
                break;
            case 4:
                s="方块";
                break;
            default:
                ;
            }
            System.out.printf("  "+s+User[i].Number);
    }
    System.out.printf("\n");
    System.out.printf("\n计算机的总点数为:%.1f\t", TotalC);
    System.out.printf("计算机的牌为:");
    for (i = 0; i < iComputer; i++)                         //显示计算机的牌
    {
        switch(Computer[i].Suit)                            //显示花色符号
          {
            case 1:
                s="黑桃";
                break;
            case 2:
                s="红桃";
                break;
            case 3:
                s="梅花";
                break;
            case 4:
                s="方块";
                break;
            default:
                ;
            }
            System.out.printf("  "+s+Computer[i].Number);
    }
    System.out.printf("\n");
    if(TotalC == TotalU)                                    //输出游戏结果
    {
        System.out.printf("\n用户和计算机打成了平手!\n");
    }
    else
    {
        if(TotalU > 10.5 && TotalC > 10.5)
        {
            System.out.printf("\n用户和计算机打成了平手!\n");
        }
        else if(TotalU > 10.5)
        {
```

```
            System.out.printf("\n你输了!继续努力吧!\n");
         }
         else if(TotalC > 10.5)
         {
            System.out.printf("\n恭喜，用户赢了!\n");
         }
         else if(TotalC > TotalU)
         {
            System.out.printf("\n你输了!继续努力吧!\n");
         }
         else
         {
            System.out.printf("\n恭喜，用户赢了!\n");
         }
      }
   }
```

在该函数中，用户和计算机对战。程序根据用户的选择进行发牌。而对于计算机，程序将根据用户的点数决定是否继续要牌。最后，根据双方牌的点数大小判断谁赢得了胜利。为了让读者明白整个游戏流程，这里对于每一步都显示了双方的总点数和拥有牌的信息。

10.3.2　十点半游戏示例

学习了上述十点半游戏算法后，下面给出完整的十点半游戏代码。

```
import java.util.Random;
import java.util.Scanner;

class Card2
{
   int Suit;                                           //花色
   char Number;                                        //牌数
   double Num;
}

public class P11_3
{
    static Card2[] OneCard=new Card2[52];              //保存每张扑克的花色、数字
    static void ShowCard()                             //显示扑克牌
    {
       int i, j;
       int sign=0;
       String s="";

       for (i = 0, j = 0; i < 52; i++, j++)
       {
          if (j % 13==0)
          {
             System.out.print("\n");
          }
          switch(OneCard[i].Suit)                      //显示花色符号
          {
          case 1:
              s="黑桃";
```

```
            sign=3;
            break;
        case 2:
            s="红桃";
            sign=4;
            break;
        case 3:
            s="梅花";
            sign=5;
            break;
        case 4:
            s="方块";
            sign=6;
            break;
        default:
            ;
        }
        System.out.printf("  "+s+OneCard[i].Number);  //输出显示
    }
    System.out.print("\n");
}

static void Shuffle()                                  //算法
{
    int i,j,temp;
    int suit;

    Card2 tempcard=new Card2();

    suit=0;
    for (i = 0; i < 52; i++)                           //生成52张牌
    {
        if (i % 13 == 0)
        {
            suit++;                                    //改变花色
        }
        Card2 t=new Card2();
        t.Suit = suit;                                 //保存花色
        temp = i % 13;
        switch(temp)                                   //特殊值处理
        {
        case 0:
            t.Number = 'A';
            break;
        case 9:
            t.Number = '0';
            break;
        case 10:
            t.Number = 'J';
            break;
        case 11:
            t.Number = 'Q';
            break;
        case 12:
```

```
                t.Number = 'K';
                break;
            default:
                t.Number =(char)(temp + '1');
            }
            if (temp >= 10)                     //记0.5点
               {
                  t.Num = 0.5;
               }
            else
               {
                  t.Num = (double)(temp + 1);
               }
            OneCard[i]=t;

        }
        System.out.printf("一付新牌的初始排列如下:\n");
        ShowCard();
        Random r=new Random();                  //随机种子
        for (i = 0; i < 52; i++)
        {
            j = r.nextInt(52);                  //随机换牌
            tempcard = OneCard[j];
            OneCard[j] = OneCard[i];
            OneCard[i] = tempcard;
        }
    }

    static void tenhalf()                       //10点半算法
    {
        int i, count = 0;                       //count为牌的计数器
        int iUser = 0,iComputer = 0;            //iUser为游戏者牌的数量，iComputer为计
                                                  算机牌的数量
        int flag = 1, flagc = 1;
        String jixu,s="";
        Card2[] User=new Card2[20],Computer=new Card2[20];      //保存游戏者和计
                                                                  算机手中的牌
        float TotalU = 0, TotalC = 0;                     //统计游戏者和计算机的总点数
        Scanner input=new Scanner(System.in);
        while (flag == 1 && count < 52)                   //还有牌，继续发牌
            {
            //游戏者取牌
            User[iUser++] = OneCard[count++];             //发牌给游戏者
            TotalU += User[iUser - 1].Num;                //累加游戏者总点数
            //接下为由计算机取牌
            if (count >= 52)                              //牌已取完
            {
                flag = 0;
            }
            else if (TotalU > 10.5)                       //游戏者炸了
            {
                flagc = 0;                                //计算机不再要牌
            }
            else
```

```
{
  if ((TotalC < 10.5 && TotalC < TotalU) || TotalC < 7)
  {
    Computer[iComputer++] = OneCard[count++];     //计算机取一张牌
    TotalC += Computer[iComputer - 1].Num;        //累计计算机总点数
  }
}
System.out.printf("\n用户的总点数为:%.1f\t", TotalU);
System.out.printf("用户的牌为:");
for (i = 0; i < iUser; i++)                        //显示用户的牌
{

   switch(User[i].Suit)                            //显示花色符号
   {
   case 1:
      s="黑桃";
      break;
   case 2:
      s="红桃";
      break;
   case 3:
      s="梅花";
      break;
   case 4:
      s="方块";
      break;
   default:
      ;
   }
   System.out.printf("  "+s+User[i].Number);
}
System.out.printf("\n");
System.out.printf("计算机的总点数为:%.1f\t", TotalC);
System.out.printf("计算机的牌为:");
for (i = 0; i < iComputer; i++)                    //显示计算机的牌
{
   switch(Computer[i].Suit)                        //显示花色符号
   {
   case 1:
      s="黑桃";
      break;
   case 2:
      s="红桃";
      break;
   case 3:
      s="梅花";
      break;
   case 4:
      s="方块";
      break;
   default:
      ;
   }
   System.out.printf("  "+s+Computer[i].Number);
```

```
    }
    System.out.printf("\n");
    if (TotalU < 10.5)                          //如果游戏者点数小于10.5，可继续要牌
    {
       do
       {
           System.out.printf("还要牌吗(y/n)?");

          jixu=input.next();
       }while (!jixu.equalsIgnoreCase("y") &&!jixu.equalsIgnoreCase("n"));
       if (jixu.equalsIgnoreCase("y"))      //继续要牌
       {
          flag = 1;
       }
       else
       {
          flag = 0;
       }
       if (count == 52)
       {
           System.out.printf("牌已经发完了! \n");

          break;
       }
    }
    else
       break;
}
while (flagc==1 && count < 52)              //游戏者不要牌
{
    if (TotalU > 10.5)                      //游戏者炸了
    {
       break;
    }
    else
    {
       if (TotalC < 10.5 && TotalC < TotalU)
       {
          Computer[iComputer++] = OneCard[count++];//计算机取一张牌
          TotalC += Computer[iComputer - 1].Num;   //累计计算机取得牌的总点数
       }
       else
       {
           break;
       }
    }
}
System.out.printf("\n用户的总点数:%.1f\t", TotalU);
System.out.printf("用户的牌为:");
for (i = 0; i < iUser; i++)                 //显示用户的牌
{
    switch(User[i].Suit)                    //显示花色符号
      {
      case 1:
```

```
                s="黑桃";
                break;
            case 2:
                s="红桃";
                break;
            case 3:
                s="梅花";
                break;
            case 4:
                s="方块";
                break;
            default:
                ;
            }
            System.out.printf("  "+s+User[i].Number);
        }
        System.out.printf("\n");
        System.out.printf("\n计算机的总点数为:%.1f\t", TotalC);
        System.out.printf("计算机的牌为:");
        for (i = 0; i < iComputer; i++)             //显示计算机的牌
        {
            switch(Computer[i].Suit)                //显示花色符号
            {
            case 1:
                s="黑桃";
                break;
            case 2:
                s="红桃";
                break;
            case 3:
                s="梅花";
                break;
            case 4:
                s="方块";
                break;
            default:
                ;
            }
            System.out.printf("  "+s+Computer[i].Number);
        }
        System.out.printf("\n");
        if(TotalC == TotalU)                        //输出游戏结果
        {
            System.out.printf("\n用户和计算机打成了平手!\n");
        }
        else
        {
            if(TotalU > 10.5 && TotalC > 10.5)
            {
                System.out.printf("\n用户和计算机打成了平手!\n");
            }
            else if(TotalU > 10.5)
            {
                System.out.printf("\n你输了!继续努力吧!\n");
```

```
            }
            else if(TotalC > 10.5)
            {
                System.out.printf("\n恭喜，用户赢了!\n");
            }
            else if(TotalC > TotalU)
            {
                System.out.printf("\n你输了!继续努力吧!\n");
            }
            else
            {
                System.out.printf("\n恭喜，用户赢了!\n");
            }
        }
    }

    public static void main(String[] args)
{
        System.out.printf("10点半游戏! \n");
         Shuffle();                              //洗牌
         tenhalf();                              //开始游戏
}
}
```

在该程序中，主方法比较简单，首先调用 Shuffle()方法洗牌，然后调用方法 tenhalf()开始游戏。一局游戏结束时，根据用户的输入来决定是否继续游戏。

执行该程序，与计算机玩一局十点半游戏，执行结果如图 10-3 所示。

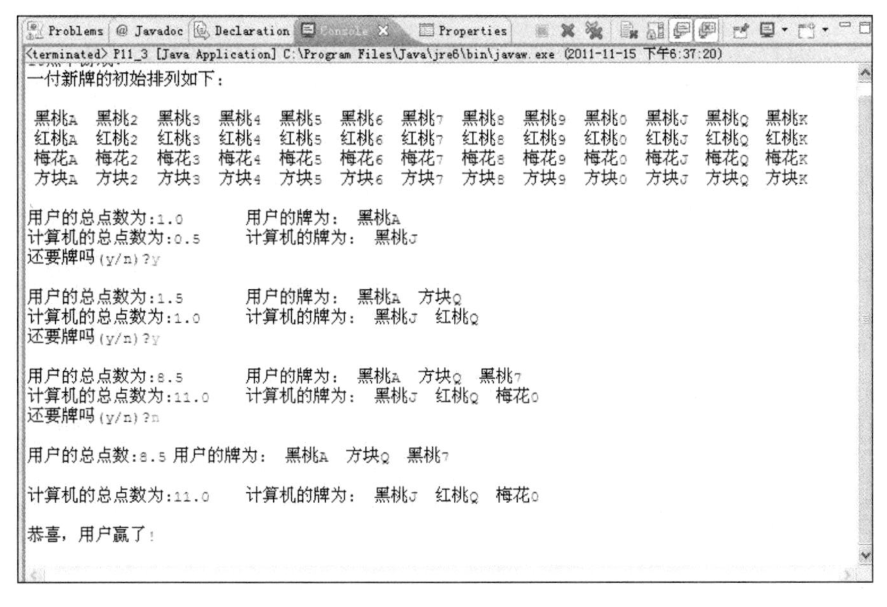

图 10-3　执行结果

10.4　生命游戏

生命游戏又称为细胞自动机游戏，或者元胞自动机游戏。生命游戏是英国数学家 J. H.

Conway 首次提出的。在 1970 年，J. H. Conway 小组正在研究一种细胞自动装置，J. H. Conway 从中获得启发，提出了生命游戏，然后将其发表在《科学美国人》的“数学游戏”专栏中。

生命游戏是一个典型的零玩家游戏，只需用户输入初始的细胞分布，然后细胞便按照规则进行繁殖演化。生命游戏反映了生命演化和秩序的关系，具有很深刻的含义，在地理学、经济学、计算机科学等领域得到了非常广泛的应用。

10.4.1 生命游戏的原理

生命游戏的规则比较简单，其假定细胞的生活环境是二维的。在一个有限的二维空间中，每一个方格居住着一个细胞，细胞的状态为活或死。在演化过程中，每个细胞在下一个时刻的生死状态，取决于相邻 8 个方格中活着或死了的细胞的数量。有如下几种情况：

（1）如果相邻方格活着的细胞数量过多，会造成资源匮乏，这个细胞将在下一个时刻死去；

（2）如果相邻方格活着的细胞数量过少，这个细胞会因太孤单而死去。

在这个游戏中，用户可以扮演上帝的角色，设定周围活细胞的数目是多少时才适宜该细胞的生存。这个数目直接导致了整个生命的状态。

（3）如果这个数目设置得过高，那么细胞将感觉到周围的邻居太少，更多的细胞将孤独而死，最后经过演化整个世界都没有生命；

（4）如果这个数目设置得过低，经过演化整个世界将充满生命；

（5）如果这个数目设置得合适，这样整个生命世界就不会太过荒凉或者过于拥挤，经过演化，整个世界将达到一种动态平衡。一般来说，这个数目一般选取 2 或者 3。

通过计算机编程，可以清楚地观察到生命游戏中细胞的演化规则。这里假定二维平面有 10×10 的方格作为细胞活动的空间。每个方格中放置一个生命细胞。对其中一个细胞来说，其存活取决于上、下、左、右、左上、左下、右上和右下共 8 个相邻网格中的活细胞数量。按照如下的规则来进行游戏。

（1）死亡：如果细胞的 8 个相邻网格中没有细胞存在，则该细胞在下一次状态中将孤单死亡；如果细胞的相邻网格中细胞数量大于或等于 4 个，则该细胞在下一次状态中将因为拥挤而死亡。

（2）复活：如果当前位置细胞为死的状态，且其 8 个相邻网格中细胞数量为 3 个，则将当前位置的细胞由死变生，也就是起死回生。

（3）不变：如果细胞的 8 个相邻网格中细胞数量为两个，则将当前位置的细胞保持原来的生存状态。也就是说，原来是死的仍然为死，原来是生的仍然为生。

按照上述生命游戏的规则，生命游戏中的演化状态如图 10-4 所示。最理想的情况下，希望得到一个动态平衡的状态。

其实，上述生命游戏规则是最简单的情况。可以对其加以推广，还可以考虑如下情况。

（1）三维空间中的生命游戏。

（2）定义更为复杂的规则，例如，考虑父辈细胞和子辈细胞的关系。

（3）用户可以中途单独设定某个细胞死活来观察演化过程，看看是否存在领袖级细胞。所谓领袖级细胞就是该细胞死后，将导致整个生命演化过程从动态平衡进入一种单独状态。

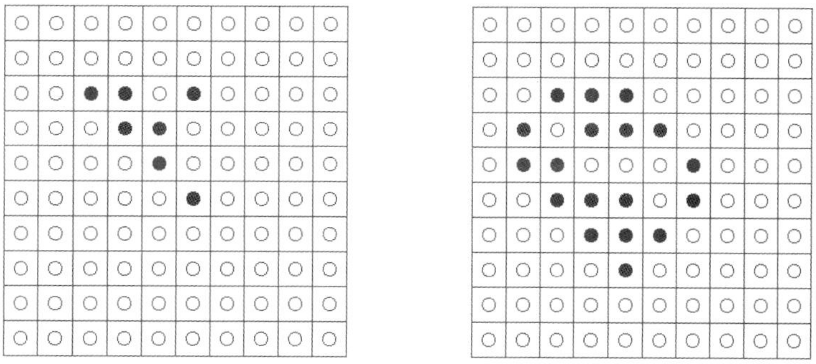

图 10-4　生命游戏中的演化状态

10.4.2　生命游戏算法解析

其实实现生命游戏并不复杂，主要在程序中逐个统计每个细胞四周的活细胞数量，根据这个数量按照前面的规则决定当前细胞的生存状态。生命游戏算法的流程图如图 10-5 所示。生命游戏算法的执行过程如下：

（1）对于第 *i* 个单元格，取出其中细胞的生存状态；

（2）如果其四周活细胞的数量为 2，则其保持原状态，继续执行步骤（5）；

（3）如果其四周活细胞的数量为 3，则复活该细胞，继续执行步骤（5）；

（4）如果其四周活细胞的数量为其他值，则该细胞死亡，继续执行步骤（5）；

（5）判断是否所有的单元格执行完毕，如果没有，则继续从步骤（1）开始。

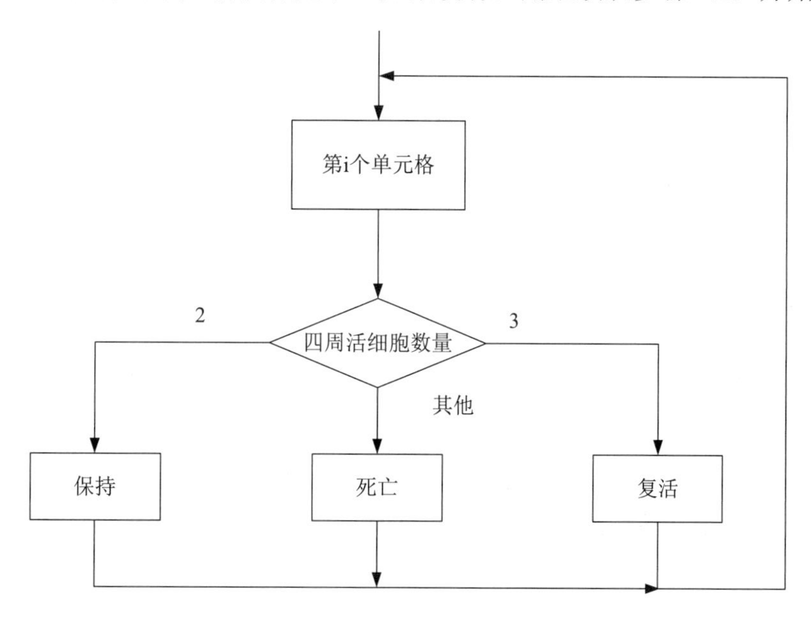

图 10-5　生命游戏算法流程图

可以按照此思路来编写相应的生命游戏算法，代码如下：

```
void cellfun()                                    //生命游戏算法
{
int row, col,sum;
int count=0;
```

```
for (row = 0; row < ROWLEN; row++)
{
        for (col = 0; col < COLLEN; col++)
        {
           switch (LinSum(row, col))                   //四周活细胞数量
           {
           case 2:
              celltemp[row][col] = cell[row][col];  //保持细胞原样
              break;
           case 3:
              celltemp[row][col] = ALIVE;             //复活
              break;
           default:
              celltemp[row][col] = DEAD;              //死去
           }
        }
    }
    for (row = 0; row < ROWLEN; row++)
    {
        for (col = 0; col < COLLEN; col++)
       {
             cell[row][col] = celltemp[row][col];
       }
     }
    for (row = 0; row < ROWLEN; row++)
    {
         for (col = 0; col < COLLEN; col++)
        {
            if(cell[row][col] == ALIVE)              //若是活细胞
            {
                 count++;                            //累加活细胞数量
            }
         }
    }
    sum=count;

    OutCell();                                       //输出显示当前细胞状态
    System.out.printf("当前状态下，共有%d个活细胞。\n",sum);
}
```

在该程序中，通过循环对每一个单元格进行处理，判断其四周活细胞数量来决定该细胞的生死状态。然后，统计活细胞数量。最后，输出显示当前二维世界中细胞分布状态。读者可以参阅前面的生命游戏规则来加深理解。

10.4.3 生命游戏示例

学习了上述生命游戏算法后，下面给出完整的生命游戏代码。

```
import java.util.Scanner;

public class P11_4
{
   static final int ROWLEN=10;                                //二维空间行数
```

```
static final int COLLEN=10;                         //二维空间列数
static final int DEAD=0;                            //死细胞
static final int ALIVE=1;                           //活细胞
static int[][] cell=new int[ROWLEN][COLLEN];        //当前生命细胞的状态
static int[][] celltemp=new int[ROWLEN][COLLEN];    //用于判断当前细胞的下一个状态

static void initcell()                              //初始化细胞分布
{
  int row, col;
  Scanner input=new Scanner(System.in);
  for (row = 0; row < ROWLEN; row++)                //先全部初始化为死状态
  {
    for (col = 0; col < COLLEN; col++)
    {
      cell[row][col] = DEAD;
    }
  }
  System.out.printf("请先输入一组活细胞的坐标位置，输入(-1 -1)结束:\n");
  while (true)
  {
    System.out.printf("请输入一个活细胞的坐标位置：");
    row=input.nextInt();
    col=input.nextInt();                            //输入活细胞坐标
    if (0 <= row && row < ROWLEN && 0 <= col && col < COLLEN)
    {
      cell[row][col] = ALIVE;                       //保存活细胞
    }
    else if (row == -1 || col == -1)
    {
      break;
    }
    else
    {
      System.out.printf("输入坐标超过范围。\n");
    }
  }
}

static int LinSum(int row, int col)                 //统计四周细胞数量
{
  int count = 0, c, r;

  for (r = row - 1; r <= row + 1; r++)
  {
    for (c = col - 1; c <= col + 1; c++)
    {
      if (r < 0 || r >= ROWLEN || c < 0 || c >= COLLEN)
      {
        continue;                                   //处理下一个单元格
      }
      if (cell[r][c] == ALIVE)                   //如果为活细胞
      {
```

```
                count++;                              //增加活细胞的数量
            }
        }

    }
    if (cell[row][col] == ALIVE)                      //当前单元格为活细胞
    {
        count--;
    }
    return count;                                     //返回四周活细胞总数
}

static void OutCell()                                 //输出显示细胞状态
{
    int row, col;

    System.out.printf("\n细胞状态\n");
    System.out.printf("┌");
    for (col = 0; col < COLLEN -1; col++)             //输出一行
    {
        System.out.printf("──┬");
    }
    System.out.printf("──┐\n");
    for (row = 0; row < ROWLEN; row++)
    {
        System.out.printf("│");
        for (col = 0; col < COLLEN; col++)            //输出各单元格中细胞的生存状态
        {
            switch(cell[row][col])
            {
            case ALIVE:
                System.out.printf("●│");              //●代表活细胞
                break;
            case DEAD:
                System.out.printf("○│");              //○代表死细胞
                break;
            default:
                ;
            }
        }
        System.out.printf("\n");

        if (row < ROWLEN - 1)
        {
            System.out.printf("├");
            for (col = 0; col < COLLEN - 1; col++) //输出一行
            {
                System.out.printf("──┼");
            }
            System.out.printf("──┤\n");
        }
    }
```

```
    System.out.printf(" └");
    for (col = 0; col < COLLEN - 1; col++)              //最后一行的横线
    {
        System.out.printf("─┴");
    }
    System.out.printf("─┘ \n");
}

static void cellfun()                                   //生命游戏算法
{
    int row, col,sum;
    int count=0;

     for (row = 0; row < ROWLEN; row++)
       {
          for (col = 0; col < COLLEN; col++)
          {
             switch (LinSum(row, col))                  //四周活细胞数量
             {
             case 2:
                celltemp[row][col] = cell[row][col];    //保持细胞原样
                break;
             case 3:
                celltemp[row][col] = ALIVE;             //复活
                break;
             default:
                celltemp[row][col] = DEAD;              //死去
             }
          }
       }
       for (row = 0; row < ROWLEN; row++)
       {
           for (col = 0; col < COLLEN; col++)
           {
              cell[row][col] = celltemp[row][col];
           }
       }
       for (row = 0; row < ROWLEN; row++)
       {
           for (col = 0; col < COLLEN; col++)
           {
              if(cell[row][col] == ALIVE)               //若是活细胞
              {
                  count++;                              //累加活细胞数量
              }
           }
       }
       sum=count;

       OutCell();                                       //输出显示当前细胞状态
       System.out.printf("当前状态下，共有%d个活细胞。\n",sum);
}
```

```
    public static void main(String[] args)
    {
        String go;
        Scanner input=new Scanner(System.in);
        System.out.printf("生命游戏! \n");
        initcell();                                    //初始化
        OutCell();                                     //输出初始细胞状态
        do{
           cellfun();                                  //开始游戏
           System.out.print("\n继续生成下一次细胞的状态(y/n)?");
           go=input.next();
           }while(go.equalsIgnoreCase("y"));
           System.out.println("游戏结束! ");
    }
}
```

在该程序中，ROWLEN 和 COLLEN 定义了二维世界的大小，数组 cell 保存了当前生命细胞的状态，数组 celltemp 用于判断当前细胞的下一个状态。程序中用到如下四个方法：

（1）方法 initcell()，用于初始化二维世界中细胞的初始分布状态，由用户在开始时输入。

（2）方法 LinSum()，用于统计一个单元格周围的活细胞总量。

（3）方法 OutCell()，用于输出显示当前演化的二维世界中细胞的分布状态。

（4）方法 cellfun()，生命游戏中的演化算法。

在主方法中，首先由用户初始化二维世界中细胞的分布状态并显示当前分布。然后，开始游戏，用户输入 y 则进行一次演化。用户可以通过不断输入来观察二维世界中细胞的演化过程。

执行该程序，此时得到的细胞分布状态如图 10-6 所示。

按照提示进行生命演化，图 10-7 显示了生命演化过程中的一个阶段的细胞状态。逐次进行演化，读者将会看到许多有趣的图形。

```
Problems  @ Javadoc  Declaration  Console  Properties
<terminated> P11_4 [Java Application] C:\Program Files\Java\jre6\bin\javaw.exe
生命游戏!
请先输入一组活细胞的坐标位置，输入(-1 -1)结束：
请输入一个活细胞的坐标位置： 3 3
请输入一个活细胞的坐标位置： 3 4
请输入一个活细胞的坐标位置： 3 5
请输入一个活细胞的坐标位置： 3 6
请输入一个活细胞的坐标位置： 4 4
请输入一个活细胞的坐标位置： 4 5
请输入一个活细胞的坐标位置： 4 7
请输入一个活细胞的坐标位置： 5 5
请输入一个活细胞的坐标位置： 5 6
请输入一个活细胞的坐标位置： -1 -1

细胞状态
```

图 10-6 生命游戏初始状态

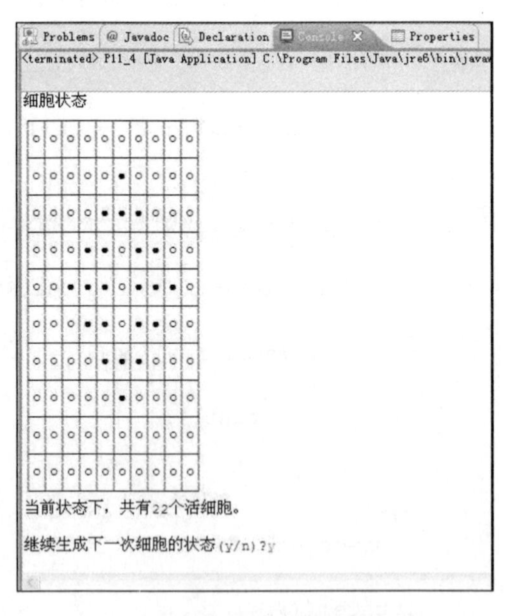

图 10-7 生命游戏中间演化过程

经过多次演化之后，这个二维生命世界将达到一个固定的平衡状态，如图 10-8 所示。此时，活细胞的分布将不再发生变化。如果读者输入的初始状态合适，应该可以达到更为理想的动态平衡。

读者可以多次执行该程序，以验证不同的初始输入状态。生命游戏揭示了生命世界的演化规则。

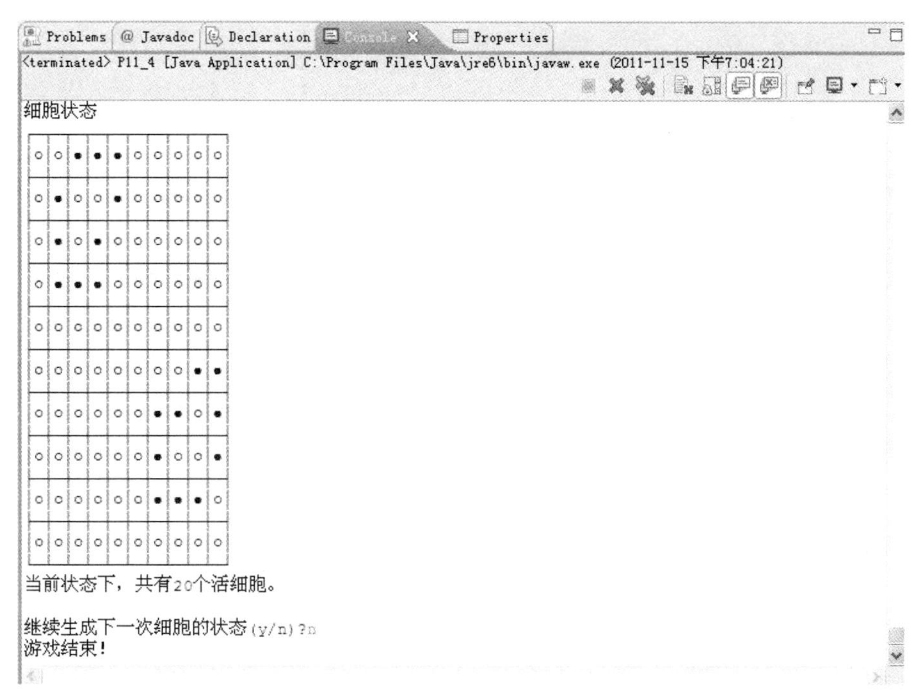

图 10-8　平衡状态

—— 本章小结 ——

游戏是算法的一个重要应用场合。本章介绍了算法在一些经典游戏中的应用，例如，扑克牌、取火柴及生命游戏等。对于读者来说，通过本章的算法分析和实例，可以掌握算法的应用，体会到算法在解决实际问题中的作用。通过这些游戏算法，读者也可以增加学习算法的兴趣。读者应该认真掌握本章的内容。